国际电气工程先进技术译丛

电力电子技术原理、控制与应用

[俄] 尤里·罗扎诺夫（Yuriy Rozanov）
谢尔盖·里夫金（Sergey Ryvkin）
叶夫根尼·查普利金（Evgeny Chaplygin）
帕维尔·沃罗宁（Pavel Voronin） 著

周京华 陈亚爱 章小卫 张贵辰 译

机械工业出版社

本书全面阐述了电力电子基本变换电路、控制原理及具体的工业应用，包括电力电子技术的基本概念与术语、功率半导体器件、电力电子装置控制、电力电子基本变换电路以及电力电子技术应用等。本书不仅向读者展示了许多有关电力电子技术的控制实例，还向读者介绍了电力电子技术的最新应用与发展前景，使读者能够较为全面地掌握有关电力电子技术的基础知识，为电力电子变换器的控制、分析与设计提供了基本方法。

本书适合作为高年级本科生及研究生的教学参考书，也适合于从事电力电子技术研究与应用的工程师和科研人员阅读。

译 者 序

电力电子技术是目前电气工程领域发展最快的技术，受到了国内外学者的高度关注。从功率半导体器件的快速突破，到逆变器、整流器等变换器高性能控制算法的不断出现，电力电子技术的发展正面临着巨大挑战。目前，电力电子技术广泛应用于无功功率补偿、高压直流输电、可再生能源发电、电机驱动等领域，显著提高了电能质量及供电效率，节省了大量能源。本书详细讲解了电力电子技术的基本变换电路与基本控制方法，注重对电力电子变换电路的原理分析，并对其应用发展进行了具体介绍。

本书内容共分为10章。第1章介绍了电力电子技术的基本概念与术语；第2章介绍了功率半导体器件和无源元件；第3章对电力电子装置的数学模型和控制方法进行了介绍；第4章阐述了电网换流变换器的结构和原理；第5章阐述了直流-直流变换电路的结构和原理；第6章阐述了基于全控型开关器件的逆变器与交流变换器的结构和原理；第7章对脉冲宽度调制与电能质量控制进行了讲解；第8章介绍了谐振变换器的结构和原理；第9章分析了多电平、模块化和多单元变换器拓扑；第10章对电力电子技术的典型工业应用进行了具体介绍。

本书的翻译过程中，周京华翻译了第1~5章；陈亚爱翻译了第6、7章；章小卫翻译了第8、9章；张贵辰翻译了第10章。全书翻译的统稿工作由周京华完成。

本书的翻译工作得到了国家自然科学基金面上项目（51777002）、北京市高水平创新团队建设计划资助项目（IDHT20180502）的支持。同时，向为本书出版而付出大量辛勤劳动的责任编辑江婧婧表示诚挚的感谢。

由于译者能力有限，书中难免存在翻译不准确的地方，有些内容未能准确表达原书作者的写作思想，恳请广大读者提出宝贵意见并给予批评指正。

译 者

2020年6月

原书前言

使用电力电子技术可以显著提高电能利用效率，并且电力电子技术是目前电气工程领域发展最快的技术。本书讨论了电力电子技术，介绍并解释了电力电子技术中的基本概念和重要理论。本书还提供了在电力电子领域进行分析和设计的基本方法，读者可在本书中了解许多实例，这些实例向我们展示了电力电子技术的发展、应用及其前景，其中包括可再生能源的生产、传输和分配等主要方向。

本书作者向所有帮助创作本书的人表示感谢。

尤里·罗扎诺夫
谢尔盖·里夫金
叶夫根尼·查普利金
帕维尔·沃罗宁

作 者 简 介

尤里·罗扎诺夫（Yuriy Rozanov）1962年毕业于莫斯科动力学院（MPEI）并获得机电工程学士学位。毕业后，他在电气行业的“探照灯（Searchlight）”工厂工作，担任从工程师到副首席设计师的多种职务。1969年获得博士学位。1987年获得技术科学博士学位。1989年加入MPEI并担任电气与电子仪器系的系主任，现在他是一名教授。

他著有7本书、160多篇文章，并且拥有24项专利。在他的指导下，许多学生获得了硕士学位。

由于在教育和科技领域的突出贡献，他被俄罗斯联邦政府授予杰出科学家荣誉称号。他是科学领域（2001年）和教育领域（2005年）的俄罗斯联邦政府奖获得者。

他是IEEE（美国电气与电子工程师协会）俄罗斯分会PEL/PES/IES/IAS联合分会主席，2012年被授予会士称号。从2010年起担任《俄罗斯电气工程》期刊主编。

他的研究领域是电力电子技术及其应用。

谢尔盖·里夫金（Sergey Ryvkin）作为工程师毕业于莫斯科航空工程学院（技术大学），获得莫斯科控制科学研究所（苏联科学院）博士学位及俄罗斯教育与科学部最高认证委员会的科学博士学位。目前他是莫斯科动力学院教授及俄罗斯科学院Trapeznikov控制科学研究所主要研究人员。他的研究方向包括应用滑模技术的电气传动系统和电力系统及其参数的观测。里夫金教授拥有6项专利，出版了2部专著、5本教材，并在国际期刊和会议中发表了130多篇技术方面的论文。他是IEEE的高级会员，俄罗斯电工科学院的正式会员，电力电子和运动控制委员会（PEMC－C）的正式会员，是俄罗斯电气工程杂志*Electrotechika*（英文版*Russian Electrical Engineering*）的副主编，也是*International Journal of Renewable Energy Research*和*Transactions on Electrical Engineering*以及*International Journal of Advances in Telecommunications Electrotechnics, Signals and Systems*（IJATES2）和俄罗斯著名电气工程杂志*Elektrichestvo*的编辑委员会成员。

叶夫根尼·查普利金（Evgeny Chaplygin）1965年毕业于莫斯科动力学院无线电技术系。1974年获得电力电子专业博士学位。自1966年以来，他一直在莫斯科动力学院工业电子系任教，1980 年开始担任副教授，2011 年开始担任教授。他指导了 11 名学生攻读硕士学位。

他出版了两本书，一本名为 *Industrial Electronics* 的教材，发表了 100 多篇论文并拥有 70 项专利。

他是 MPEI 无线电电子系学术委员会成员，*Russian Electrical Engineering* 杂志编委会成员。

他的研究领域包括电力电子设备建模、改进的 EMC 变换器和电源，以及通过电力电子技术提高电能质量。

帕维尔·沃罗宁（Pavel Voronin）1980 年于莫斯科动力学院获得电气工程专业的学位证书，1983 年在该学院获得电力电子专业博士学位。

他从 1983 年到 1985 年年间在 MPEI 工作，然后调到工业电子系担任助理，从 1988 年起担任助理教授。

他在电力电子领域发表了 70 多篇论文，出版了 2 本专著，拥有 31 项专利。他的研究领域包括功率变换器、多电平逆变器、软开关电路和电力电子设备的计算机仿真。

目　录

第1章　电力电子技术的基本概念与术语

1.1　电能变换：变换器的分类

电力电子技术涉及电能的变换或电力电子电路的开关状态（开或关），以及是否对电能进行控制（IEC，551－11－1）。俄罗斯文献将与电力变换有关的电力电子技术称为变换器工程学。

电力电子变换技术可以被定义为通过电力电子设备对电能的一个或多个参数进行变换，并且在这个过程中没有显著功率损耗（IEC，551－11－2）。

电力电子变换器是一种用于功率变换的装置，其具有一个或多个开关元件，如果必要的话，还需要变压器、滤波器和辅助装置（IEC，551－12－01）。

不同于诸如电池、太阳能电池和交流电网等一次电源，用于供电目的的变换器通常被称为二次电源。

电能变换的主要形式如下（Kassakian 等人，1991；Mohan 等人，2003；Rozanov，2007；Zino'ev，2012）：

1）整流（从交流变换到直流），相应的变换器被称为整流器或直－交流流整流变换器。对大多数消费者而言，通常用的电力是单相或三相交流电。同时，控制和通信设备以及计算机需要使用直流电。直流电对于驱动器、电气设备和光学设备的某些部件也是必需的。在自动控制系统中，交流电来自于旋转发电机。整流器是最常用的功率变换器。

2）逆变（从直流变换到交流），相应的变换器被称为逆变器或直流－交流逆变器。逆变器的直流源可以是电池、太阳能电池、直流输电线路或其他变换器。

3）从交流变换到直流，反之亦然。相应的变换器被称为 AC/DC 变换器。这样的变换器能够改变能量流动的方向。当能量从交流电网传输到直流电路时工作在整流模式，当能量从直流电路传输到交流电网时工作在逆变模式。在电机驱动中，改变能量流动的方向确保电机的可再生制动。

4）从交流变换到交流，相应的变换器被称为交流变换器，包括如下 3 种类型：

① 交流电压变换器，其输入和输出的相数和电压频率均相同，通过稳定基波或调节谐波含量来改变电压幅值（增大或减小）和/或改善电压质量。

② 频率变换器，其将频率为f_1的m_1相电压转换为频率为f_2的m_2相电压。对于驱动器、电气设备和光学设备等许多组件，如果要求频率可变或者其频率不是50（60）Hz 的工频，则需要变换频率。这种应用包括交流频率驱动器、感应加热器和光学设备的电源。自动控制系统中的旋转发电机产生的电压频率常常不稳定，若要使其稳定则需要使用频率变换器。

③ 相数变换器，其将单相电压转换为三相电压，反之亦然。单相到三相电压的变换允许在没有三相电网的情况下向三相系统供电。大功率单相负载与三相电网的一相连接相当于对电网施加了不对称的负荷，在这种情况下使用适当的相数变换器将会改变这种状况。

5）从直流变换到直流，相应的变换器被称为直流变换器。这种变换器在提高直流电源功率的同时可以使得发电侧和用电侧电压相匹配，常用于直流源是低压电池的直流变换系统中。

6）无功功率变换，相应的变换器被称为无功功率变换器。这种变换器补偿了产生或消耗的无功功率（见 1.3 节）。该类型的变换器仅从电网中吸收补偿损耗的有功功率。

以上为功率变换的基本类型，除此之外还存在其他类型，例如在技术系统中需使用可产生强大单脉冲的变换装置。随着技术的发展，电力电子变换器的种类也会持续增加。

如上所述，变换器可以改变能量流动的方向。具有单一能量流动方向的变换器仅在一个方向上传递能量：从电源侧到负载侧。能量流动方向可改变的变换器称为可逆变换器。两象限变换器可以通过改变负载电路中的电压极性或电流方向来改变能量流动的方向。四象限变换器可以同时改变电压极性和电流方向来改变能量流动的方向。能够改变能量流动方向的多象限变换器可以基于交流－直流变换器，也可以基于不同类型的交流变换器和直流变换器。

在直接功率变换中，没有其他类型的电能转换，在此情况下需使用直接变换器。间接变换器也被广泛使用，如图 1.1 所示。图 1.1a 为一个具有中间直流环节的频率变换器，该变换器由电网频率为f_1的整流器和产生电压频率为f_2的逆变器组成。图 1.1b 为具有高频中间交流环节的直流变换器，由逆变器和整流器组成，中间环节为高频变压器。图 1.1c 为间接整流器，包括整流器 Rc1、逆变器和整流器 Rc2 以及两个中间环节：在整流器 Rc1 和逆变器之间的直流环节，以及逆变器和整流器 Rc2 之间的高频交流环节。

间接变换电路会增大能量损耗且使得其效率降低，但因具有如下优点仍被广泛使用：变换器输出或/和输入的电压和电流质量较好；由于高频变换，设备的尺寸和重量也得以减小。

根据电源特性，变换器可以分为电压型变换器和电流型变换器。在电压型变

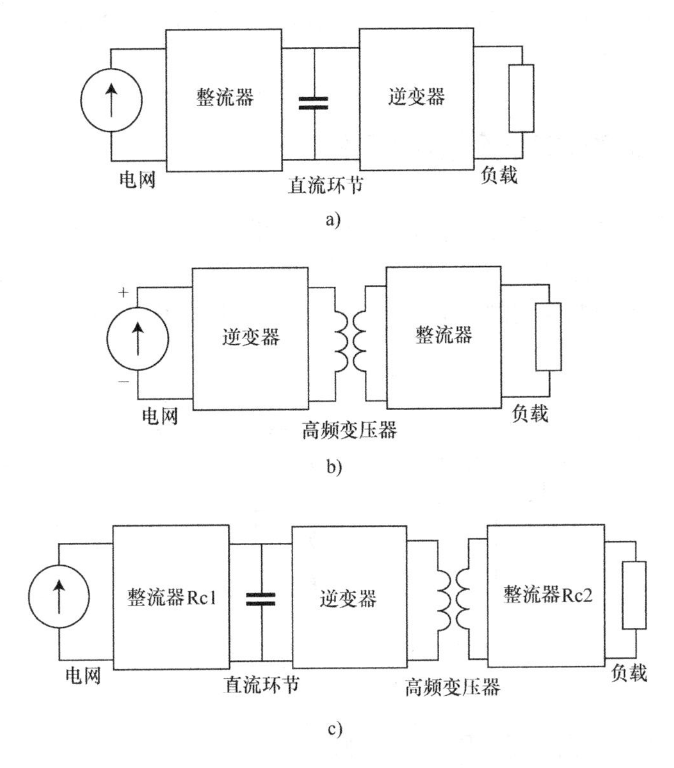

图 1.1　间接变换器结构示意图
a）频率变换器　b）直流变换器　c）整流器

换器的输入端，功率源 U 的特性类似于电压源特性，通常情况下电容 C 与电源并联连接（见图 1.2a）。在电流型变换器的输入端，功率源 I 的特性类似于电流源特性，如图 1.2b 中电感 L 与电源串联。

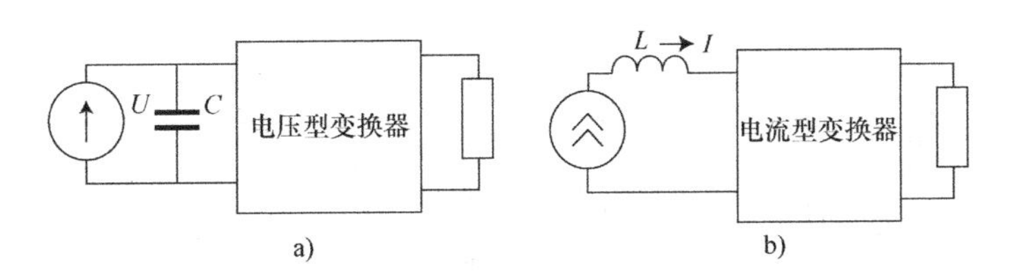

图 1.2　电压型变换器与电流型变换器结构示意图
a）电压型变换器　b）电流型变换器

变换器由主电路和控制系统组成。控制系统通过信息处理部分产生脉冲，发送到开关器件的控制极，其接口是安装在变换器主电路、负载电路或者电源的电压和电流传感器。

基于不可控器件（如二极管）的变换器被称为不控型变换器，这种变换器没有相应的控制系统。

1.2　变换器的输出参数和特性

电力消费者对变换器提出了许多一般性要求。基于开关器件的变换器产生的电压和电流谐波成分往往很复杂。图 1.3a 所示为可控整流器的输出电压，图 1.3c 所示为由脉冲宽度调制后电压型逆变器的输出电压，相应频谱如图 1.3b 和图 1.3d 所示。

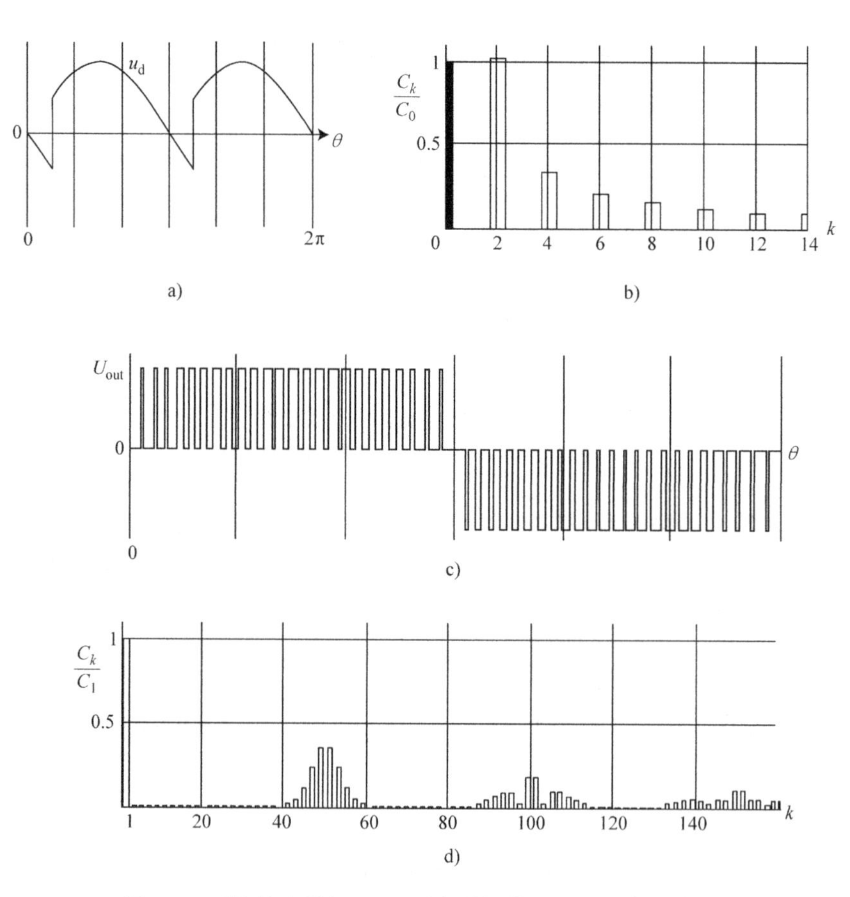

图 1.3　可控整流器与 PWM 逆变器的输出电压及其频谱图

a）可控整流器输出电压波形图　b）可控整流器输出电压频谱图

c）PWM 逆变器输出电压波形图　d）PWM 逆变器输出电压频谱图

图 1.3b 中傅里叶级数展开的恒定分量为具有直流输出的变换器输出电压

（或电流）的有用分量，且该恒定分量（$k=0$）对应于在重复周期 T 内的平均值，即

$$U_{\mathrm{d}}=\frac{1}{T}\int_{0}^{T}u_{\mathrm{d}}(t)\,\mathrm{d}t=\frac{1}{\pi}\int_{0}^{\pi}u_{\mathrm{d}}(\theta)\,\mathrm{d}\theta \tag{1.1}$$

式中，$\theta=\omega t$。图1.3a中电压周期是电网周期的一半。

交流输出的变换器输出电压或电流的有用分量是变换器的输出基波分量（$k=1$），可由电压或电流的傅里叶级数展开确定（见图1.3d）。

对于运行产生的电压或电流谐波不大的用电设备，一般采用有效值作为输出电压或电流的有用分量。

如图1.3b和图1.3d所示，频谱包含有用分量以及其他谐波甚至有时可能是次谐波。根据用户需求，可通过变换器输出侧的滤波器来抑制这些谐波（见1.5节）。

根据频谱可以看出输出电压或电流的波形质量，但是变换器输出波形的频谱构成随工作条件的变化而变化。因此，需要通用的标准对谐波分量进行评价，找出最不利的条件，并比较各种产生输出波形方法的优缺点。

交流电压或电流的质量可根据下述特征进行评价：

1）总谐波畸变率（THD），指总谐波有效值与周期函数的基波有效值之比。

$$k_{\mathrm{thd}}=\frac{\sqrt{\sum_{k\neq 1}C_k^2}}{C_1} \tag{1.2}$$

正弦波的THD为零，k_{thd}的增加意味着谐波含量的增加。使用电压型变换器，输出电压的THD基本上是独立于负载的；相反，输出电流的THD取决于负载。

2）基波因数，即基波有效值和周期函数有效值之比。

$$k_{\mathrm{fu}}=\frac{C_1/\sqrt{2}}{\sqrt{\sum_{k=1}^{\infty}(C_k/\sqrt{2})^2}}=\frac{C_1}{\sqrt{\sum_{k=1}^{\infty}C_k^2}} \tag{1.3}$$

对于正弦波，$k_{\mathrm{fu}}=1$。

在直流电路中，要考虑有用分量以及可变分量（纹波）。电流质量用直流纹波因数来评价。直流纹波因数为脉动电流最大值和最小值差值的一半与其平均值的比。可以采用各种方法评价电压脉动，包括

- 从可变分量的有效值评价；
- 从电压最大和最小瞬时值的差值评价；
- 从脉动的最低次谐波幅值评价。

以下参数具有重要意义：基波稳定性及其调节的可能性、U_{out}和I_{out}的最大值和最小值，以及负载的最大有功功率P_{out}。

对于用电设备来说，变换器特性曲线很重要，该曲线显示了输出电压与输出

电流之间的关系。在直流电路中，U_{out}和I_{out}由恒定分量确定；在交流电路中，U_{out}和I_{out}由随输出频率变化的基波有效值决定。典型的变换器特性曲线如图1.4所示。

对于图1.4a所示的变换器特性曲线簇，负载功率的变化对电压没有明显的影响，也就是说此时变换器的特性类似于电压源，这些特性曲线称之为硬特性曲线。在这种情况下，γ是由控制系统指定的变换器的控制参数。变换器特性斜率与有功功率的损耗以及各种其他因素有关。在图1.4b中，变换器具有电流源特性，这种变换器特性常用于电气传动和相关技术设备中。图1.4c中的变换器特性有3个部分。负载电流在第Ⅲ部分中是稳定的。随着电压增加，变换器工作在第Ⅱ部分，为恒功率区（变换器或负载允许的最大功率）。随着负载电流的进一步减小，变换器工作在第Ⅰ部分，其中输出电压被限于允许值。

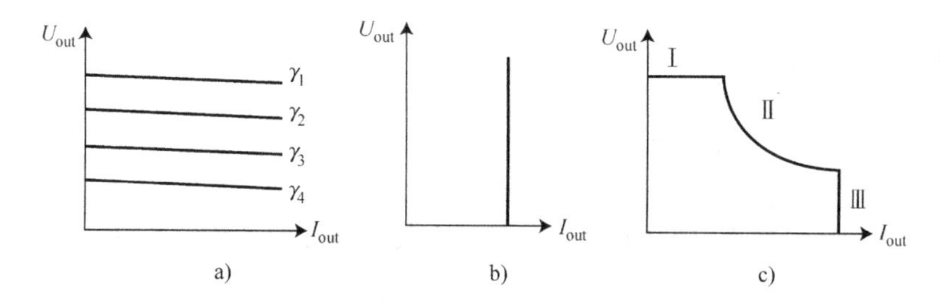

图1.4　典型的变换器特性曲线

a）具有电压源特性的变换器硬特性曲线　b）具有电流源特性的变换器特性曲线

c）具有恒电压（Ⅰ）、恒功率（Ⅱ）、恒电流（Ⅲ）的变换器特性曲线

完全由变换器装置决定的变换器特性称为自然特性。当没有引入变换器的反馈控制时，输出参数会被记录下来。通常情况下电压型变换器具有很硬的自然特性。

在有校正装置的情况下获得的变换器特性称为强制特性，例如通过相应的反馈回路得到稳定的电压、电流或功率，强制特性如图1.4b和图1.4c所示。

1.3　变换器对电网的影响

基于半导体开关的电力电子装置对电网而言是一种非线性负载（Czarnecki，1987；Emanuel，1999；Kassakian 等人，1991；Mohan 等人，2003；Zinov′ev，2012）。考虑在单相正弦电网下变换器运行的相关波形如图1.5所示。图1.5a中电网电压为u，变换器电流为i；图1.5b中瞬时功率为$p(\theta)=u(\theta)i(\theta)$，其中$\theta=\omega t$。当$p>0$时，能量从电网传输到变换器再传输到负载；当$p<0$时，能量从负载返回到电网中。

根据定义，变换器从电网中消耗的有功功率为

$$P = \frac{1}{T}\int_0^T p(t)\,\mathrm{d}t \tag{1.4}$$

将电流 i 的基波即一次谐波 i_1（见图 1.5a）分为两个分量：相位与电网电压相同的有功分量 i_{1a}，以及相位滞后 $\pi/2$ 的无功分量 i_{1r}，电流可以表示为

$$i = i_1 + i_h = i_{1a} + i_{1r} + i_h \tag{1.5}$$

式中，i_h是电流 i 的高次谐波之和（见图 1.5e）。

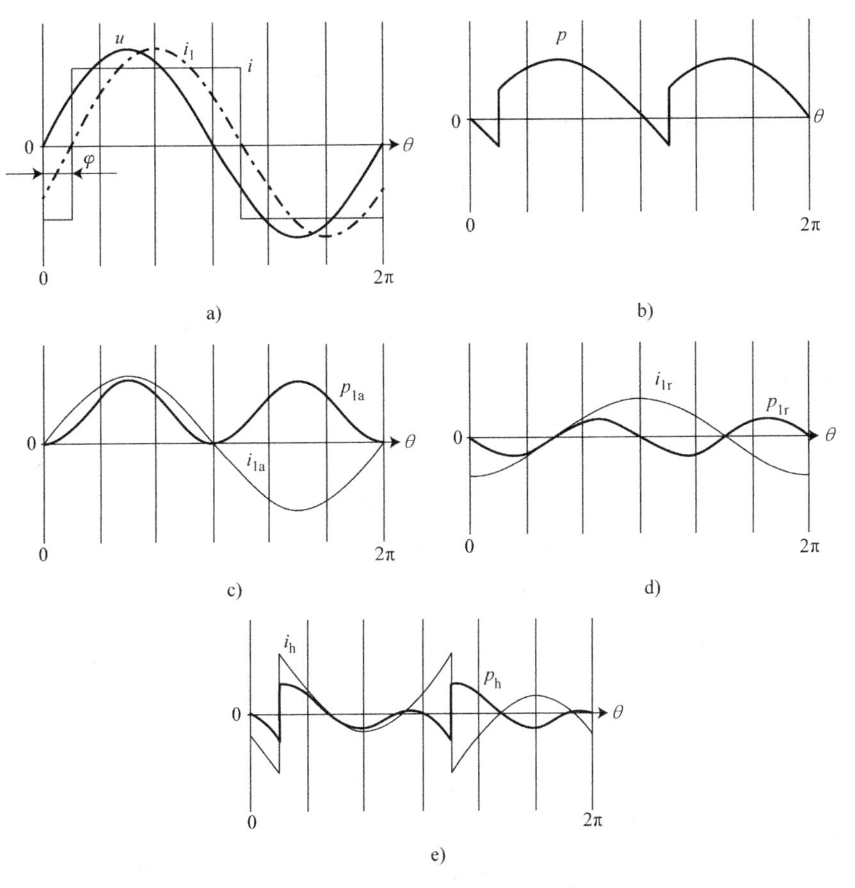

图 1.5　变换器对电网的影响[⊖]

a）电网电压以及变换器的电流　b）瞬时功率　c）基波电流有功分量以及相应瞬时功率　d）基波电流无功分量以及相应瞬时功率　e）总高次谐波分量以及相应瞬时功率

瞬时功率 p 也可分为 3 个分量为

$$p(\theta) = u(\theta)\cdot[i_{1a}(\theta) + i_{1r}(\theta) + i_h(\theta)] = p_{1a}(\theta) + p_{1r}(\theta) + p_h(\theta) \tag{1.6}$$

⊖ 原书图 1.5d 中为 i_{1x}，有误。——译者注

分别在图 1.5c ~ e 中绘制 p_{1a}、p_{1r}和 p_h。

图 1.5c 中瞬时功率 $p_{1a}(\theta)$ 包括一个恒定分量，这意味着有功功率将电流 i 的基波有功分量传输给负载。相反在 $p_{1r}(\theta)$ 或 $p_h(\theta)$ 中无恒定分量，故无功电流和高次谐波不涉及有功功率的传输，同时这也是造成电网和变换器之间能量的无用振荡的主要原因。

变换器从电网消耗的总功率（视在功率）为 $S=UI$，其中 U 和 I 分别是电压 u 和电流 i 的有效值。单相正弦电网的总功率包括有功功率 P、无功功率 Q 和畸变功率 T，有

$$S = \sqrt{P^2 + Q^2 + T^2} \tag{1.7}$$

功率因数是有功功率与视在功率之比，即

$$\chi = \frac{P}{S} \tag{1.8}$$

在单相正弦电网中功率因数为

$$\chi = \nu\cos\varphi \tag{1.9}$$

式中，ν 是电流 i 的基波因数（基波电流有效值与总电流有效值之比：$\nu=I_1/I$），描述了电流 i 的非正弦程度以及畸变功率 T；φ 是电流 i_1 相对于电网电压 u 的相移（见图 1.5a），可以用无功功率 Q 来表示。

有功功率、无功功率和畸变功率用总功率表示为

$$\begin{aligned} P &= UI_1\cos\varphi = S\nu\cos\varphi \\ Q &= UI_1\sin\varphi = S\nu\sin\varphi \\ T &= \sqrt{S^2 - P^2 - Q^2} \end{aligned} \tag{1.10}$$

在三相电网中，视在功率、有功功率和无功功率等于各相的相应分量之和，即

$$\begin{aligned} S &= U_A I_A + U_B I_B + U_C I_C = S_A + S_B + S_C \\ P &= P_A + P_B + P_C \\ Q &= Q_A + Q_B + Q_C \end{aligned} \tag{1.11}$$

在对称三相电网中，可应用式（1.9）。

在非对称三相正弦电网中，用非对称功率 N 来描述各相间的能量传输。

$$S = \sqrt{P^2 + Q^2 + T^2 + N^2} \tag{1.12}$$

在非对称电网中，仅电网电流的正序有功分量向负载传输功率。

当变换器连接到非正弦电网时，有功功率和无功功率等于电压 u 的所有谐波的有功功率和无功功率之和，即

$$P = \sum_{k=1}^{\infty} P_k,\quad Q = \sum_{k=1}^{\infty} Q_k \tag{1.13}$$

式中，k 是谐波次数。

对于非正弦波和非对称三相电网，不能使用式（1.9）来描述功率因数。

无功元件在电网电流中的出现降低了功率因数，从而在技术和经济层面产生负面影响。

1）在电网系统中，有功功率和无功功率都要保持平衡。若无功功率失去控制，电网频率就会下降。

2）无功功率元件不做功，在向用户输送相同的有功功率的情况下，随着功率因数的降低，电流必须增加，从而增加导线、变压器和开关设备等各方面的开支。

3）在容量有限的电网中，其电网电压不完全等同于电动势源。无功电流会降低用户端电压，高次电流谐波会导致电网电压产生高次谐波。

4）高次谐波比基波更能引起绝缘材料发热，从而使得绝缘材料寿命降低并可能导致事故。高次谐波会增加变压器以及电气设备中的铁损和铜损。

5）当电网电压非正弦时，系统的安全运行会受到损害，装置会发生不必要的停机。此外，连接到电网的自动化系统、通信与计算机的运行会受到破坏。

多年来，电力电子领域的研究人员一直致力于提高变换器的功率因数，避免其引起电网畸变。大功率全控型器件和微处理控制器的出现推动了相关技术进步。

电网中的理想负载消耗的正弦电流与电网电压基波同相。在非对称三相电网中，理想负载消耗的正弦对称电流与电网电压的基波正序电压相位一致。

本书中考虑两种方法可以提高变换器的功率因数：

1）内部措施：改变变换器的功率电路和控制算法。

2）外部措施：滤波器和补偿器与变换器（或其他负载）进行连接。

1.4 变换器基本参数

变换器由功率元件和控制系统组成（见图1.6a），每个组成部分都对变换器的基本参数有相当大的影响。

变换器的传输系数为负载电压与电源电压之比，通常情况下直流侧的电压为平均值，交流侧的电压为基波的有效值。变换器最大传输系数是一个重要的参数。

变换器的效率是输出有功功率 P_{out} 与输入有功功率 P_{in} 之比。

$$\eta = \frac{P_{out}}{P_{in}} = \frac{P_{out}}{P_{out} + P_{los}} \tag{1.14}$$

式中，P_{los} 是变换器功率损耗。

变换器功率损耗包括开关器件损耗，其他功率元件（电容、电感、变压器

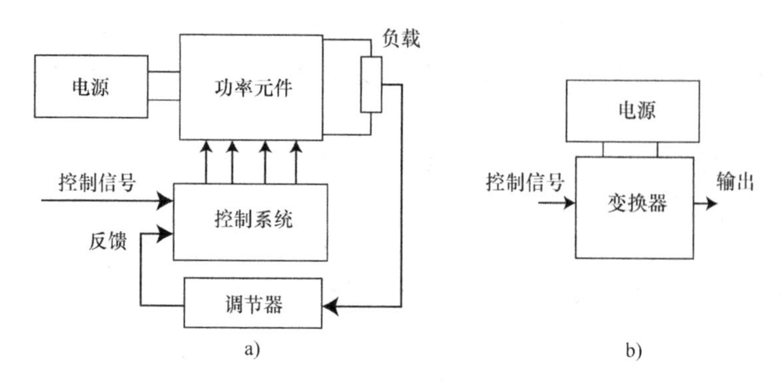

图 1.6　变换器功能图以及结构简图
a）变换器功能图　b）变换器结构简图

等）损耗以及控制系统损耗。开关器件损耗取决于电流流过的开关数目。开关器件损耗随着变换器工作电压的降低、开关频率的增大而增大（详见第 2 章）；控制系统损耗所占比例仅在低功率变换器中相对较大。变换器功率损耗可通过提高效率或减少冷却过程中的能耗而降低。

在所有条件下，确保所需的电气输入和输出参数才能保证变换器的设计功能（见 1.2 节和 1.3 节）。

变换器的可靠性取决于其部件的可靠程度、整体系统的复杂程度、元件的设计与制造工艺、冷却效率以及保护措施。控制系统决定变换器能否正常工作。在控制系统发生故障或动态过程异常的情况下，如自动控制系统不稳定运行，变换器可能出现故障；某些情况下变换器、负载或电源可能无法工作。

变换器的用途不同，其对效率、可靠性、成本、重量和尺寸的要求也不同。这些要求往往是相互矛盾的。

控制系统的输入端接收的模拟或数字控制信号表明了负载中的基本电气参数。由于变换器输入端是控制信号而输出端是电压，故许多专家将变换器称为放大器，当然这是近似的描述，实际的变换器特性与放大器特性有很大的不同。

因为变换器的强制特性与信息发送器一致（见 1.2 节），故变换器（包括控制系统）也被称为信息发送器。

控制特性描述变换器的基本输出参数（如输出电压基波的有效值）对控制信号（如电压）的依赖程度。控制特性可以使用反馈测量，也可以不使用反馈测量。有时控制特性为输出参数对功率器件的调节参数（如开关延迟角 α 或占空比 γ，即开关导通时间与总开关周期的比）的依赖程度。

变换器的动态参数包括

- 暂态条件下输出电压的最大偏差（ΔU_{max}）和最小偏差（ΔU_{min}）；
- 暂态控制过程持续时间，当系统进入允许范围内的稳定状态时结束；

- 稳定裕度；
- 暂态过程的振荡程度。

1.5 交流和直流滤波器

如 1.2 节所述，基于变换器的二次电源形成具有复杂谐波成分的输出电压和电流。高次谐波通过基于包括电感、电容的无功功率元件组成的滤波器来限制。尽管变换器有许多类型，但其中滤波器的结构是相似的。

图 1.7 展示了电力电子中使用的标准滤波器结构。

L 形 *LC* 滤波器（见图 1.7a）用于直流和交流滤波器。图 1.8 显示了滤波器的传输因子及其随频率变化的输入阻抗的模值，具有不同的负载电阻值：额定负载 Z_{rat}（实线）和 $20Z_{rat}$（虚线）。

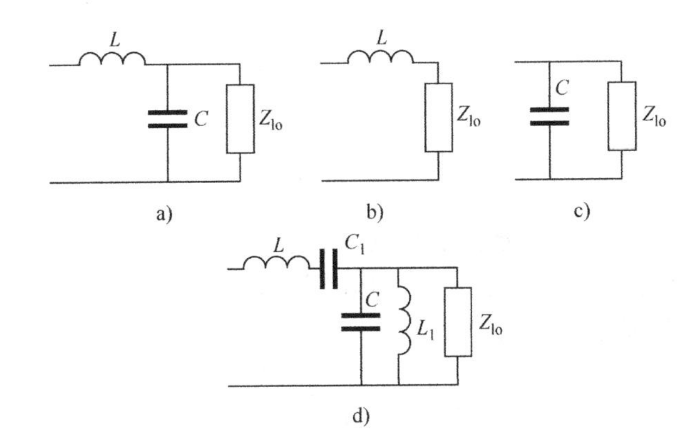

图 1.7 标准滤波器结构图

a）*LC* 滤波器 b）电感滤波器 c）电容滤波器 d）*LCLC* 滤波器

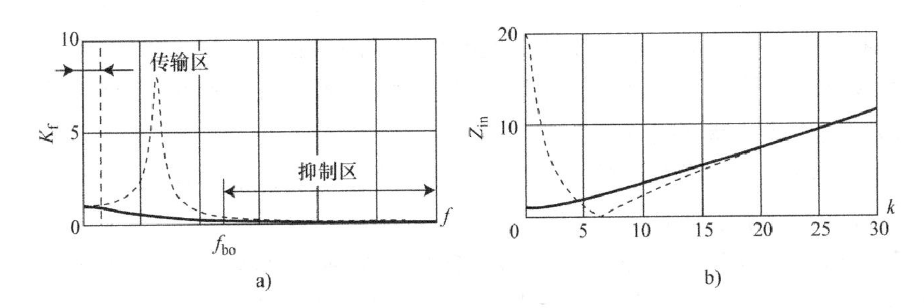

图 1.8 L 形 *LC* 滤波器的频率特性图

a）传输因子 b）输入阻抗模值

LC 滤波器频率特性可分为 3 个区域：

1）传输区，滤波器的传输因子 $K_f \approx 1$，输入阻抗大。

2）抑制区，$K_f \ll 1$，输入阻抗大。

3）中间区，在滤波器的谐振频率 $\omega_{rez} = \sqrt{1/LC}$上，传输因子急剧增加，具有大负载电阻，而输入阻抗消失。

在中间区，变换器输出电压的频谱不应含有谐波，因为它不是被滤波器抑制而是被放大。中间区的上限为$f_{bo} \approx (2 \sim 3) f_{res}$。

直流滤波器的目的是减少（平滑）直流侧的脉动。平滑因子 S_f 为滤波器输入电压纹波因数与输出电压纹波因数的比值。

考虑具有强制特性的电压型变换器的滤波器。当使用 LC 滤波器（见图 1.7a）时，如果忽略损耗，对于恒定分量滤波器的传输因子 $K_f(0) = 1$。在抑制区内，单相整流器在最坏的条件下（零负载），滤波器的传输因子为

$$K_f(f) = \frac{1}{4\pi^2 f^2 LC - 1} \tag{1.15}$$

平滑因子为

$$S_f = \frac{1}{K_f(f_{bo})} = 4\pi^2 f_{bo}^2 LC - 1 \tag{1.16}$$

如图 1.8 所示，L 形 LC 滤波器在宽负载范围内（到零负载）是有效的。

如果忽略损耗，对于恒定分量，电感滤波器（见图 1.7b）的传输因子 $K_f(0) = 1$。带电阻负载 R_{lo}时，平滑因子为

$$S_f = \frac{\sqrt{R_{lo}^2 + 4\pi^2 f_{bo}^2 L^2}}{R_{lo}} \tag{1.17}$$

随着 R_{lo}的增加，平滑效率急剧降低。因此，电感滤波器仅适用于低阻负载且变化不大的情况。

当连接到电压型变换器时，容性滤波器（见图 1.7c）要么消除了变换器的电压源特性，要么电流高次谐波使变换器开关器件过载。

相反，在电流型变换器中，通常使用容性滤波器。滤波器电流的高频分量绕过负载通过该滤波器直接分流。

交流滤波器用于降低负载电压和电流中的高次谐波含量。对电压型变换器的交流滤波器提出了下列要求：

1）在所有负载下，滤波器的基波传输因子必须尽可能接近 1（即 $K_{f1} \approx 1$）。滤波器中基波电压的损耗必须是最小的。这样就可以保留硬特性，并且不需要增加变换器的供电电压。

2）变换器的高次电压谐波必须受到足够的抑制，以保证负载电路运行。抑制区的传输因子被限制为 $K_{f.h} \leqslant K_{req}$。这里 K_{req}是负载侧所需的 THD 与滤波器输

入处的 THD 之比。

3）必须限制基波和高次谐波（通过滤波器而不通过负载）对应的无功电流。这使得通过变换器的半导体开关的电流和通过变换器零负载下的电流降低。

负载变化很大时通常使用 LC 滤波器（见图 1.7a）。

为了使滤波器中的基波电压损耗降到最低，必须限制扼流圈电感 L。图 1.9 显示了对于基波电压，滤波器的传输因子与电感之间的关系。电感以归一化形式表示：$L_* = 2L\pi f_{out}/Z_{lo.min}$，其中 Z_{lo}和 φ 是基波下的阻抗模值和负载相角。

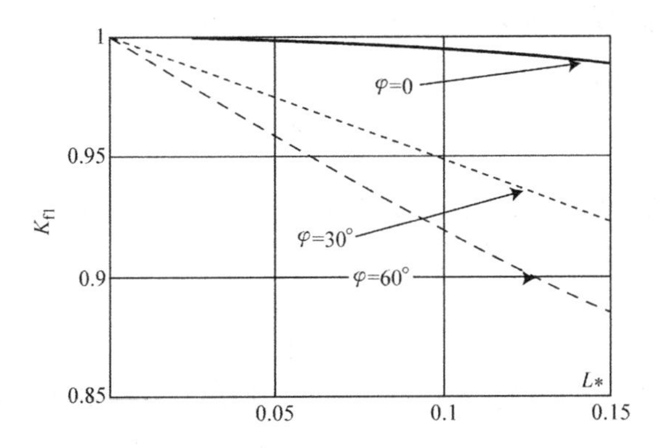

图 1.9　LC 滤波器基波电压在不同负载相角下传输因子与电感之间的关系图

从图 1.9 中选择的电感可能不足以限制无功电流的高次谐波，这些谐波绕过负载通过滤波器分流。滤波器输入高次谐波的阻抗模为 $Z_{in.high} = 2L\pi f$，其中$f \geqslant f_{bo}$。

在这种情况下，需选择电感，以限制无功电流。为确保硬特性，滤波器增加电容 C_1（见图 1.7d）。基波频率时可观察到 $L-C_1$ 串联电路中的谐振。因此，如不考虑功率损耗，可假设$K_{f1}=1$。

无功电流的基波通过滤波器分流，绕过负载，其由基波处的电容 C 决定。如果这个无功电流很大，必须引入一个附加在滤波器中的电感 L_1（见图 1.7d），这样 L_1-C 并联电路的谐振频率对应于变换器的基频，而滤波器阻断了无功电流基波。

与图 1.7d 对应的滤波器由于在基波处具有谐振的振荡电路而有明显的缺陷。

1）比图 1.7a 所示的滤波器更重、更大、更贵。

2）只能在恒定的输出频率下工作。

f_{bo}/f_{fu}较小时需从图 1.7a 中的滤波器切换到图 1.7d 中的滤波器。使用高频半导体开关可以扩大输出电压范围且避免谐波出现，（例如，见图 1.3d）同时增大f_{bo}/f_{fu}。在这种情况下，L 形 LC 滤波器可以满足滤波器参数的所有要求且成本最低。

通常，电流型变换器的交流输出滤波器采用图 1.7c。无谐波输出电流范围的扩大降低了滤波器的成本，改善了滤波器的质量和尺寸。

1.5.1 滤波器中的动态过程

变换器的输出滤波器包含存储能量的无功元件。当运行条件改变（起动、负载调整、电源电压变化）时，瞬态过程很大程度上是由滤波器的过程决定的。当负载变化很大时，直流和交流电路都采用 *LC* 滤波器。

现在考虑 L 形 *LC* 滤波器中的动态过程（见图 1.7a）。

电流流经电感 L，存储的能量为

$$W_{\mathrm{L}} = \frac{Li^2}{2} \tag{1.18}$$

随着负载电流的突然减少，如关断用电设备时，电感的能量转移到电容 C，从而增加了它的能量以及负载电压。

$$W_{\mathrm{C}} = \frac{CU_{\mathrm{C}}^2}{2} \tag{1.19}$$

输出电压在滤波器的谐振频率 ω_{res}处开始振荡，直到多余的能量分散在负载中。输出电压的波动与 $\sqrt{L/C}$成正比，并且可能大大超过稳定的输出电压。

在滤波器谐振频率不变的情况下，为降低输出电压波动的强度，可以减小电感 L 和增加电容 C。但这种办法要么增大了通过变换器开关的电流，要么导致变换器硬特性曲线消失。为减少负载电路中的电压波动，可以引入非线性元件，如压敏电阻。

随着负载功率的突然增加，滤波电容能量转移到负载上，电容电压下降，负载电压减小。暂态过程会一直持续，直到电容的能量从变换器电源中得到补充。

参 考 文 献

Czarnecki, L.S. 1987. What is wrong with the Budeanu concept of reactive and distortion power and why it should be abandoned. *IEEE Trans. Instrum. Meas.*, 3(3), 834–837.

Emanuel, A.E. 1999. Apparent power definitions for three-phase systems. *IEEE Trans. Power Deliv.*, 14(3), 767–771.

Kassakian, J.C., Schlecht, M.F., and Verghese, G.C. 1991. *Principles of Power Electronics*. Addison-Wesley.

Mohan, N., Underland, T.M., and Robbins, W.P. 2003. *Power Electronics—Converters, Applications and Design*, 3rd edn. John Wiley and Sons.

Rozanov, Ju.K. 2007. Power electronics: Tutorial for universities. (Silovaja jelektronika: Uchebnik dlja vuzov), Rozanov, Ju.K., Rjabchickij, M.V., Kvasnjuk, A.A. M.: Izdatel'skij dom MJeI (in Russian).

Zinov'ev, G.S. 2012. Bases of power electronics (Osnovy silovoj jelektroniki). Moskva: Izd-vo Jurajt (in Russian).

第2章　功率半导体器件和无源元件

2.1　简介

功率半导体器件的平均电流大于等于10A，可被划分为可控器件（晶体管和晶闸管）和不可控器件（二极管）。功率器件的选择要考虑器件的半导体材料、用途以及工作原理（Rozanov 等人，2007）。

半导体材料一般包括硅（Si）、锗（Ge）、砷化镓（GaAs）。大多数功率器件以硅材料作为基础。目前，铟化合物（InP 和 InAs）、碳化硅（SiC）等其他半导体材料也投入了使用。

2.2　功率二极管

根据功能，功率二极管可分为整流二极管、雪崩整流二极管（限压器）、可控击穿雪崩整流二极管（稳压器）及脉冲二极管。

2.2.1　$p^+ - n^- - n^+$结构的功率二极管

带 p－n 结的功率二极管具有 $p^+ - n^- - n^+$ 半导体结构（见图 2.1）。中间的 n^- 层是基区。在电子物理特性方面，这是一种本征硅半导体，其施主浓度相对较低：$N_d \approx (5 \sim 7) \times 10^{13} cm^{-3}$。相反，二极管的 n^+ 层掺杂浓度很高，因此称之为发射区（Yevseyev 和 Dermenzhi，1981）。

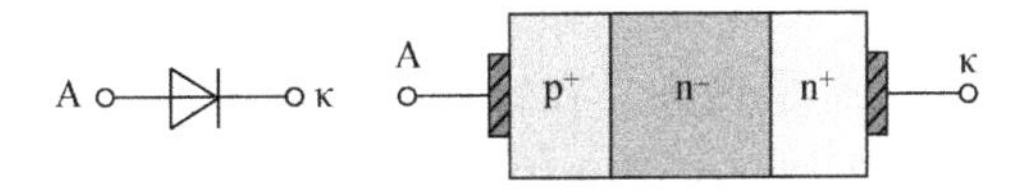

图 2.1　功率二极管及其结构

当对二极管施加反向电压时，外部电场主要集中于高电阻基区内。掺杂浓度很高的发射区 n^+ 可以确保基区内有一个接近矩形的电场。因此，功率二极管的工作电压实际上是标准 $p^+ - n^-$ 结构的两倍。

反向工作电压最大值由雪崩击穿电压 $U_{(BR)}$ 决定，并考虑一定的安全裕量

$$U_{RRM} = k_0 U_{(BR)} \tag{2.1}$$

式中，U_{RRM}是脉冲二极管反向电压的最大值；k_0 是安全系数（通常是0.75）。

二极管反向截止时，电场集中区域的空间电荷层厚度 W_0 为数十或数百微米，其极限值为

$$W_0 \approx 0.52\sqrt{\rho_n U_{(BR)}} \tag{2.2}$$

式中，ρ_n 是 n^- 基区硅的电阻率，单位是 Ω/cm；$U_{(BR)}$ 是二极管结构中的雪崩击穿电压，单位是 V。

如果 W_0 的计算值小于 150μm，则选择 n^- 基区厚度为 150μm，以确保硅底层有足够的机械强度。

当 W_0 大于 150μm 时，考虑到保护 n^+ 发射区以限制电场的扩展，则选择 n^- 基区厚度 W_{n-} 等于或稍小于 W_0。

初始硅底层的总厚度还包括 p^+-n^- 结和 n^+-n^- 结的厚度 w，即

$$W_{Si} = W_{n^-} + w_{p^+n^-} + w_{n^+n^-} \tag{2.3}$$

对于功率二极管，通常，$w_{p^+n^-}$ 为 75 ~ 125μm，$w_{n^+n^-}$ 为 30 ~ 50μm。

二极管施加正向电压时，电子－空穴 p^+-n^- 结正向偏置，空穴从掺杂浓度较高的 p^+ 层向二极管基区注入。

空穴在注满基区时将会向 n^+-n^- 结移动。n^+ 发射区初始掺杂浓度是一定的，导致大多数空穴无法克服 n^+-n^- 结的势垒并开始向 n^+-n^- 结附近聚集。其正电荷由来自 n^+-n^- 结的电子流补偿，这一过程需要正向偏置。因此，功率二极管的 $p^+-n^--n^+$ 结构空穴注入加倍。n^- 层（基区）充满了来自两侧的电子－空穴等离子体。

n^+-n^- 结处的压降低于 p^+-n^- 结处的压降。二极管 PN 结处总电压可表示为

$$U_{p-n} \approx 2\varphi_T \ln\left(\frac{I_F}{I_S}\right) \tag{2.4}$$

式中，φ_T 是热势（在室温下为 0.025V）；I_F 是正向电流；I_S 是饱和电流（硅半导体的 I_S 为 10^{-12} ~ 10^{-6}A）。

n^- 基区的正向电流密度很高，注入了大量载流子。因为这种半导体结构的特点是双倍注入，基区电导率与电流成正比增加。因此，实际上 n^- 基区正压降保持恒定，不依赖于二极管电流或基区电阻率。这种情况下，电压降可表示为

$$U_{n^-} \approx 1.5\varphi_T \exp\left(\frac{W_{n^-}}{2.4L_p}\right) \tag{2.5}$$

式中，L_p 是 n^- 基区处的空穴扩散长度。

随着电流密度增加到 100 ~ 300A/cm^2，电子和空穴互相扩散，开始影响基区正向电压。在这种情况下，基区载流子浓度达到 $(7 \sim 8) \times 10^{16}cm^{-3}$ 或更高；其迁移率与浓度成反比，且基区导电率不再依赖于电流。二极管基区的电压降与正向电流 I_F 成反比。

考虑到所有的相关因素，功率二极管的正向电压可表示为

$$U_F = 2\varphi_T \ln\left(\frac{I_F}{I_S}\right) + 1.5\varphi_T \exp\left(\frac{W_{n^-}}{2.4L_p}\right) + \frac{W_{n^-}}{16S}I_F \tag{2.6}$$

式中，S 是二极管结构中有效区域的面积。

在式（2.6）中，W_{n^-} 的单位是 cm，S 的单位是 cm^2。

2.2.2　肖特基功率二极管

肖特基二极管的工作原理是基于金属和半导体耗尽层之间的相互作用，在一定条件下二者的接触具有整流特征。肖特基二极管是基于具有电子导电性的 n^- 硅层。n^+ 基区掺杂浓度较高，施主浓度为 $5\times10^{18}\sim5\times10^{19}cm^{-3}$，厚度为 150～200μm；这由初始硅片的厚度决定。高浓度基区的出现显著减少了二极管电阻，并保证与阴极金属层之间具有很好的欧姆接触。肖特基二极管的 n^- 基区杂质浓度较低（约 $3\times10^{15}cm^{-3}$）；厚度 w_B 由二极管工作电压决定，范围从几微米到几十微米。为使雪崩击穿电压极值最小化并增加基区电场强度，二极管包括带p－n结的保护环系统，其深度为几个微米（见图 2.2）。

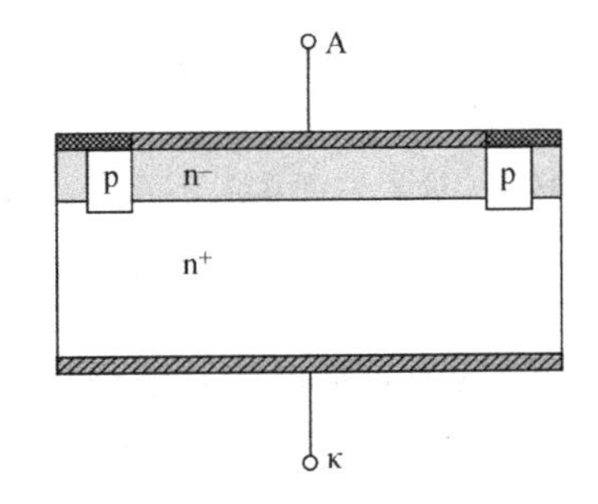

图 2.2　肖特基二极管结构

肖特基二极管管压降小于 p－n 结二极管管压降，但是反向电流更大（Melyoshin，2005）。

肖特基二极管的正向电压由两个主要部分组成：结电压和二极管 n^- 基区电阻电压

$$U_F = \varphi_T \ln\left(\frac{I_F}{I_S}+1\right) + \frac{I_F \rho_n w_B}{S} \tag{2.7}$$

随着肖特基二极管最大反向电压的增加，n^- 基区电阻会增加，因为产生更高的反向电压时，需要载流子浓度较低且更宽的低掺杂区。其结果是，高电压肖特基二极管 n^- 基区电阻显著增加。

这是这类二极管工作电压范围为 200～400V 的主要原因。

2.2.3　脉冲二极管

脉冲二极管应用于脉冲和高频场合；其瞬态过程相对较短。有两种基本结构（见图 2.3）：带 p－n 结的二极管（扩散型和外延型脉冲二极管）和带金属－半导体结的二极管（脉冲肖特基二极管）。

脉冲肖特基二极管因为不存在少数载流子的积累而开关时间最短（几纳秒）。二极管截止时的瞬态过程中，不存在反向电流过冲；反向恢复时间仅由结的势垒电容再充电时间决定。但是，硅基底二极管的阻断电压不超过 200～400V。基于砷化镓（GaAs）的脉冲肖特基二极管，其反向电压最大值可以提高到600V。目前，基于SiC的二极管最大阻断电压，可达1700V。因为基区不存在载流子注入和电导调制，脉冲肖特基二极管的工作电流不超过数十安培。

不同参数决定了带p－n结的脉冲二极管开关过程。当脉冲二极管正向导通时，会出现相对较大的电压过冲。电压过冲由二极管基区初始电阻 r_{B0} 和正向电流幅值 I_F 决定，可以达到几十或几百伏。随着电荷在基区聚集，二极管的正向电压会降低到一个稳定值（见图2.4）。

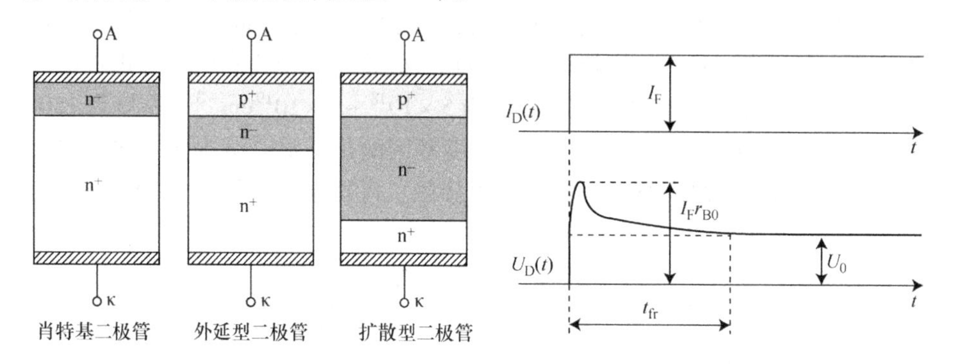

图2.3 几种主要的脉冲二极管　　图2.4 脉冲二极管导通时的电压和电流变化

二极管正向电压开始上升到下降至稳定值 U_0 的110%之间的时间被称为 t_{fr}，该时间建立了二极管的正向电阻。

带p－n结的脉冲二极管截止时，反向电流迅速增加，然后降低到零（见图2.5）。

由于二极管基区电荷过剩，反向电流最大值是正向电流的几倍。反向电流过冲可以由脉冲二极管的动态参数反向恢复电荷 Q_{rr} 来描述。实质上，Q_{rr} 是二极管反向电流的积分。反向电流从开始上升到降低至最大值的0.2倍的时间称为二极管反向恢复时间 t_{rr}（Voronin，2005）。

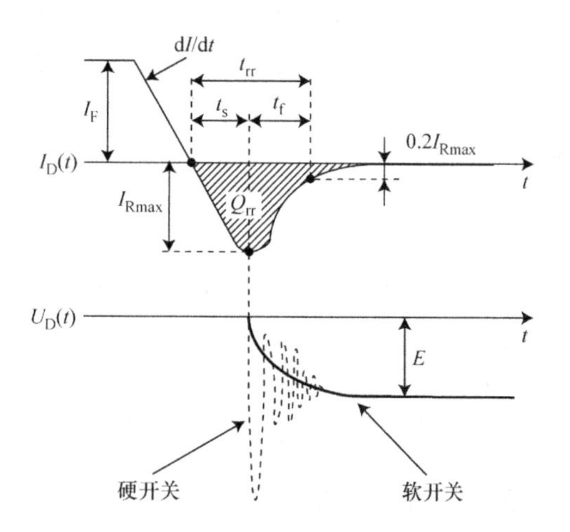

图2.5 脉冲二极管截止时的电压和电流变化

基区相对较窄的外延型二极管的阻断电压最大值是600～1200V。按规定，反向电压超过1200V的二极管通过扩散技术制造。这类二极管中反向阻断电压最大值大约为6500V。带一个p－n结的二极管半导体晶体（芯片）的典型正向电流平均值为50A、100A或150A。通过并联单个芯片，可获得高达数千安培的工作电流。

大功率系统中使用的二极管对反向恢复动态特性有额外要求，即必须符合要求的恢复特性软度。为实现这一目标，引入恢复系数 S，这是二极管反向恢复时间 t_{rr} 中反向电流下降时间 t_f 和上升时间 t_s 之比。

$$S=\frac{t_f}{t_s} \tag{2.8}$$

二极管恢复期间的电压过冲取决于正向电流下降率 di/dt（通常在电路中进行控制）以及寄生电感 L_s。然而，随着二极管反向电流急剧下降，二极管会有更大的电压过冲。为减少电压过冲，柔软度系数必须大于 1。因此，为使二极管软性恢复，反向电流下降率应该与上升率大约相等。

2.3　双极型功率晶体管

双极型功率晶体管工作电压相对较高（$10^2\sim10^3$V），在较薄的基区上建立 $n^+-p^--n^+$ 结构比较困难。但是，如果无法建立该结构，晶体管的频率特性将会受到很大影响。特别是最大放大频率 f_T 将会显著减小，f_T 下电流放大系数会减少到 1。最大频率 f_T 可以由式（2.9）决定。

$$f_T=|h_{21E}|f \tag{2.9}$$

式中，$|h_{21E}|$是电流放大系数的模（每种晶体管的系数均可在数据手册中查到）；f 是测量$|h_{21E}|$时的频率。

因此，双极型功率晶体管使用 $n^+-p-n^--n^+$ 结构。掺杂较少的 n^- 层是集电极的高电阻区域（见图 2.6）。

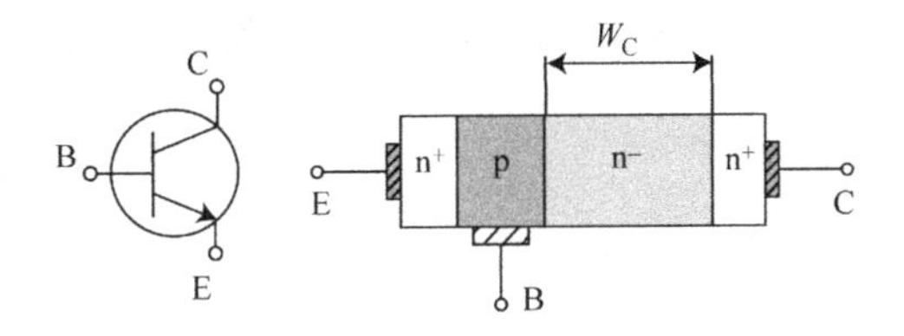

图 2.6　双极型功率晶体管及其结构

实际应用的主要是共发射极功率晶体管。因此，其工作电压由集电极 - 发射极允许的最大电压 U_{CEmax} 决定。可以通过 U_{CEmax} 计算集电极 - 发射极的雪崩击穿电压为

$$U_{CE0}=\kappa_0U_{CEmax} \tag{2.10}$$

式中，κ_0 是安全裕量（$\kappa_0\geqslant1$）。

一旦确定了 U_{CE0}，就能确定集电极 - 基极的击穿电压为

$$U_{CB0}=(1+\beta_N)^{1/n}U_{CB0} \tag{2.11}$$

式中，对于硅晶体管 n 为 3 ~ 6。

然后，则能够计算空间电荷区的厚度，其主要向集电极的高电阻区域延伸

$$W_{C0}\approx0.52\sqrt{\rho_nU_{CB0}} \tag{2.12}$$

式中，ρ_n 是集电极 n^- 区域的电阻率。

考虑到晶体管中掺杂较多的 n^+ 层电场，选定集电极高电阻区域所需厚度 W_C 是 W_{C0} 的一半。

饱和时，双极型晶体管发射极和集电极形成的结需要正向偏置。晶体管饱和导通压降为

$$U_{CE(sat)} = \varphi_T \ln \frac{\alpha_I}{1 + I_C/(1+\beta_I)I_B} + (I_C + I_B)r_E + I_C r_C \tag{2.13}$$

式中，β_I是晶体管反向导通时的放大系数；$\alpha_I = \beta_I/(1+\beta_I)$；$r_E$ 是发射极层电阻；r 是集电极层电阻。

硅晶体管的导通压降 $U_{CE(sat)}$ 由集电极层电阻决定，对于低压元件，电压为 1～2V，对于高压元件，电压为 4～5V。

根据最大放大频率f_T，可以计算通过基极的载流子迁移时间 τ_C 以及晶体管内部载流子寿命 τ_B，其决定了晶体管动态特性。

$$\begin{cases} \tau_C = \dfrac{\alpha_N}{2\pi \cdot f_T} \\ \tau_B = \beta_N \tau_C \end{cases} \tag{2.14}$$

式中，α_N 是共基极电流放大系数；β_N 是共发射极电流放大系数。注意，$\alpha_N = \beta_N/(1+\beta_N)$。

在放大模式下，双极型晶体管工作于输出特性的有源区域。在开关模式下，功率晶体管工作于截止区和饱和区，在开关过程中穿过有源区。为保证在饱和区工作，开关过程中的基极控制电流有一个边界值，由晶体管饱和系数决定。

$$N = \frac{I_B^+}{I_{B,li}} \tag{2.15}$$

式中，I_B^+ 是正向基极电流；$I_{B,li}(=I_{lo}/\beta_N)$是基极电流限值，$I_{lo}(=I_{Csat})$是开关负载电流。

通过饱和系数，可以用下列方法估计晶体管基本动态参数。

1）晶体管开通时导通时间 t_{on}

$$t_{on} \approx \tau_0 \ln\left[\frac{N}{N-1}\right] \tag{2.16}$$

2）晶体管关断时的延迟时间，即储存时间 t_s

$$t_s \approx \tau_0 \ln\left[\frac{N+1}{2}\right] \tag{2.17}$$

3）晶体管关断时的下降时间 t_{off}

$$t_{off} \approx \tau_0 \ln 2 \tag{2.18}$$

其中，$\tau_0 = \tau_B + (1+\beta_N)C_{CB}R_{lo}$是考虑晶体管集电极－基极电容影响的等效时间常数，$R_{lo}$是负载电阻。

集电极层高阻区会在晶体管输出特性（见图2.7）上形成一个额外工作区（临界饱和区）。有源区和临界饱和区之间的边界可通过式（2.19）计算。

$$I_C = \frac{U_{CE}}{r_{C0}} \tag{2.19}$$

式中，$r_{C0}(=\rho_n W_C/S)$是集电极 n^- 区的初始电阻；S 是晶体管结构的面积。

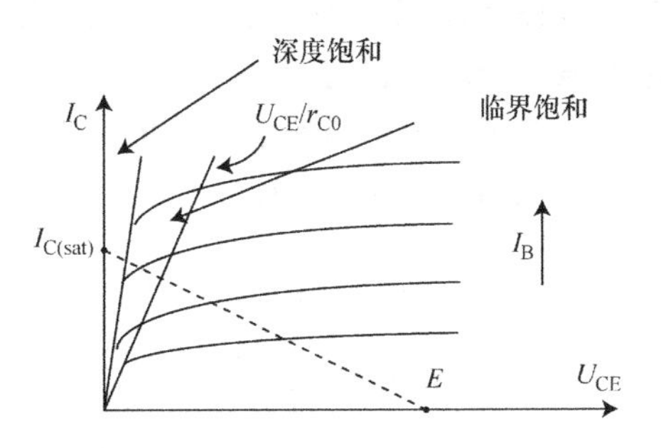

图2.7　双极型功率晶体管的伏安特性

当晶体管的开关过程通过临界饱和区时，集电极电流变化会显著减缓。在瞬态开关过程中，晶体管导通和关断，这时可以观察到缓慢变化区间，称之为准饱和区间和准存储区间。随着集电极高阻区电阻率的增加，这些区间会延伸。当集电极 n^- 层电阻因电荷的积累而改变时，晶体管的基区会扩大（Kirk 效应和感应基区效应）。此时，电流转移系数 β_N 下降，载流子寿命 τ_B 增加。这很好地解释了 t_{on} 和 t_{off} 的减小，并限制了高压双极型晶体管的开关速度。

例如，双极型晶体管工作电压 $U_{CEmax}=500V$ 时，其开关时间为 $5\sim10\mu s$。

双极型功率晶体管的另一个特点是位移电流与 p 基区纵向电阻相关。晶体管的基极电流与发射极平面平行，p 基极的电势下降方向与电流方向相同。如果电势下降超过 $2\varphi_T$，发射极中心的电流密度与外围电流密度则相差一个数量级。相应的，负载电流密度存在于晶体管内部，当晶体管导通时，其位于发射极边缘；当晶体管截止时，其位于发射极中心。因此，只有发射极的 ΔX_E 区域处于导电状态。

$$\Delta X_E \approx 0.54 W_B \sqrt{\beta_N} \tag{2.20}$$

式中，W_B 是晶体管 p 基极厚度。

为减小位移电流的影响，发射极会以环形、渐开线及山脊状形成，其横截面与 ΔX_E 相关。

双极型功率晶体管的缺点可以通过使用复合设计而得到改善。

为增加电流放大系数，可以使用以 Darlington 和 Sziklai 电路为基础的复合晶体管（见图2.8）。在复合晶体管中，电流转移系数是 $\beta_{N1}\beta_{N2}$。

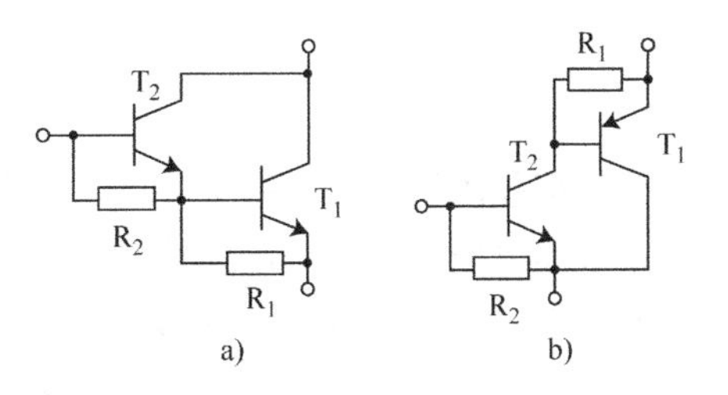

图2.8　复合晶体管

a）Darlington 电路　b）Sziklai 电路

为增加允许电压最大值及关断速度，晶体管采用带发射极开关的雪崩设计（见图2.9）。在这种情况下，关

断速度提高 β_N 倍，然而，电压限值就是集电极 - 基极击穿电压 U_{CB0}，该值是普通共发射极晶体管的 150%。

为改善晶体管的频率特性并减少存储时间 t_s，可以使用带非线性反馈的不饱和开关电路（见图 2.10）。

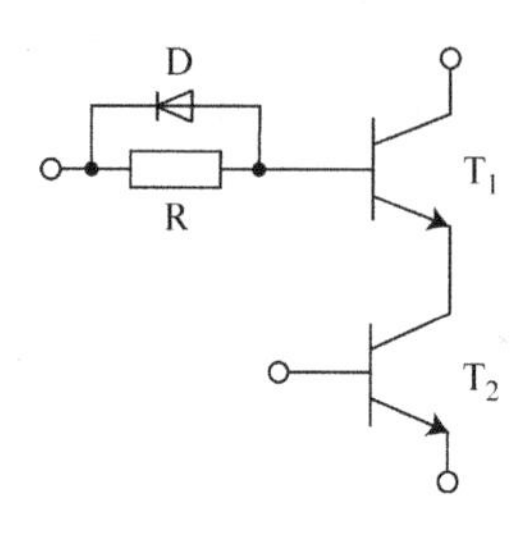

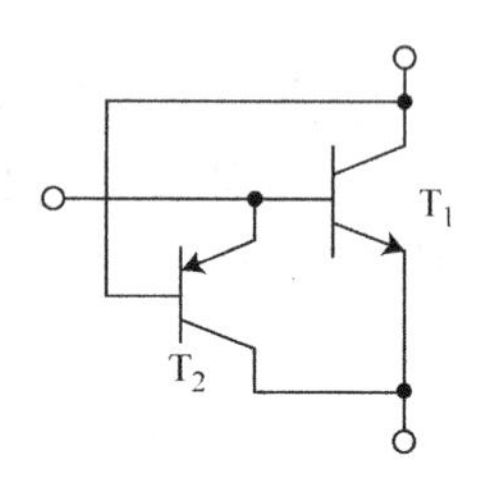

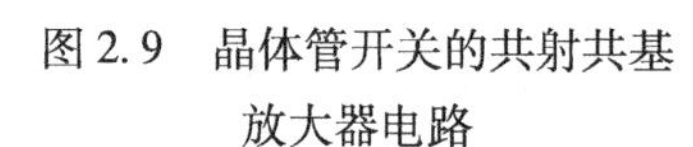

图 2.9　晶体管开关的共射共基放大器电路

图 2.10　不饱和开关电路

2.4　晶闸管

2.4.1　带 p - n - p - n 结构的可控半导体开关

带 p - n - p - n 结构的开关有两个稳定状态，其工作取决于内部反馈。晶闸管结构基于四层 p - n - p - n 及三个 p - n 结：阳极结、中间结和阴极结（见图 2.11）。

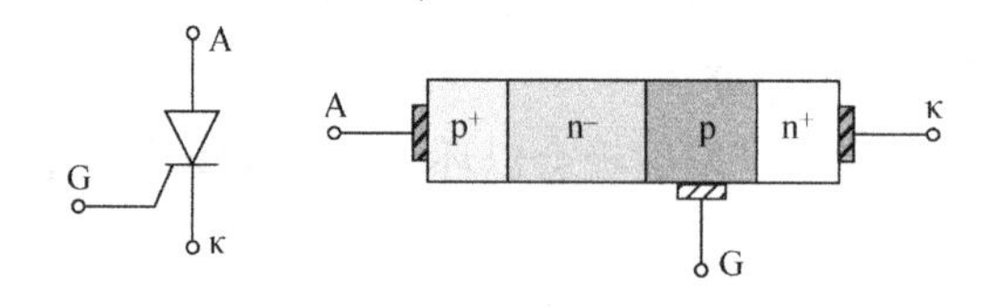

图 2.11　晶闸管及其结构

如果把晶闸管视为由一个 n - p - n 晶体管和一个 p - n - p 晶体管组成，使每个晶体管集电极与另一个晶体管基极相连（见图 2.12），则可以用下面方式来描述伏安特性（Gentry 等人，1964）。

$$I_A = \frac{\alpha_{NPN} I_g + I_{C0}}{1 - \alpha_{NPN} - \alpha_{PNP}} \tag{2.21}$$

式中，I_A 是晶闸管阳极电流；I_g 是晶闸管 p 基极控制电流；α_{NPN} 是 n - p - n 晶体管电流分配系数；α_{PNP}是p－n－p晶体管电流分配系数；I_{C0}是中间结的漏电流。

晶闸管截止时，能观察到正向和反向阻断（见图2.13）。

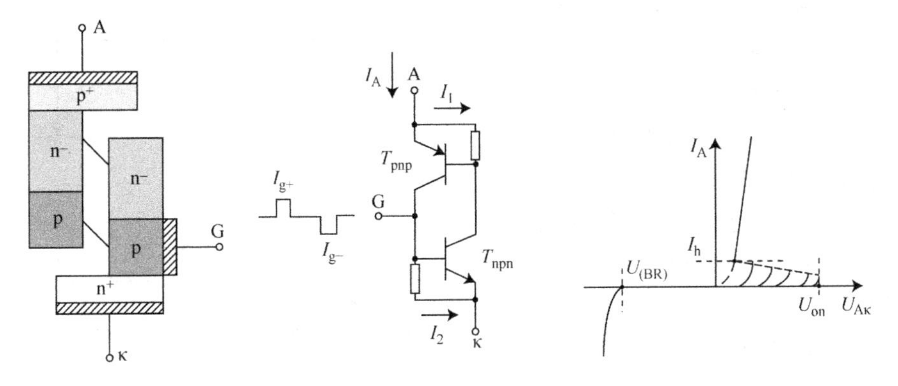

图2.12　复合晶闸管结构　　　　图2.13　晶闸管的伏安特性

如果向晶闸管施加正向电压（电源正极与晶闸管阳极相连），中间p－n结反向截止。空间电荷区开始向晶闸管掺杂最少的n基极渗透，向远离中间结的方向移动。如果向晶闸管施加反向电压，阳极结和阴极结都会反向截止。因为与门极相邻的阴极结关断特性非常差（通常电压不超过15～20V），空间电荷区向晶闸管的n基极渗透，向远离阳极结的方向移动。因此，正向阻断和反向阻断都依赖于n基极尺寸和合金化程度。

如果开关关断，空间电荷区的电场强度达到临界值，就会发生雪崩击穿现象。空间电荷区的极限尺寸（以μm为单位）可表示为

$$W_0 \approx 0.52\sqrt{\rho_n U_{(BR)}} \leqslant W_n \tag{2.22}$$

式中，ρ_n是n基极中硅的电阻率；$U_{(BR)}$是晶闸管的雪崩击穿电压。

当控制电流流过晶闸管的p基极，晶体管开始正反馈，电流分配系数α_{NPN}和α_{PNP}开始增加。

使用微分形式$\alpha^* = \Delta I_C / \Delta I_E$，可以得到从p－n－p－n结构到稳定导通状态的条件为

$$\alpha_{NPN}^* + \alpha_{PNP}^* \geqslant 1 \tag{2.23}$$

当晶闸管导通时，其对应于具有饱和基极的二极管p^+-i-n^+结构。通过与高压二极管对比，晶闸管正向导通压降可表示为（Yevseyev和Dermenzhi，1981）

$$U_T = 2\varphi_T \ln\left(\frac{I_A}{I_S}\right) + 1.5\varphi_T \exp\left(\frac{W_n + W_p}{2L}\right) + \frac{W_n + W_p}{16S} I_A \tag{2.24}$$

式中，W_n是n基极厚度；W_p是p基极厚度；L是晶闸管饱和基极内部载流子的

有效扩散长度（$L \approx 1.2L_p$）。

晶闸管的动态参数由 p－n－p－n结构开关时间决定。

晶闸管导通可以分为4个基本过程：开关延时、上升、稳态、向整个区域的扩散（见图2.14）。

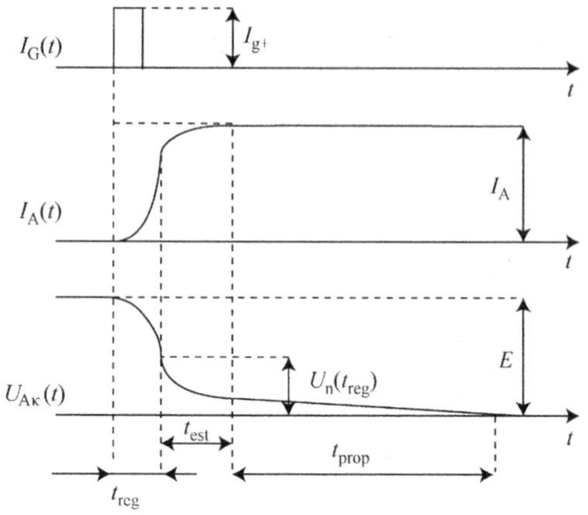

图2.14　晶闸管导通时的瞬态过程

开关延时由施加于晶闸管 p 基极的控制电流幅值决定。一般来说，对于大功率晶闸管，$I_{co} \geqslant 1A$，延迟时间相对较少（不超过 $0.2\mu s$）。

上升阶段的特点是晶闸管雪崩电流急剧增加。

$$I_A(t) \approx B_0 I_g \exp\left(\frac{t}{\tau_0}\right) \tag{2.25}$$

式中，τ_0（$\approx 0.1 \sim 0.2\mu s$）是电流上升的时间常数；$B_0$（$\approx 0.4 \sim 1.2$）是电流的放大系数。

随着阳极电流的增加，晶闸管电压会下降，然而高阻 n 基极压降会增加。当阳极电压和基极电压基本相同时，阳极电流端会出现雪崩，开始进入稳态。在这一阶段，n 基极的电导率调制增加。晶闸管基区压降大致呈指数下降

$$U_{AC}(t) \approx U_T + [U_n(t_{reg}) - U_T]\exp\left(-\frac{t - t_{reg}}{\tau_e}\right) \tag{2.26}$$

式中，$U_n(t_{reg})$ 是上升阶段结束时，晶闸管 n 基极的电压幅值；τ_e（$\approx 0.5 \sim 2.0\mu s$）是稳态建立的时间常数，与 n 基极的空穴寿命大致相等。

$U_n(t_{reg})$ 的最大值可估算为

$$U_n(t_{reg}) \approx W_n E_{cr} \tag{2.27}$$

式中，E_{cr}（$\approx 10^4 V/cm$）是 n 基极临界电场强度，在该条件下，载流子速度开始饱和。

一般来说，晶闸管最初导通时，S_0 区域不超过 $0.1cm^2$。导通状态的传播速率与阳极电流近似成正比。一段时间后导通区域面积的变化量可表示为

$$S(t) \approx \sqrt{kI_A t + S_0^2} \tag{2.28}$$

式中，k 是比例常数。

在扩散阶段，晶闸管电压改变量可表示为

$$U_{AC}(t) \approx U_{T0} + r_{T0} I_A \frac{S}{S(t)} = U_{T0} + k^* \sqrt{\frac{I_A}{t}} \tag{2.29}$$

式中，U_{T0}和r_{T0}是近似线性的晶闸管伏安特性参数；k^* $(=r_{T0}S/\sqrt{k})$是经验常数，其中k^*为$(0.2\sim0.3)\mathrm{VA^{-1/2}\mu s^{1/2}}$。

假设在扩散阶段结束时，$U_{AC}(t_{prop}) = U_T = U_{T0} + r_{T0}I_A$，则扩散持续总时间可表示为

$$t_{prop} = \frac{(k^*/r_{T0})^2}{I_A} \tag{2.30}$$

可以使用不同的方法关断晶闸管。

- 减少正向阳极电流为维持电流 I_h 以下；
- 使阳极电压 U_{AC}极性变反；
- 向门极施加反向（负）电流 I_g^-。

通过阳极电路使晶闸管关断，这种晶闸管称为半导体可控整流器。在控制电路中被反向电流关断的晶闸管称为门极关断（GTO）晶闸管。

实际上，在所有情况下，当由于正向阳极电流积累的过量电荷减小到最小值或临界值时，器件就能承受阳极电压并保持截止状态。

晶闸管基极的过量电荷降低到临界值所需的时间称为关断时间 t_q。

通过阳极电压极性反向使晶闸管截止时，一般来说，n－p－n 晶体管首先截止，因为其 p 基极掺杂浓度更高。此后，p－n－p 晶体管基极断开，且积累在 n 基极中的载流子通过复合消失。关断时间可表示为

$$t_q = \tau_p \ln \frac{Q_0}{Q_{cr}} \tag{2.31}$$

式中，τ_p 是 n 基极的载流子寿命；Q_0 是初始存储电荷；Q_{cr}是临界电荷。

电荷 Q_0 与正向阳极电流成比例，而 Q_{cr}与手册中提供的维持电流 I_h 成比例。则关断时间的估算值可表示为

$$t_q \approx \tau_p \ln \frac{I_A}{I_h} \tag{2.32}$$

当对截止晶闸管施加一个正向阳极电压脉冲（振幅为 ΔU，速度为 $\mathrm{d}V/\mathrm{d}t$），通过中间结的势垒电容 C_{CB}向基极区提供附加电荷，称之为晶闸管 $\mathrm{d}V/\mathrm{d}t$ 效应，在计算关断时间时需要考虑这个量。

$$t_q = \tau_p \ln \frac{Q_0}{Q_{cr} - C_{CB}\Delta U} \approx \tau_p \ln \frac{I_A}{I_h - C_{CB}\Delta U/\tau_p} \tag{2.33}$$

2.4.2　功率光控晶闸管

光控晶闸管是一个在接受光照时导通的单向 p－n－p－n 电流开关。

需要注意两个主要设计要点：一个受光发射区和一个受光基区（Yevseyev 和 Dermenzhi，1981）。

带受光基区的光控晶闸管是电力电子技术中的主要元件（见图2.15）。该结构不对光照强度产生响应，而是对辐射流量产生响应。因此，可以在不显著增加晶体管元件增益的情况下增加光敏度。反过来，允许增加光控晶闸管临界电压增长率并降低开关电压的温度依赖性。通过使用有再生制动功能的控制电极可以确保光电晶闸管对阳极电流快速增加的抗性。使用的辅助结构是一个光控 p－n－p－n结构，其阳极电流用于激发 p 基极。

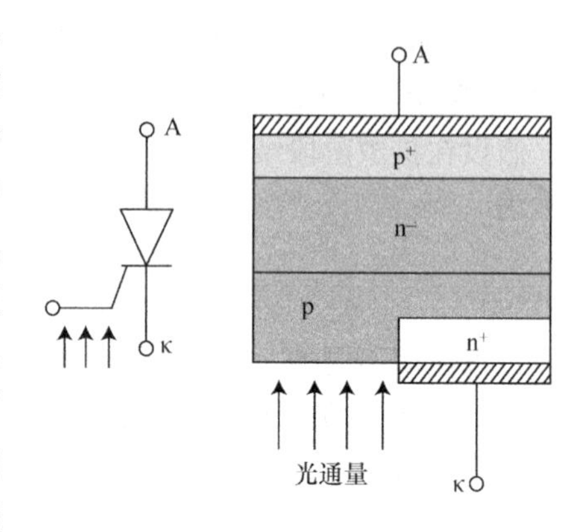

图2.15　光控晶闸管和受光基区的结构

带受光基区的光控晶闸管伏安特性为

$$I_{A} \approx \frac{\alpha_{NPN}\beta_{PNP}(I_{ph1}+I_{ph2})}{1-\alpha_{NPN}-\alpha_{PNP}} \tag{2.34}$$

式中，I_{ph1}是通过阳极结的光量子通量；I_{ph2}是通过中间结的光量子通量。

根据式（2.34），带受光基区的光控晶闸管对应一个 p－n－p－n 结构，其中共发射极电路中 p－n－p 晶体管的集电极和 p 基极相连，而光电流 $I_{ph1}+I_{ph2}$ 注入 n 基区。带受光基区的光控晶闸管伏安特性与电流控制的 p－n－p－n 结构有相似的性质。

在设计方面，光控晶闸管与高压平板晶闸管相似，但光控晶闸管是光学输入控制而不是电气控制输出。

在光控晶闸管阴极中心有一个受光区域，与半导体结构的光敏区域相邻。

光控晶闸管采用光接口电缆控制（见图2.16）。

在其中一端，将其插入平板阴极的槽中；另一端通过光插口与激光二极管相连。光脉冲通过一条光纤电缆、一个适配器和一个光窗口从激光二极管发出，提供给硅结构的光敏区域。

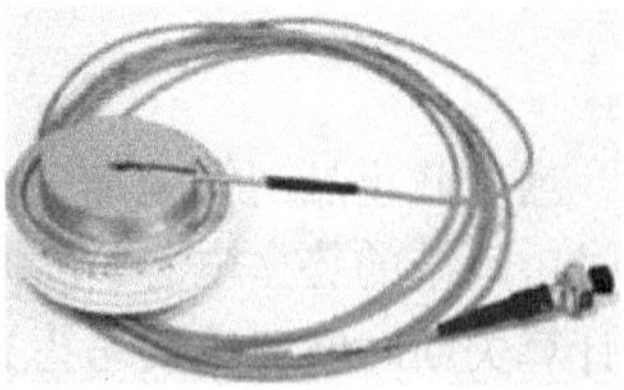

图2.16　带光缆的光控晶闸管

光控晶闸管由一个 IR 脉冲控制。控制脉冲通过一条光纤电缆传输到硅结构的光敏区域。该区域与光控晶闸管外壳和激光二极管都建立了光连接，例如 Osram SPL－PL90 二极管，其中的光波长为 0.88～0.98μm。光导纤维实际长度不受限制，因为控制信号的衰减是非常微弱的（大约 1dB/km）。激光二极管将控制驱动器的电信号转换为光脉冲，模拟电脉冲的波形和波长。

2.4.3　对称晶闸管

对称晶闸管采用 n－p－n－p－n 五层结构，也被称为双向晶闸管。这类元件的伏安特性包括正向和反向两个负电阻区域，常用于交流电路中（见图 2.17）。

带并联发射极的对称 n－p－n－p－n 开关结构如图 2.18 所示。

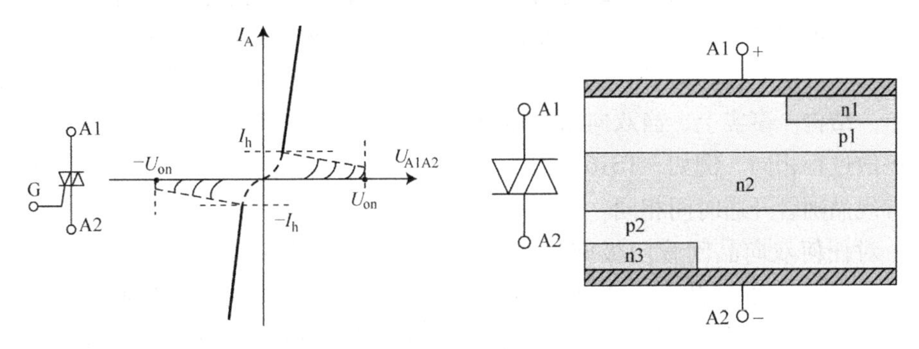

图 2.17　双向晶闸管（对称晶闸管）及其伏安特性

图 2.18　双向晶闸管及其结构

这类元件称为双向交流开关，由两个反并联的 p－n－p－n 区域组成。将超过开通电压的电压施加到门极上或者外加电压激增导致外加电压前沿陡峭，双向交流开关结构可导通。在这类结构基础上，通过在 p1 和 p2 基极区域附加门电路而建立可控开关。然而，这一设计不适用于大功率元件，因为出现了两个门电路，其中一个门电路必须通过半导体板的底面。

在常规晶闸管中，门极与 p 基极直接相连且不能注入载流子，这被称为欧姆门。另一种晶闸管设计包括一个附加的 p－n 结，位于门极下方且与门极直接相连。这个结能够向基极注入载流子，称之为注入门。注意，该结构中的控制电流从门极流出。

由于普通晶闸管位于 n 型硅平板上，因此基极会提供阳极（p 型发射极）。这是一个正向偏置结构。如果基极提供阴极（n 型发射极），则得到一个反向偏置结构。

在晶闸管中，正向电流流向门极所在的平面。输入门极电流是正电流。因此可分为下列 p－n－p－n 结构的晶闸管（Yevseyev 和 Dermenzhi，1981）：

1）带欧姆门的正向偏置结构，门极电流为正时，正向导通；

2）带注入门的反向偏置结构，门极电流为负时，反向导通；

3）带注入门的正向偏置结构，门极电流为负时，正向导通；

4）带欧姆门的反向偏置结构，门极电流为正时，反向导通。

对称可控开关由这些结构的不同组合组成。

例如，TS161 双向晶闸管将基本结构 1 和 4 组合在一块芯片上；KU208 双向晶闸管将基本结构 1 和 2 组合在一块芯片上；TS222 双向晶闸管将基本结构 1 和 3 组合在一块芯片上。

在瞬态过程中，当带有欧姆门和注入门的基本三端双向晶闸管结构导通时，两种结构依次导通：首先导通的是附加（控制）结构，其次通过控制结构的电流，基本三端结构导通。当这类双向结构导通时，瞬态过程的实际模型可能简化为单一结构。事实上，当双向结构导通时，与常规晶闸管区域观察到上升、稳态和扩散过程相同。例如，TS161 双向晶闸管的开通时间为大约 20μs，和同样功率的常规晶闸管开通时间相同。

对任何双向晶闸管门极施加负极电压时，只有给阳极和阴极施加反向电压，该结构才能被截止。需要注意的是，这种方法对施加正极控制电流的情况不适用。在这种情况下，需要对门极开关施加负极控制电流来关断双向晶闸管。

双向晶闸管在 dV/dt 效应下的抗性用两个特征参数表示。这里，要把和正向电流同极性的正向电压临界增长率与和正向电流反极性的正向电压临界增长率区分开。临界增长率 dV/dt 的典型值是 10 ~ 20V/μs。

2.5 开关晶闸管

2.5.1 GTO 晶闸管

普通 p－n－p－n 结构只有在负载电流较低的情况下通过控制电路的负电流关断，这时，晶体管的电流分配系数之和稍大于 1。

要使负载电流增加则需要增加开关电流。由于 p 基极有限的纵向电阻使阴极结会出现反向偏置。当电荷通过负极电流从 p 基极流出，则能观察到离门极最近的阴极结区域出现雪崩击穿现象。因此，剩余的阴极结被分流，负极控制电流可流过旁路通道。门极旁的晶闸管开关关断。

为确保开关电流较高，必须增加阴极结的雪崩击穿电压。同时，p 基极的纵向电阻必须减少。然而，这两个要求是互相矛盾的。应采取折中的办法，通过减小负极结的发射极带而减小 p 基极纵向电阻。例如，最大关断电流为 600A 的

GTO 晶闸管的阴极由 200 个发射极带组成（宽度为 30μm，长度为 4mm），其中每个发射极带由门电路分支覆盖。

有两种基本 GTO 晶闸管结构：反向阻断（主要用在电流型逆变器中）和反向导通（主要用在电压型逆变器中）。图 2.19 展示了这两种结构。在反向导通结构中，阳极发射结是并联的。

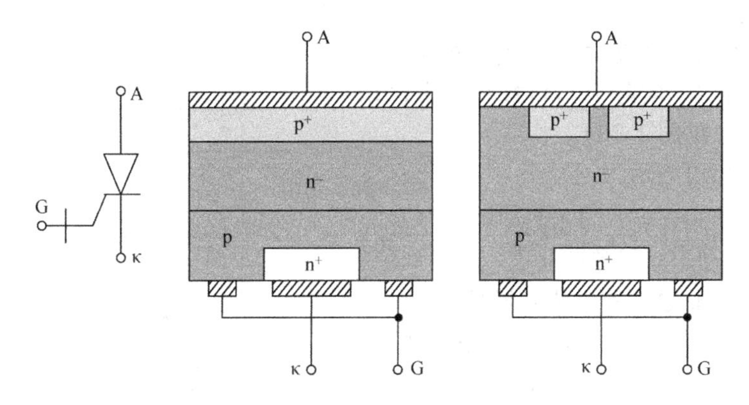

图 2.19　GTO 晶闸管及其基本结构

GTO 晶闸管的伏安特性与基本电路开关结构伏安特性相同。如果用式中反向控制电流替换伏安特性值，则能计算关断系数 G，该系数是阳极电流与开关电流的比值

$$G = \frac{I_A}{I_g^-} = \frac{\alpha_{NPN}}{\alpha_{NPN} + \alpha_{PNP} - 1} \tag{2.35}$$

关断系数是一个结构参数，可以确定关断带有特定负载电流晶闸管时需要的开关电流幅值。为增加 G，则需要增加 p－n－p 晶体管的电流分配系数以确保晶体管分配系数总和稍大于 1。对于现代的 GTO 晶闸管，$G = 4 \sim 8$。

在瞬态关断过程中分为 3 种状态：晶闸管基极的饱和电荷再吸收；阳极电流下降；中间结阻值恢复（见图 2.20）。

在第一阶段，关断电流产生作用，晶闸管基极的载流子密度减小。因此，中间结不再饱和。然后，两个晶体管器件开始工作，由于是正反馈，晶闸管阳极电流开始时产生雪崩（再生）下降。由于负极控制电流只在一个 p 基极产生，该基极电荷首先降为零。正反馈停止，n－p－n 晶体管转换为关断模式。在第三阶段，随着基极被关断，p－n－p 晶体管基极电荷被吸收——换句话说，进行再次结合。因此，该结构中剩余的阳极电流缓慢下降，时间常数与载流子寿命相等。

GTO 晶闸管手册根据 3 个阶段提供了 3 个参数：t_{gl}为与门电路有关的时间延迟；t_{gf}为阳极电流下降时间（与门电路有关）[⊖]；t_{tq}为最后关断阶段的持续时间。

2.5.2 门极换流晶闸管（GCT、ETO 晶闸管、MTO 晶闸管）

GTO 晶闸管的动态特性由其关断时间决定，关断时间主要由门电路延迟时间 t_{gl}组成。

对于特定的阳极电流幅值，控制电路的关断电荷 Q_{gq}实际上与负极控制电流增长率无关（见图 2.20）。

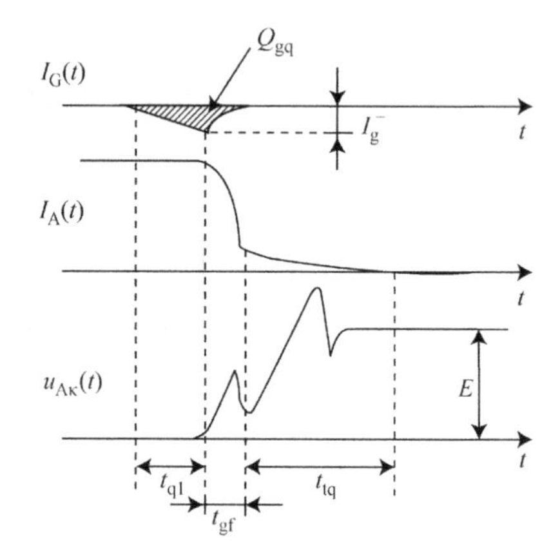

图 2.20 GTO 晶闸管关断时的瞬态过程

时间 t_{gl}可表示为

$$t_{gl}=\sqrt{2Q_{gq}\left(\frac{dI_g^-}{dt}\right)^{-1}} \qquad (2.36)$$

式中，dI_g^-/dt 是关断电流的增长率。

减少 t_{gl} 则可以增加 dI_g^-/dt。然而，这样会减少 G。G 的减少提高了速度，改善了关断结构元件之间的电流动态分布并减少了动态损失。然而当 dI_g^-/dt 很高时，最后阶段的持续时间 t_{tq}开始增加，同时拖尾电流幅值增加。因此，通过控制电路中的吸收回路，使 dI_g^-/dt 维持在 10 ~ 20A/μs到 80 ~ 120A/μs 的范围内。

这些问题可以通过 GTO 晶闸管门极开断负载电流而得到改善。这样，在关断时，阳极电流向晶闸管的控制电路转移，此时 $G\approx1$。应注意这种方法的几种形式（Li 等人，2000）。

1）负极电压源与控制电路使用硬开关相连（见图 2.21）。这类结构被称为门极换相晶闸管（GCT）。

2）发射极通过在阴极和控制电路附加开关开断阳极电流（见图 2.22）。这类结构被称为发射极关断（ETO）晶闸管。

3）使用额外的开关分流控制电极，从而关断阳极电流（见图 2.23）。这类结构被称为金属氧化物半导体（MOS）门极关断（MTO）晶闸管。

2.5.3 集成 GCT

门极换流晶闸管的主要控制问题是开关电路中的分布式寄生电感 L_S，包括驱动电路（~100nH）、电源母线（~200nH）和控制电极（~30nH）。当开关速度较快时，阳极电流较大（>10^3A），寄生电感 L_S 会导致控制电路中不可接

⊖ 原书为 I_{fg}，有误，应为 t_{gf}。——译者注

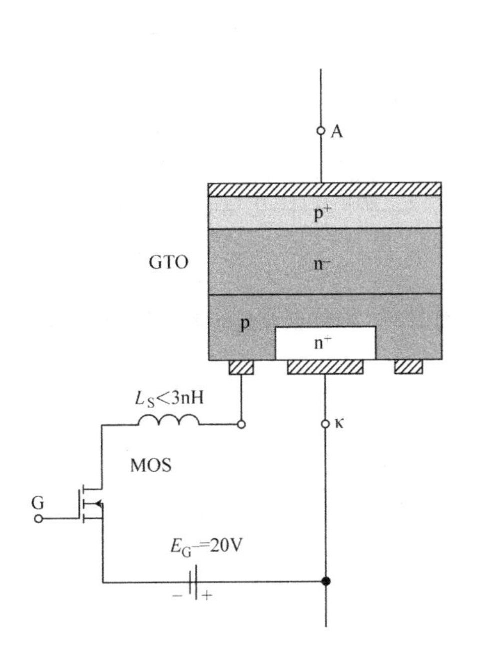

图 2.21　GCT 及其结构

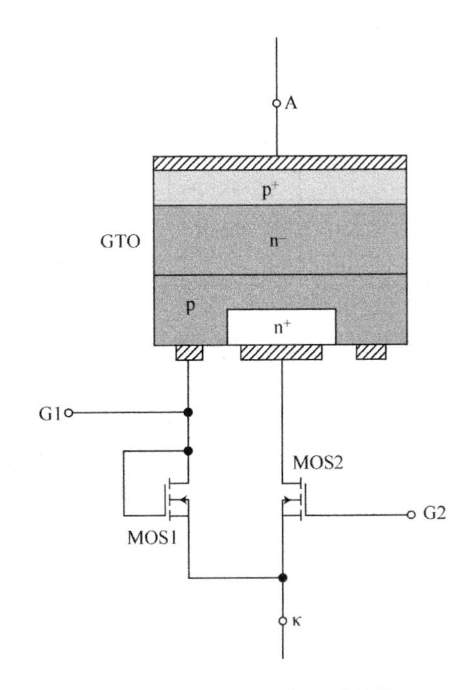

图 2.22　ETO 晶闸管及其结构

受的电压过冲（见图 2.24）。

为了在晶闸管控制电路中安全关断较大的阳极电流，将外壳的接触面与芯片的各个部分连接起来。为减少电源母线的寄生电感，将控制驱动器集成在晶闸管外壳中（见图 2.25）。这一结构被称为集成 GCT（IGCT）（Hidalgo，2005）。

2.5.4　MOS 控制晶闸管

MOS 控制晶闸管（MCT）是一种较新式的半导体功率器件。在开关功率和开关电流密度方面，该器件与 GTO 晶闸管相当。MCT 受绝缘栅电路控制。MCT 基本结构与大功率绝缘栅双极型晶体管（IGBT）结构相似，两种导电性相反的控制 MOS 晶体管集成在其中（见图 2.26）。

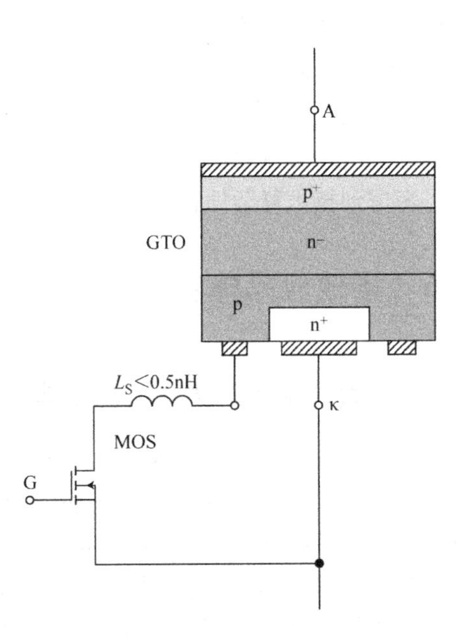

图 2.23　MTO 晶闸管及其结构

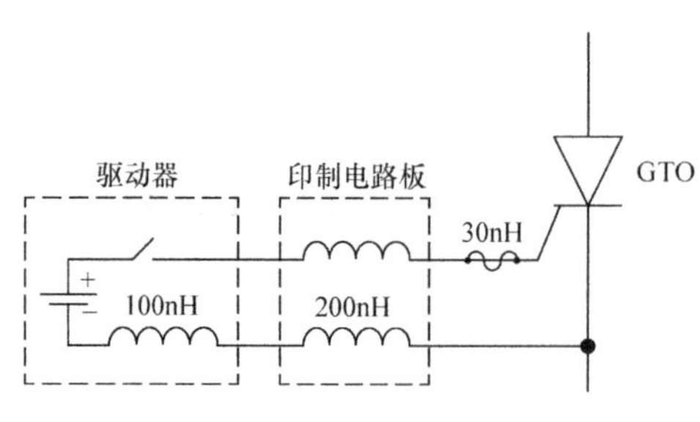

图 2.24　GTO 晶闸管控制电路寄生电感

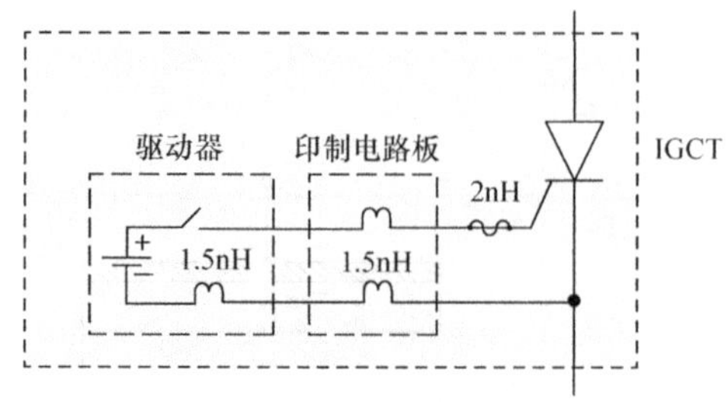

图 2.25　IGCT 及控制电路中的寄生电感

N 沟道控制晶体管确保晶闸管 p-n-p-n 结构关断时存在正反馈。关断时 P 沟道控制晶体管通过阴极分流 p-n-p-n 结构中发射结电流以中断反馈。

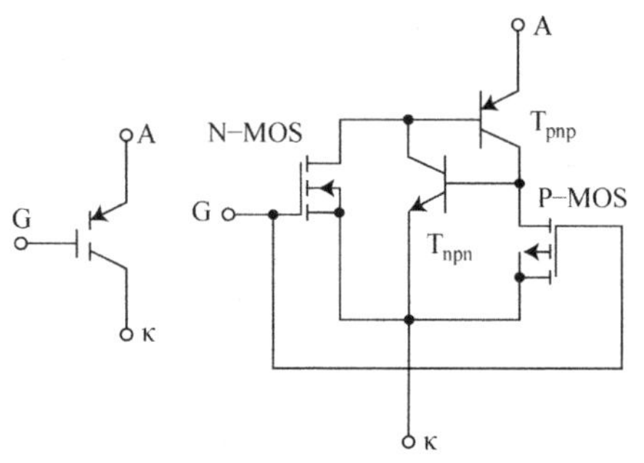

图 2.26　MCT 及其等效电路

MCT 的主要优点是控制电路的速度增加而功率消耗相对较小。MCT 电压阻断特性与 GTO 晶闸管相当，但导通状态下的电压较低，冲击电流较大，对 dI/dt 的耐受力较强。

目前已发展了许多 MCT 设计方法：P 和 N 电流沟道；对称和非对称阻断；带单向门电路和双向门电路；以及不同的开关方法（例如，光通量方法）。但是，考虑到技术复杂性且可用产品产量较低，大多数这类方法还处于试验阶段。

2.6　场效应晶体管

2.6.1　大功率短沟道 MOS 晶体管

金属-电介质-半导体结构的晶体管有两种主要形式：嵌入式电流沟道和感应电流沟道。大功率晶体管采用感应沟道设计。在这种晶体管中，栅极通过一层电介质与半导体分开，电介质通常是二氧化硅（SiO_2）。因此，这类晶体管通常被称为 MOS 晶体管。通过栅极电压控制晶体管的工作。如果没有栅极电压，带感应沟道的 MOS 晶体管不导电。为产生电流，施加于栅极电路的电压必须与半导体内部多数载流子具有相同的极性。半导体中感应极性相反的电荷并且改变其导电性；因此，形成一个电流转移沟道。现在 N 沟道和 P 沟道的器件都在生产，前者由于更高的电子迁移率而应用更多（见图 2.27）。

不同类型的 MOS 晶体管的设计质量由器件放大系数与输出脉冲前沿长度的比值决定（Oxner，1982）。

$$D=\frac{b}{2.2C_g} \tag{2.37}$$

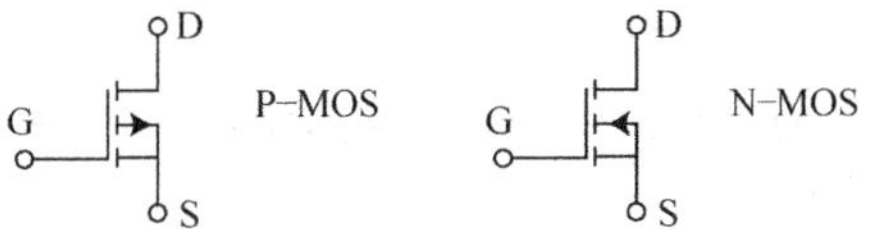

图 2.27 带感应沟道的大功率 MOS 晶体管

式中，b 是晶体管梯度；C_g 是栅极和沟道之间的寄生电容。

晶体管梯度 b 可表示为

$$b=\frac{\varepsilon\varepsilon_0\mu Z}{Ld} \tag{2.38}$$

式中，ε 是氧化物层的介电常数；ε_0 是绝对介电常数；μ 是主载流子迁移率；Z 是沟道宽度；L 是沟道长度；d 是电介质厚度。

栅极和沟道之间的电容可表示为

$$C_g=\frac{\varepsilon\varepsilon_0 ZL}{d} \tag{2.39}$$

因此，MOS 晶体管的设计质量可表示为

$$D=\frac{\mu}{2.2L^2} \tag{2.40}$$

因此，提高 MOS 晶体管设计质量的主要方法是减小沟道长度。为此，采用双扩散技术以实现带短沟道的水平和垂直多沟道结构。因为漏电压产生的强电场，短沟道可以确保载流子速度饱和。一般说来，水平结构用于制造电压相对较低的晶体管（不超过 100V），但这类器件中电流会达到数十或数百安培。

N 沟道功率 MOS 晶体管的漏极包含掺杂较少的 n^- 区和掺杂较多的 n^+ 区（见图 2.28）。当晶体管截止时，漏极外电压产生的空间电荷区主要向掺杂较少的 n^- 区移动。

因此，器件的阻断电压由漂移区大小和其电阻率决定。随着漏极漂移区长度的增加，击穿电压随之增加，漏极和源极之间的附加电阻也会增加。漂移区电阻 R_D 可表示为

$$R_D=\kappa U^n_{(BR)DS} \tag{2.41}$$

式中，κ（$=8.3\times10^{-9}\Omega V^{1/n}$）是芯片区域 S 为 $1cm^2$ 的硅比例常数；n（$=2.4\sim2.6$）是指数；$U_{(BR)DS}$是雪崩漏极－源极击穿电压。

MOS 晶体管导通时，由于电流由多子产生和漏极漂移区无电导调制导致其电压相对较高。MOS 晶体管导通时，电阻 $R_{DS(ON)}$ 由晶体管结构不同层的寄生电阻组成；漂移区对其有最重要的贡献。对于水平结构晶体管，$R_{DS(ON)}$ 在漂移区和沟道之间的分布大致相等。对于垂直结构的高电压晶体管，漂移区电阻占

$R_{DS(ON)}$的95%。

为减少电阻率，结构中平行单元数量增加。然而，这会使芯片面积和成本增加。因此，一般说来，MOS晶体管最大工作电压为600～800V。

对于U形沟槽栅结构MOS晶体管，$R_{DS(ON)}$比标准结构晶体管电阻低。这一技术在晶体中使用更小的基本单元和更大的沟道密度（见图2.29）。单片集成电路结构对大电流晶体管更有效。

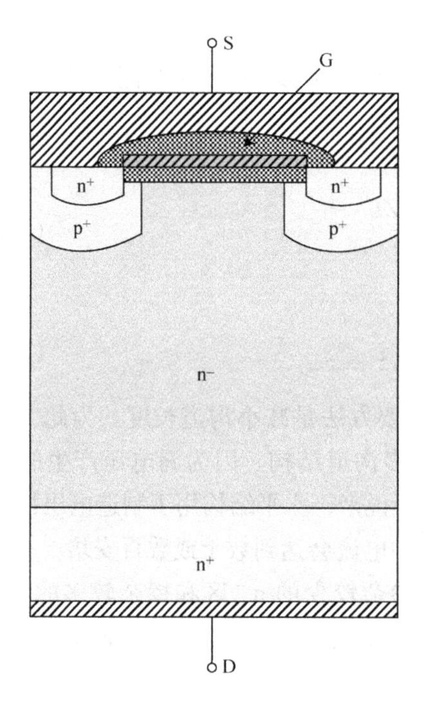

图2.28　垂直结构的大功率短沟道MOS晶体管

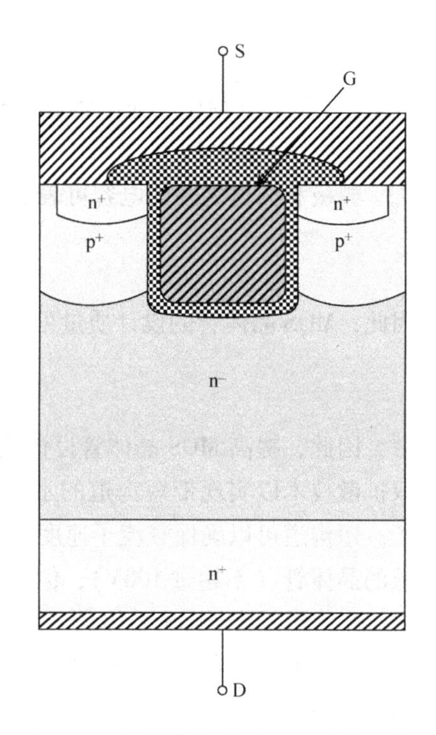

图2.29　U形沟槽栅MOS晶体管结构

最后，当考虑到开通速度和残压时，水平结构的低压器件是理想开关。例如，对于工作电压为100V，负载电流为100～300A的大功率MOS晶体管，$R_{DS(ON)}$不超过几mΩ。

还应该注意到，如果大功率MOS晶体管p区的一部分与漏极金属层相连，就能阻止寄生双极型n－p－n晶体管的出现，而将出现平行于电流沟道并与电流沟道方向相反的内部二极管（见图2.30）。考虑到电气参数，这种二极管与功率晶体管相似，因此可以用在实际应用中。注意这种二极管的关断时间大约为100ns，大于大多数独立二极管的关断时间。

MOS晶体管的动态参数由结构中各电极之间的寄生电容充电速率决定：

C_{GS}、C_{GD}和 C_{DS}。手册提供的是在外部电极处测量的输入电容 C_{iss}、反向转移电容 C_{rss}和输出电容 C_{oss}。这些数值与寄生电容线性相关

$$\begin{cases} C_{iss} = C_{GS} + C_{GD} \\ C_{rss} = C_{GD} \\ C_{oss} = C_{DS} + C_{GD} \end{cases} \tag{2.42}$$

由此可以计算时间延迟和开关时的电流电压前沿升降时间，尤其是在感性负载的情况下，这是实际中最常见的情况（见图 2.31）。

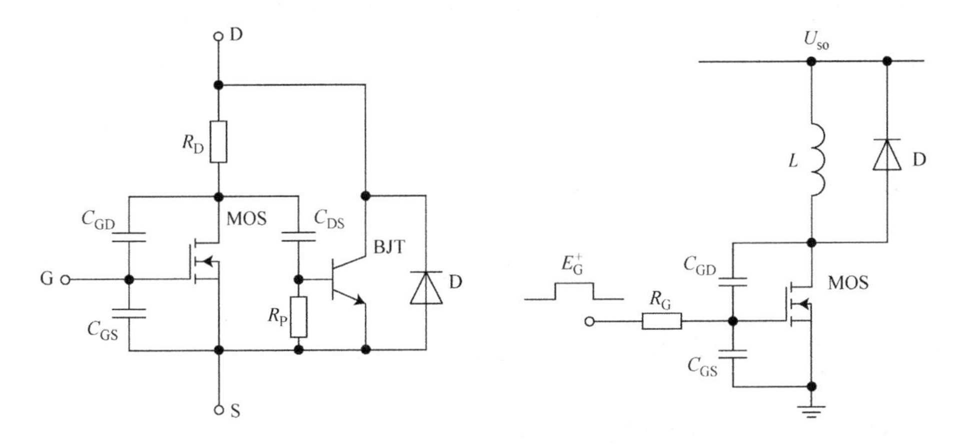

图 2.30　大功率 MOS 晶体管等效电路　　图 2.31　由二极管分流感性负载的 MOS 晶体管

当晶体管导通时，延迟时间 $t_{d(ON)}$取决于阈值电压 V_{th}，在延迟时间内，晶体管结构引入导电沟道

$$t_{d(ON)} = R_G C_{iss} \ln \frac{E_G^+}{E_G^+ - V_{th}} \tag{2.43}$$

式中，R_G 是栅极电阻；E_G^+ 是正向控制电压脉冲。

感性负载下，导通晶体管时，漏极电流达到负载电流 I_{lo}的时间为

$$t_{rI} = \frac{I_{lo} C_{iss} R_G}{E_G^+ S_0} \tag{2.44}$$

式中，S_0 是晶体管传输特性的斜率。

大功率 MOS 晶体管的漏极电流增加很快（几 A/ns），由于具有连接处的寄生电感 L_S，漏极电压显著下降。电压下降为

$$\Delta U = L_S \frac{E_G^+ S_0}{R_G C_{iss}} \tag{2.45}$$

在感性负载系统中，漏极电流的增加将会导致反并联二极管中出现浪涌电

流。反向二极管的关断特性恢复之后，MOS 晶体管电压开始下降。由于晶体管栅极—漏极电容 C_{GD}负反馈影响（密勒效应），栅极输入电流实际上完全通过电容 C_{GD}的充电电流得到补偿。在这种情况下，漏极电压下降前的时间为

$$t_{fU} \approx 0.8\frac{R_G C_{GD}(U_{so}-\Delta U)}{E_G^+ -(V_{th}+I_{lo}/S_0)} \tag{2.46}$$

式中，U_{so}是晶体管电路的电源电压。

关断晶体管时，延迟时间 $t_{d(OFF)}$由晶体管输入电容放电至栅极电路临界电压 V_{cr}放电时间决定的，这段时间中，沟道无法传导相应的负载电流（$V_{cr}=V_{th}+I_{lo}/S_0$）：

$$t_{d(OFF)} = R_G C_{iss}\ln\frac{E_G^+}{V_{cr}} \tag{2.47}$$

感性负载关断晶体管时，漏极电压首先上升到电源电压 U_{so}。晶体管中对应的上升时间为

$$t_{rU} \approx \frac{U_{so}C_{0SS}}{I_{lo}} \tag{2.48}$$

然后漏极电流下降。在晶体管中，这一过程所需的时间为

$$t_{fI} \approx 2.2R_G C_{iss} \tag{2.49}$$

开关电路瞬态过程的波形如图 2.32 所示。

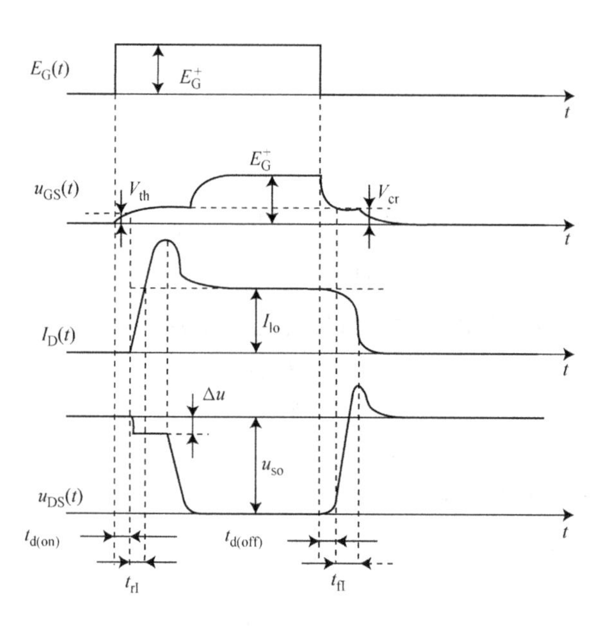

图 2.32　MOS 开关瞬态过程波形图

2.6.2　Cool MOS 技术

在图 2.33 中，显示了 Cool MOS 功率晶体管的横截面。

在 Cool MOS 晶体管中，与传统晶体管相反，p 区深度嵌入该结构的有源区域。这样可保证对 n 层附近的漂移层进行更大程度的掺杂。Cool MOS 晶体管的导通电阻比常规 MOS 晶体管电阻小许多倍（Arendt 等人，2011）。在结构构建过程中需对 p 区掺杂小心监控，因为当晶体管关断时，该区域应没有自由载流子。Cool MOS 晶体管漂移层电阻大概与最大允许电压 $U_{(BR)DS}$线性相关：

$$R_D = \kappa U^n_{(BR)DS} \tag{2.50}$$

式中，$n \approx 1.17$；κ（$=6.0 \times 10^{-6} \Omega V^{1/n}$）是芯片区域 S（$=1cm^2$）的比例常数。

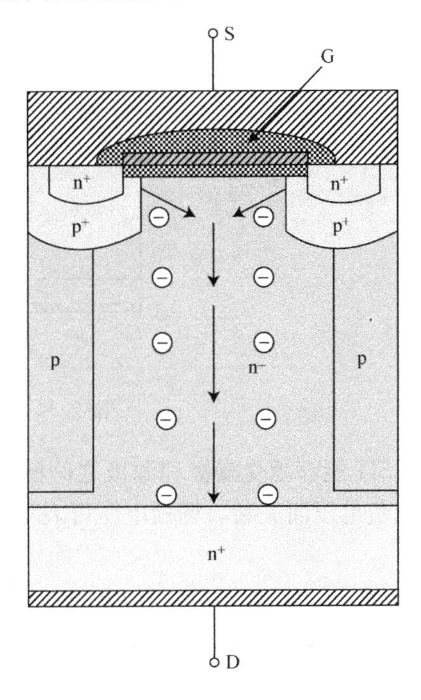

图 2.33　Cool MOS 晶体管的结构

Cool MOS 晶体管漂移区电场强度实际上是矩形分布。这提高了雪崩击穿电压。为大量生产 Cool MOS 晶体管，允许槽－漏极最大电压分别为 600V 和 900V。

Cool MOS 晶体管的另一个优点是输出电容 C_{DS}是非线性的。随着漏极电压增加到数十伏特，p 区被耗尽，C_{DS}显著下降。因此，在较高的工作电压下，Cool MOS 晶体管输出电容比传统晶体管小许多。电压在 350～400V 时，输出电容存储的能量减小了大约 50%，当开关频率增加时，开关损耗显著减小。

2.6.3　静电感应晶体管

静电感应晶体管（SIT）是带有控制 p－n 结和内置电流沟道的场晶体管。与普通场晶体管相反，SIT 沟道很短且不允许饱和漏极电流通过，与真空晶体管类似。因此，SIT 有时被当作真空晶体管的固态形式（Oxner，1982）。

SIT 基区是厚度为 0.4～0.9mm 的 n 型硅平板。n^+衬底掺杂大量施主杂质（浓度大约为 $5 \times 10^{19} cm^{-3}$）。外延 n^-层在衬底上生长；这一层决定了结构的击穿电压。随后的工序形成漏极和控制门（栅极）。

SIT 有栅极在表面和在内部两种基本结构（见图 2.34）。

栅极在内部的 SIT，应用在声频范围内的低频设备中。高频 SIT 使用表面栅极且与金属层有直接欧姆接触。这样可以大幅降低栅极电路中串联电阻。

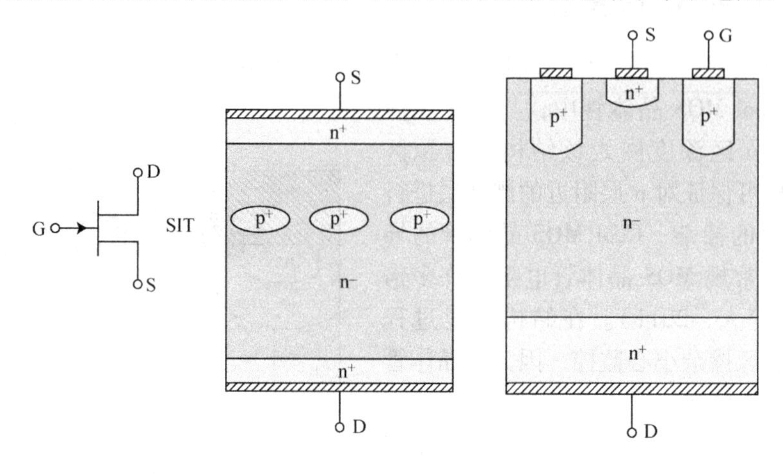

图 2.34　SIT 及其基本结构

SIT 能够承受漏极和源极之间的高电压。相对于漏极，SIT 通过对栅极电路施加负电压而关断。栅极电压可表示为

$$U_{\mathrm{G}}=\frac{U_{\mathrm{D}}}{\mu} \tag{2.51}$$

式中，U_{D} 是 SIT 关断时的漏极电压；μ 是 SIT 的外部电压放大系数（阻断系数）。

在晶体管制造过程中确保了 μ 的要求值。其标准值是 $10^2\sim10^3$，取决于电路电压。

SIT 的晶体管伏安特性曲线簇（见图 2.35）可表示为

$$I_{\mathrm{D}}=I_0\exp\left[-\frac{\eta(U_{\mathrm{G}}-U_{\mathrm{D}}/\mu^*)}{\varphi_{\mathrm{T}}}\right] \tag{2.52}$$

式中，I_{D} 是漏极电流；I_0 和 η 由 SIT 结构和杂质分布决定；μ^* 是 SIT 内部电压放大系数（与 μ 成比例）；U_{G} 是栅极电压；U_{D} 是漏极电压。

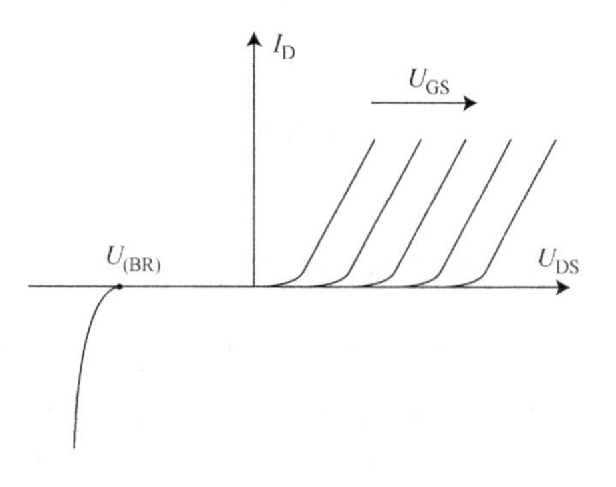

图 2.35　感应晶体管的输出伏安特性

由于晶体管输出电路的电流密度较高，需要考虑漏极电阻（R_{D}）和源极电阻（R_{S}）。其伏安特性可表示为

$$I_{\mathrm{D}}=\frac{U_{\mathrm{D}}}{(1+\mu^*)R_{\mathrm{S}}+R_{\mathrm{D}}}-\frac{U_{\mathrm{G}}\mu^*}{(1+\mu^*)R_{\mathrm{S}}+R_{\mathrm{D}}} \tag{2.53}$$

由于SIT漂移区电阻相对较高且正向压降增加，因此，漏极电流不能超过10A。

在大负载电流下，通过在栅极上施加正电压，SIT切换到双极运行。其次，电阻大小确定了在栅极电路中控制电流I_G^+的幅值。p^+栅极的空穴快速注入使漂移区电阻和SIT的正向压降减少。

SIT双极型运行的效果由电流转移系数$B_0 = I_D / I_G^+$决定，约为10^2，与传统双极型晶体管形成对比。

为确保SIT在电流$10^2 \sim 10^3$A之间运行，应修改SIT的结构：由空穴导电的硅片作为衬底（见图2.36）。

这一结构的开通仅通过从栅极电路移除关断电势而实现。然后衬底向漂移区注入带电载流子。这样做确保了晶体管的电导调制。SIT结构被称为场控制晶体管（FCT）。注意FCT在开关时缺少正反馈。因此，FCT相对来说能耐受脉冲噪声（Voronin，2005）。

FCT工作与双极型SIT工作时相同，从控制栅极或从衬底（阳极）注入载流子，在n^-基极出现少数载流子。这让瞬态过程显著改变，尤其是在关断期间。在关断期间，空穴通过反向偏置的栅极从n^-基极被抽走。因此，相对较窄，但幅度接近负载电流的电流脉冲将出现在控制电路中。在FCT中，可以观察到寄生p-n-p晶体管的存在，其发射极是晶闸管的漏极（正极），集电极是栅极。随着主电流沟道的关断，其基极会快速关断。然后，与基极断开的p-n-p晶体管类似，FCT也会关断，也就是说，通过复合，电量会逐渐下降。然后，晶闸管输出电路和控制电路中会出现拖尾电流；其持续时间大约是载流子寿命的3倍。

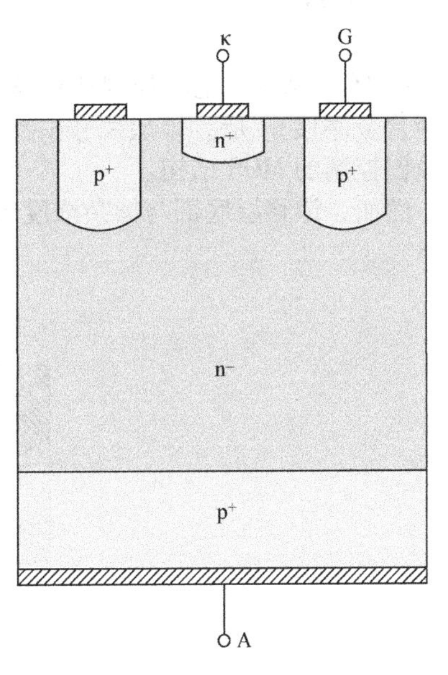

图2.36　FCT结构

需要注意的是，栅极关断时出现大功率反向电流，在p^+栅极和控制电路的输出电阻处感应出额外电势。这样就减小了关断电压（见图2.37）。

因为电阻相对较大，栅极电路的负电压不足以在FCT沟道形成可靠的关断电势。因此，栅极关断的同时晶闸管处于二次击穿区。

由于制造困难且开关工作在控制电路零电势的条件下，SIT和FCT的普遍应用受到限制。

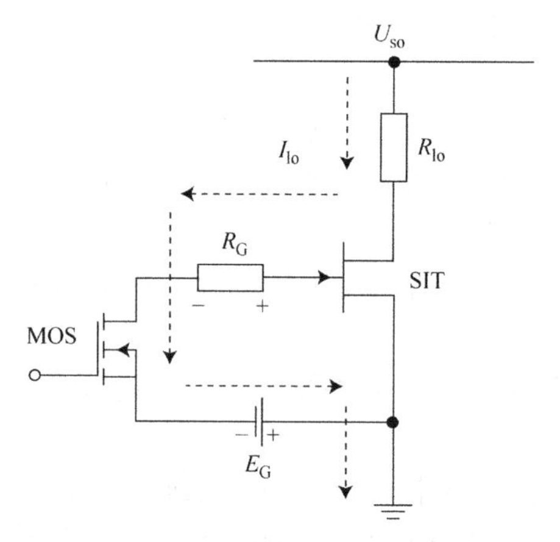

图 2.37 感应晶闸管开关

2.7 IGBT

IGBT 中结合了电场控制和双极型导电。如同大功率 MOS 晶体管，其结构包括轻合金漂移 n^- 层，该层尺寸由器件最大允许电压决定。在 n^- 层表面形成带有绝缘栅控制的 MOS 结构。

然而，漂移层底部与掺杂浓度较高的 p^+ 层接触，主要通过空穴导电（见图 2.38）。

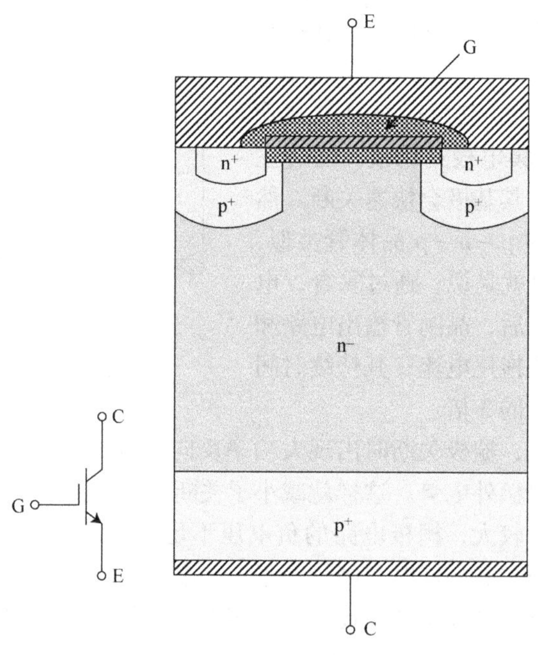

图 2.38 IGBT 及其结构

为开通 IGBT，需对栅极电路施加正电压，这样，在 p 衬底表面栅极之下感应出一个 n 型沟道。n^+发射极结构和 n^-漂移区之间形成电接触。IGBT 结构中 p－n－p晶体管的发射极正向偏置会导致少数载流子从掺杂浓度较高的 p^+层向漂移区注入，使电阻减小。因此，单片 IGBT 结构将电压控制下的高输入电阻以及高密度的正向电流特点结合在一起。

IGBT 的等效电路如图 2.39 所示。其中包括一个可控 MOS 晶体管、一个双极型 p－n－p 晶体管和一个含可控 p－n 结的 N 沟道场效应晶体管。p－n 结可以防止 IGBT 关断时外部电压加到 IGBT 上，从而防止控制 MOS 电压过高。

IGBT 的集电极电流由两部分组成：经过两个场效应晶体管沟道的电子电流为主，以及经过 p－n－p 晶体管输出电路的空穴电流。

沟道电阻的压降使得 p－n－p 晶体管集电极－基极电路反向偏置，从而使管子转换为导通状态。这导致单片集成电路 IGBT 饱和电压增加，因为 p－n－p 晶体管中集电结反向偏置使晶体管基区较多的空穴被捕获，结果导致电阻增加。

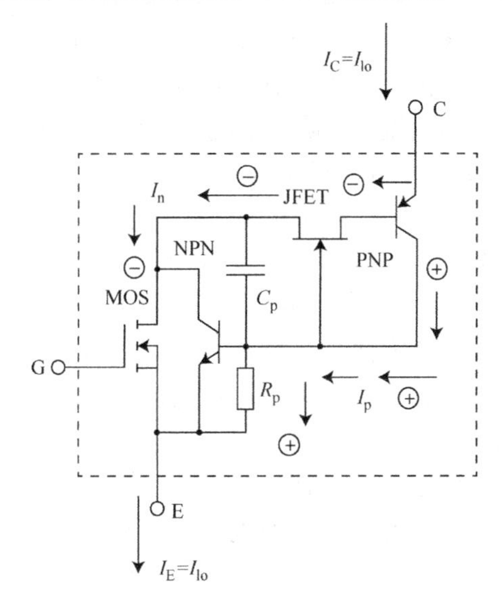

图 2.39 IGBT 等效电路

IGBT 饱和压降由 3 部分组成：p－n－p 晶体管基极－发射极结压降；控制 MOS 晶体沟通道压降；以及通过载流子调制产生的 n^-漂移层电阻上的压降。因此，饱和压降可表示为

$$U_{CE(sat)} = \varphi_T \ln \frac{I_C}{I_S} + I_C(1-\alpha_{PNP}) r_{MOS} + I_C r_{n^-} \tag{2.54}$$

式中，I_C 是 IGBT 集电极电流；I_S 是基极－发射极结反向饱和电流；α_{PNP}是 p－n－p 晶体管共基极电路电流转移系数；r_{MOS}是控制 MOS 沟道的电阻；r_{n^-}是可调 n^-基区的电阻。

空穴流被 n－p－n 晶体管集电结捕获，直接穿过 n^+发射极下方 IGBT 的 p 基极纵向电阻（见图 2.40）。

随着电流超过临界空穴电流密度，纵向电阻中的 n^+－p 结正向偏置，n^+发射极附近形成了寄生 n－p－n 晶体管，p 基区和 n^-漂移层开始工作。由于寄生

n－p－n 晶体管和 p－n－p 晶体管形成触发电路，因此 IGBT 变得失控。

这种触发时的临界 IGBT 集电极电流可表示为

$$I_{C(cr)}=\frac{25\varphi_T S}{R_P^*\alpha_{PNP}l(l/2+d)} \quad (2.55)$$

式中，S 是 IGBT 芯片面积；R_P^* 是 p 基极电阻率；α_{PNP} 是晶体管共基极电路的电流转移系数；l 是 n^+ 发射极初始宽度；d 是栅极下方 n^- 基区初始宽度的一半。

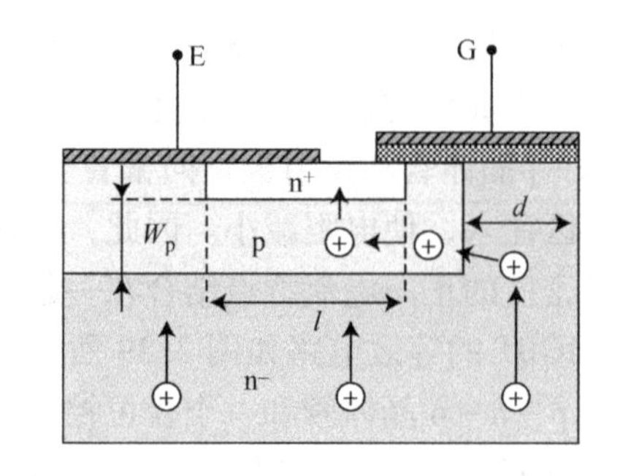

图 2.40　IGBT 结构中 n^+ 发射极下方的区域

临界电流公式确定了电流激增时使 IGBT 稳定工作的基本方法。

1）减小 p 基极总电阻；

2）减小 n^+ 发射极宽度；

3）减小栅极下方区域宽度；

4）减小 p－n－p 结构放大系数。

将这些方法结合能获得更好的效果。但是，增加 IGBT 临界电流最有效的方法是减小 n^+ 发射极宽度。

IGBT动态特性评价参数与大功率 MOS 晶体管相同。制造商标明了典型的延迟时间和开关时间，通常是在感性负载下测量的。IGBT 的双极型工作方式使其开关速度小于 MOS 晶体管。当 IGBT 关断时，首先关断 MOS 沟道，然后关断 p－n－p 晶体管基极输出。

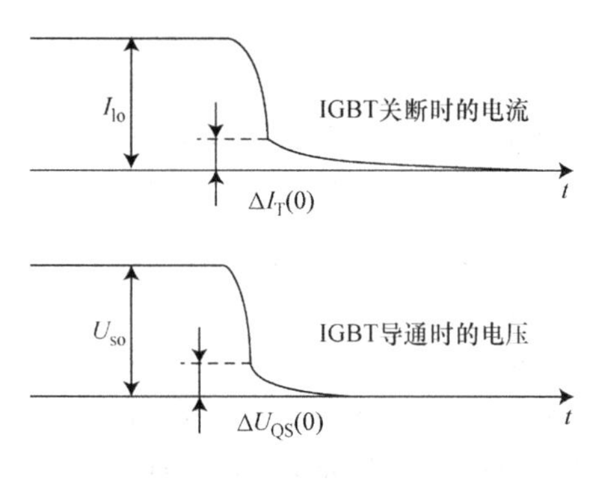

图 2.41　IGBT 的拖尾电流和动态饱和压降

因此，漂移层中的剩余的电荷仅由较慢的复合而消失。因此，电流图会包含一个长尾（见图 2.41）。尾部长度是载流子寿命的 3～5 倍（从几百纳秒到几毫秒）。剩余电流的初始幅值 I_T（0）与负载电流成比例，与电压非线性相关（Hefner 和 Blackburn，1988）。可表示为

$$I_T(0)=\frac{I_{lo}}{1+(W_n^2/2D\tau_B)} \quad (2.56)$$

式中，I_{lo}是开关的负载电流；W_n 是特定电源电压 U_{so}下 n^- 基极的宽度；D（$=2000\mu m^2/\mu s$）是双极型扩散系数；τ_B 是 n^- 基极的载流子寿命。

电压为 U_{so}时 n^- 基极宽度为

$$W_n = W_{n0} - \kappa \sqrt{U_{so}} \tag{2.57}$$

式中，W_{n0}是零压时 n^- 漂移区初始宽度；κ（$=2.56\text{mV}^{-1/2}$）是比例常数。

IGBT 导通时（特别是高压 IGBT）的瞬态过程中，电压曲线（见图 2.41）包括一个缓慢稳定阶段（动态饱和）。这一阶段可以持续几百纳秒。当 IGBT 关断时，空间电荷区主要向掺杂较少的漂移区扩展。同时向 p 基极也有少量渗透。p 基极中的耗尽区形成的势垒电容在导通时几乎不提供快速放电的路径，这也形成了动态饱和阶段。动态饱和电压初始幅值 U_{QS}（0）几乎与负载电流无关；它由外部电源电压决定。事实上，U_{QS}（0）与 IGBT 基区掺杂浓度有关，并可能达到 $10 \sim 10^2$V，且依赖于 IGBT 设计和电源电压，可表示为

$$U_{QS}(0) \approx \frac{N_D (U_{so})^{1.4}}{N_A + N_D} \tag{2.58}$$

式中，N_D 是 n^- 基极施主浓度；N_A 是 p 基极受主浓度；U_{so}是电源电压。

评估 IGBT 状态切换时的动态损耗（开关损耗）是很有实际意义的。根据文献可以找到在具体电气条件下测量的 IGBT 导通（E_{ON}）和关断（E_{OFF}）时的动态损耗值。将手册数据转换为实际负载的动态损耗 W_{dyn}有一个相对精确的公式

$$W_{dyn} = (E_{ON} + E_{OFF}) \frac{I_{lo}}{I_0} \left(\frac{U_{so}}{U_0} \right)^n \tag{2.59}$$

式中，I_{lo}是 IGBT 实际负载电流；I_0 是数据手册中记录的电流（通常为 IGBT 平均电流）；U_{so}是电源电压；U_0 是数据手册中记录的电压（通常为 IGBT 最大允许电压的一半）；$n \approx 1.5 \sim 1.8$。

估算 IGBT 动态参数时必须确定决定安全区域的关键因素。IGBT 导通时的瞬态过程中，关键因素是在导通来自反并联二极管的负载电流时，集电极电流的增长率。数据手册中的重要参数是与 IGBT 栅极串联的最小允许电阻 R_G。而实际上不推荐选择这一数据。

对于 IGBT 关断时的瞬态过程，其重要参数是封装的寄生电感 L_S，一般来说，该值低于 100nH。

平面栅的 IGBT 在第三代设备中广泛应用，其两种基础制造技术是：穿通型 IGBT（PT - IGBT）和非穿通型 IGBT（NPT - IGBT）。第四代设备使用一个垂直栅极（沟槽栅 IGBT），这样可以最大程度地提高芯片上组件的封装密度，并减少静态损耗。第五代设备［软穿通 IGBT（SPT - IGBT）、场截止 IGBT（FS - IGBT）和载流子存储沟槽栅 IGBT（CSTBT）］优化了开关特性并提高了电导率。

2.7.1　外延（PT）和均质（NPT）IGBT 结构

PT - IGBT 在高掺杂浓度的 p^+ 衬底上制造并由空穴导电。然后在衬底上外延

高阻 n^- 型漂移层（见图 2.42）。因此，这种 IGBT 技术又被称为外延型 IGBT。

对于工作电压为 600 ~ 1200V 的晶体管，其漂移层大约为 100 ~ 120μm，然后在 n^- 层形成可控 MOS 结构，该技术与生产大功率 MOS 晶体管时使用的技术相似。外延技术是在漂移层和衬底之间附加了一个 n^+ 电子层，也称为缓冲层，而 n^+ 层很薄（大约 15μm）。当 IGBT 关断时，高浓度掺杂层限制了基区电场强度，从而增加了抗雪崩击穿的能力。通过调节 n^+ 层的掺杂浓度，可以调节 IGBT 内部 p - n - p 晶体管发射极的载流子注入特性。因此，可以在 IGBT 的基极中建立所需的载流子浓度，并可以调节载流子寿命。当 PT - IGBT 触发失控时，借助于缓冲层，还可以修改临界集电极电流密度。外延技术的缺陷是拖尾电流和温度有关，这样增加了晶体管关断时的能量损耗。

NPT - IGBT（见图 2.43）使用具有电子导电性的均匀 n^- 衬底（厚度为 200μm）制造。在衬底的上方制作出一个平面栅 MOS 晶体管；在相反的一侧，通过离子掺杂制造一个 p^+ 发射极。该结构的等效电路与 PT - IGBT 相同。

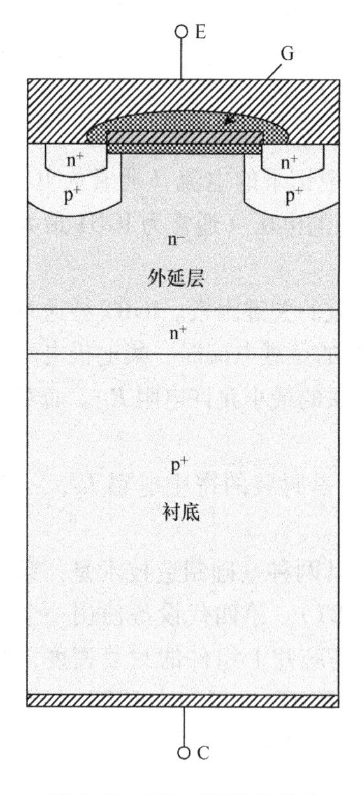

图 2.42 PT - IGBT 的结构

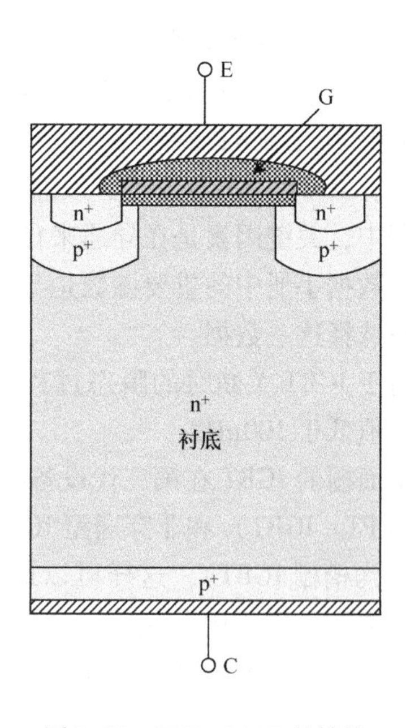

图 2.43 NPT - IGBT 的结构

由于 NPT - IGBT 结构缺少掺杂浓度较高的缓冲层，因此应使用相对较厚的

n^-衬底以确保高耐压特性。这意味着 NPT - IGBT 有更高的饱和压降。但是，这种均匀的结构对短路具有很强的耐受性，在所有负载电流下均具有正的电压温度系数，并且具有矩形的安全工作区域。NPT - IGBT 拖尾电流可持续相对较长的时间（几毫秒），但尾部幅度大约为 PT - IGBT 的一半且几乎和温度无关。

2.7.2　沟槽栅 IGBT

为降低 IGBT 饱和压降，设计者在沟槽中制造了一个垂直栅极（见图 2.44）。栅极的深度和沟槽宽度为几毫米。

沟槽栅 IGBT 工作原理如下所述。一些空穴从 p - n - p 晶体管发射极 p^+ 区域注入并向 p 集电极移动，到达边界时被反向偏置电结的电场捕获，如同常规平面栅 IGBT 工作原理。其他空穴从 p^+ 区注入并向垂直栅极方向移动，而无法立即被 p - n - p 晶体管集电极捕获，其电荷在栅极下方 n^- 基区快速聚集。为了补偿空穴的正电荷，补偿电子从发射极的 n^+ 区域开始注入，并且电子浓度在栅极下方的区域增加。因此，在 IGBT 相应的区域（大约为晶体管总基极的一半）形成了和 p - i - n 二极管相似的结构，由于双极注入时，发射极附近为典型的载流子分布。带垂直栅极的 IGBT 基极可能被看作宽度相同的 p - i - n 和 p - n - p 结构的组合（Udrea 和 Amaratunga，1997）。因此，沟槽栅 IGBT 的饱和压降减小到 1.4 ~1.7V，比标准 IGBT 的饱和压降小 30% ~40%。

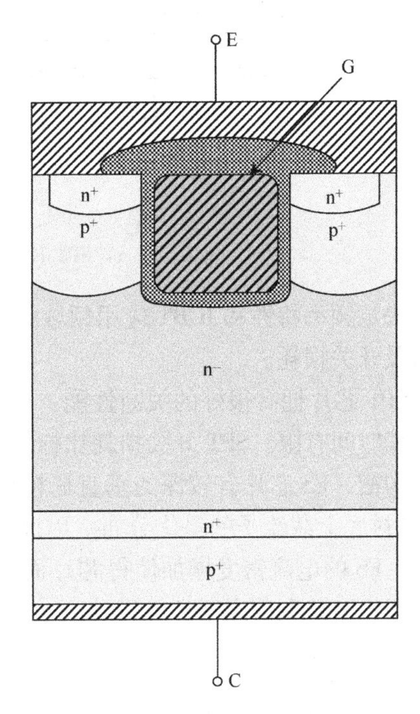

图 2.44　沟槽栅 IGBT 的结构

沟槽栅 IGBT 的缺点是其相对较高的输入电容和正向电流传输的梯度，这需要使用特殊控制驱动器并附加的浪涌电流保护。

2.7.3　沟槽 - FS 和 SPT

在 PT - IGBT 和 NPT - IGBT 结构的基础上开发了供功率晶体管使用的各种新型芯片。特别注意的是 SPT 和沟槽 - FS（沟槽 - 场截止）结构（Arendt 等人，2011）。这两种结构都包括嵌入缓冲 n^+ 层并使用较小的芯片面积（见图 2.45）。

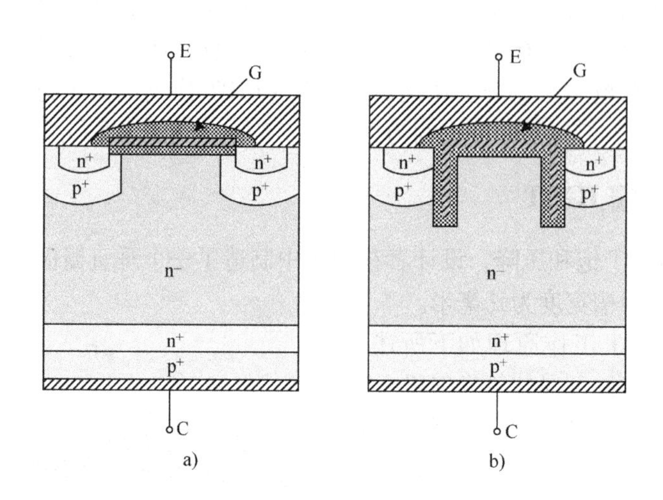

图 2.45　a）SPT IGBT 和 b）沟槽 - FS 的结构

决定频率特性和 IGBT 应用领域的主要参数是饱和压降、栅极电荷和栅极电路以及开关损耗。

SPT 芯片拥有很好的关断性能：当晶体管关断时电压平稳线性增加，拖尾电流持续时间有限。SPT 开关损耗比标准 IGBT 小。

沟槽 - FS 芯片有较深的垂直栅极以及经过改良的发射极结构，因此，能确保 n^- 衬底上载流子的最优分布。因此，饱和压降比标准 NPT - IGBT 的小 30%。沟槽 - FS 的电流密度增加使得芯片面积显著减小，大约减小了 70%。然而，热阻和栅极电路电荷高于标准设计。

SPT 和沟槽 - FS 芯片均提高了抗短路的能力，电流上限是额定值的 6 倍。

2.7.4　CSTBT 和 SPT +

在 IGBT 常规结构中，空穴在栅极下方的基极层中被大量捕获，该区域与晶体管的反向偏置的 p - n - p 集电极结直接接触。为增加基极载流子密度，在第五代芯片结构中的 p - n - p 集电极和 n^- 基极之间，集成了电子导电的附加层（Voronin，2005）。附加 n 层的掺杂浓度比基极高，对空穴电流产生了额外势垒。因此，大多数空穴无法穿越该势垒而聚集在电结附近，降低了基极电阻和晶体管饱和压降。这一技术用于带平面沟槽的 IGBT（SPT +；见图 2.46）及带垂直沟槽的 IGBT（载流子存储的沟槽栅 IGBT，CSTBT；见图 2.47）。

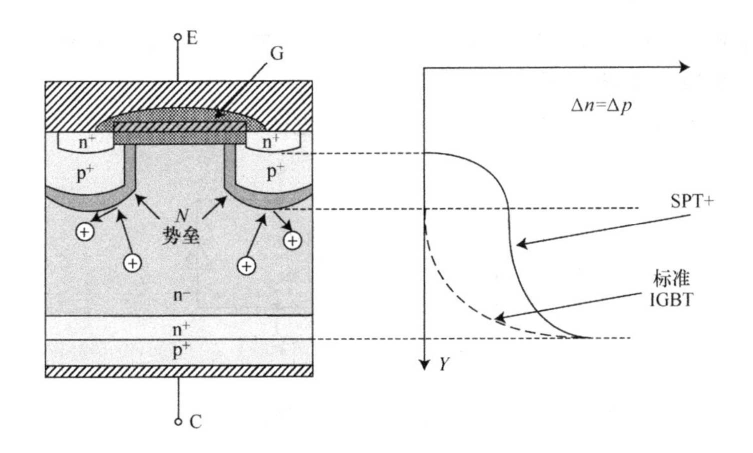

图 2.46　SPT + 的结构

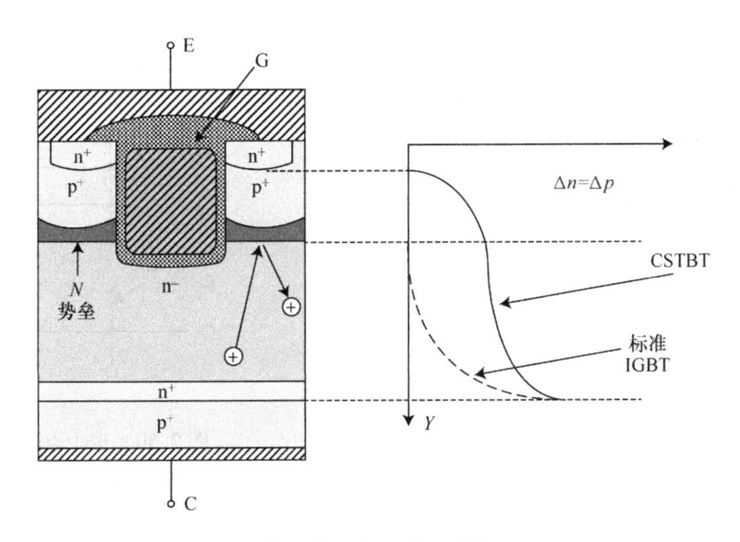

图 2.47　CSTBT 的结构

2.8　开关模块

2.8.1　集成功率模块拓扑结构

可以划分出下列集成功率模块基本类型。

1）独立开关和带反并联二极管的开关（见图 2.48）；

2）升压和降压斩波器（见图 2.49）；

3）带有中点输出的两个串联半导体开关（半桥）（见图 2.50）；

4）单相桥：4个可控开关或两个可控开关和两个二极管（见图2.51）；

5）三相桥（见图2.52）；

6）带一个附加（制动）开关的三相桥（见图2.53）；

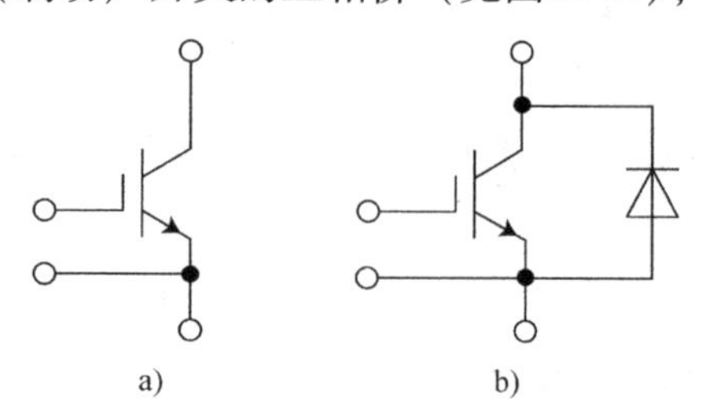

图2.48　a）独立开关和b）带反并联二极管的开关

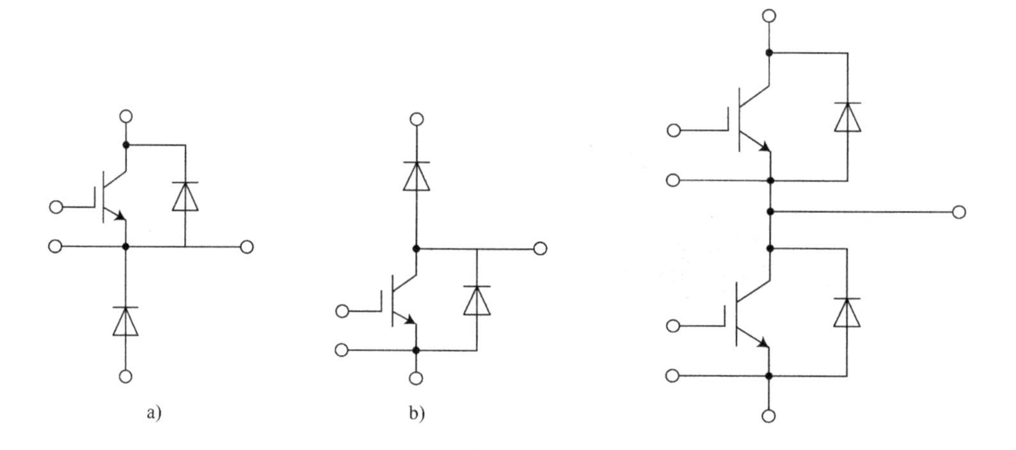

图2.49　a）升压和b）降压斩波器

图2.50　带中点输出的两个半导体开关（半桥）

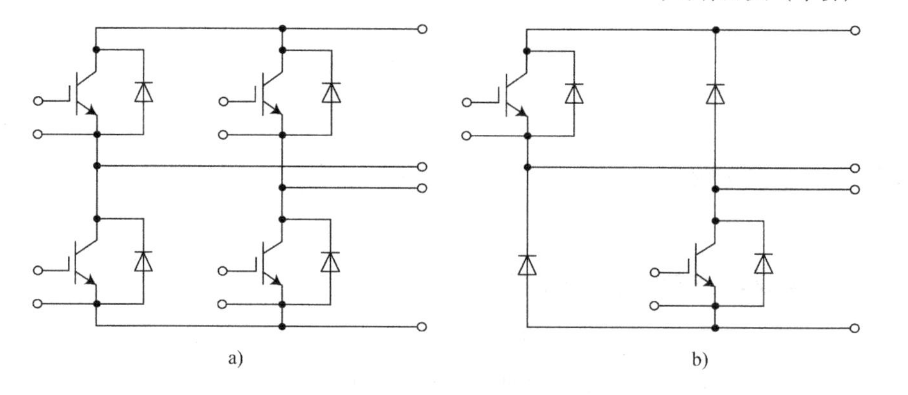

图2.51　单相桥
a）4个可控开关　b）两个可控开关

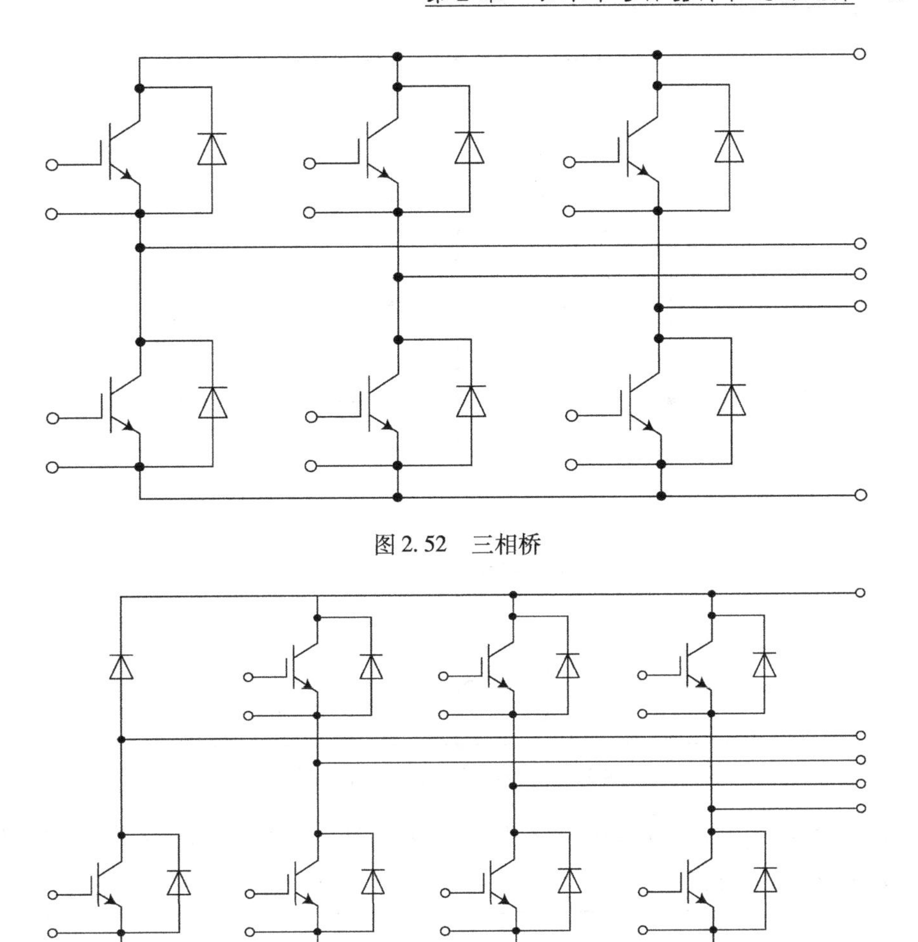

图2.52　三相桥

图2.53　带附加（制动）开关的三相桥

7）特殊模块，例如，三电平中点箝位逆变器（见图2.54）；

8）集成模块，例如，B6U + B6I 拓扑结构（见图2.55）或 B2U + B6I 拓扑结构（见图2.56）。

2.8.2　功率模块装配

以下是功率模块装配的关键技术（见图2.57）。

1）焊接；

2）超声波焊接；

3）硅胶密封。

使用焊接的方法将芯片嵌入 DBC（直接敷铜板）陶瓷衬底。焊接质量决定了模块的热性能及其热循环强度。可用超细银粉对半导体和衬底进行低温烧结代

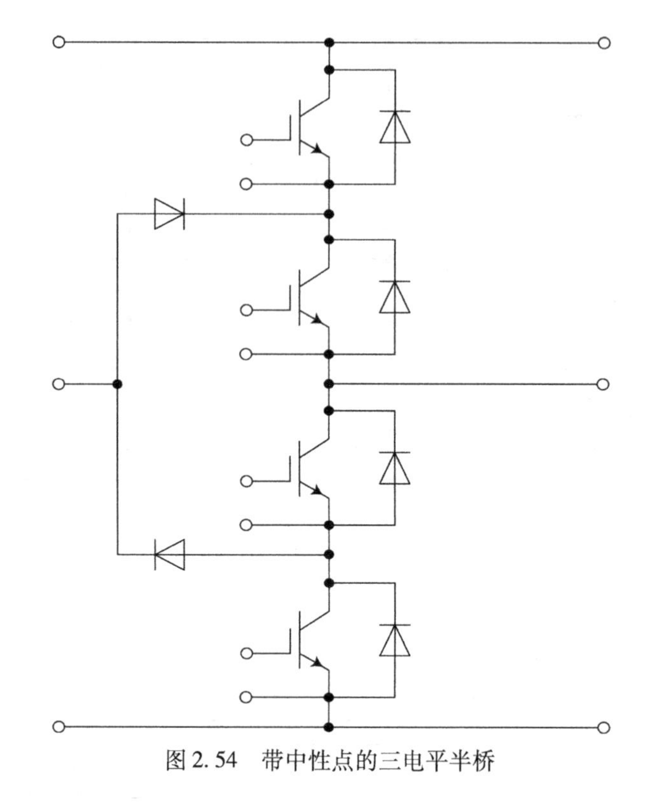

图 2.54 带中性点的三电平半桥

替焊接。这一技术允许模块温度上升到300℃。因此，低温烧结十分适用于碳化硅基底上的芯片安装。

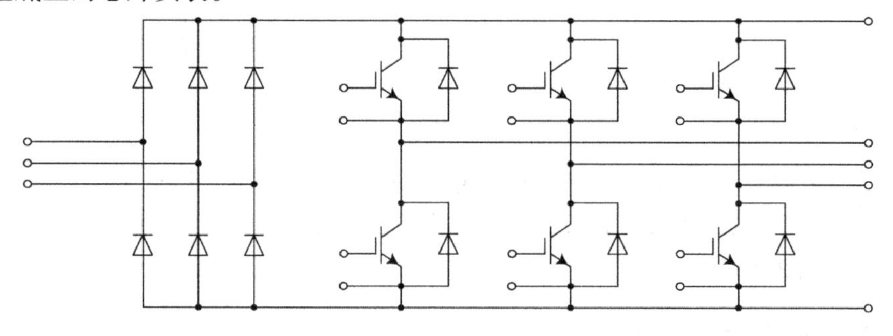

图 2.55 集成模块：B6U + B6I 拓扑结构

DBC 衬底的总线、芯片输出、电气连接以及模块外壳的输出端子，必须能够承受所需要的电流密度。对电流过载最敏感的关键点是芯片输出和 DBC 衬底金属总线的连接点。因为热胀冷缩，该连接点承受着巨大的机械应力。因此，确保高质量的微型焊接点是很重要的。如果将铝导体替换为焊接到 DBC 衬底的扁平铜端子，则电流密度会增加。该连接点允许更高的电流负载且更耐受热循环。

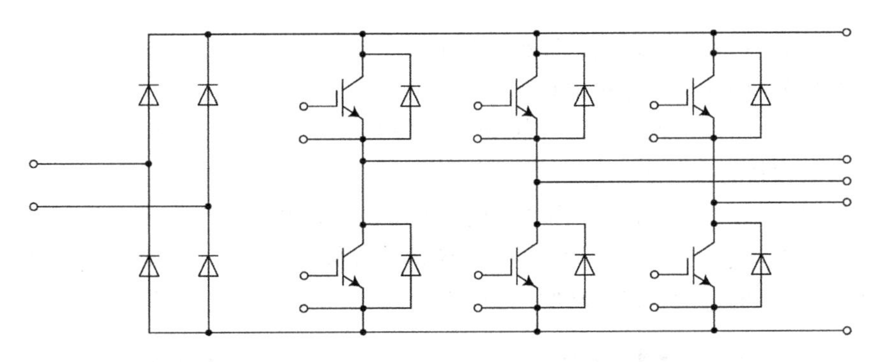

图2.56　集成模块：B2U + B6I 拓扑结构

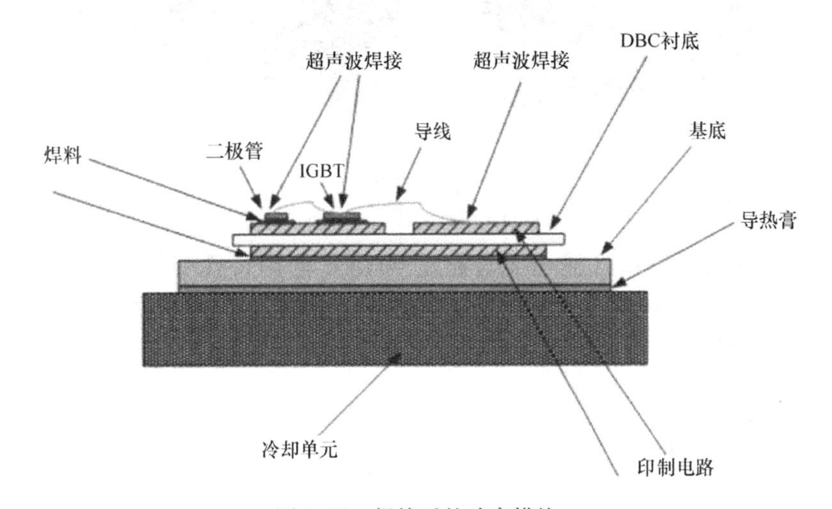

图2.57　焊接后的功率模块

一种十分具有前景的方法是使用弹簧触点，这样电源终端就与铜总线通过弹簧连接，信号以弹簧的形式输出。这种新型模块无需基底，因为它们是建立在陶瓷衬底上的，而陶瓷衬底直接放置在散热器上。

为了改善功率模块拓扑结构，希望减小 DBC 衬底厚度并扩大镀铜层。近期，氧化铝衬底的厚度从 0.63mm 减小到 0.38mm。使用添加锆的新技术将这一值减小到 0.32mm。另一种有应用前景的方法是在氮化铝或氮化硅基础上使用 DBC 衬底，其特点是有更好的导热性和机械强度。现在可以将 DBC 衬底上的镀铜层厚度从 0.3mm 增加到 0.6mm。

在功率模块制造的最后阶段，将壳体内的空间用硅胶密封。使用硅胶是为了确保密封性和电气绝缘，同时改善热传导性能。

2.8.3　将模块连接到功率电路

家用电器的智能功率模块（IPM），其芯片以及电气元件，例如电容、滤波器、连接器直接安装在印制电路板（PCB）上。

这类模块的功率不超过100W。

随着电流密度的增加，功率模块分别安装在控制电路上。但当电流增加到100A时，模块可以与PCB直接连接。

输出电流超过100A时，需要在模块的电源终端和功率电路的总线或电缆之间建立螺纹连接。在老式的设计中，功率输出在模块顶部。在新设计中，此类输出放置在外壳的边缘，以便将驱动器安装在上部（图2.58）。

a) b)

图2.58 螺纹连接的功率模块

a）在模块表面的顶部 b）在外壳边缘

对大电流密度模块（输出电流超过600A）使用特殊弹簧系统。例如，在StakPak模块，一组弹簧单元组合成一个组件（堆叠）。这些开关没有电气绝缘。其通过上表面和下表面与电源回路建立联系，作为电源端子使用。

2.9 电源组件

2.9.1 集成功率模块

输出功率为10kW的集成功率模块，由B6U整流器和B6I逆变器组成并安装在带制动开关和电流温度传感器的壳体上（见图2.59）。

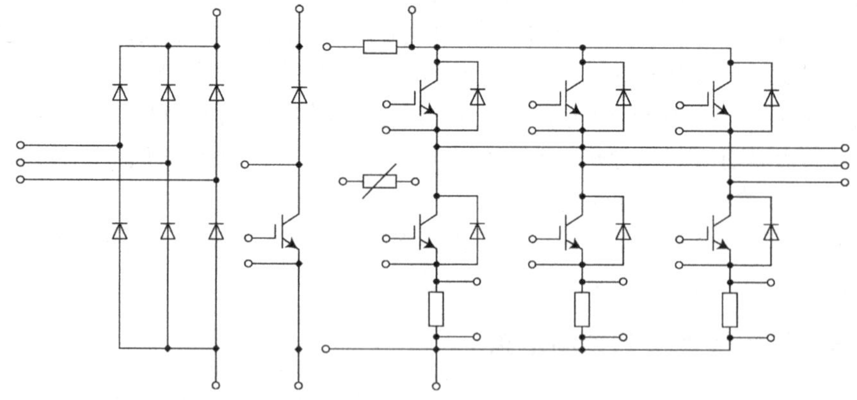

图2.59 集成功率模块的电路图（输出功率10kW）

2.9.2　智能功率模块

IPM（智能功率模块）代表集成度高且包括一个智能控制驱动器。

现代设计使用单芯片控制驱动器控制 IPM 内部所有器件。驱动器与模块 DBC 衬底直接相连。

2.9.3　带直流元件和冷却系统的功率模块基本拓扑结构（1/2B2、B2、B6）

这种功率模块带有强制冷却系统，因此安装于风冷或液体冷却散热器上。直流元件功率母线的设计是为了使结构紧凑（安装产生最小寄生电感）并增加可靠性（限制电气参数和热参数）。直流元件还包括一组电解电容器。这类模块的输出功率为 10 ~ 100kW。

2.9.4　B6U + B6I 拓扑结构的功率模块：逆变器平台

逆变器平台在一组标准模块或立方体基础上提供了较大功率范围。

单一模块采用立方体形式，其表面长约 40cm。该模块由带直流元件的电源级联而成；驱动电路负责控制、安全和监控；一组传感器产生形成控制脉冲所需的基本模拟信号。逆变器平台的输出功率为 10 ~ 900kW。

2.9.5　双极型功率模块

从结构上说，双极型功率模块结构是一个二极管 - 晶闸管系统，拓扑结构为 B6U + B6C，装有冷却散热器，并以铜总线进行内部电气连接，还包括保护电路。从机械方面，则可以区分两组结构：模块化电源设备和磁盘功率设备（电源阵列）。一般来说，模块化电源设备用于电压为几千伏的环境中，然而磁盘电源设备用于 10^2 ~ 10^3kV 电压下。双极型功率模块结构的输出功率从几百千瓦到几兆瓦不等。

2.10　功率开关的应用

尽管基本半导体功率开关还不太理想，但在很宽的功率范围内（从几瓦到几兆瓦）制造高效功率器件基本没有任何问题。

为区分其应用场合，功率开关按照开关频率和功率分类。

功率模块的世界总市场大约为 25 亿美元且还在快速增长中。市场分为以下几种类型。

1）双极型二极管和晶闸管：约 12%；

2）IGBT：约48%；

3）集成功率模块（整流器+逆变器）：约8%；

4）IPM（由带控制电路和传感器的雪崩电源组成）：约32%。

超过一半的功率模块（56%）用在驱动器中。工业驱动器制造商使用的生产线涵盖广泛的功率范围。需要注意的是，这些产品以单一设计平台为基础，促进标准化变流器生产。

电气输送是功率模块第二大消费者（占总额的10%）。此类应用的关键要求是各个供应商提供的组件的高可靠性和长期可用性。

家用电器占总额的大约9%。最常用的元件是小电流IPM，其功率模块有单列直插（SIL）和双列直插（DIL）两种封装模式。

另外两种重要应用是可再生能源和汽车电子。风能所占比例相对较低（占5%），但发展相当迅速（每年增长25%）。可再生能源应用所需元件要求与用于电气输送的元件相似：即长期稳定的工作时间和较强的环境承受能力。

同样，汽车电子当前占相对小的比例（4%），但增长也非常迅速（每年增长19%）。对这类元件的需求是非常严格且特殊的，其中包括大范围工作温度和高热循环抗性。

2.11 半导体功率设备的冷却系统

在几安培或更大的电流下，半导体功率开关安装于散热器上，为了能快速向周围散发热量，要依靠空气或水（Gentry等人，1964）。

从散热器向周围散发的热流p（W）按式（2.60）计算

$$p = hA\eta\Delta T \tag{2.60}$$

式中，h是散热器的传热系数［W/(cm^2·℃)］；A是散热器表面积（cm^2）；η是散热器叶片的效率；ΔT是散热器表面和周围环境之间的温度差（℃）。

对于有特殊结构的散热器，传热系数h是辐射传热系数h_R和对流传热系数h_C的总和：

$$h = h_R + h_C \tag{2.61}$$

在垂直叶片和层流式空气流动情况下，对流传热系数h_C［W/(cm^2·℃)］可表示为

$$h_C \approx 4.4 \times 10^{-4} \sqrt[4]{\frac{\Delta T}{L}} \tag{2.62}$$

式中，L是叶片的垂直距离（cm）。

如果空气由风扇驱动，h_C可表示为

$$h_C \approx 0.38 \times 10^{-2}\sqrt{\frac{V}{L}} \tag{2.63}$$

式中，V 是空气的线性自由流动速度（m/s）；L 是沿空气流方向的叶片长度（cm）。

辐射传热系数 h_R 取决于冷却剂的辐射系数 ε、环境温度 T_A 以及散热器温度 T_S，可表示为

$$h_R \approx 0.235 \times 10^{-10}\varepsilon\left(\frac{T_S + T_A}{2} + 273\right)^3 \tag{2.64}$$

散热器和周围空气之间的热阻按式（2.65）计算

$$R_{S-A} \approx \frac{1}{2(h_R + h_A)A\eta} \tag{2.65}$$

2.11.1 风冷散热器

随着变换器功率的增加，对冷却装置的需求也有所增加，需要其能在有限空间内散发大量热量。尤其要注意散热器所使用的材料。所使用的合金材料必须满足下列特性（Mikitinets，2007）：

1）较高的热导率；

2）容易加工；

3）抗腐蚀性能优良。

例如，表 2.1 显示了高质量 6060 合金（根据欧洲标准术语）的基本特性。

散热器结构必须通过高精度加工。表 2.2 显示了 Tecnoal 冷却散热器的长度和角度精度。

表 2.1　散热器材料特性（6060 合金）

密度/(kg/dm³)	2.7
电阻/(μΩ m)	0.031
热导率/[W/(m · ℃)]	209
熔点/℃	635
弹性系数/(N/mm²)	69000

表 2.2　Tecnoal 冷却散热器的尺寸精度

非平面度（%尺寸）	0.5
线性精度/mm	
100 × 150 mm² 的元件	±1.2
150 × 200 mm² 的元件	±1.5
200 × 250 mm² 的元件	±1.8
250 × 300 mm² 的元件	±2.1
角度精度（°）	
（角度大于 20°）	±1

冷却散热器可以分为以下几组：

1）结构上有一个或多个区域来连接标准器件外壳（例如，TO 开关）；

2）可以用作外壳；

3）有很大的热惯性；

4）凸缘构造；

5）通用复合结构。

2.11.2 液体冷却散热器

强制风冷受到最大允许空气速度（15～20m/s）和低传热效率的限制。因此，唯一的选择就是增加散热表面积，但这意味着增加散热器的质量和体积。

通过转换为液体冷却，传热系数可以增加到0.1～0.7W/(cm^2·℃)。

图2.60所示为一些液体冷却的散热器。

使用水冷有两个缺点：其凝固点相对较高且电气强度较低。这使得在低于冰点温度和高压设备中不能使用水冷。

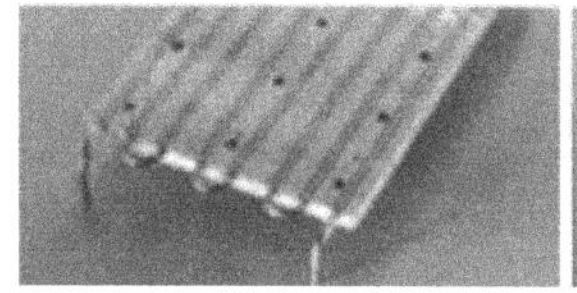
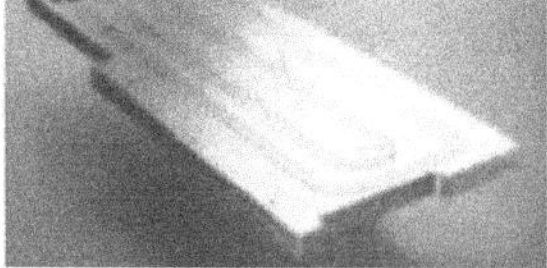

图2.60 液体冷却散热器

在较高热通量密度下（大约20W/cm^2），液体冷却失效退化成了蒸发冷却。

图2.61所示为可能的液体冷却散热器构造。最佳选择是使用垂直冷却管道并使液体向上流动。另一个方法是在同一个平面平行放置冷却管道（Arendt等人，2011）。不能使用不同高度的平行管道，因有可能在上部通道中形成气泡。

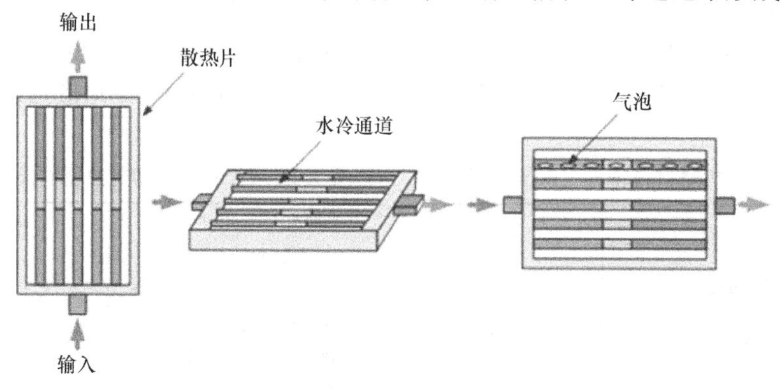

图2.61 液体冷却散热器的构造

2.12 电力电子的发展前景

2.12.1 以碳化硅为基础的功率开关

以碳化硅（SiC）为基础的功率半导体开关有下列优点（Lebedev和Sbruev,

2006)：

1）由于硅（Si）和砷化镓的间隙较大，因此其工作温度范围也非常大（理论上，最高约1000℃）。

2）由于碳化硅临界电场强度比硅大一个数量级，因此其具有固定击穿电压的器件的掺杂浓度可以增加两个数量级，同时电阻减小，单个器件功率增加。

3）碳化硅的临界电场强度较高，使得辐射稳定性高。

4）由于材料热导率很高，使得冷却更容易（多晶碳化硅的热导率与铜相当）。

5）以碳化硅为基底的场晶体管载流子饱和速度更快，能够形成更大的饱和电流。

6）由于决定了出现弹性晶格振动的德拜温度较高，因此SiC半导体的热稳定性得到了提高。

7）碳化硅是多功能的。由于SiC组件包含由与半导体结构相同的材料制成的大衬底，因此也存在二氧化硅（SiO_2），并且在SiC中可以同时产生n型和p型导电结构，因此可以构造任何类型的功率半导体器件。

工业生产功率半导体设备以碳化硅为基础，依赖于高质量衬底。现如今，碳化硅衬底需求量很大。每年，碳化硅衬底的质量都在不断改善，其直径也在不断增加。目前，已经可以制造出大约100mm直径的碳化硅衬底。

基于碳化硅的功率晶体管的大规模生产仍是未来的发展方向。现阶段，可以通过下列数据进行评估。

2002年，日本关西电力公司的专家报告了开发5.3kV结型场效应晶体管（JFET）（漏极电流为3.3A）的过程。

SiCLAB（Rutgers大学）和联合碳化硅公司引导了如下研究：

1）垂直结型场效应晶体管允许最大漏极电压为1200V，漏极电流为10A；导通状态下的电阻率不超过$4m\Omega \cdot cm^2$。

2）金属氧化物半导体场效应晶体管（MOSFET）允许最大漏极电压为2400V，漏极电流为5A；导通状态下电阻率为$13.5m\Omega \cdot cm^2$。

3）双极结型晶体管（BJT）允许最大集电极电压为1800V，集电极电流为10A；导通状态下电阻率为$4.7m\Omega \cdot cm^2$。

Cree公司（美国）开发的半导体功率设备包括下列几种：

1）击穿电压为5200V，正向电流为300A且漏电流小于100μA的晶闸管。

2）1200V/50A和600V/100A且工作区域为5.6mm×5.6mm的标准肖特基二极管。

3）碳化硅MOSFET（工作区域为3.8mm×3.8mm），漏极电压为1200V，漏极电流为10A，150℃时$R_{DS(ON)}$为0.1Ω。

4）3mm×3mm 的 BJT，其集电极－发射极电压为 1700V，饱和压降为 1V，集电极电流为 20A。

5）一个 4H－SiC p－i－n 二极管，其脉冲功率约为 3MW（平均电流为 20A，最大脉冲电流超过 300A，漏电流为 300μA），反向电压大于 9kV，工作区域为 8.5mm×8.5mm。壳体内 p－i－n 二极管参数为 10kV 和 20A。

近期，Cree 和 Kansai Eletric Power 公司合资项目展示了基于碳化硅功率半导体设备的优点。该项目开发了完全基于碳化硅器件的三相电压型逆变器并进行了成功测试。如果在这一逆变器（输出功率为 110kVA）同样的空间上安装一台基于硅技术的逆变器，其输出功率只有 12kVA。

2.12.2 高度集成功率模块

为增强功率开关的可靠性和热循环强度并扩展其工作温度范围，可以使用下列新技术。

1）用低温烧结替换焊接接头。

2）用可靠的焊接连接替换导线接头。

3）使用弹簧系统。

4）更高的集成度，尤其是对于大功率元件。

新技术能够生产出新型功率模块。随着使用具有前景的新半导体材料，人们更加希望在高温电子器件基础上开发高度集成的功率模块（Arendt 等人，2011）。

近期开发了一种无需标准电源模块（Moser 等人，2006）的三相电力驱动装置（电流有效值为 36A，电压为 48V）。

这一驱动装置基于无壳体设计并在 10 个公司中进行了生产，且使用最少的材料。这种无壳体功率电路允许开发超高功率密度和优良机械性能的电子系统。由于焊接接头较少，可以保证较高的热循环强度，且半导体功率芯片的温度限制可以达到 200℃。因为紧凑的设计和集成化直流元件，因此几乎没有电磁辐射。

2.13 半导体功率开关的控制

控制脉冲发生器是变换器控制系统的一部分，对功率开关形成控制脉冲逻辑序列，然后放大脉冲使其达到功率标准。

控制系统的噪声主要来自变换器功率元件，某种程度上，主要来自控制脉冲发生器的放大模块。大负载的电流开断产生大功率脉冲干扰，串入控制脉冲发生器电路，并可能干扰控制系统的信息和逻辑组件的运行。因此，功率电路的主要要求之一是功率元件和变换器控制元件之间的电气隔离。

对于不直接连接到系统公共总线的高电平功率开关控制，这种隔离也是必要的。

根据隔离方法不同，可以将控制脉冲发生器分为以下几种类型（Voronin，2005）：

1）基于变压器的控制脉冲发生器并将电气传输和控制信号的信息传输相结合。

2）控制脉冲发生器将控制信号元件与将该信号放大到所需功率的元件隔离。

按照次序，第一组可以分为使用电压互感器和使用电流互感器的控制脉冲发生器。

对于分别传送能量和信号的控制脉冲发生器，信息通道隔离可以基于高频变压器或光电器件。

一般来说，能量和信息相结合传送的控制脉冲发生器用于电流控制（电荷控制）功率开关，例如双极型功率晶体管和晶闸管。这类控制脉冲发生器的主要优点是没有辅助放大控制脉冲的能量源和绝缘电压高（达到 6.5kV）。

然而，以变压器为基础的控制脉冲发生器的使用还有一些问题。

1）随着开关频率的增加，控制信号幅值开始取决于传输脉冲的质量。

2）控制信号的最小和最大长度受到变压器磁心特性的限制。

在基于大电感晶闸管的电源电路中，负载电路使用反相脉冲分组传输。这允许相对较长的控制信号产生（见图 2.62）。

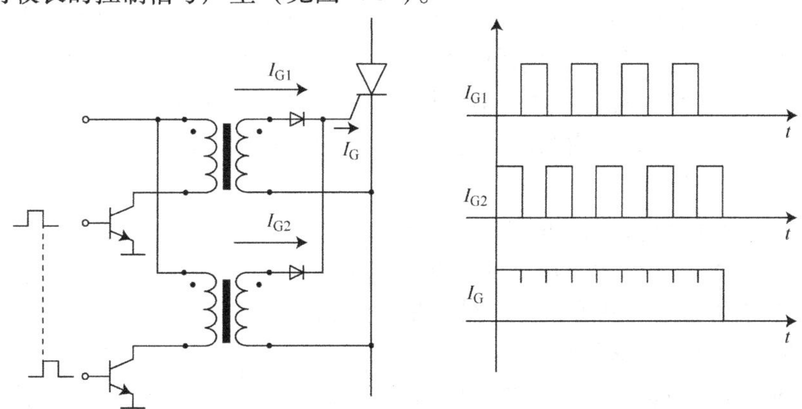

图 2.62　长控制信号的形成

能量和信息分别传输的控制脉冲发生器包含 3 个基本电路。

1）信息通道解耦电路；

2）控制脉冲放大电路；

3）放大器电源供电电路。

另外，这类控制脉冲发生器可能包含功率器件保护电路，以防止电流和电压激增，还包含一个控制放大器电源电压的电路。

在能量和信息分开传输的控制脉冲发生器中，隔离可以基于光电器件或脉冲变压器。

光电隔离的缺点包括参数的温度不稳定性、电流传输系数较小（对于光电二极管器件）以及控制信号传输大大延迟（对于光电晶体管）。光电隔离系统的绝缘性无法承受超过2.5kV的电压。

然而，与基于变压器的隔离相反，光电系统允许连续的控制信号传输。

温度波动较大时，光电管被脉冲变压器替换，脉冲变压器具有更稳定的参数和更好的绝缘性。高频信号的分组传输用于消除信息信号对长度的依赖（见图2.63）。

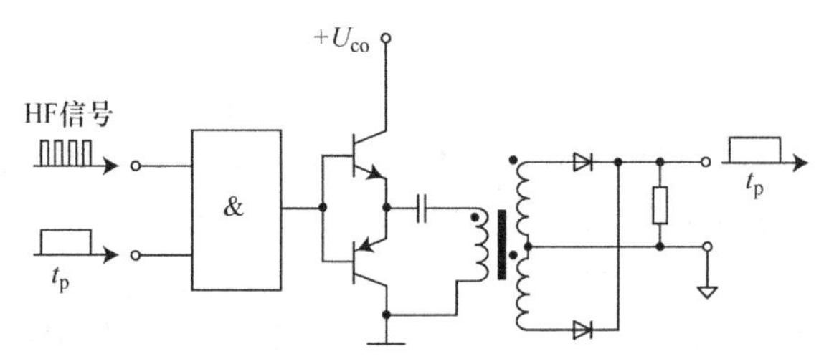

图2.63 基于变压器的信号隔离

当它们以单独的集成电路的形式生产时，具有能量和信息的单独传输的控制脉冲发生器被称为驱动器。工业驱动器主要为功率器件制造，并由绝缘栅电路控制（MOS晶体管或IGBT）。包括单个开关，半桥或全桥式器件的驱动器。

一般来说，MOS晶体管驱动器使用单极型电源（+10V或+15V）。对于更大功率的IGBT开关，使用双极型电源（+15V和−10V或±15V）。这提高了开关速度并防止了脉冲干扰。

在标准驱动器中，使用的脉冲电流常为6A、12A、15A、35A、50A和65A。随着开关频率的增加，平均驱动电流显著升高。最小平均电流的选择依照器件的功率和输入电容。

平均驱动器电流 I_a 以器件栅极电路的动态特征为基础进行计算，它取决于栅极电路中器件充电时的输入电压（见图2.64）。

首先具有特定栅极电路特性的相关晶体管开关所需的驱动器能量 W 可表示为

$$W=\Delta Q\Delta U \qquad (2.66)$$

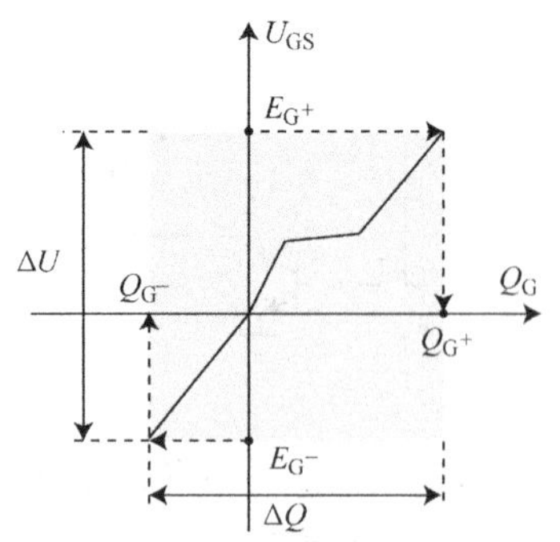

图2.64 功率器件栅极电路的动态特性

式中，ΔQ 是器件栅极电路充电电量变化范围；ΔU 是特定驱动器电源电压下的器件输入电压变化范围。

在双极型电源电压下，开关输入电压变化范围可表示为

$$\Delta U = E_{G+} + |E_{G-}| \tag{2.67}$$

式中，E_{G+}是正极电源电压；E_{G-}是负极电源电压。

然后使用下列公式确定驱动器平均功率

$$P = Wf_k = \Delta Q \Delta U f_k \tag{2.68}$$

式中，f_k 是开关频率。

驱动器平均功率由消耗的平均电流决定

$$P = I_a \Delta U \tag{2.69}$$

驱动器平均电流为

$$I_a = \frac{P}{\Delta U} = \Delta Q f_k \tag{2.70}$$

因此，特定驱动器的选择取决于功率器件栅极电路的特性及其开关频率。

2.14　无源元件

2.14.1　简介

电路中的无源元件，即变压器、电抗器、电容器、电阻器、变阻器和工作不需要额外的内部或外部电源的其他器件。在电力电子技术中，无源元件是相对于直接控制功率的有源半导体器件而言的。同时，无源元件形成了能量变换的基础框架。实际上无源元件存在于几乎所有电力电子设备中，其功能如下：

1）变压器使电压匹配并保证电路的电气隔离。

2）电抗器是滤波器、开关电路和中间能量存储的基本元件。

3）电容器用于交流和直流滤波器，也是中间能量存储元件。

在电力电子设备中，无源元件在非正弦高频电流和电压下工作。这使得电力电子设备开发中的选择变得非常复杂。另外，元件的选择对成功的设计是非常重要的。无源元件广泛的应用显示了其在电力电子设备中的重要性。

2.14.2　电磁元件

2.14.2.1　铁磁材料的基本特性

对于不同的铁磁材料，磁感应强度 B 与磁场强度 H 的关系是不同的。其中包括基本磁化曲线、受限的静态磁滞回线和动态磁滞回线。考虑磁化和退磁过程

的具体特征二者的关系曲线不太常见，例如动态磁化曲线。

基本磁化曲线是稳定磁滞回线顶点的轨迹。对于主要用于变压器和电抗器的软磁材料，该曲线实际上与在完全消磁的材料的第一次磁化中获得的初始磁化曲线相同。磁化曲线如下所示：

$$B=\mu_a H \text{ 或 } B=\mu_0(H+M) \tag{2.71}$$

式中，μ_a 是绝对磁导率。

$$\mu_a=\mu_0\mu_r \tag{2.72}$$

式中，μ_0（$4\pi\times10^{-7}$H/m）是磁常数（真空磁导率）；μ_r 是相对磁导率，表明由于铁磁材料磁化强度 M，其磁感应强度增加的大小。

随着磁场强度 H 增加磁化曲线缓慢上升的部分，对应铁磁材料饱和过程，发生于磁化强度 M_s 和磁感应强度 B_s 饱和时（见图 2.65）。随着磁场强度进一步增加，磁感应强度的变化实际上是线性的：$dB/dH=\mu_a$。

根据确定的磁导率的条件——在稳定或变化的磁场中——我们称之为静态或动态磁导率。考虑到交变磁场磁化过程的涡流、磁滞和共振现象的影响，静态和动态磁导率大小不同。

动态磁导率的概念与动态电感 L_d 的定义直接相关，L_d 与电路中电磁元件的磁通量变化 $\Delta\Psi$ 和电流变化 Δi 有关。

$$L_d=\frac{\Delta\Psi}{\Delta i} \tag{2.73}$$

磁化曲线是非线性的，因此 μ_a 随 H 的变化而变化。在磁化曲线的一个特定点上，B 与 H 的关系可以通过微分磁导率 μ_d 计算：

$$\mu_d=\left(\frac{dB}{dH}\right)_{H_a\times B_a} \tag{2.74}$$

式中，H_a 和 B_a 是点 a 的坐标，μ_d 可以确定（见图 2.65）。

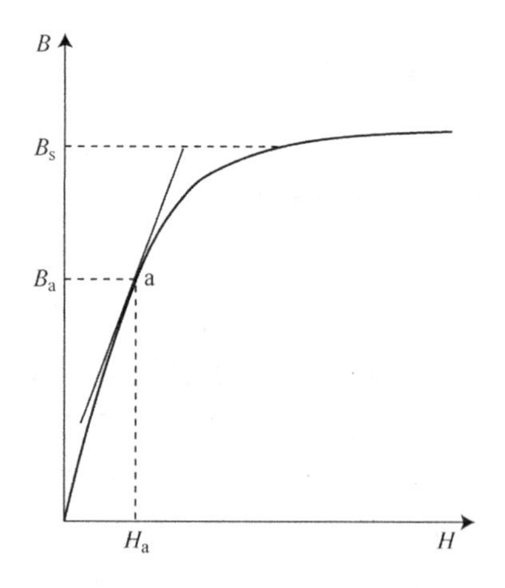

图 2.65 基本磁化曲线

使用磁滞回线可以更全面地体现铁磁材料的特性。极限静态磁滞回线决定了完全磁化和退磁循环内的 B 与 H 的关系，此时外部场强变化较慢——换句话说，在恒定电流条件下有效（$dH/dt=0$）。在图 2.66 中，显示出极限静态磁滞回线。其特征如下。

1）B_m 和 H_m 的最大值超过比磁感应强度 B_s 的对应值更大。

2）剩余磁感应强度 B_r。

3）矫顽力 H_c。

磁滞回线从 $+B_m$ 到 $-H_c$ 和从 $-B_m$ 到 $+H_c$ 的部分对应退磁过程，从 $-H_c$ 到

$-B_m$ 和从 $+H_c$ 到 $+B_m$ 的部分对应磁化过程。随着磁场强度减小到零，铁磁体将存在剩磁 $+B_r$ 或 $-B_r$，这取决于初始 B_m 值极性。

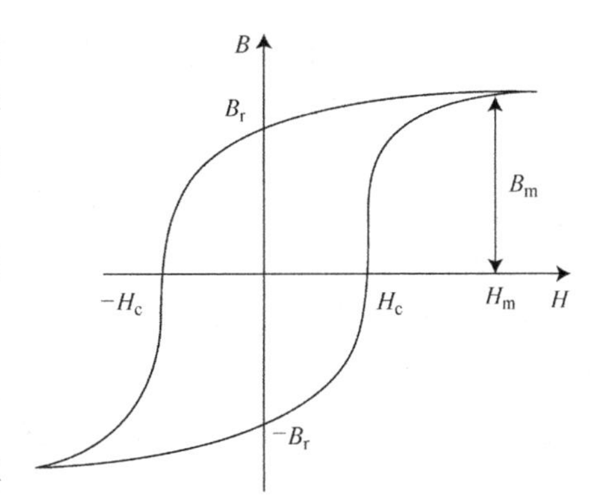

图 2.66　磁滞回线常见形式

矩形因子可对静态磁滞回线做近似估算

$$K_{rec} = \frac{B_r}{B_m} \tag{2.75}$$

磁滞回线的面积决定了铁磁材料再磁化过程中的能量损耗（磁滞损耗）。

电力电子装置中的电磁元件通常在高频交变电压和电流下工作。因此，常用动态磁滞回线描述这类元件，当 $dH/dt >> 0$时，它们与 B 和 H 有关。随着频率的增加，动态磁滞回线与静态磁滞回线出现显著不同。随着磁化频率增加，动态磁滞回线面积会增加，即铁磁体能量损耗增加。另外，动态磁滞回线陡峭部分变得更短（见图 2.67）。这些物理过程可以归因于磁黏滞性，即磁畴取向的滞后是磁场强度的函数。另外，高频电磁场在铁磁材料中产生涡流，阻碍了交变磁化。由于涡流和磁黏滞性导致的损耗称为动态损耗。除了铁磁体的特性，还有其他重要因素影响动态磁滞回线的形式。例如，动态磁滞回线通过电流源的方法记录的交变磁化过程，与通过电压源的方法记录的同样材料有显著不同。其他相关因素包括电流和电压形式，以及磁系统的设计。

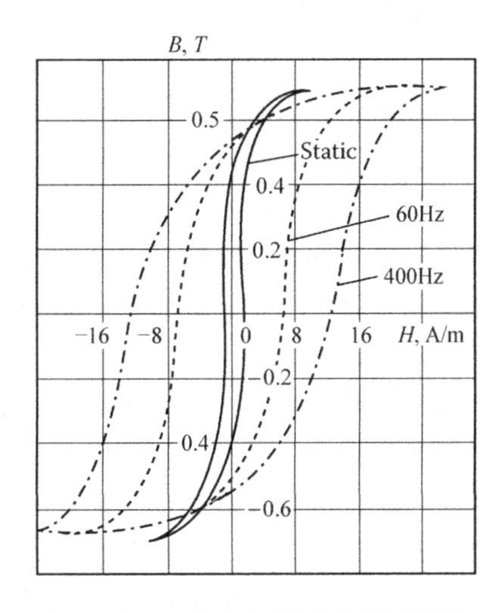

图 2.67　正弦电压源下的磁滞回线

在较低频率下（50Hz ~ 5kHz 之间）使用各种软磁金属，例如加硅的电子工程钢（低矫顽力 $H_c < 4A/m$）或铁镍合金（坡莫合金）。这些合金的特性是具有相对较高的磁导率和较低的矫顽力。因此，其交变磁化损耗较小，这对高频系统是特别重要的。

在 5kHz 以上将使用半导体铁氧体或磁介质。铁素体是由氧化铁、锌、锰和其他金属粉末通过陶瓷技术混合而成。铁氧体被归类为半导体。因此，其体电阻率比钢和合金高出许多。较高的电阻使涡流和相关能量损耗显著减小。由于涡流产生的能量损耗较低且可制造不同形状磁心，铁磁系统在电力电子设备中被广泛应用。目前，锰锌（MnZn）铁氧体在高饱和磁感应强度和磁导率器件以及低能量损耗的器件中广泛使用，工作频率为300kHz~1MHz。1MHz以上时推荐使用镍锌（NiZn）铁氧体。然而，其使用时受温度敏感性和饱和特性限制（Melyoshin，2005）。

在开发电抗器铁磁系统时，大电流下需要使用低磁感应强度元件，其特征与变压器铁磁系统不同。另外，在直流电路使用电抗器作为滤波器时，其铁磁系统受磁偏置影响。在这种情况下，电流在较大范围内变化时，需要保持电感大小恒定。

传统上，通过制造有一个或更多空气间隙的铁磁系统能够解决这一问题。这能够减小电抗器磁感应强度并降低对绕组电流的依赖。然而，这种方法有一些不足。特别是在空气间隙附近会出现磁散射通量，并且电磁兼容性受损。

目前正在开发磁导率较低的磁介质。该介质以粉末结构的复合材料为基础，磁材料通过用粘结剂与磁介质相结合。制成材料具有低磁导率的特点，因为气隙有效地分布在整个磁系统的长度上。磁介质的高电阻率实际上消除了涡流。其中一种材料是Alsifer，这是一种由铝、硅、铁组成的合金。低μ_r值（最多约100）使其能够有效地用于制造滤波电感的磁性系统，并在大范围内，磁场强度与磁感应强度线性相关。

其他新型铁磁材料是非晶体软磁合金，不具备晶体结构。这类合金以铁、硼、硅为基础，还有其他各种成分，例如铬，以便改善其性能。非晶体合金有良好的磁性能、机械性能和抗腐蚀性能，特别是能确保较小的能量损耗。在大量生产电磁元件的过程中，该合金节约了大量的金属和能源消耗。

2.14.2.2 高频和非正弦电压对变压器和电抗器工作的影响

1）铁磁系统中的损耗。不同物理过程决定了铁磁系统的内部损耗，一般来说，损耗总量由磁滞、涡流和磁黏滞性决定。精确计算每部分的损耗比计算正弦电场实验下的总损耗更为复杂。例如，算铁磁系统中的具体损耗P_{sp}（W/cm^3）（Rozanov等人，2007）可表示为

$$P_{sp}=\left(\frac{f}{f^*}\right)^{\alpha}\left(\frac{B_m}{B_m^*}\right)^{\beta}=A_0f^{\alpha}B_m^{\beta} \tag{2.76}$$

式中，f是工作频率；f^*是基准频率（1000Hz）；B_m是最大磁感应强度；B_m^*是基准磁感应强度（1T）；A_0、α、β是经验常数。

对于铁磁系统中使用的材料，$\alpha>1$，根据式（2.76），系统损耗随工作频率的增加而增加。在铁磁系统高频的情况下，涡流损耗为主要损耗；在铁氧体系统中，磁滞损耗占主要。可以通过对常数赋予不同值来表现这种差异。具体而言，可以通过式（2.77）计算损耗量：

$$P_{sp} = Af^{3/2}B_m^2 \tag{2.77}$$

式中，经验常数 A 考虑到各种因素，例如不同材料的损耗类型（Rozanov 等人，2007）。

在非正弦周期电压下，铁磁系统损耗大于在同样基波频率下的正弦电压损耗。这是因为非正弦电压下出现了高频分量。

高次谐波对磁系统损耗的影响可以通过对各次谐波损耗求和来考虑

$$P_{sp} = \sum_{n=1}^{\infty} P_n \tag{2.78}$$

式中，P_n 表示 n 次谐波的功率损耗。对于实际应用中只考虑最高谐波的损耗。

如果变压器电压包含直流分量，则会出现偏置磁化，铁磁系统中的磁感应强度会出现偏移。例如，单极电压下脉冲变压器磁心的磁化过程。假设电压周期比变压器暂态过程持续时间长，且其杂散电感和绕组的电阻为零。在图 2.68a 中，电压发生器作为理想直流电压源 E，通过开关 S 周期性地与变压器 T 的一次绕组相连。当开关 S 闭合时，向一次绕组（N_1 匝）施加电压 E。这与幅值 E 及长度 t_p 的电压脉冲等效。变压器磁心内的磁感应强度开始变化。在给定假设下，图 2.68b 给出了变压器简化的等效电路；变压器被一个非线性阻抗 z_μ 和磁化电流 i_μ 等效，负载电阻等效到一次绕组侧 $R'_{lo} = R_{lo} \cdot N_1/N_2$。图 2.68b 还显示了二次绕组电压等效到一次绕组的电压 u_2 随时间变化图，以及磁心最初完全退磁时暂态过程中铁磁系统的磁感应强度。在电压源 E 工作且时间 $t = t_p$ 时，磁感应强度平均值按下式计算

$$\Delta B_{me} = \frac{Et_p}{N_1 S_M} \tag{2.79}$$

式中，S_M 是磁心横截面积。在图 2.68c 第一个电压脉冲下，磁感应强度变量与初始磁化曲线从 O 点到 A_1 点的变化相符合。

当开关 S 关断时铁磁系统开始退磁。在给定假设下，受到阻抗 z_μ 和负载R'_{lo} 的影响，电路中的退磁电流会降低。设想开关关断一段时间后，电流 i_μ 下降到零，则可以认为在开关再次闭合前，在退磁循环中，磁感应强度 B 从点 A_1 变到点 D_1。当开关 S 闭合时，磁化过程从点 O_1 再次开始。如果式（2.79）中的 E 和 t_p 为常数，则 ΔB_{me}也是常数。在周期脉冲激发下，磁感应强度的初始值和终值被图 2.68c 中的点 O_k 和 A_k 取代。更多的脉冲会导致电磁系统的再磁化，循环从点 O_k 到点 A_k 然后再返回。在稳态中，

$$\Delta B_{me} = B_{Ak} - B_{Ok} \tag{2.80}$$

式中，ΔB_{me}是式（2.79）中的磁感应强度；B_{Ak}和 B_{Ok}分别是铁磁系统中下一个脉冲结束和开始时的值的磁感应强度。

当磁化电流（偏置电流）恒定分量超过可变分量时，循环进一步向纵轴右

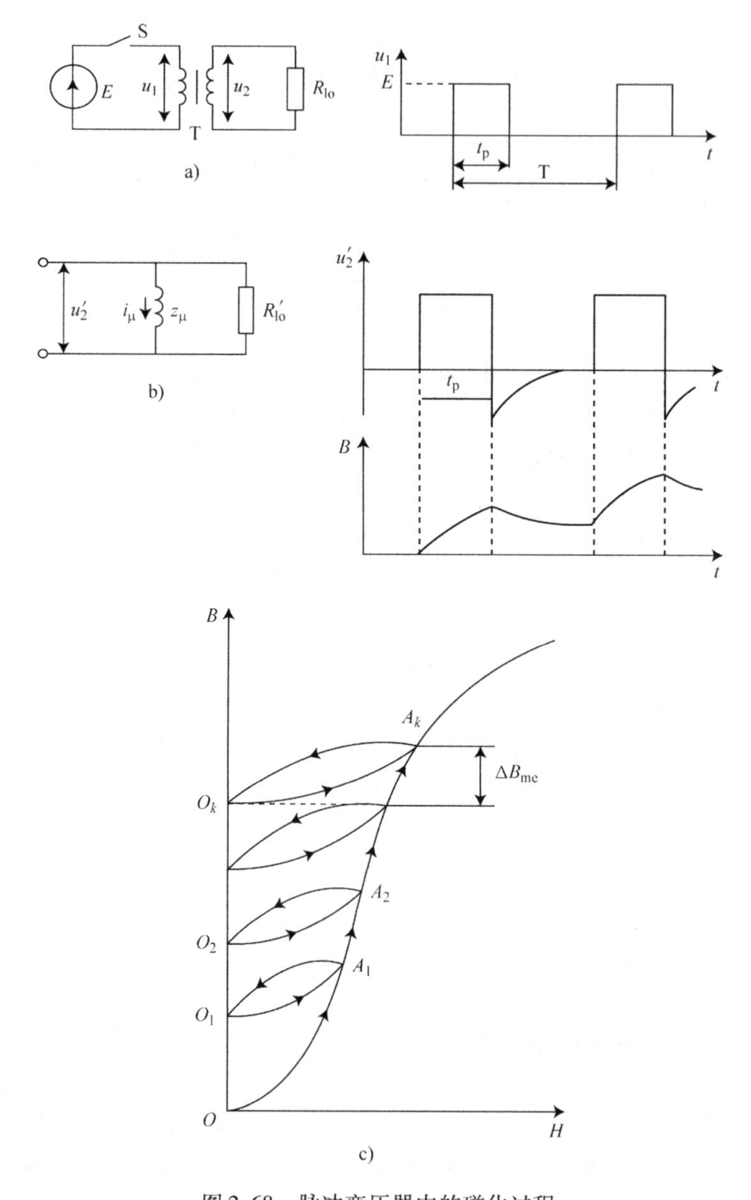

图 2.68 脉冲变压器中的磁化过程

a）一次绕组的电路图和电压图 b）电压和磁感应强度的等效电路图 c）铁磁系统的磁化图

侧移动（见图 2.68c）。随着偏置电流增加，循环转移到较平缓的磁化曲线区域——饱和区，该区域的动态工作磁导率较低。因此，随着偏置磁化增加，动态磁感应强度会下降。注意的是偏置磁化很大程度上取决于含有变压器或电抗器电路的运行情况——特别是与变压器一次绕组相连接的脉冲电压源内阻抗。

2）绕组损耗。高频电压和电流，包括非正弦电压和电流，会产生额外的能量损耗，这不仅出现在电磁系统中，而且也出现在变压器和电抗器绕组中。这些损耗主要来自于导体的集肤效应，在电磁场的影响下，电流转移到其表面。因此，交流电流中的电阻阻抗比直流电流中的电阻 R_0 大。阻抗的增加是由于导线有效截面积减小。在集肤效应中，电流呈径向转移。电流转移也会在相邻导体产生的电磁场的影响下出现。这种情况下，电流再分配取决于绕组设计和电磁系统的构造。交流电绕组产生的额外损耗通过系数 K_{add} 计算：

$$K_{add}=\frac{R_{\_}}{R_0} \tag{2.81}$$

设计每个特定变压器时，必须分别计算 K_{add} 的值，并考虑电流或电压频率的约束。

对于非正弦电压和电流，各次谐波的额外损耗由傅里叶展开决定。这些损耗通过 K_{add} 等效值计算：

$$K_{add} = \frac{\sum_{n-1}^{\infty} I_n^2 K_{addn}}{I^2} \tag{2.82}$$

式中，K_{addn} 考虑到 n 次谐波频率下的损耗；I 和 I_n 分别是总电流及其谐波的有效值。

确定 K_{addn} 的值十分困难，因为其取决于很多系数——尤其是横截面积、绕组设计以及铁磁系统的构造。例如，集肤效应的特征用系数 δ 衡量，该系数决定了导体中电流的穿透深度，即电流密度从表面上的最大值下降为 $1/e$ 倍的距离（有时称为趋肤效应的深度）。

系数 δ 取决于频率。对 100℃的铜，50Hz 下 $\delta=8.9$mm，5kHz 下为 0.89mm，500kHz 下为 0.089mm。随着工作频率的增加，绕组额定电流随之增加，因此需要采取特殊措施限制集肤效应。最常见的方法是使用特殊的多芯电缆（绞合线）。绞合线由许多小截面导线构成，且导线互相绝缘。每对导线缠绕在一起，这样做可以阻止短路电流产生的磁通量。然后将所有导线对组合在一起，这样绕组就有了两个外部端子。

另一种减少大电流导体集肤效应的方法是使用表面绝缘的薄铜线。

如果导线直径 $d \ll \delta$，集肤效应会较小。然而，对于高频环境下工作的变压器和电抗器，导体的相互影响会改变绕组电流密度从而导致增加功率损耗。这种情况下，实际损耗的计算是一个复合场问题。

一个简单的定性方法是考虑二维空间，同时考虑磁系统中绕组结构的对称性（Rozanov 等人，2007）。

图 2.69 展示了单节电抗器绕组中的磁动势分布。随着磁动势的增加，磁场强度也会增加。在绕组内部，额外损耗呈二次曲线增加。在表层，由于磁场强度最大其损耗更大。为减少高频变压器损耗，将绕组分为两个部分；这样可以减少

最外层绕组的磁场强度（Rozanov 等人，2007）。图 2.69b 所示为一个示例，其中二次绕组分为两段，一次绕组分为三段。这将磁动势和磁场强度降低为 1/4。

频率的增加，加强了变压器和电抗器中寄生参数的影响，例如，杂散电感、匝间和绕组间电容。在图 2.70 中所示为变压器等效电路，一次绕组杂散电感 L_{S1} 和二次绕组杂散电感 L_{S2}，绕组间电容 C_{12} 以及输出电容（C_1 和 C_2）。很显然，输入电压频率的增加伴随着输出电压的严重失真，这取决于电路参数。这样又反过来损害电力电子设备的工作及其能量特征，包括效率和能量密度。在某些情况下却能很好地利用寄生参数。例如，高频下的杂散电感可以作为负载电路中的短路限流器。

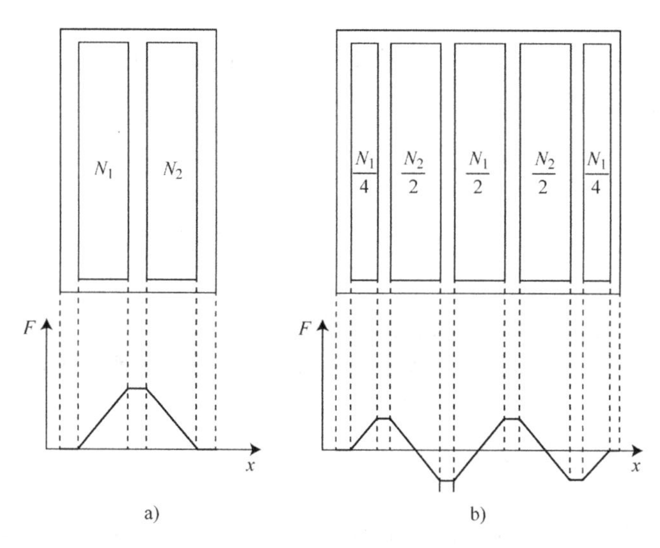

图 2.69　变压器绕组上的磁动势分布

a）变压器绕组没有分段　b）变压器二次绕组分为两段，一次绕组分为三段

随着工作频率的增加，很难确保变压器和电抗器与其他电路元件的电磁兼容性。此外，电子设备的设计十分复杂，尤其是对电抗器。在电力电子器件中，电抗器具有各种功能，例如滤波、储能、晶闸管开关电流的形成及无功补偿。大多数这类电抗器的特点是电感值较小，不会随磁化电流变化而发生较大变化。换句话说，磁感应强度是一个常数。为实现这一目标，铁磁系统可以使用在大范围的磁场强度下磁导率较低的材料制成，例如硅铝铁合金。磁感应强度非常低时，可以使用没有磁心的空芯电抗器。但是，为减少这类电抗器产生的电磁场，磁通量必须尽可能限制在电抗器内部。在电抗器圆周上匝数均匀分布的环形设计是合适的。

最新出现的新技术可以改善变压器和电抗器的高频性能。主要趋势是使用印

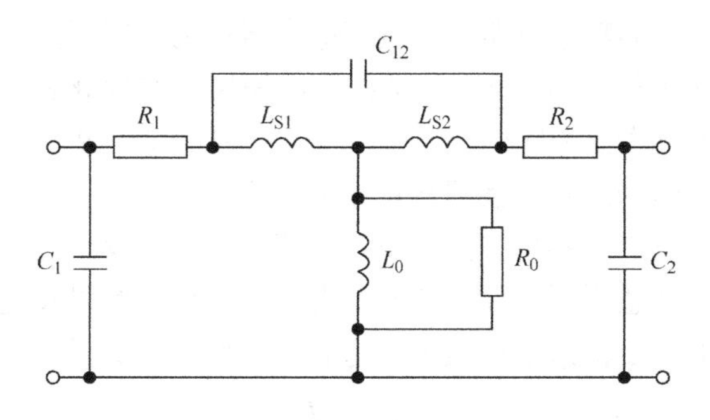

图 2.70　带寄生电感和电容的变压器等效电路

制在铁磁系统上的平面绕组（Rozanov 等人，2007）。这一设计有许多优点：简单的绕组分段、降低寄生电容并尽量减少其他负面影响。此外，这一设计与电力电子设备的集成和模块化制造高度兼容。

2.14.3　电容器：基本定义和特性

电容器能够存储并释放大量的电能。其设计通常由导体（例如金属板）和分割导体的电介质组成。在电场作用下，耦合电荷（电子、离子、更大的带电粒子）按照电场强度方向在电介质内部移动。这导致电介质感应极化，其中正电荷与负电荷朝相反方向移动。

图 2.71 所示为与外部电源 U 相连的平板电容器中简化的电荷分布。电荷在电介质表面出现并形成电场强度 E_σ，与外部电场 $E_0=U/d$ 相反。这降低了电介质内部的场强。整个电容可表示为

$$C=\varepsilon_r C_0=\frac{\varepsilon_r\varepsilon_0 S}{d} \tag{2.83}$$

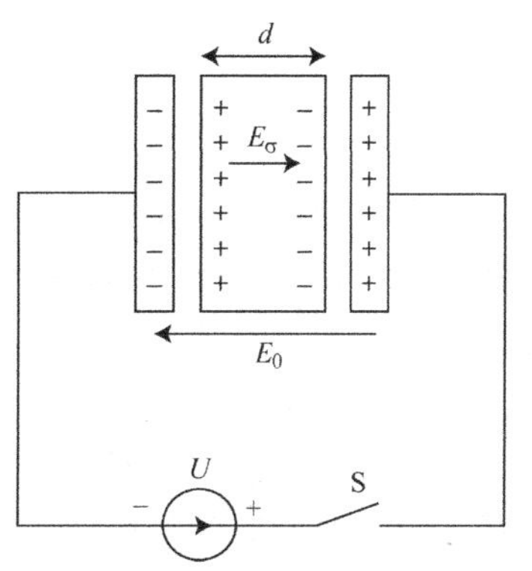

图 2.71　平板电容器中简化的电荷分布

式中，S 是每块板的表面积；d 是板间距离；$\varepsilon_0=8.857\times10^{-12}$F/m 反映了自由空间（真空）的电介质特性；$\varepsilon_r$ 是电介质的相对介电常数（$\varepsilon_r>1$），与没有电介质时（真空）相比，电荷、电容及存储能量增加了。

不同的电介质材料选择取决于电容器所需的特性、用途、生产以及其他因素。电介质可以分为非极性电介质（含电中性分子），极性电介质离子性电介质以及铁电介质（Ermuratsky，1982）。ε_r 根据电介质类型从 1 或 2 到 $10^4\sim10^5$ 不等。

在直流脉冲电压的功率电路中，电解电容器得到了广泛使用。常规设计是由氧化铝金属薄片（平板）、电介质和带纤维绝缘层的非氧化铝薄片（反相平板）组成。电容端子有极性，阴极端子（－）连接到铝制框架，而阳极端子（＋）呈单瓣的形式与壳体隔离并连接到氧化板上。

电容器基本参数是电容量、损耗角正切值、漏电流及绝缘电阻。另外，根据电容器类型，还应注意不同条件下的允许电压、无功功率以及允许的存储能量。

在正弦电压下，损耗角正切值定义为有功功率 P 与无功功率 Q 的比值

$$\tan\delta = \frac{P}{Q} \tag{2.84}$$

可以通过最简单的等效电路参数表达（见图 2.72）

$$\tan\delta = \omega C_e R_e = \frac{1}{\omega C'_e R'_e} \tag{2.85}$$

式中，ω 是施加电压的角频率；C_e 和 R_e 是图 2.72a 中等效电路的电容和电阻；C'_e和 R'_e分别为图 2.72b 中等效电路的电容和电阻。

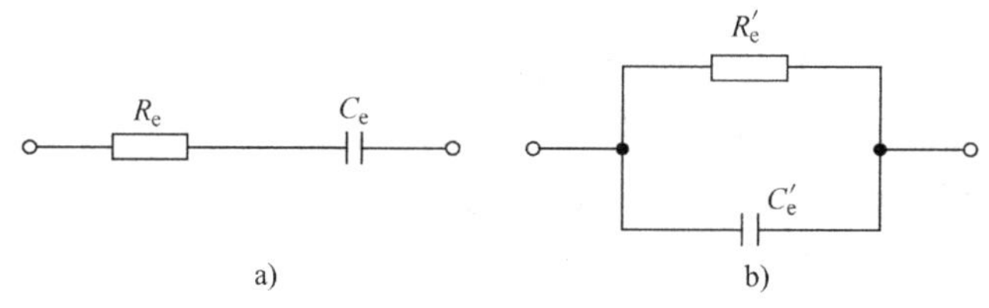

图 2.72 电容器简化等效电路

a）串联电路 b）并联电路

需要注意的是，在通常情况下，图 2.72 中等效电路参数取决于频率。因此，根据式（2.85），$\tan\delta$ 也取决于频率。此外，更完整的等效电路，包括终端电感及其电阻，以及其他参数（Rozanov 等人，2007）。

选择电容器种类时，需要考虑工作条件、电流和电压的形式及频率、可用空间、冷却条件、总工作寿命、可靠性以及许多其他因素。还应考虑电容器寿命的影响，随着使用时间的增加，其特性会发生明显改变。例如，在使用过程中，电容器的电容量可能改变 30%。同样地，在使用过程中可以观察到，$\tan\delta$ 和电容器绝缘电阻会有显著改变，这些决定了漏电流的大小。

在电力电子设备中，电容器在多样化和特定的环境中工作。就工作条件而言，为了方便通常分为非极性交流电容器和用于无脉动直流电路的滤波电容器。

1）对于非极性交流电容器，可以施加不同形式的交流电压和脉冲电压，也可以施加与脉动幅度相当的直流电压分量。这种电容器端子极性相同。换句话说，所施加电压的极性不重要。

2）单极电容器，例如具有氧化物电介质的电解电容器，通常用作直流电路

的脉动很小的滤波器。在这种条件下，它的电容大，每单位体积存储的能量密度也高。对于此类电容器，不允许工作在交流电下。

2.14.3.1　电压形式和频率对电容器工作的影响

交流电容器在电力电子设备中的基本功能如下：

1）交流电压基频的无功补偿；

2）强制换相晶闸管的储能；

3）电子开关的开关轨迹的形成；

4）对交流回路中的高频电压与电流进行滤波。

在无功补偿器和调压器中，电容器通常工作在高频正弦交流电下。这种情况是电力电子系统常见的工作模式。在一些无功补偿器中，周期性开断将导致电流开关产生高次谐波。在这种情况下，电容器的设计和选择必须考虑高次谐波。

通常，在晶闸管换相中，开关电容器可以从一种极性快速充电到另一种极性。因此，电容器上会产生前沿陡峭的脉冲电流。电压近似梯形。用于形成开关轨迹的电容器，通常比开关电容器功率更小。但是，它们通常能够在更高的频率下工作，这与开关电压的频谱组成有关。另外，其基本参数必须是与频率无关的。需要特别注意的是，它们的设计应该使电感最小化，目的是当开关关断时，缩短暂态过程。

谐波滤波器中的电容器必须能承受非正弦电流，因此在挑选电容器时，必须考虑电流的频谱组成。

非正弦电流和电压会增加功率损耗并改变许多重要的电容器参数。在正弦电压条件下，电容器损耗与电介质中损耗角度的正切值成正比。在许多计算中，假定 $\tan\delta$ 是一个常数，尽管其取决于工作条件与电压频率。使用非正弦电压时，电容器的选择必须同时考虑由频率决定的 $\tan\delta$。技术说明书中提到的 $\tan\delta$ 与频率的关系为高频电压下额外功率损耗的分析提供了基础。非极性电容器，$\tan\delta$ 在 50 ~ 1000Hz 时变化很小，但在 1000 ~ 10000Hz 时，$\tan\delta$ 的变化会相对在 50 ~ 1000Hz 时增加了大约 10 倍。对于这类电容器，温度变化对 $\tan\delta$ 的影响较小。总的来说，即使施加正弦电压，对电容器中高频损耗的精确估计也有很大难度。

更困难的是估计工作在非正弦电流和电压下电容器的损耗。最一般的方法是以电压或电流频率为基础进行粗略估计。在这类计算中，将由电压谐波产生的电容器功率损耗加起来

$$P_{\mathrm{C}} = C\omega \sum_{n=1}^{\infty} nU_n^2 \tan\delta_n \tag{2.86}$$

式中，n 是电压谐波次数；ω 是基波电压的角频率；U_n 是第 n 次谐波的电压有效值；$\tan\delta_n$ 是第 n 次谐波的损耗角度正切值。

通过谐波分析（例如，基于傅里叶变换）可以确定非正弦电压下幅值最大

的谐波，并通过式（2.86）计算功率损耗。对于特定的非正弦电流，可以使用类似的方法。

随着有功功率损耗的增加，电容器电压有效值必须随频率的增加而减小。高频电流有效值的增加，将会提高电容器内触点和其他元件损坏的风险，也将导致电容器电压有效值随频率的增加而减小。图 2.73 所示为在交流电容器中，正弦电压的允许有效值与频率的典型关系（Ermuratsky，1982）。

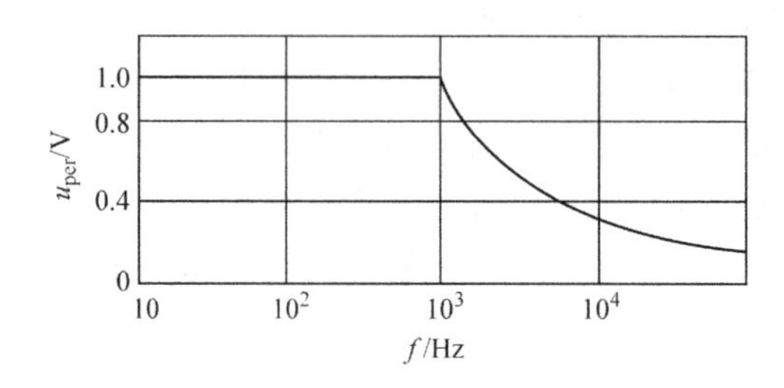

图 2.73　电容器允许电压有效值与频率的关系

选择电容器时，根据不同的频率和电压形式，需要优先考虑的因素不同。例如，在低频和短上升沿情况下，电容器电压呈梯形，脉冲电流的幅值是关键因素。相反，对于高频正弦电压（超过 1kHz），额外的功率损耗是关键因素。电容器选择的另一重要考虑因素是其短时电气强度，在设置额定电压标准时需要考虑这一点。同时还需选择电容器上的允许电压有效值，通过限制直流损耗及最大温度以限制放电功率。

由于交流电容器的无功功率与频率直接相关，其单位参数（无功功率与体积的比值、质量或其他参数）也取决于频率。图 2.74 所示为一些俄罗斯交流电容器单位无功功率与频率的关系。显然，对于每个具体的电容器，电压存在一个最佳频率使电容器体积最小化。

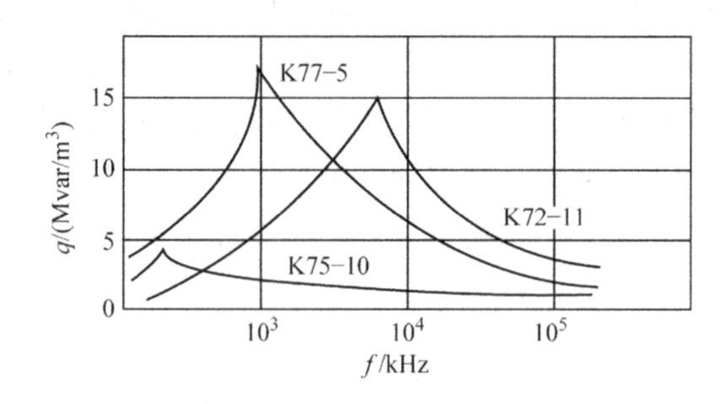

图 2.74　电容器单位无功功率与频率的关系

电解电容器是直流滤波器的主要元件。当其在工作时一直承受直流和交流电压分量。通常，电解电容器的技术说明书中会给出基本参数，不仅包括电容量，还包括额定直流分量和频率 f（50Hz）的正弦电压下的允许交流分量。然而，在高频条件下还需考虑减少电容器电导率及滤波容量等其他因素（Rozanov 等人，2007）。因此，当施加正弦电压时，滤波容量由电容器总阻抗 Z_C 决定。图 2.75a 所示为相应的等效电路，其中 C_d 是电介质产生的电容量，r_d 和 r_e 是电介质和电解液损耗分别对应的电阻，L_e 是截面和端点的等效电感。根据等效电路，在频率为 f 时，

$$Z_C=\sqrt{r_S^2+\left(\frac{1}{2\pi fC_e}\right)^2},r_S=r_d+r_e,C_e=\frac{C_d}{1-(f/f_0)^2} \qquad (2.87)$$

式中，$f_0=1/2\pi\sqrt{L_eC_d}$。

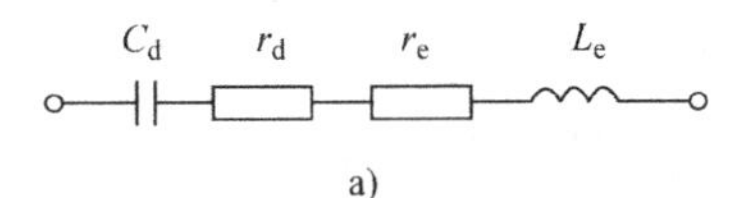

a)

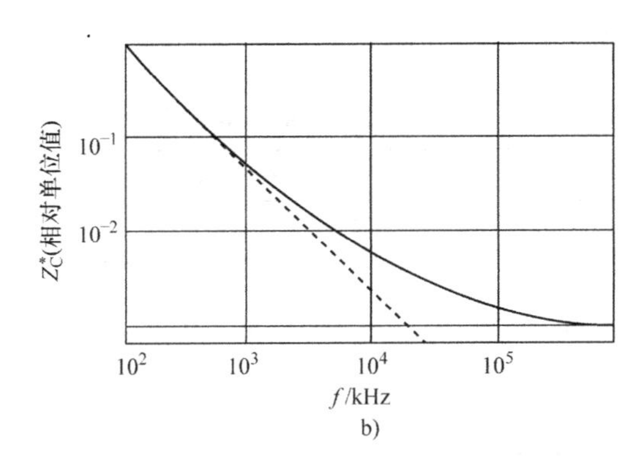

b)

图 2.75　a）电解电容器的等效电路以及 b）K50 – 20 电容器的总阻抗与频率的关系

在计算中必须考虑各种因素对等效电路参数的影响。电容量 C_d 取决于电容器种类、电容器参数及频率。电感 L_e 为一个常量。损耗角的正切值和其他参数取决于频率、时间及温度。此外，这些参数表现出的技术差异通常是随机的。考虑这些因素的影响，基于有效电容量上对高频电容器的单位参数进行评估和比较

$$C_{ef}=\frac{1}{2\pi fZ_C} \qquad (2.88)$$

例如，图 2.75b 所示为环境温度为 25℃ 时，K50 – 20 电容器的总阻抗 Z_C^*（相对单位）与频率的关系。虚线为理想电容器的频率特性（$L_e=r_e=0$）。

可以看出 K50 – 20 电容器的滤波能力在频率 10kHz 以上时开始下降。因此在 20kHz 以上不应使用这类电容器，应该使用有机电介质或陶瓷电介质的电

容器。

如果通过电容器的电流交流分量是非正弦的，则滤波效果会再次改变。例如，在 di/dt 较大时，由于电感 L_e 的增加，在电容器端子处的交流电压将会增大并远大于 C_d 上的交流电压。

电容器承受非正弦电压脉动时，滤波能力和持续带载能力取决于脉冲频谱。因此，对于一些类型的氧化物电解质电容器，技术说明书不仅给出了已介绍的电容与频率的关系，而且指定了计算图表，可以根据频率算出特定非正弦电压（如梯形电压）的允许幅值。

对于设计阶段的初步计算，只需关注电容器电压脉动中的主要谐波，并应用叠加原理即可。结果必须在实验上加以改进，以使结果精确化。特别是应该测量电流有效值（使用热电安培计），以及电容器壳体温度和环境温度。

电容器是电力电子技术的基础。因此，各大电气工程公司都投入大量资源以提高其性能。表 2.3 列出了一些电容器的单位参数以说明最新的技术情况（Rozanov 等人，2007）。

表 2.3 一些电容器的单位参数

电容器种类	能量密度/(J/kg)		功率密度/(kW/kg)		交流电压的频率/Hz
	2001	2011	2001	2011	
高分子膜	0.40	20.00	5.0	2×10^3	超过 100
陶瓷	0.01	5.00	10.0	10×10^3	超过 100×10^3
电解质	0.20	2.00	0.2	10×10^3	超过 100
云母	0.01	0.05	5.0	5×10^3	超过 1×10^6

参考文献

Arendt, W., Ulrich, N., Werner, T., and Reimann, T. 2011. *Application Manual Power Semiconductors*. Germany: SEMIKRON International GmbH.

Ermuratsky, V.V. 1982. *Handbook of Electric Capacitors*. Shtiintsa (in Russian).

Gentry, F.E., Gutzwiller, F.W., Holonyak, N.J., and Von Zastrov, E.E. 1964. *Semiconductor Controlled Rectifiers: Principles and Applications of p–n–p–n Devices*. Englewood Cliffs, NJ: Prentice-Hall.

Hefner, A. and Blackburn, D. 1988. An analytical model for steady-state and transient characteristics of the power insulated-gate bipolar transistor. *Solid-State Electron.*, 31(10), 1513–1532.

Hidalgo, S.A. 2005. Characterization of 3.3 kV IGCTs for medium power applications. Laboratoire d'Electrotechnique et d'Electronique Industrielle de l'ENSEEIHT.

Kuzmin, V., Jurkov, S., and Pomortseva, L. 1996. Analysis and modeling of static characteristics of IGBT. *Radio Eng. Electron.*, 41(7), 870–875 (in Russian).

Lebedev, A. and Sbruev, S. 2006. SiC—Electronics. Past, present, future. *Electron. Sci. Technol. Business*, 5, 28–41 (in Russian).
Li, Y., Huang, A., and Motto, K. 2000. A novel approach for realizing hard-driven gate-turn-off thyristor. IEEE PESC, pp. 87–91.
Melyoshin, V.I. 2005. Transistor converter equipment. *Technosphere* (in Russian).
Mikitinets, A. 2007. Tecnoal heat sinks. *Modern Electron.*, 8, 20–22 (in Russian).
Moser, H., Bittner, R., and Beckedahl, P. 2006. High reliability, integrated inverter module (IIM) for hybrid and battery vehicles. Proc. VDE EMA, Aschaffenburg.
Oxner, E.S. 1982. *Power FETs and their Applications*. Englewood Cliffs, NJ: Prentice-Hall.
Rozanov, Yu.K., Ryabchitsky, M.V., and Kvasnyuk, A.A. 2007. *Power Electronics*. Publishing House MPEI (in Russian).
Udrea, F. and Amaratunga, G. 1997. An on-state analytical model for the trench insulated-gate bipolar transistor (TIGBT). *Solid-State Electron.*, 41(8), 1111–1118.
Voronin, P.A. 2005. *Power Semiconductors*. Dodeka-XXI (in Russian).
Yevseyev, Yu.A. and Dermenzhi, P.G. 1981. *Power Semiconductor Devices*. *Energoatomizdat* (in Russian).

第 3 章　电力电子装置控制

3.1　数学模型

3.1.1　一维及多维模型

一般情况下，任何电力电子装置都可视为一个被控对象（见图 3.1）。这类被控对象的一个共同特点是它们均有两种输入。

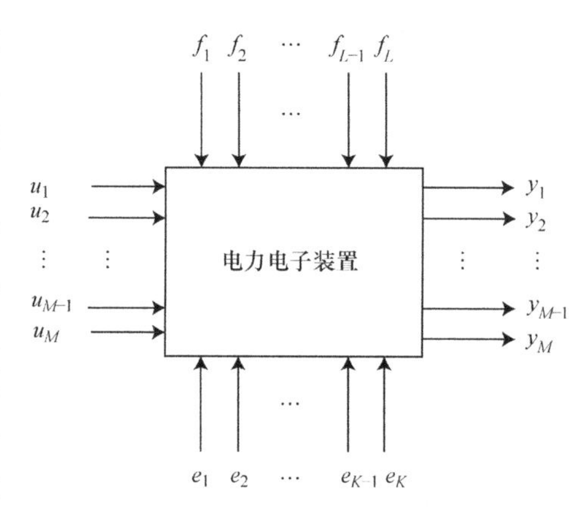

图 3.1　电力电子装置的通用模型

1）一种是电源输入为其提供输入电压 $e_k(k=1,\cdots,K)$。这些电压必须根据具体的控制问题转换为输出电压或电流信号。为表述方便，以电源电压向量$(E)^{\mathrm{T}}=|e_1\ e_2\cdots e_{K-1}\ e_K|$形式表示，上角标 T 为转置符，该向量实际为列向量。

2）另一种是控制输入为其提供独立控制信号 $u_m(m=1,\cdots,M)$。这些控制信号控制电压 e_k 的转换，以向量形式表示为$(U)^{\mathrm{T}}=|u_1\ u_2\cdots u_{M-1}\ u_M|$。

电力电子装置的另一个特点是受作用于装置的独立外部扰动 $f_l(l=1,\cdots,L)$ 的影响，用向量形式表示为$(F)^{\mathrm{T}}=|f_1f_2\cdots f_{L-1}f_L|$。

电力电子装置输出变量是电气变量 y_m，用向量形式表示为$(Y)^{\mathrm{T}}=|y_1y_2\cdots y_{M-1}y_M|$。

如果独立控制信号和输出变量的数量大于 1，则称被控对象是多维的，即多输入多输出（MIMO）系统。另一类重要的系统由一维或标量被控对象组成，称为单输入单输出（SISO）系统。用于分析和控制设计的许多特定方法都适用于此类系统。下面章节将对这类系统进行具体介绍。

3.1.2　线性和非线性系统——线性化

从数学描述的角度来看，电力电子装置的一个基本特征是具有电力电子开关器件，根据控制要求，通过开关器件控制不同的电路。这些控制信号是由控制器产生或在元件中电磁过程的作用下产生。

电力电子开关器件是全控型半导体器件，驱动信号通过控制极使开关器件从导通状态转换为关断状态，反之亦然（Mohan 等人，2003 年；Rozanov 等人，2007）。开关器件主要包括：

- 双极型晶体管；
- 场效应 MOS 晶体管；
- 绝缘栅双极型晶体管；
- 门极可关断晶闸管。

不失一般性，就电力电子装置的控制而言，全控型开关器件可视为理想开关，即在导通状态下电阻为零，在关断状态下电阻为无穷大，开关频率为无穷大，其理想的开关特性如图 3.2 所示。因此，从数学描述的角度上看，电力电子装置是一个具有可变或可切换结构的非线性被控对象（见图 3.3）。

对于特定的电力电子装置，其具体电路结构是由开关器件的状态决定的。

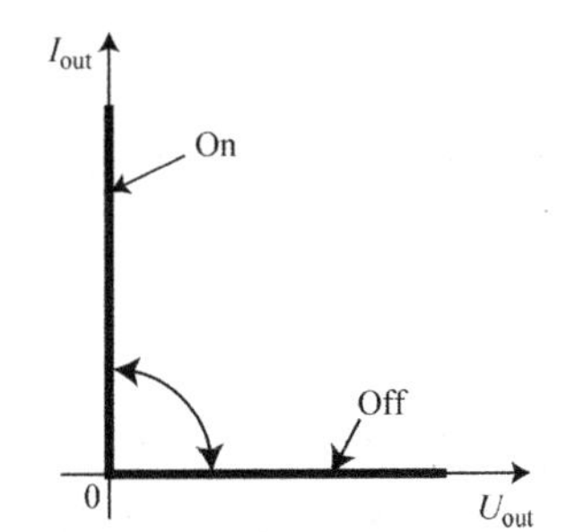

图 3.2　开关器件的理想输出特性：开关器件电流 I_{out} 和开关器件管压降 U_{out}（集射极电压）

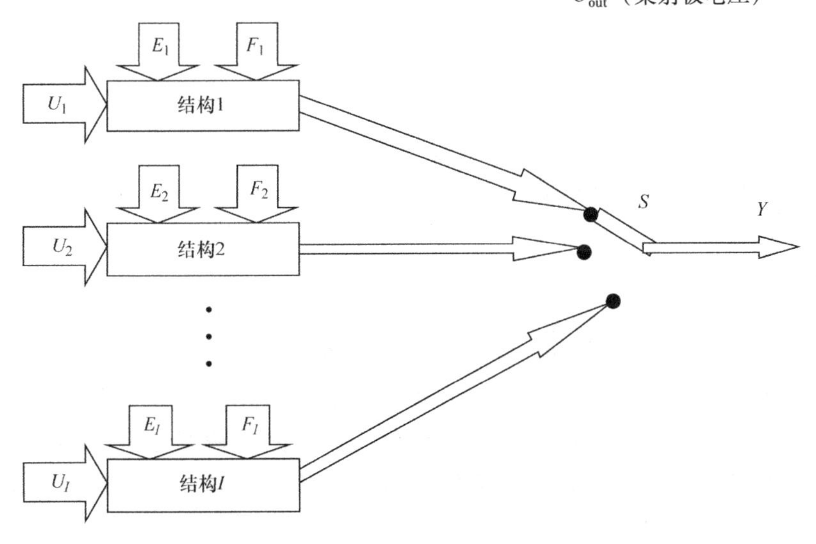

图 3.3　作为可变结构系统（S 为结构选择器）的电力电子装置通用模型

因此，装置运行和相应的控制系统设计均需要建立一个可以反映其主要特征的数学模型。该模型需基于电气工程基本定律，且考虑电力电子装置的特定拓扑结构。模型的复杂性是由其控制需求而定的。

首先仅考虑电力电子装置中元器件的基本属性，即有源和无源元件均认为是理想的。在这种情况下，电力电子装置中过程的描述基于以下物理定律：

1）欧姆定律，表示导体电阻 R、作用于它的电压 u_R 以及流过它的电流 i_R 之间的关系为

$$u_R = R \cdot i_R \tag{3.1}$$

2）电容器充电（放电）定律，表示电容 C、作用于它的电压 u_C 和电流 i_C 之间的关系为

$$u_C = \frac{1}{C}\int i_C \mathrm{d}t \tag{3.2}$$

3）自感定律，表示电感 L、对应的电流 i_L 和自感电动势（emf）e_L 之间的关系为

$$e_L = -u_L = -L\frac{\mathrm{d}i_L}{\mathrm{d}t} \tag{3.3}$$

4）基尔霍夫定律，表示任何电路回路中电流和电压之间的关系。该定律在电气工程中特别重要，具有普遍性，用于许多电路理论分析。

① 基尔霍夫第一定律（电流定律）。任何电路的任何节点上的电流代数和为零。这里，节点定义为 3 个或多个导体相交的点（流入和流出节点的电流方向相反）。

$$\sum_{n=1}^{N} i_n = 0, N \geqslant 3 \tag{3.4}$$

② 基尔霍夫第二定律（电压定律）。任何闭合回路中的电压降的代数和等于沿此回路作用的电动势的代数和。如果在回路中没有电动势，那么总电压降为零。这里定义的回路为一个闭合的二次回路。每个导体可以是几个回路的一个组成部分。

$$\sum_{k=1}^{K} e_k = \sum_{m=1}^{M} u_m = \sum_{p=1}^{P} u_{Rp} + \sum_{q=1}^{Q} u_{Lq} + \sum_{z=1}^{Z} u_{Cz} \tag{3.5}$$

5）换路定律，它决定了换路前后电路中的电流和电压之间的关系。

① 第一换路定律（电感电流不能突变）：换路后瞬间通过电感 L 的电流 $i_L(+0)$ 等于换路前瞬间通过电感 L 的电流 $i_L(-0)$，因为自感定律使电感中的电流不能够发生突变。

$$i_L(+0) = i_L(-0) \tag{3.6}$$

② 第二换路定律（电容电压不能突变）：换路后电容 C 处的瞬时电压 $u_C(+0)$ 等于换路前电容 C 的瞬时电压 $u_C(-0)$，因为电容电压不能发生突变。

$$u_{C}(+0)=u_{C}(-0) \tag{3.7}$$

6）法拉第电磁感应定律，这是电机学描述变压器、电抗器、电动机和发电机工作的基本定理。对于任何闭合电感回路，电动势 e 等于通过此回路的磁通量 Ψ 的变化率。

$$\frac{\mathrm{d}\Psi}{\mathrm{d}t}=-e \tag{3.8}$$

7）互感定律，决定了电感 L 中流经电流 i_1 和 i_1 在第二个电感中产生的磁通 Ψ_{21} 之间的关系，即

$$\Psi_{21}=M_{21}i_1 \tag{3.9}$$

式中，M_{21} 是互感系数。

线性化被广泛用于对控制对象的线性描述，是用一个类似的线性方程代替实际系统连续非线性方程 $y=\varphi(x)$。所采用的线性化方法步骤如下：

1）解析线性化：基于泰勒展开式的小偏差法，即

$$y=y_0+\left.\frac{\mathrm{d}y}{\mathrm{d}x}\right|_{\substack{x=x_0\\y=y_0}}\Delta x+\frac{1}{2}\left.\frac{\mathrm{d}^2y}{\mathrm{d}x^2}\right|_{\substack{x=x_0\\y=y_0}}(\Delta x)^2+\cdots \tag{3.10}$$

在式（3.10）中，（x_0，y_0）是用于展开所选择的点的坐标，其中 $y=\varphi(x)$，$\Delta x=x-x_0$ 是偏离于展开点的小偏差，x 是变量的当前值。同时，计算函数 $y=\varphi(x)$ 在展开点的导数。

这样，非线性方程 $y=\varphi(x)$ 可在（x_0，y_0）附近由一个线性方程替代，可表示为

$$y_{\text{lin}}=y_0+k\Delta x \quad \text{或} \quad \Delta y=(y_{\text{lin}}-y_0)=k\Delta x \tag{3.11}$$

后者是以偏差形式表示的方程式。

如果输出变量对多个变量连续相关，则可针对展开点处不同变量的偏导数得出泰勒展开式。换句话说，非线性函数 $y=\varphi(x_1,x_2,\cdots,x_n)$ 在展开点处可被线性函数替代，即

$$\Delta y=k_1\Delta x_1+k_2\Delta x_2+\cdots+k_n\Delta x_n \tag{3.12}$$

其中

$$k_i=\left.\frac{\partial y}{\partial x_i}\right|_{\substack{x_1=x_{10}\\x_2=x_{20}\\\vdots\\x_n=x_{n0}}}$$

2）基于最小二乘法的非解析方程统计线性化（例如，基于统计数据）。

通过使用这些方法，统计数据的线性近似是一条对于变量 x^i 所有值具有最小误差平方和的线，其中非线性函数 $\varphi(x^i)$ 的值存在（$i=1$，$\cdots I$，I 是测量数）

$$\Delta^i=\varphi(x^i)-y_{\text{lin}}(x^i)$$

$$\sum_{i=1}^{I}(\Delta^i)^2\rightarrow\min \tag{3.13}$$

结果表示为

$$y_{\text{lin}} = ax + b \tag{3.14}$$

通过使用Excel软件中的LINEST函数可解决这一问题，结果不仅包括系数a和自由项b的计算值，还包括用于评估模型可靠性和质量的统计数据，如标准误差、F统计量、自由度、回归总和以及残差总和。

式（3.14）可以用于评估每个测量数据由线性特性代替非线性特性所产生的相对误差，即

$$\delta(x^i) = \left| \frac{\varphi(x^i) - y_{\text{lin}}(x^i)}{\varphi(x^i)} \right| \tag{3.15}$$

3.1.3 微分方程和矩阵方程——开关函数

如上所述，从数学描述方面可将电力电子装置视为一个可变或可切换结构的非线性被控对象。基于所采用的电气基本定律，对于某一个开关状态的特定组合，每个电力电子装置的结构均可视为线性结构。

在线性描述中，每个变量和它的导数出现在同一方程中，该方程提供了装置结构性能的一阶描述。所使用的变量通常包括电路电流和电压。可通过线性积分-微分方程对电路过程进行描述。

如果一个变量足以描述电气过程，则这类控制对象是一维的并可由n阶非齐次线性微分方程来描述（其中n为最高阶导数），即

$$a_n^i \frac{\mathrm{d}^n x}{\mathrm{d}t^n} + a_{n-1}^i \frac{\mathrm{d}^{n-1} x}{\mathrm{d}t^{n-1}} + \cdots + a_0^i x = f^i(t) + b_e^i e^i \tag{3.16}$$

式中，i是结构数量（$i = 1, \cdots, I$）；x是自变量；a_0^i，a_1^i，…，a_n^i是描述x行为的方程系数；b_e^i是结构i的电源电压系数；上角标i表示结构i对应的系数或方程。

也可以柯西形式表达式（3.16），即使用一阶方程表示为

$$\begin{aligned}
&\frac{\mathrm{d}x}{\mathrm{d}t} = x_1 \\
&\frac{\mathrm{d}x_1}{\mathrm{d}t} = x_2 \\
&\vdots \\
&\frac{\mathrm{d}x_{n-2}}{\mathrm{d}t} = x_{n-1} \\
&\frac{\mathrm{d}x_{n-1}}{\mathrm{d}t} = -\frac{a_{n-1}^i}{a_n^i} x_{n-1} - \cdots - \frac{a_1^i}{a_n^i} x_1 - \frac{a_0^i}{a_n^i} x + \frac{1}{a_n^i} f^i(t) + \frac{b_e^i}{a_n^i} e^i
\end{aligned} \tag{3.17}$$

通过状态向量$X^{\mathrm{T}} = |x \quad x_1 \cdots x_{n-2} \quad x_{n-1}|$、电源电压向量$(E^i)^{\mathrm{T}} = |0\ 0 \cdots 0\ e^i|$、外部扰动向量$(F^i)^{\mathrm{T}} = |0\ 0 \cdots 0\ f^i|$和状态矩阵$A^i$以向量矩阵的形式

表示方程（3.17）为

$$\frac{\mathrm{d}X}{\mathrm{d}t}=A^iX+\frac{1}{a_n^i}F^i+\frac{b_e^i}{a_n^i}E^i$$

其中

$$A^i=\begin{Vmatrix}1 & 0 & \cdots & 0 & 0\\0 & 1 & \cdots & 0 & 0\\\vdots & \vdots & \vdots & \vdots & \vdots\\0 & 0 & 0 & 1 & 0\\-\frac{a_0^i}{a_n^i} & -\frac{a_1^i}{a_n^i} & \cdots & -\frac{a_{n-2}^i}{a_n^i} & -\frac{a_{n-1}^i}{a_n^i}\end{Vmatrix} \tag{3.18}$$

一维系统描述的空间称为导数空间。在该系统中，状态变量通常是输出变量，即 $y=x$。

如果通过几个状态变量描述结构的行为，则该系统就是多维的，其维度是由所需的独立变量数决定。该系统通常用向量－矩阵方程描述（Kwakernaak 和 Sivan，1972），即

$$\frac{\mathrm{d}X}{\mathrm{d}t}=A^iX+B^iE^i+D^iF^i \tag{3.19}$$

$$Y=CX \tag{3.20}$$

式中，X 是状态向量，由描述控制对象行为的独立变量组成；E^i 是电源电压向量，由独立电源电压 $(E^i)^{\mathrm{T}}=|e_1^i\ e_2^i\cdots e_{K-1}^i\ e_K^i|$ 组成；F^i 为外部扰动向量，$(F^i)^{\mathrm{T}}=|f_1^i\ f_2^i\cdots f_{L-1}^i\ f_L^i|$；$Y^i$ 为输出变量向量，$(Y^i)^{\mathrm{T}}=|y_1^i\ y_2^i\cdots y_{M-1}^i\ y_M^i|$；$A^i$、$B^i$、$C$ 和 D^i 为描述控制对象结构特征的矩阵。一般来说，独立变量的数量可能与输出变量数量不同。换言之，矩阵 C 可能为矩形。式（3.19）为状态方程，式（3.20）为输出变量方程。

为了获得电力电子装置的整体数学模型，而非每个单独结构的数学模型，需使用开关函数。在该方法中，由一个阈值函数或一个符号函数（见图 3.4）描述开关器件（或开关器件组合）。

开关函数的参数 α 决定了开关导通和关断，它可以是一个时间函数。在这种情况下，阈值函数为

$$\Psi_m=\begin{cases}1, & t\in(0,t_k),(t_{k+1},t_{k+2}),\cdots\\0, & t\in(t_k,t_{k+1}),(t_{k+2},t_{k+3}),\cdots\end{cases} \tag{3.21}$$

符号函数为

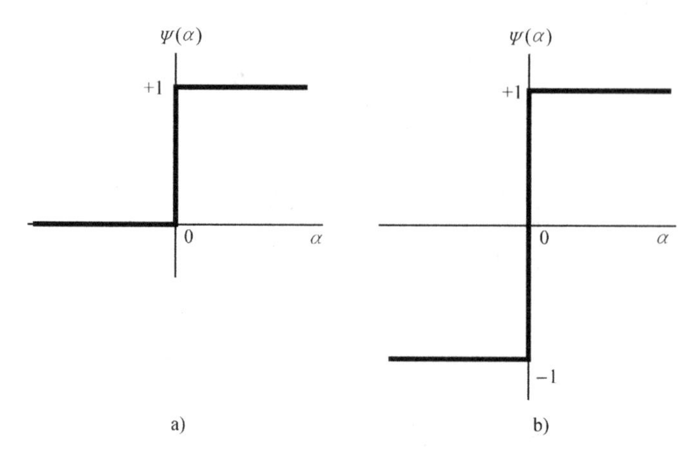

图 3.4 开关函数 $\Psi(\alpha)$

a）阈值函数 b）符号函数

$$\Psi_m = \begin{cases} 1, \ t \in (0, t_k), (t_{k+1}, t_{k+2}), \cdots \\ -1, \ t \in (t_k, t_{k+1}), (t_{k+2}, t_{k+3}), \cdots \end{cases} \tag{3.22}$$

式中，1 对应导通状态；0 或 -1 对应关断状态。另外，α 可以是控制信号 u_m 的函数。在这种情况下

$$\Psi_m = \begin{cases} 1, & u_m \geqslant A \\ 0(-1), & u_m \leqslant A \end{cases} \tag{3.23}$$

或

$$\Psi_m = \begin{cases} 1, & \mathrm{sgn}(u_m) > 0 \\ 0(-1), & \mathrm{sgn}(u_m) < 0 \end{cases} \tag{3.24}$$

请注意，电力电子装置的拓扑结构将决定是否使用开关状态 0 或 -1。在物理术语中，阈值开关函数用于描述一个接通或断开直流电源电压的单极性开关。在双极性开关中，当连接电源电压的不同极性时，使用符号开关函数描述（例如继电器控制）。这两种类型的开关函数之间的代数关系为

$$\Psi_{1\mathrm{p}} = \frac{(1 + \Psi_{2\mathrm{p}})}{2} \text{或} \ \Psi_{2\mathrm{p}} = 2\Psi_{1\mathrm{p}} - 1 \tag{3.25}$$

从形式上，使用开关函数的变换可以写为初始函数和开关函数的乘积，即

$$f_{\mathrm{out}}(t) = \Psi(\alpha) f_{\mathrm{in}}(t) \tag{3.26}$$

式中，$f_{\mathrm{in}}(t)$ 是应用了开关函数的函数；$f_{\mathrm{out}}(t)$ 是应用开关函数的结果。

在这种情况下，电力电子装置的数学模型根据变量系数、外部扰动和电源电压以微分方程的形式表示。该方程由于控制组合的作用可以突然发生变化。

$$a_n(\Psi)\frac{\mathrm{d}^n x}{\mathrm{d}t^n}+a_{n-1}(\Psi)\frac{\mathrm{d}^{n-1}x}{\mathrm{d}t^{n-1}}+\cdots+a_0(\Psi)x=\Psi_{\mathrm{f}}f(\Psi)+b_{\mathrm{e}}(\Psi)e \tag{3.27}$$

根据影响开关函数的系数或参数，区分不同类型的系统并采用不同的方法进行研究。例如，如果只有电源电压的系数取决于开关函数且方程式（3.27）的左侧是线性的，并具有恒定系数和符号，那么这就是一个继电器系统。这同样适用于方程式（3.19），但开关状态组合的数量更多。开关组合的数量是 2^g，其中 g 是开关的数量。在这种情况下

$$\frac{\mathrm{d}X}{\mathrm{d}t}=A(\Psi)X+B(\Psi)E+D(\Psi)F \tag{3.28}$$

除了用绝对变量表示的方程外，也可采用偏差方程和标幺值方程。

3.1.3.1 偏差方程

如前所述，非线性方程通过在某一点附近进行线性化可大大简化分析过程。

通常情况下，线性化所选择的点是系统的静态工作点。在静态工作点，所有导数都是零。另外，采用输出变量的指令值是具有切换结构的系统最常见的选择。在这类系统中，自激振荡是一个值得关注的问题。

在一维系统中，如果所选择的点是 x 的指令值，记为 x_z，那么根据偏差 Δx（$\Delta x=x_z-x$），可写出每个结构的初始方程为

$$a_n^i\frac{\mathrm{d}^n\Delta x}{\mathrm{d}t^n}+a_{n-1}^i\frac{\mathrm{d}^{n-1}\Delta x}{\mathrm{d}t^{n-1}}+\cdots+a_0^i\Delta x=-f^i(t)-b_{\mathrm{e}}^i e^i+A^i$$

$$A^i=a_n^i\frac{\mathrm{d}^n x_z}{\mathrm{d}t^n}+a_{n-1}^i\frac{\mathrm{d}^{n-1}x_z}{\mathrm{d}t^{n-1}}+\cdots+a_0^i x_z=常量 \tag{3.29}$$

同样，把系统作为一个整体，式（3.27）可以写成

$$a_n(\Psi)\frac{\mathrm{d}^n\Delta x}{\mathrm{d}t^n}+a_{n-1}(\Psi)\frac{\mathrm{d}^{n-1}\Delta x}{\mathrm{d}t^{n-1}}+\cdots+a_0(\Psi)\Delta x=-\Psi_{\mathrm{f}}f(\Psi)-b_{\mathrm{e}}(\Psi)e+A$$

$$A=a_n(\Psi)\frac{\mathrm{d}^n x_z}{\mathrm{d}t^n}+a_{n-1}(\Psi)\frac{\mathrm{d}^{n-1}x_z}{\mathrm{d}t^{n-1}}+\cdots+a_0(\Psi)x_z=常量 \tag{3.30}$$

类似地，可以在式（3.19）和式（3.28）中写出偏差矩阵向量形式。

3.1.3.2 标幺值方程

对于标幺值系统，相对于特定基值（作为1），变量值如电压、电流、电阻或功率可表示为

$$X_{\mathrm{pu}}=\frac{X}{X_{\mathrm{r}}} \tag{3.31}$$

式中，X 是实际值系统（通常是SI系统）中的物理量值（参数、变量等）；X_{r} 是同一单位系统中的基值，作为相对变量的计量单位。

在标幺值系统中，通常采用的基值为功率、电压、电流、阻抗和导纳，其中

只有两项是独立的。因此，可以采用不同的标幺值系统，这取决于具体问题和个人习惯。一般采用额定值作为基值，通常使用符号 pu（或 p. u.）并确定电压、电流或其他参数的标幺值。

计算结果可以通过式（3. 31）逆变换得到具有实际量纲（伏特、安培、欧姆、瓦等）的值。

例如，在 SimulinkBlocksets/SimPowerSystems 模块中，参数是以标幺值形式给定的。SimPowerSystem 软件中选择的主要电气基值是以装置额定有功功率（P_{rat}）作为功率基值的 P_r 和以装置额定电源电压有效值（U_{rat}）作为电压基值的 U_r。在电气工程定律的基础上，所有其他电气量基值都可从这两个值中获得。例如，电流基值是

$$I_r = \frac{P_r}{U_r} \tag{3.32}$$

电阻基值是

$$R_r = \frac{U_r^2}{P_r} \tag{3.33}$$

对于交流电路，必须指定基值频率 f_r，一般可选择电源电压额定频率 f_{rat}。

采用标幺值系统并不会改变方程的形式，只是改变数值系数，其主要优点如下：

1）简化了不同工作条件下参数值的比较。例如，如果一个电路的某部分电压是 2pu，就可知道该电压是额定电源电压的两倍。

2）随着装置的功率及其电源电压的变化，总电阻变化不大。因此，在没有具体装置的精确参数值的情况下，可以使用标幺值，这可以在相关手册中查到。

3）简化了计算过程，因为系数和变量都是最低阶的。

3.1.4 三相电路的二维数学描述

耦合的三相电路，即无零线的三相电路因其运行效益高而被广泛使用。这种三相系统（见图 3. 5）包含 3 个相同和互联的单相正弦电压源，其区别仅在于每个正弦电压与相邻正弦电压偏移 1/3 周期，即相位相差 2π/3。

$$\begin{aligned} e_A &= E_m \sin\omega t \\ e_B &= E_m \sin\left(\omega t - \frac{2\pi}{3}\right) \\ e_C &= E_m \sin\left(\omega t + \frac{2\pi}{3}\right) \end{aligned} \tag{3.34}$$

式中，E_m 是电源电压幅值；ω 是电源电压角频率。三相电源与一个对称的三相负载 $Z_A = Z_B = Z_C$ 连接在一起。这种情况下，根据基尔霍夫电流定律，相电流向

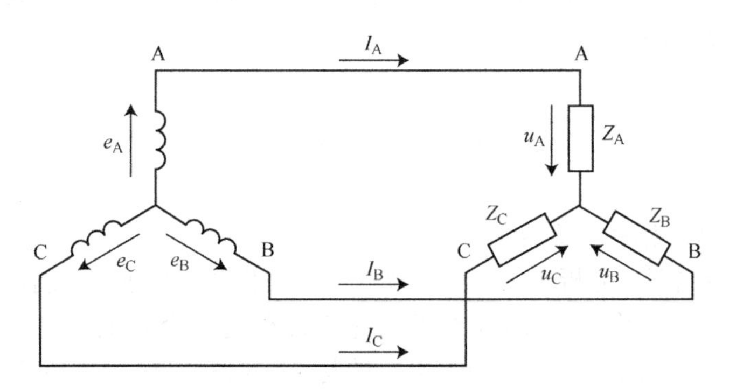

图3.5 耦合的三相电路

量的关系为

$$\vec{I}_A+\vec{I}_B+\vec{I}_C=0 \tag{3.35}$$

从数学描述方面，这意味着除了描述三相中电气过程的3个微分方程，在相电流之间存在代数关系［见式（3.35）］一个相电流是另两个相电流的函数，该相电流可以不被考虑。因此，可以在二维描述的基础上分析三相系统的行为，这大大简化了对电力电子装置的分析和控制系统的设计。两相坐标系的选择取决于问题的条件和电力电子装置特性。现在考虑一些用于三相系统分析的两相坐标系统。

3.1.4.1 两相静止坐标系（α, β）

与三相坐标系（ABC）一样，新坐标系也是静止坐标系，其 α 轴与三相坐标系（见图3.6）中的 A 轴重合。这种情况下可以使用下面的矩阵变换用于矢量 X 的直接坐标转换，也就是说，在两相静止坐标系中表示 X，要考虑三相静止坐标系存在的 $2\pi/3$ 相位差。

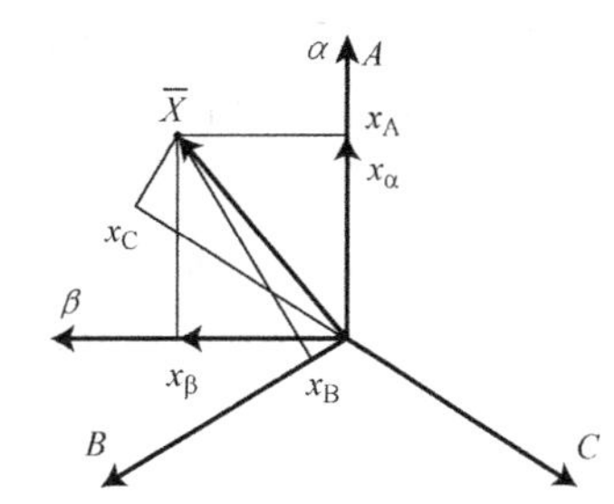

图3.6 矢量 X 在三相坐标系（A, B, C）和静止坐标系（α, β）中的投影

$$\begin{vmatrix} X_\alpha \\ X_\beta \end{vmatrix} = k_{pr}\begin{vmatrix} 1 & -1/2 & -1/2 \\ 0 & 1/\sqrt{3} & -1/\sqrt{3} \end{vmatrix}\begin{vmatrix} x_A \\ x_B \\ x_C \end{vmatrix} \tag{3.36}$$

式中，k_{pr}是比例常数，可以基于功率相等原则（功率在三相和两相系统中相同）确定。因此，k_{pr}将取决于坐标和通用向量模采用的基值。例如，$k_{pr}=2/3$ 可保证三相和两相系统中的相电压幅值相等，但用线电压有效值来描述三相逆变器系统时，$k_{pr}=\sqrt{2/3}$ 。

对于从两相到三相坐标系的坐标变换，可使用以下坐标变换公式，该公式可视为式（3.36）的逆变换。

$$\begin{vmatrix} x_A \\ x_B \\ x_C \end{vmatrix} = \begin{vmatrix} 1 & 0 \\ -1/2 & 1/\sqrt{3} \\ -1/2 & -1/\sqrt{3} \end{vmatrix} \begin{vmatrix} x_\alpha \\ x_\beta \end{vmatrix} \tag{3.37}$$

3.1.4.2　旋转坐标系（d，q）

在许多情况下，分析电力电子系统内部过程和设计合适的控制律时，使用旋转坐标系很方便。例如，选择系统的角速度 Ω 作为一个系统变量。电路适合采用与电网频率同步的坐标系。同步电机的特性（特别是凸极式电机）通常使用旋转坐标系下的派克方程进行描述，该坐标系以电机传动轴的速度旋转（Leonhard，2001）。在这种情况下，同步电机电磁过程使用常系数微分方程进行描述，而不是时变系数，这样简化了分析。对于感应电动机，使用以转子磁通速度旋转的坐标系（Leonhard，2001），可简化电动机电磁转矩的表达式，将其表示为两个变量的乘积。

在大多数情况下，旋转坐标系（d，q）的初始位置是三相静止坐标系的 A 轴或静止坐标系（α，β）的 α 轴（见图 3.7）。

矢量 X 从坐标系（α，β）到坐标系（d，q）的变换矩阵为

$$\begin{vmatrix} x_d \\ x_q \end{vmatrix} = \begin{vmatrix} \cos\vartheta & \sin\vartheta \\ -\sin\vartheta & \cos\vartheta \end{vmatrix} \begin{vmatrix} x_\alpha \\ x_\beta \end{vmatrix} \tag{3.38}$$

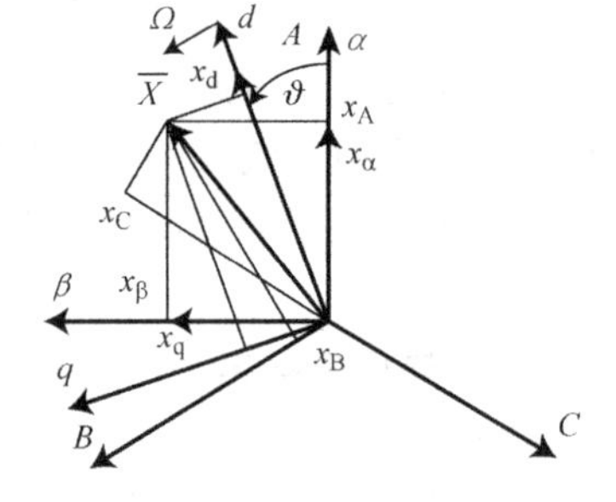

图 3.7　矢量 X 在三相坐标系（A，B，C）和旋转坐标系（d，q）中的投影

式中，ϑ 是旋转坐标系相对于静止坐标系的角度，

$$\vartheta = \int_0^t \Omega \mathrm{d}\tau$$

式中，t 是积分时间。

矢量 X 从（d，q）坐标系到（α，β）坐标系的变换矩阵为

$$\begin{vmatrix} x_\alpha \\ x_\beta \end{vmatrix} = \begin{vmatrix} \cos\vartheta & -\sin\vartheta \\ \sin\vartheta & \cos\vartheta \end{vmatrix} \begin{vmatrix} x_d \\ x_q \end{vmatrix} \tag{3.39}$$

3.1.4.3　三相坐标系的瞬时功率转换到两相坐标系

为了控制三相坐标系中瞬时功率的分量，三相坐标系的信号可以被变换到两相坐标系，该变换理论称为 $p-q$ 理论，Akagi 等人（2007）对其进行了概括，已被用于开发无功补偿和有源电力滤波器的控制系统。根据 $p-q$ 理论，可以将

瞬时实功率和瞬时虚功率引入 $\alpha-\beta$ 坐标中，表示为

$$p(t)=u_{\alpha}(t)\cdot i_{\alpha}(t)+u_{\beta}(t)\cdot i_{\alpha}(t)$$
$$q(t)=-u_{\alpha}(t)\cdot i_{\beta}(t)+u_{\beta}(t)\cdot i_{\alpha}(t) \tag{3.40}$$

式（3.40）中的瞬时实功率对应于传统意义上的瞬时有功功率。同时，式（3.40）中的瞬时虚功率不完全对应于传统的瞬时无功功率。

如果将 $\alpha-\beta$ 坐标中的电流表示为式（3.40）中瞬时功率分量的函数，可以得到

$$\begin{bmatrix} i_{\alpha} \\ i_{\beta} \end{bmatrix}=\frac{1}{(u_{\alpha}^2+u_{\beta}^2)}\cdot\left\{\begin{bmatrix} u_{\alpha} & u_{\beta} \\ u_{\beta} & -u_{\alpha} \end{bmatrix}\cdot\begin{bmatrix} p \\ 0 \end{bmatrix}+\begin{bmatrix} u_{\alpha} & u_{\beta} \\ u_{\beta} & -u_{\alpha} \end{bmatrix}\cdot\begin{bmatrix} 0 \\ q \end{bmatrix}\right\}=\begin{bmatrix} i_{\alpha p} \\ i_{\beta p} \end{bmatrix}+\begin{bmatrix} i_{\alpha q} \\ i_{\beta q} \end{bmatrix} \tag{3.41}$$

式中，$i_{\alpha p}$、$i_{\alpha q}$、$i_{\beta p}$和 $i_{\beta q}$是决定瞬时实功率、瞬时虚功率的电流分量。

$$i_{\alpha p}=\frac{u_{\alpha}p}{(u_{\alpha}^2+u_{\beta}^2)},i_{\alpha q}=\frac{u_{\beta}q}{(u_{\alpha}^2+u_{\beta}^2)},i_{\beta p}=\frac{u_{\beta}q}{(u_{\alpha}^2+u_{\beta}^2)},i_{\beta q}=\frac{-u_{\alpha}q}{(u_{\alpha}^2+u_{\beta}^2)} \tag{3.42}$$

根据 $p-q$ 理论，实功率和虚功率可以表示为常数和变量分量之和，即

$$p=\bar{p}+\tilde{p}$$
$$q=\bar{q}+\tilde{q} \tag{3.43}$$

式中，$\bar{p}$和 $\bar{q}$是瞬时功率 p 和 q 的恒定分量，对应于基波频率的有功和无功功率；$\tilde{p}$和 $\tilde{q}$ 是由高次谐波引起的 p 和 q 中的可变分量。

因此，在补偿基波和高次电流谐波的无功功率时，控制信号必须考虑瞬时功率中的分量 $\bar{q}$、$\tilde{p}$ 和 $\tilde{q}$。

3.1.5 拉普拉斯变换和传递函数

结构分析通常简化为寻找等效电路分支中的电流或电压变化，即计算用于一维控制对象的式（3.16）或用于多维控制对象的式（3.19）和式（3.20）的解（见3.2.1节）。

如果采用具有常系数的线性微分方程组描述系统结构，一种有效的求解方法是通过拉普拉斯变换将初始时间函数转换为拉普拉斯变量函数（Doetsch, 1974）。该变换的优点在于初始函数的微分与积分运算由基于拉普拉斯变换的代数运算代替，换言之，只需要解简单的代数方程组而不是复杂的微分方程。拉普拉斯逆变换到时域需要将代数解分解为若干个简单项的总和，从表3.1中找到拉普拉斯逆变换所对应的项，然后叠加得到线性微分方程的解。

s 表示拉普拉斯变量。变量 $x(t)$的直接拉普拉斯变换形式为

$$X(s)=L[x(t)]=\int_0^{\infty}x(t)\mathrm{e}^{-st}\mathrm{d}t \tag{3.44}$$

式中，L 表示直接拉普拉斯变换。

在这种情况下，式（3.16）描述了拉普拉斯空间中一维线性系统的行为，其形式为

$$a_n^i s^n X + a_{n-1}^i s^{n-1} X + \cdots + a_0^i X = F^i(s) + b_e^i e^i(s) + a_n^i \sum_{k=0}^{n-1} \frac{d^k x(0)}{dt^k} + a_{n-1}^i \sum_{k=0}^{n-2} \frac{d^k x(0)}{dt^k} + \cdots + a_1^i x(0) \quad (3.45)$$

线性微分方程的求解方法取决于初始条件。因此，为了简单起见，使用拉普拉斯变换时，采用零初始条件，换言之，假设式（3.45）的右侧（取决于初始条件）为0。逆变换到时域时需考虑到非零初始条件。

表 3.1 常见的拉普拉斯变换

描述	函数	拉普拉斯变换
线性	$Af(t)$（A 为常数） $f_1(t)+f_2(t)$	$AF(s)$ $F_1(s)+F_2(s)$
相似	$f(at)$	$\frac{1}{a}F\left(\frac{s}{a}\right)$
延迟	$f(t-\tau_0)$	$e^{-\tau_0 s}F(s)$
位移	$e^{-\lambda t}f(t)$	$F(s+\lambda)$
微分	$\frac{d^n x(t)}{dt^n}$	$s^n X(s) - \sum_{k=0}^{n-1} \frac{d^k x(0)}{dt^k}$
积分	$\underbrace{\iiint\cdots\int}_{n} y(t)\,dt^n$	$\frac{Y(s)}{s^n}$
常数	A 为常数	$\frac{A}{s}$

拉普拉斯空间内的控制对象通常采用传递函数表示。传递函数是控制对象输出的拉普拉斯变换和零初始条件下的输入变量拉普拉斯变换之比（Kwakernaak 和 Sivan，1972）。传递函数通常用 W 表示，下角标的第一个和第二个数字分别表示输出和输入变量。式（3.16）描述了一个一维线性系统，应用叠加定理可得线性系统的几个扰动作用结果与它们各自作用的结果之和相等。在本例中，电源电压和系统外部扰动为输入变量。因此，对于控制对象，可以写出以下两个传递函数。

（1）对于电源电压

$$W_{xe}^i(s) = \frac{X(s)}{E^i(s)} = \frac{b_e}{a_n^i s^n + a_{n-1}^i s^{n-1} + \cdots + a_0^i} \quad (3.46)$$

（2）对于外部扰动

$$W_{xf}^{i}(s)=\frac{X(s)}{F^{i}(s)}=\frac{1}{a_{n}^{i}s^{n}+a_{n-1}^{i}s^{n-1}+\cdots+a_{0}^{i}} \tag{3.47}$$

可以用图 3.8 所示的结构形式表示式（3.45）。

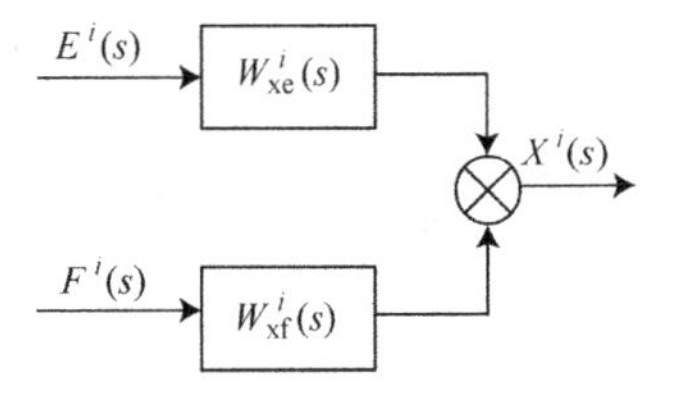

图 3.8 一维控制对象的结构

此结果可以表示为一个矩阵传递函数，若引入输入变量向量$(H^{i})^{T}=E^{i}(s)F^{i}(s)$，则向量传递函数的形式为

$$W_{xh}^{i}(s)=\frac{X(s)}{H^{i}(s)}=\begin{vmatrix}\frac{b_{e}}{a_{n}^{i}s^{n}+a_{n-1}^{i}s^{n-1}+\cdots+a_{0}^{i}} & 0\\ 0 & \frac{1}{a_{n}^{i}s^{n}+a_{n-1}^{i}s^{n-1}+\cdots+a_{0}^{i}}\end{vmatrix} \tag{3.48}$$

对于一个多维系统，拉普拉斯变换应用于状态向量、输出变量、电源电压和外部干扰。

$$sX(s)=A^{i}X(s)+X(0)+B^{i}E^{i}(s)+D^{i}F^{i}(s) \tag{3.49}$$

$$Y(s)=CX(s) \tag{3.50}$$

式中，$X(s)$是状态向量X的拉普拉斯变换，由描述控制对象行为的独立变量的拉普拉斯变换组成；$X(0)$是状态向量X的初始条件向量；$E^{i}(s)$是电源电压向量的拉普拉斯变换，由独立电源电压的拉普拉斯变换组成，$(E^{i}(s))^{T}=|u_{1}^{i}(s)u_{2}^{i}(s)\cdots u_{K-1}^{i}(s)u_{K}^{i}(s)|$；$F^{i}(s)$是外部扰动向量的拉普拉斯变换，$(F^{i}(s))^{T}=|f_{1}^{i}(s)f_{2}^{i}(s)\cdots f_{L-1}^{i}(s)f_{L}^{i}(s)|$；$Y^{i}(s)$是输出变量向量的拉普拉斯变换，$(Y^{i}(s))^{T}=|y_{1}^{i}(s)y_{2}^{i}(s)\cdots y_{M-1}^{i}(s)y_{M}^{i}(s)|$。

注意：独立变量的数量决定了控制对象的维数。

对于代数矩阵方程，式（3.49）关于$X(s)$的解，即状态向量X的拉普拉斯变换是

$$X(s)=(sI-A^{i})^{-1}X(0)+(sI-A^{i})^{-1}B^{i}E^{i}(s)+(sI-A^{i})^{-1}D^{i}F^{i}(s) \tag{3.51}$$

$$I=\begin{vmatrix}1 & \cdots & 0\\ 0 & \cdots & 0\\ 0 & \cdots & 1\end{vmatrix}$$

式中，I是单位矩阵；$(sI-A^{i})^{-1}$是矩阵（$sI-A^{i}$）的逆，所以$(sI-A^{i})^{-1}(sI-A^{i})=I$。

考虑到描述系统行为的式（3.51）为线性方程，由叠加定理，线性系统的

几个扰动作用结果与它们各自作用结果之和相等。如果假设初始条件向量为零，可以写出两个向量传递函数。

（1）对于电源电压

$$H_{ye}(s)=C(sI-A^{i})^{-1}B^{i} \tag{3.52}$$

$$\gamma(s)=H_{ye}^{i}(s)E^{i}(s) \tag{3.53}$$

（2）对于外部扰动

$$H_{yf}(s)=C(sI-A^{i})^{-1}D^{i} \tag{3.54}$$

$$\gamma(s)=H_{yf}^{i}(s)F^{i}(s) \tag{3.55}$$

矩阵传递函数的每个元素 h_{ij}（其中 i 是矩阵中的列数，j 是矩阵中的行数）是从分量 j 到输出分量 i 的传递函数。

3.1.6 脉冲调制

脉冲（或脉冲信号）是指一个物理量的短暂变化，如电压、电流或电磁通量（见图3.9）。假设物理量的上升和下降与脉冲持续时间相比较短，确定脉冲性质的基本参数是幅值 A 和持续时间 t_{imp}。通常情况下，随着时间的推移，观察到一个以采样周期 T 重复的脉冲序列。因此，脉冲信号有3个参数：t_{imp}、A 和 T。除了采样周期，还可以使用采样频率；而除了脉冲持续时间外，也可以使用占空比，即脉冲持续时间与采样周期的比值

$$\gamma=\frac{t_{imp}}{T} \tag{3.56}$$

有两种类型的脉冲，分别是：

（1）单极性脉冲，在一个方向上偏离零值（一个极性）

$$A_{1p}=A\times\Psi_{1p}=\begin{cases}A, & t\in(0,t_{imp})\\0, & t\in(t_{imp},T)\end{cases} \tag{3.57}$$

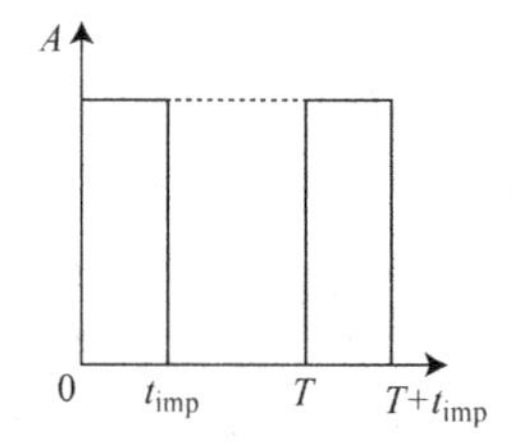

图3.9 脉冲序列

（2）双极性脉冲，在两个方向上偏离零值（两个极性）

$$A_{2p}=L\times\Psi_{2p}=\begin{cases}L, & t\in(0,t_{imp})\\-L, & t\in(t_{imp},T)\end{cases} \tag{3.58}$$

式中，L 是双极性脉冲幅值。

显然，考虑式（3.25）中开关函数之间的关系，对于固定的脉冲幅值，可以写为

$$A=常数,\ A_{1p}=A,\ A_{2p}=\frac{A}{2} \tag{3.59}$$

脉冲之间的代数关系为

$$A_{1p}=\frac{A}{2}+\frac{A_{2p}}{2}\quad 或 A_{2p}=2A_{1p}-A \tag{3.60}$$

随着时间以特定的方式对脉冲序列的特定参数进行修改被称为调制。时间相关性被称为调制函数或调制律。可以找出 3 个简单的或基本的调制，在这些调制中只有一个参数变化（见表 3.2）。电力电子中使用的其他调制都是以上简单调制的组合。例如，继电器控制产生的脉宽时间调制就是脉冲宽度调制和时间调制的组合。

此外，在参数变化的基础上，可以定义两类调制方式。

- 在第一类调制中，参数根据调制函数的当前值变化。
- 在第二类调制中，参数根据被采样周期分隔开的固定时间上调制函数的值变化。

表 3.2　基本调制类型

调制类型	幅值（A）	持续时间（t_{imp}）	周期（T）
幅值调制	变化	恒定	恒定
脉冲宽度调制	恒定	变化	恒定
频率或时间调制	恒定	恒定	变化

产生调制的电路元件称为脉冲元件。它的基本参数是脉冲持续时间 t_{imp} 和采样周期 T（或采样频率）。这些参数对于幅值型脉冲元件是固定的，而在其他情况下是变化的。

电力电子装置包括一个脉冲元件（功率开关）和一个连续结构。如果结构是线性的且脉冲元件是幅值型则得到了线性脉冲结构；在脉冲宽度或脉冲频率型的脉冲元件的情况下为非线性脉冲系统，即使连续结构是线性的。

3.1.7　差分方程

对于第二类调制的线性脉冲系统，当参数根据采样周期随着调制函数的值变化时，就引入了格函数的概念。

格函数的值在离散时间处进行计算，其值由采样周期 T 确定。格函数由连续函数 $x(t)$ 在时间 $t(=kT)$ 时的一组离散值组成，其形式为 $x[kT]$，或者由于采样周期 T 是恒定的，可更简单地表示为 $x[k]$，k 是一个整数（见图 3.10）。格函数与调制函数的关系可表示为

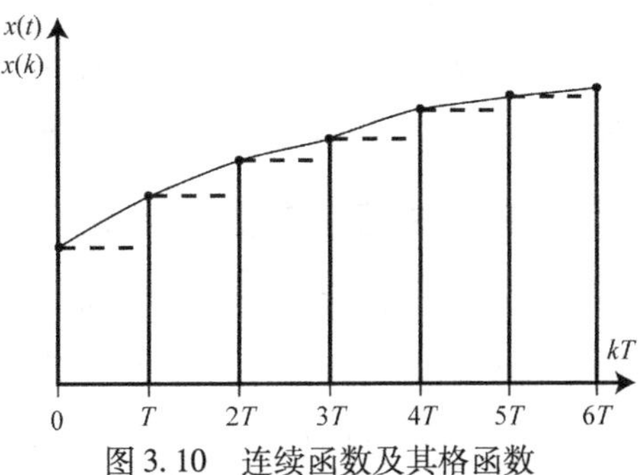

图 3.10　连续函数及其格函数

$$x[k] = x(t)\sum_{k=0}^{\infty}\delta(t-kT) \tag{3.61}$$

式中，$\delta(t-kT)$是δ脉冲

$$\delta(t-kT)=\begin{cases}1, & t=kT\\ 0, & t\neq kT\end{cases} \tag{3.62}$$

电力电子装置可以被视为一个线性脉冲系统，其行为是由差分方程描述的。该方程可通过用偏差代替导数的无穷小量从电力电子装置的微分方程中获得。

$$\frac{\mathrm{d}x(kT)}{\mathrm{d}t}=\lim_{T\to 0}\frac{\Delta x[kT]}{T},\ \Delta x[kT]=x[(k+1)T]-x[kT] \tag{3.63}$$

式中，$x[kT]$是连续函数$x(t)$的离散值；Δ^i是第i阶有限差分算子，类似于微分算子。有限差分算子可表示为

$$\begin{aligned}\Delta^0 x[k] &= x[k]\\ \Delta^1 x[k] &= x[(k+1)]-x[k]\\ \Delta^2 x[k] &= \Delta x[(k+1)]-\Delta x[k]\\ &\vdots\\ \Delta^i x[k] &= \Delta^{i-1}x[(k+1)]-\Delta^{i-1}x[k]\end{aligned} \tag{3.64}$$

就连续函数的离散值而言，任意阶的有限差分可以表示为

$$\Delta^n x[k] = \sum_{i=0}^{n} C_n^i x[(n+k-i)](-1)^i \tag{3.65}$$

式中，C_n^i是牛顿二项式的系数（见附录3.1）

$$C_n^i=\frac{n!}{i!\ (n-i)!}$$

这样，连续线性方程（3.16）可以写成一个线性非齐次有限差分方程为

$$a_n\Delta^n x[k]+a_{n-1}T\Delta^{n-1}x[k]+\cdots+a_0T^n x[k]=T^n\{f[k]+b_e e[k]\} \tag{3.66}$$

要解这个方程，需要找到函数的初始条件和到（$n-1$）阶的有限差分。

基于式（3.63），就变量的离散值而言，有限差分方程的另一种形式可表示为

$$a_n^* x[n+k]+a_{n-1}^* x[n+k-1]+\cdots+a_0^* x[k]=f^i[k]+b_e^i e^i[k] \tag{3.67}$$

式（3.66）和式（3.67）中的系数与式（3.65）有关。式（3.67）是一种递推关系，其中，离散函数的每一个连续值均用其前面的值进行表示。

3.1.8　离散拉普拉斯变换（Z变换）

为了求解差分方程，需使用离散拉普拉斯变换、D变换和Z变换（也可称为劳伦特变换）（Doetsch，1974），这些变换之间的关系为

$$L[x(t)]\frac{s}{(1-\mathrm{e}^{-s})}=D[x(t)]=Z[x(t)]_{z=\mathrm{e}^{sT}} \tag{3.68}$$

式中，$x(t)$是初始函数；$L[x(t)]$是直接拉普拉斯变换；$D[x(t)]$是直接 D 变换；$Z[x(t)]$是直接 Z 变换，同时引入新变量 $z = \mathrm{e}^{sT}$。这种变换的根本优势是把差分方程转化为简单的代数方程组。逆变换到时域需要将代数解分解为若干简单分数项的和，并根据线性方程叠加原理，从 Z 逆变换表（见表3.3）找到相应的时域表达式。

变量 $x(t)$的直接 Z 变换形式如下。

- 对于一个连续函数

$$X(z) = Z[x(t)] = \sum_{k=0}^{\infty} x(t)\delta(t - kT)z^{-k} \tag{3.69}$$

表 3.3　常见的 Z 变换

描述	初始函数	Z 变换
线性	$f[k] = \sum_{v=0}^{N} C_u f_v[k]$	$F(z) = \sum_{v=0}^{N} C_v F_v(z)$
延迟	$f[k-m], m>0$	$z^{-m}\{F(z) + \sum_{(n-m)=1}^{m} f(-n+m)z^{n-m}\}$
超前	$f[k+m], m>0$	$z^m\left\{F(z) - \sum_{(n+m)=0}^{m-1} f(n+m)z^{n+m}\right\}$
差分形式	$\Delta x[k]$ $\Delta^2 x[k]$ $\vdots$ $\Delta^n x[k]$	$(z-1)X(z) - zx(0)$ $(z-1)^2 X(z) - z(z-1)x(0) - z\Delta x(0)$ $\vdots$ $(z-1)^n X(z) - z\sum_{v=0}^{n-1}(z-1)^{n-1-v}\Delta^v x(0)$
不完全求和	$\sum_{v=0}^{k-1} x[k]$	$\frac{1}{z-1}X(z)$
完全求和	$\sum_{v=0}^{k} x[k]$	$\frac{z}{z-1}X(z)$

- 对于格函数

$$X(z) = Z[x[k]] = \sum_{k=0}^{\infty} x[k]z^{-k} \tag{3.70}$$

如果带负参数的格函数为零，则可简化延迟公式。若格函数到 $n = (m-1)$ 均为零，则可简化超前公式。类似于拉普拉斯空间，可以使用脉冲传递函数的概念，即在零初始条件时，控制对象的输出变量与其输入变量的 Z 变换之比。传递函数通常表示为 W。在其下角标中，第一个数字表示输出值，第二个数字表示输入值。式（3.16）描述了一维系统，可以应用叠加原理。因此，线性系统上的几个扰动作用线性的结果等效于单个扰动作用结果的叠加。

3.2 电力电子装置的电气过程分析

3.2.1 微分方程的解析解

如前文所述，电力电子装置的每一个结构都可由线性微分方程来描述。因此，可以通过解该微分方程来精确描述其电气过程。

式（3.16）的解是一个 n 次可微函数 $x(t)$，其定义域内的所有点均满足该式。通常情况下，此函数为一个集合，选择其中一个函数作为附加条件，以一组初始条件的形式呈现。

$$x(t_0)=x_0,\frac{\mathrm{d}x(t_0)}{\mathrm{d}t}=\frac{\mathrm{d}x_0}{\mathrm{d}t},\cdots,\frac{\mathrm{d}^{n-1}x(t_0)}{\mathrm{d}t^{n-1}}=\frac{\mathrm{d}^{n-1}x_0}{\mathrm{d}t^{n-1}} \tag{3.71}$$

式中，t_0 是一个固定时间，通常是开始时间（$t_0=0$）；x_0、$\mathrm{d}x_0/\mathrm{d}t$、…、$\mathrm{d}^{n-1}x_0/\mathrm{d}t^{n-1}$分别是函数 x 及其到（$n-1$）阶所有导数的值。式（3.16）与式（3.71）的初始条件组合在一起称为初值问题或柯西问题。

$$\begin{cases} a_n^i\dfrac{\mathrm{d}^n x}{\mathrm{d}t^n}+a_{n-1}^i\dfrac{\mathrm{d}^{n-1}x}{\mathrm{d}t^{n-1}}+\cdots+a_0^i x=f^i(t)+b_e^i e^i \\ x(t_0)=x_0,\dfrac{\mathrm{d}x(t_0)}{\mathrm{d}t}=\dfrac{\mathrm{d}x_0}{\mathrm{d}t},\cdots,\dfrac{\mathrm{d}^{n-1}x(t_0)}{\mathrm{d}t^{n-1}}=\dfrac{\mathrm{d}^{n-1}x_0}{\mathrm{d}t^{n-1}} \end{cases} \tag{3.72}$$

式（3.72）具有单一解。

微分方程的解包括两部分。

1）齐次微分方程的通解 $x_{\mathrm{es}}(t)$，即线性微分方程右侧为零，表示了电力电子装置的固有特性。

2）特解 $x_{\mathrm{fs}}(t)$是由方程右侧特性决定的，描述了施加的扰动对电力电子装置行为的影响。

因此

$$x(t)=x_{\mathrm{es}}(t)+x_{\mathrm{fs}}(t) \tag{3.73}$$

对于一阶和二阶线性方程，求解分两个阶段进行：首先求解齐次方程，然后求解非齐次方程（见附录3.2）。

3.2.1.1 通过拉普拉斯变换求解微分方程

如上所述，拉普拉斯变换是求解常系数线性微分方程的一种有效方法。这种方法的基本优点如下：

1）通过拉普拉斯变换的代数运算代替微积分运算，即求解代数方程而不是微分方程。

2）直接得出微分方程的完整解。

3）通过叠加原理及相应的表可逆变换到时域。

拉普拉斯空间中的式（3.45）的解为

$$X(s)=\frac{1}{a_n^i s^n+a_{n-1}^i s^{n-1}+\cdots+a_0^i}\times\left[F^i(s)+b_e^i e^i(s)+a_n^i\sum_{k=0}^{n-1}\frac{\mathrm{d}^k x(0)}{\mathrm{d}t^k}+a_{n-1}^i\sum_{k=0}^{n-2}\frac{\mathrm{d}^k x(0)}{\mathrm{d}t^k}+\cdots+a_1^i x(0)\right] \tag{3.74}$$

$$a_n^i s^n+a_{n-1}^i s^{n-1}+\cdots+a_0^i \tag{3.75}$$

被称为特征多项式，描述了控制对象的自由（固有）运动。如果特征多项式［见式（3.75）］为零，则控制对象的特征方程为

$$a_n^i s^n+a_{n-1}^i s^{n-1}+\cdots+a_0^i=0 \tag{3.76}$$

该方程的解（根）被称为系统的极点，决定控制对象的固有运动。根的数量等于方程的阶数，根可能是实数、虚数或复数，方程也可能存在几个相同的根（多重根）。

对于不超过四阶（含）的方程，根可以以显式形式获得。从五阶开始，使用一个通用公式通过留数来表示根，近似方法可用于找根。

在找到根 s_1、s_2、⋯、s_n 后，特征多项式（3.75）重写为因子的乘积。换言之，根据方程的根，特征多项式进行展开。式（3.74）的解可以写为正则简单分数之和。

$$X(s)=\left[\sum_{i=1}^{n}\frac{d_i}{s-s_i}\right]\times\left[F^i(s)+b_e^i e^i(s)+a_n^i\sum_{k=0}^{n-1}\frac{\mathrm{d}^k x(0)}{\mathrm{d}t^k}+a_{n-1}^i\sum_{k=0}^{n-2}\frac{\mathrm{d}^k x(0)}{\mathrm{d}t^k}+\cdots+a_1^i x(0)\right] \tag{3.77}$$

式中，系数 d_1、d_2 和 d_3 可根据下面的条件确定。

$$\frac{1}{a_n^i s^n+a_{n-1}^i s^{n-1}+\cdots+a_0^i}=\sum_{i=1}^{n}\frac{d_i}{s-s_i}$$

逆变换到时域是基于叠加原理，采用式（3.77）求得每一个项的逆变换，再对变换项进行卷积。

3.2.2　拟合方法

正如前面所述，电力电子装置是具有多变结构的系统，每个可能的结构可由线性微分方程进行描述。因此，电力电子装置的电气过程精确描述需要对每个可能结构进行描述以及对相应的微分方程进行求解，还必须知道每一个结构持续的时间和切换顺序，这种方法被称为拟合方法。使用这种方法时，在不知道初始条

件的情况下，在电气变量中描述变化的微分方程的解对应于每个结构。根据切换规则，不同的结构被组合在一起，从一个结构变换到另一个结构，电力电子装置的状态变量初始条件被假定为前一结构的最终值。因此，在边界时，相邻结构通过连续变量（电感电流、电容电压以及机电设备的机械坐标等）连接在一起。

基于重复结构的初始条件必须相同这一条件，可以确定电力电子装置的自激振荡条件。当重复结构再次出现时，其初始条件可由第一次的初始条件得到，并允许出现其他结构。

3.2.3 相轨迹和点变换方法

相平面法可以对一维、二阶系统进行分析。这种方法在相对于状态变量及其导数的空间内，分析系统行为。在这种情况下，消除了时间变量，不采用式（3.17）而将系统描述为

$$x_2 = f(x_1) \tag{3.78}$$

相平面上的每个点由状态变量 x_1 及其时间导数 x_2 定义，对应于系统的单一状态，被称为相点、像点或代表点，系统状态的变化集称为相轨迹。因为固定的系统参数，只有一个单相轨迹通过相平面的每一个点（除奇点）。相轨迹上的箭头表示代表点随时间推移产生的位移。整个相轨迹构成了相图，它提供了所有可能的系统参数组合和可能的运动类型的信息。相图有利于分析系统中的运动，在该系统中，可能产生自激振荡。

当根据平衡点的偏差 Δx_1 和 Δx_2 写下二阶方程作为复平面上的根 λ_1 和 λ_2 的位置函数时，可能存在不同类型的系统行为（见图 3.11）。

1）无阻尼振荡运动（纯虚根 $\lambda_1 = -j\omega$ 和 $\lambda_2 = -j\omega$）；

2）阻尼振荡运动（左半平面内的复根 $\lambda_1 = -\delta + j\omega$ 和 $\lambda_2 = -\delta - j\omega$）；

3）不断增加的振荡运动（右半平面内的复根 $\lambda_1 = -\delta + j\omega$ 和 $\lambda_2 = \delta - j\omega$）；

4）阻尼的非周期运动（在左半平面的两个实根，$\lambda_1 < 0$ 和 $\lambda_2 < 0$）；

5）不断增加的非周期运动（两个正实根，$\lambda_1 > 0$ 和 $\lambda_2 > 0$）；

6）无阻尼运动（两个实根，一个正实根 $\lambda_2 > 0$ 和一个负实根 $\lambda_1 < 0$）。

图 3.11 表示出了所有这些情况下平衡点附近的相轨迹以及根的相应位置。

3.2.4 主成分分析法

主成分分析法是基于谐波或频谱分析并考虑到负载的滤波性能的分析方法。

任何周期为 T 的周期函数 $f(t)$ 满足狄利赫利条件，即在函数中存在一个有界的非连续和连续导数，可以表示为一个无限的三角傅里叶级数

$$f(t) = \frac{A_0}{2} + \sum_{k=1}^{\infty} [a_k \cos(k\omega_1 t) + b_k \cos(k\omega_1 t)] \tag{3.79}$$

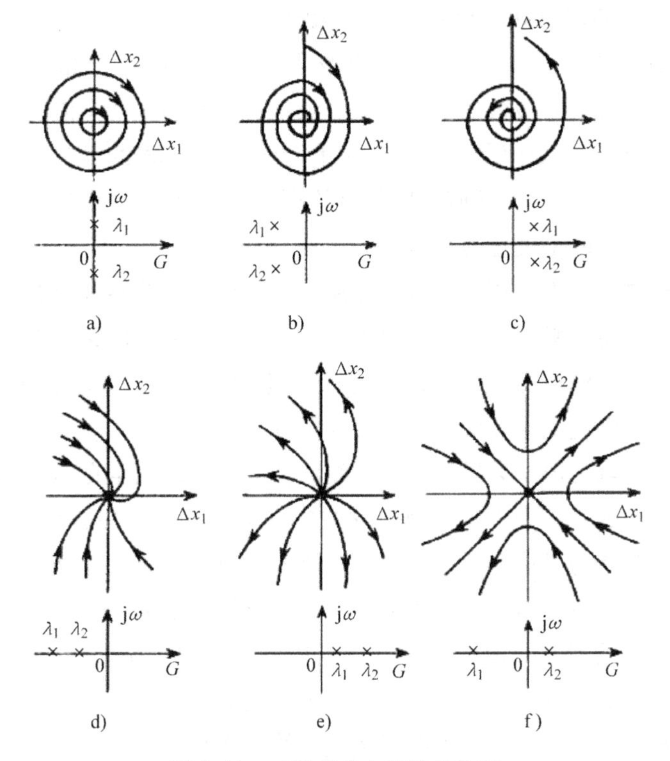

图3.11 二阶微分方程的相轨迹

a）中心 b）稳定焦点 c）不稳定焦点 d）稳定节点 e）不稳定节点 f）鞍点

或

$$f(t) = \frac{A_0}{2} + \sum_{k=1}^{\infty} A_k \cos(k\omega_1 t + \varphi_k) \tag{3.80}$$

其中，$\omega_1(=2\pi/T)$是重复频率（或一次谐波频率）；k 是谐波次数；a_k 和 b_k 是傅里叶系数。

$$a_k = \frac{2}{T}\int_0^T f(t)[\cos(k\omega_1 t)]\mathrm{d}t$$

$$b_k = \frac{2}{T}\int_0^T f(t)[\sin(k\omega_1 t)]\mathrm{d}t \tag{3.81}$$

谐波 k 的幅值 A_k 和相位 φ_k 确定如下：

$$A_k = \sqrt{a_k^2 + b_k^2},$$

$$\varphi_k = -\operatorname{arctg}\left(\frac{b_k}{a_k}\right) \tag{3.82}$$

在式（3.79）的基础上，对$f(t)$进行傅里叶级数展开并进行谐波分析，计算式（3.81）中的傅里叶系数 a_k 和 b_k。频谱分析是基于式（3.79）的傅里叶级数展开式，确定式（3.82）中谐波（余弦曲线）的幅值 A_k 和相位 φ_k。函数 $f(t)$ 的频谱是由形成傅里叶级数的谐波构成。该函数的频谱包括幅值谱即幅值集 $A_k = A[k]$ 以及相位谱 $\varphi_k = \varphi[k]$，对应于傅里叶级数展开式的频谱，$\omega_k = \omega[k] = k\omega_1$，$k=0$、1、…。因此，任何周期信号均可以被认为是由具有固定频谱的一组不同的幅值和相位的谐波信号构成。

考虑负载物理特性，周期函数所作用的负载作为滤波器，仅有限的频谱可通过。例如，如果将高频脉冲电压提供给直流电动机，电枢回路的电感和转动惯量形成该电压的低频滤波器。因此，电动机的速度将只取决于该电压的平均分量，由高频频谱分量引起的速度脉动可以忽略不计。

因此，鉴于电力电子装置和负载的滤波特性，可以确定在周期不连续函数频谱的傅里叶级数展开式中占主导地位的主要分量，称为主要、平滑或有用分量。所有其他分量被认为是影响系统（机械、能量和其他特征）运行的噪声。

通常，就电力电子装置的特性来看，主要分量假定为带有直流输出的变换器中的恒定分量以及带有交流输出的变换器中的基波电压分量。通过确定主要分量，并关注其所对应的电气过程，可以大大简化对电力电子装置的分析。电力电子装置可以被认为由以下形式方程所描述的线性连续系统。

- 在标量情况下

$$a_n \frac{\mathrm{d}^n x}{\mathrm{d}t^n} + a_{n-1} \frac{\mathrm{d}^{n-1} x}{\mathrm{d}t^{n-1}} + \cdots + a_0 x = f(t) + u \tag{3.83}$$

式中，x 是独立变量；a_0、a_1、…、a_n 是系数；$f(t)$ 电力电子装置受到的扰动量；u 是电力电子装置的控制量。

- 在向量情况下

$$\frac{\mathrm{d}X}{\mathrm{d}t} = AX + BU + DF \tag{3.84}$$

$$Y = CX \tag{3.85}$$

式中，X 是状态向量，由描述控制对象行为的独立变量组成（该变量的数量决定了对象的维数）；U 是控制向量，包含了电力电子装置的所有独立控制信号，$(U)^T = |u_1\ u_2 \cdots u_{K-1}\ u_K|$；$F$ 是外部扰动向量，$(F)^\mathrm{T} = |f_1 f_2 \cdots f_{L-1} f_L|$；$Y$ 是输出变量向量，$(Y)^\mathrm{T} = |y_1\ y_2 \cdots y_{M-1}\ y_M|$；$A$、$B$、$C$ 和 D 为描述给定的控制对象的矩阵。在一般情况下，独立变量的数量与输出变量的数量不同，换言之，矩阵 C 可能是矩形的。式（3.84）为状态方程；式（3.85）为输出变量方程。

3.2.5　稳定性

在电力电子装置的分析和设计中，稳定性是一个主要受关注的问题。如果在外部扰动的作用下电力电子装置脱离平衡状态，当扰动消除时，又返回到平衡状态，则该装置是稳定的。如果扰动消除后，电力电子装置不返回到平衡状态，则该装置是不稳定的。系统的正常运行需要电力电子装置是稳定的。否则，即使是小的初始条件的变化也会产生较大的误差。

李雅普诺夫的稳定性定义是一种经典的形式（Kwakernaak 和 Sivan，1972）。非线性微分方程

$$\frac{\mathrm{d}x}{\mathrm{d}t}=f[x(t),t] \tag{3.86}$$

的解 $x_0(t)$ 满足如下条件则在李雅普诺夫的情况下即是稳定的，即对任意 t 和任意 $\varepsilon>0$，存在一个值 $\delta(\varepsilon,t)>0$（取决于 ε 和 t_0），只要与额定值向量的初始偏差 $\|x(t_0)-x_0(t_0)\|\leqslant\delta$，那么对于所有 $t\geqslant t_0$，后续偏差 $\|x(t)-x_0(t)\|\leqslant\varepsilon$。该定义使用了向量模 $\|x\| = \sqrt{\sum_{i=1}^{n}x_i^2}$。

对于线性系统，稳定性的必要和充分条件是特征方程的根在复平面的左半平面上，即特征根必须有一个负实部分量。许多代数和频率方法可以在未找到特征方程的根的情况下判断系统稳定性。若描述了系统的主要分量，这些方法可以用于分析装置的行为。例如，劳斯—赫尔维茨代数判据表述如下：线性定常系统稳定的必要和充分条件是赫尔维茨行列式的 n 个对角子式必须是正的，其中 n 是特征方程的阶数。

赫尔维茨行列式根据特征方程的系数确定如下：

1）特征方程的所有系数从左到右沿主对角线分布，从（$n-1$）阶项系数开始到常数项结束。

2）从图中的每个元素开始，补齐行列式的相应列，使每列系数的下角标从上到下递减。

3）下角标小于 0 或大于 n 的系数用零取代。

行列式的对角子式是通过消除对应于给定对角元素的行和列从赫尔维茨行列式中获得。

对于非线性系统，其稳定性是通过李雅普诺夫第二判别法判定的，这是系统稳定的充分条件。根据该判别法，如果可以选择一个包括所有系统状态变量且其导数负定或为负常数的定号李雅普诺夫函数，那么该系统是稳定的。

定号函数是只在坐标原点趋于零的函数。符号常数函数是一个不仅在坐标原点为零，而且在所有其他空间点上都为零的函数。如果导数符号是确定的，则会

渐近收敛。通常情况下，李雅普诺夫函数选用二次型函数，通过其定义可知它是一个正定函数。然后分析其导数，如果系统是稳定的，那么导数符号必须是负定的或为负常数。

3.3 控制方法

3.3.1 控制问题和原理

电力电子装置的目的是将输入电能转换成具有特定性质的输出能量，以便满足整个系统的需要。实际的电力电子装置具有一个或多个控制变量。如3.1节中提到的，可以分为多维（MIMO）和一维（SISO）系统。

有3个基本的控制原理（见图3.12）。

1）开环控制；

2）基于扰动的控制（补偿原理）；

3）闭环控制（反馈原理，基于偏差的控制）。

在开环控制中，基于技术要求和完整信息，在电力电子装置输入处计算控制信号，该完整信息不仅要考虑电力电子装置，还要考虑所有存在的扰动。开环控制对控制变量不进行检测。这种方法的优点是较简单，但缺点是需要关于电力电子装置和所有已知扰动的完整信息，而信息的不准确将导致控制变量产生误差。

为了消除扰动对控制过程的影响，需采用补偿原理。在这种情况下，设计的控制需满足具有特定扰动或无扰动的技术要求，该控制考虑当前扰动的信息并能够补偿这种扰动。如果可以获得有关扰动的信息，则补偿原理是有效的。

闭环控制是在存在未知扰动的情况下，控制变量的指定值与实际值进行比较。这种差异被用于选择电力电子装置的控制。换言之，控制不仅考虑了具体规范，而且考虑了电力电子装置的实际状态和扰动。因此，这是最广泛采用的控制原理。在扰动和控制对象的参数不确定时，闭环控制可有效地对控制对象实施控制。基于闭环控制的自动系统被称为自动控制系统。最后两个控制原理有时一起使用，这就构成了可提供最高精度的复合控制。

一般情况下，参考指令是时间的任意函数，是由外部控制单元（控制器）决定的。对该参考指令的处理是一个跟踪过程。跟踪的具体情况如下：

1）与给定常量的控制值保持一致；

2）程序控制，包括根据预定的计划调整规则。

在任意外部扰动的情况下，参考指令的精确和快速处理是必需的。在多维系统中，通过几个独立的控制，可以对几个可控变量进行控制。

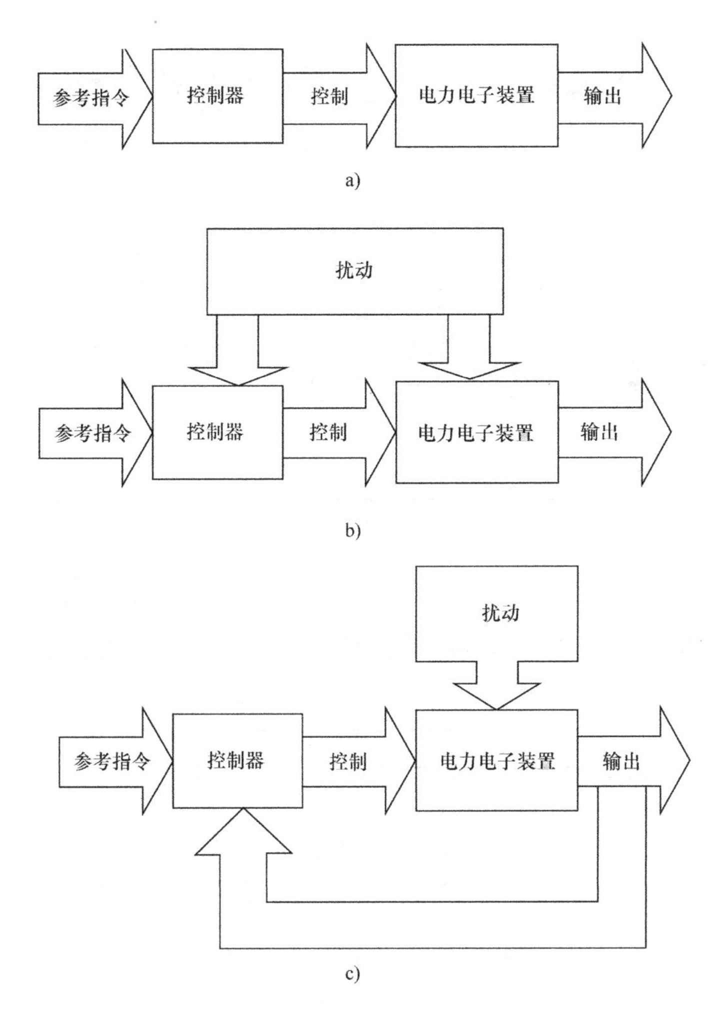

图3.12 控制原理

a）开环控制 b）基于扰动的控制（补偿原理） c）闭环控制（基于偏差的控制）

3.3.2 控制系统的结构

根据电力电子装置的不同数学模型，几种自动控制系统的设计方法如下

- 单回路控制（见图3.13a）；
- 两步单回路控制（见图3.13b）；
- 级联（主从）控制（见图3.13c）。

在第一种情况下，需使用电力电子装置的精确模型，并考虑不连续的开关特性。控制设计需要解决一个非线性问题，其复杂性是由于电力电子装置的严重非线性导致的。不同功率器件的开关频率以及导通时间在电力电子装置的整体控制

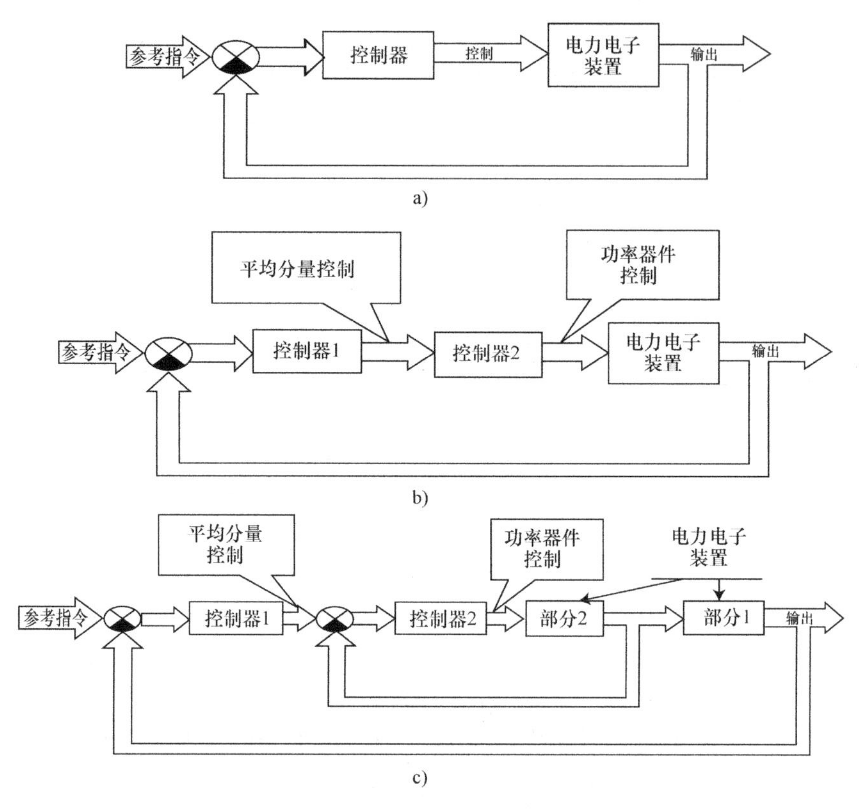

图 3.13 电力电子装置的控制系统的结构

a）单回路控制 b）两步单回路控制 c）级联（主从）控制

中作为二级元素，在闭环系统中自动生成。该动态系统的特点是速度快、对参数和外部扰动的变化灵敏度低。但是，在这种情况下，功率器件的开关频率不固定，而是取决于初始条件。这增加了功率器件的开关损耗。

在第二种情况下，需使用一个含有平均分量的电力电子装置模型并解决两个独立问题：电力电子装置控制为线性的和功率器件的高频控制。控制器 1 可基于线性控制理论进行设计，假设控制器 2 产生了必要的高频电压脉冲序列，其平均分量对应于主要控制问题，且由于负荷的低频特性，高频电压分量能被滤除。

功率器件的控制是独立制定的。调制采用开环控制。决定开关频率和占空比的调制方法和开关规则由外部指定，但是，如前所述，外部扰动和内部参数波动的自动补偿依赖于电力电子装置的控制回路。

最后，级联控制是考虑系统处理速度，对初始控制问题进行细分，然后独立地解决每一个问题。如之前的例子，很自然地把电力电子装置分为快速过程和缓慢过程，还要考虑电力电子装置和负载的自然滤波特性。缓慢的外环包括控制器

1 和电力电子装置 1，并由平均分量进行描述；快速的内环由控制器 2 和电力电子装置 2 组成，瞬时处理其输入信号，换句话说，内环传递函数是 1。内环基于反馈负责功率器件的控制。相应地，内环相对快速，对参数和外部扰动的变化不敏感。需要注意的是，对于第一种情况，功率器件的开关频率是自动生成的，并取决于初始条件。这可能会增加功率器件的开关损耗和机电能量变换器中的机械噪声。

3.3.3 线性控制方法

如前面已经提到的，如果采用电力电子装置的平均模型，则对装置和控制设计的分析可以基于线性自动控制理论。该理论已经很成熟，尤其是对于一维系统（Kwakernaak 和 Sivan，1972）。

3.3.3.1 一维控制系统的控制器设计

如 3.2.4 节所指出的，任何自动控制系统中的第一要求是稳定性，即当扰动消除后，系统必须恢复到指定状态或稳态附近，此种情况会在系统的固有运动衰减时发生。系统稳定性的必要和充分条件是其特征方程的所有根在复平面的左半平面内。

通过引入包括电力电子装置和控制器的反馈可改变自动控制系统的特征方程。

以下控制器应用广泛：

• 比例控制器（P 控制器），根据给定值与实际输出值构成控制偏差，将偏差的比例构成控制量

$$u = K(x_z - x) \tag{3.87}$$

其中，K 是一个比例常数。

• 比例 - 积分控制器（PI 控制器），根据给定值与实际输出值构成控制偏差，将偏差的比例和积分通过线性组合构成控制量

$$u = K(x_z - x) + \int (x_z - x)\,\mathrm{d}t \tag{3.88}$$

• 比例 - 积分 - 微分控制器（PID 控制器），根据给定值与实际输出值构成控制偏差，将偏差的比例、积分和微分通过线性组合构成控制量

$$u = K_p(x_z - x) + K_i \int (x_z - x)\,\mathrm{d}t + \frac{\mathrm{d}(x_z - x)}{\mathrm{d}t} \tag{3.89}$$

基于式（3.83）和式（3.87），包括电力电子装置和一个 P 控制器的自动控制系统方程可表示为

$$a_n \frac{\mathrm{d}^n x}{\mathrm{d}t^n} + a_{n-1} \frac{\mathrm{d}^{n-1} x}{\mathrm{d}t^{n-1}} + \cdots + (a_0 + K)x = f(t) + Kx_z \tag{3.90}$$

且根据特征方程来判断其稳定性。

$$a_n r^n + a_{n-1} r^{n-1} + \cdots + (a_0 + K) = 0 \tag{3.91}$$

如果比例系数 K 被选择为变量参数，可以用式（3.91）来确定稳定区域。这被称为 D 划分。对于两个参数，例如，在 PI 控制器的情况下，可得到一个 Vyshegradskii 图。

控制器系数的选择将决定特征方程根的位置，因此也决定了系统的稳定性和瞬态特性。选择所期望的根的配置被称为模态控制。

3.3.3.2 多维控制系统的控制器设计

与一维系统相比，多维系统的特点是有几个独立变量和几个独立控制。一般情况下，独立变量数不会与独立控制数相同，因此，该系统中的控制设计是比较复杂的并包括几个阶段。首先是确定系统是否可控或者稳定。

一个可控系统可以通过分段连续控制信号 U 在有限的时间内从任何初始状态 X_0 移动到任意状态 X_1。对于具有常数参数的系统，可控性的充分和必要条件是可控矩阵的非退化性。

$$P = \left| B \quad AB \quad A^2B \quad \cdots \quad A^{n-1}B \right|, \det P \neq 0 \tag{3.92}$$

当可用的控制不能确保可控性时，下一步是要研究系统是否会稳定。一个稳定的系统可以理解为一个线性动态系统，其中状态向量 X:$X^{\mathrm{T}} = \left| X^* \quad X^{**} \right|$ 的分量可以形成 X^* 和 X^{**} 两个向量。通过系统中的分段连续控制信号 U，在有限的时间内，状态向量 X^* 可以从任何初始状态 $X^*(0)$ 移动到任意状态 $X^*(t)$，而状态向量 X^{**} 是稳定的。为了清楚起见，使用状态向量的非退化线性变换

$$X' = T^{-1}X \tag{3.93}$$

来把这种动态系统转化为可控性的典型形式。

$$\frac{\mathrm{d}X'}{\mathrm{d}t} = \begin{vmatrix} A'_{11} & A'_{12} \\ 0 & A'_{22} \end{vmatrix} X' + \begin{vmatrix} B'_1 \\ 0 \end{vmatrix} U + D'F \tag{3.94}$$

其中

$$\begin{vmatrix} A'_{11} & A'_{12} \\ 0 & A'_{22} \end{vmatrix} = T^{-1}A, \begin{vmatrix} B'_1 \\ 0 \end{vmatrix} = T^{-1}B, D' = T^{-1}D$$

在这种情况下，第二个状态向量方程描述了独立于控制的状态向量分量的运动。如果系统作为一个整体是稳定的，那么这些分量必须是稳定的，且状态向量分量运动的第一个状态向量方程必须是可控的。对于这些分量，控制器的设计需确保其实际值与指令值相匹配。第二个方程的状态向量分量的稳定值作为外部扰动出现在第一个方程中。

一个特定的系统可以通过几种方式变得稳定，因为满足式（3.93）的线性变换矩阵不唯一。

对于一个可控或稳定的线性系统，线性反馈

$$U = -KX \tag{3.95}$$

这样就可以选择稳定的闭合系统，其中 K 是反馈矩阵。

可以对此进行解释，因为系统的稳定性是由矩阵 $A-BK$ 的特征值决定的，这取决于矩阵 K 中元素的选择。换句话说，特征值可能在复平面上的任意位置（因为根是共轭复数）。

正如已经提到的，稳定的系统可被分解成两个子系统。第一个系统是不可控但稳定的；第二个系统是可控的，且可以通过负反馈来对所需的根进行配置。因此，在一个稳定的系统中，只有一些根可以任意放置。鉴于系统的属性，剩余的根必须位于复平面的左半平面上。

3.3.4　继电器特性控制

如 3.1.3 节所指出的，如果开关函数只适用于输入电压且其变化是由系统控制变量的状态决定的，例如式（3.23）和式（3.24），则这些电力电子装置就属于继电器类型。目前，适用于一维二阶电力电子装置的分析和设计方法最完善（Tsypkin，1984）。特别是，相平面法可以清楚地表示系统中的过程。这种方法基于电力电子装置的数学描述并考虑到其与额定值的偏差，如式（3.30）所示。在柯西表达式中

$$\begin{aligned}\frac{\mathrm{d}\Delta x}{\mathrm{d}t} &= x_1\\ \frac{\mathrm{d}x_1}{\mathrm{d}t} &= -\frac{a_1}{a_2}x_1-\frac{a_0}{a_2}\Delta x-\frac{1}{a_2}f(t)-\Psi\frac{b_e}{a_2}e+A\end{aligned} \tag{3.96}$$

其中

$$A=\frac{\mathrm{d}^2x_z}{\mathrm{d}t^2}+\frac{a_1}{a_2}\frac{\mathrm{d}x_z}{\mathrm{d}t}+\frac{a_0}{a_2}x_z$$

为了将系统的相轨迹以柯西形式表示出来，应消除时间变量。由式（3.96）中的第一个表达式，可得 $\mathrm{d}t=\mathrm{d}\Delta x/x_1$。将此结果替换到第二个表达式，可得到

$$x_1\mathrm{d}x_1=\left[-\frac{a_1}{a_2}x_1-\frac{a_0}{a_2}\Delta x-\frac{1}{a_2}f(t)-\Psi\frac{b_e}{a_2}e+A\right]\mathrm{d}\Delta x \tag{3.97}$$

如果方程的结构允许方程左侧的变量分离并积分，例如，若 $a_1=0, a_0=0$，$f(t)$ 为常数，且 A 为常数，可以得到开关函数每个状态的相轨迹方程为

$$x_1=2\sqrt{\left(-\frac{1}{a_2}f-\Psi\frac{b_e}{a_2}e+A\right)\Delta x}+C \tag{3.98}$$

式中，C 是积分常数。

当积分难度较大时，可以通过等斜线方法，不需要积分就绘制出近似的相轨

迹。在等斜线的每一个点上，相轨迹（积分曲线）的斜率具有相同的常量值 $dx_1/d\Delta x=k=$ 常数。如果指定不同的斜率值，可以构建一个密集的等斜线网格，每条等斜线包括指定斜率 k 的小线段，然后，从相空间中的初始点出发，绘制出由方向场指定角度并与每条等斜线相交的线条。所得到的曲线就是相轨迹的近似表示（草图）。

所有的相轨迹集合被称为系统的相图。不同开关函数状态的相轨迹在开关线处光滑连接，该空间的相轨迹维度取决于误差及其导数。由于继电器控制系统可用开关函数表示，继电器系统中的自激振荡参数将取决于该函数的状态。自激振荡参数可以通过稳态极限环的参数确定。自激振荡幅值对应于误差轴处极限环与零的偏差。

相空间中相函数的开关条件为开关函数的零值

$$Z(\Delta x, x_1)=0 \tag{3.99}$$

式中，Δx 是误差，x_1 是其导数。

在大多数情况下，开关函数是误差及其导数的线性组合。因此，引入开关线，也即开关函数状态改变对应的线

$$Z(\Delta x, x_1)=x_1+C\Delta x=0 \tag{3.100}$$

式中，C 是开关线的斜率。

在传统的继电器系统中，$C=0$ 是最简单的情况，此时控制仅仅基于误差（见图 3.14a）。当误差导数项引入到开关函数时，极限环的参数发生了变化。在相平面上，开关线从一个与轴重合的垂直线变换到通过坐标原点的倾斜线（斜率 C）。在一定条件下，继电器系统的相轨迹是从两侧指向开关线。在这种情况下，描述系统行为的点沿开关线移动到坐标原点。这就是滑动模式。在系统的物理过程中，自激振荡发生的概率非常小。通过标量控制，滑动模式的充分和必要

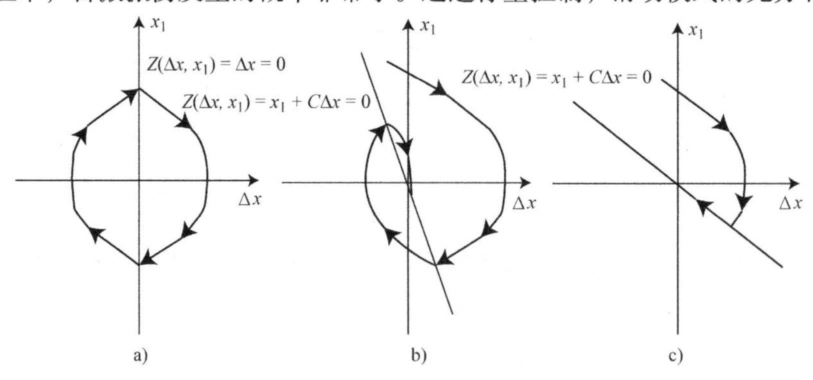

图 3.14　继电器系统的相轨迹

a）开关函数取决于误差　b）开关函数取决于误差及其导数　c）在滑动运动的情况下

条件也是开关函数空间中的稳定条件，其形式为

$$\lim_{Z \to +0} \frac{\mathrm{d}Z}{\mathrm{d}t} < 0, \lim_{Z \to -0} \frac{\mathrm{d}Z}{\mathrm{d}t} > 0 \tag{3.101}$$

注意，系统的滑动运动相对于外部扰动和控制对象动态特性的变化是不变的，如式（3.100）中，这些因素没有出现。滑动运动是时间常数为 $1/C$ 的非周期过渡过程。电源电压 e 的选择条件和开关函数 $\Psi_{2\mathrm{p}}$ 的切换原则需要满足系统中式（3.101）的条件

$$e \geqslant \left| \frac{-a_2 C\Delta x - a_1 x_1 - a_0 \Delta x - f(t) + a_2 A}{b_\mathrm{e}} \right| \tag{3.102}$$

$$\Psi_\mathrm{m} = \begin{cases} 1, & \mathrm{sgn}(Z) > 0 \\ -1, & \mathrm{sgn}(Z) < 0 \end{cases} \tag{3.103}$$

式（3.102）定义了一个区域，在该区域中，系统达到切换线并保留在那里，处于对应于式（3.99）的状态空间中。当 $Z=0$ 时，确定了一类可允许的扰动和参考，参考值可以在没有动态跟踪误差的情况下再现。式（3.103）描述了继电器控制的运算算法。

对于一维一阶系统，在平衡点发生滑动运动

$$\frac{\mathrm{d}\Delta x}{\mathrm{d}t} = -\frac{a_0}{a_1}\Delta x - \frac{1}{a_1}f(t) - \Psi\frac{b_\mathrm{e}}{a_1}e + A \tag{3.104}$$

其中

$$A = \frac{\mathrm{d}x_{1z}}{\mathrm{d}t} + \frac{a_0}{a_1}x_{1z}$$

如前面已经提到的，控制变量的实际值等于自激振荡中的指定值。

与功率器件相比，机械开关特别是继电器的开关次数有限。因此，在这种情况下，不应选择高频自激振荡。相反，可以使用滞环控制：理想的继电器被带有滞环的继电器取代，这减少了单位时间的开关次数从而使控制变量在一个范围内。这个范围取决于滞环的宽度，通常为所需的值。

3.3.5 滑动模式控制

在具有几个继电器元件的多维继电器系统中，控制设计是一个复杂的问题，在大多数情况下，都没有解析解。由于该系统存在不连续（继电器）控制，更适合使用滑模系统理论（Utkin 等人，2009；Ryvkin 和 Palomar Lever，2011）。特别是，如 3.3.4 节中一维继电器系统的例子，具有这种控制的非线性动态系统具有非常好的特性，如高质量的控制和对外界扰动及控制对象参数变化的不敏感性。

在控制方面，多维电力电子装置是一个线性引入控制 $u(t)$ 的非线性动态系

统，考虑到功率器件的开关属性，它是不连续系统。

$$\frac{dx(t)}{dt}=f(x,t)+B(x,t)u(t) \tag{3.105}$$

式中，$x(t)$是状态向量，$x(t)\in R^n$；$f(x,t)$是控制对象的列向量，$f(x,t)\in R^n$；$u(t)\in R^m$；$B(x,t)$是$n\times m$矩阵。控制向量$u(t)$的分量根据系统的状态取其中一个向量，并由开关函数$S_i(\underline{x})$的状态进行描述为

$$u_i(x,t)=\begin{cases}u_i^+(x,t),S_i(x,t)>0\\u_i^-(x,t),S_i(x,t)<0\end{cases} \tag{3.106}$$

对应于式（3.105）和式（3.106）的不连续系统中的滑动运动必须确保控制问题的解决，即控制变量$Z(t)=z_z(t)-z(t)[z(x)\in R^l]$误差为零，其中，$z(x,t)$是控制变量向量，$z_z(x,t)$是参考控制变量向量。换言之，滑动运动相当于式（3.105）和式（3.106）描述的初始系统的稳定运动，这相当于控制变量的l维误差空间的坐标原点。通过使用非线性系统的稳定性理论术语，可以在全局和局部滑动运动中讨论滑动运动的条件。局部滑动的稳定性相当于在不连续表面上存在滑动运动，由于不连续控制在该表面或在几个不连续表面的交点进行切换控制，这实现了控制变量向量$Z_j(t)=0,j=1,\cdots l$分量的零误差。全局滑动运动的稳定性不仅与不连续表面或不连续表面相交点的滑动运动有关，而且还与趋近条件有关，即保证映射点会从任意初始位置移动到不连续表面或不连续表面相交点的条件。

通常通过李雅普诺夫稳定性（见3.2.5节）研究是否存在滑动运动。在这种情况下，考虑对应于式（3.105）和式（3.106）在受控变量的误差子空间上的投影

$$\frac{dZ}{dt}=\frac{dz_z}{dt}-(Gf+Du) \tag{3.107}$$

式中，G是$l\times n$矩阵，其每一行是函数$\Delta z_j(x)$的梯度向量；$D=GB$。

在标量控制中，滑动运动在式（3.99）中$Z(x)=0$定义的单一不连续表面上存在的充分和必要条件是不连续表面的偏差和其变化率必须有相反的符号。

在向量控制中，对于不连续表面交点的滑动运动，没有一种普遍条件。大多数已知的多维滑动运动的条件以与相流形$Z(x)=0$有关的滑动表示，且通过李雅普诺夫第二方法解决稳定性问题。相应的充分条件是用式（3.107）中的矩阵D表示。

3.3.5.1 滑动运动存在性的充分条件

在对应于式（3.105）和式（3.106）的系统中，若满足下列条件之一，则流形$Z(x)=0$的滑动运动存在。

1）矩阵D，具有主对角线（$|d_{aa}|>\sum_{\substack{b=1\\a\neq b}}^{m}|d_{ab}|;d_{ab},a=1,\cdots m,b=$

1,⋯m,是矩阵 D 的元素),且以下列形式选择不连续控制

$$u_i(x,t)=\begin{cases}-M_i(x,t), & Z_i d_{ii}>0\\ M_i(x,t), & Z_i d_{ii}<0\end{cases} \tag{3.108}$$

幅值

$$M_i(x,t) > \frac{\left(|q_i| + \sum_{\substack{j=1\\ j\neq i}}^{m}|d_{ij}|\right)}{|d_{ii}|} \tag{3.109}$$

式中,q_i 是向量 Gf 的元素。在这种情况下,滑动运动发生在每一个表面 $Z_i(x)=0$ 上。换言之,m 维滑动运动分解为 m 个一维运动。

2)系统中有一个控制层次,使多维问题简化为 m 个一维问题,进而先后对一维问题进行解决。在这种情况下,控制向量的分量,即 u_1,保证了表面 $Z_1(x)=0$上的滑动运动,与其他分量无关。在表面 $Z_1(x)=0$ 上的滑动运动出现后,控制 u_2 确保表面 $Z_1(x)=0$ 和 $Z_2(x)=0$ 上的滑动运动,而不考虑其他控制分量。在这一方法中,基于式(3.99)中标量情况下的类似条件,获得的多维滑动运动的充分条件为

$$\begin{aligned}&\mathrm{grad}Z_{k+1}b_k^{k+1}u_{k+1}^{+} < \min_{u_{k+2},\cdots,u_m}\left[-\mathrm{grad}Z_{k+1}f^k-\sum_{j=2}^{m-k}\mathrm{grad}Z_{k+1}b_k^{k+j}u_{k+j}\right]\\ &\mathrm{grad}Z_{k+1}b_k^{k+1}u_{k+1}^{-} > \max_{u_{k+2},\cdots,u_m}\left[-\mathrm{grad}Z_{k+1}f^k-\sum_{j=2}^{m-k}\mathrm{grad}Z_{k+1}b_k^{k+j}u_{k+j}\right]\end{aligned} \tag{3.110}$$

式中,k 是具有滑动运动的不连续表面数($0\leqslant k\leqslant m-1$);$f^k$是一个 n 维向量;b_k^{k+1},⋯,b_k^m 组成的一个 $n\times(m-k)$矩阵,f^k和 B_k 记作 B_k,式(3.105)和式(3.106)中初始动态系统的微分方程元素,在 k 个表面的相交点上滑动。

很明显,通过控制层次得到的滑动运动的充分条件和当矩阵 D 是对角线矩阵时,基于李雅普诺夫第二方法获得滑动运动充分条件相同。

等效控制方法被用于描述对应于式(3.105)和式(3.106)的系统的运动,滑动运动全部或部分属于流形 $Z(x)=0$ 时,有必要使用控制层次(Utkin 等人,2009)。已确定滑动运动可由等效连续控制 u_{eq}进行描述,这种控制确保了向量 $Z(x)$的时间导数在系统的轨迹上是零。

$$u_{eq}=(D)^{-1}Gf \tag{3.111}$$

等效控制 u_{eq}在初始方程式(3.105)中被取代,它描述了系统的滑动运动。

$$\frac{dx(t)}{dt}=f(x,t)+B(D)^{-1}Gf \tag{3.112}$$

根据系统的特定结构,式(3.112)仅依赖于矩阵 G 的元素。因此,通过改变系统状态空间中不连续表面的位置,可以修改滑动运动。所需的滑动运动的设

计是比初始问题更低阶的问题，因为滑动运动不仅由式（3.112）描述，还由不连续性表面 $Z(x)=0$ 的 m 个代数方程描述，这允许按照式（3.112）的阶数递减 m 阶。

因此，在一般情况下，具有不连续控制的系统运动设计可以分为 3 个问题。

1）滑动运动的设计；

2）滑动运动的存在性；

3）滑动流形的可达性。

通过选择确保理想滑动运动的开关函数来解决第一个问题。这里可以使用自动控制理论的经典方法，因为微分方程的右侧是连续的。

第二个和第三个问题非常复杂，因为已规定了滑动运动存在的充分条件。当使用第一个充分条件时，式（3.107）中的矩阵 D 必须简化为一种特殊形式。这不是通过选择矩阵 G 以确保解决第一个问题来完成的，而是通过使用控制向量的线性非退化变换矩阵 $R_u(x,t)$。

$$u^* = R_u(x,t)u \tag{3.113}$$

式中，u^* 是新控制向量或不连续表面的线性非退化变换矩阵 $R_u(x,t)$

$$Z^* = R_Z(x,t)Z \tag{3.114}$$

式中，Z^* 是新不连续表面的向量。滑动方程的不变性使这种方法成为可能。设计需要选择理想不连续表面，并根据滑动运动的存在性或滑动流形的可达性相对应的条件对这些表面或控制变量进行后续变换。

请注意，如果式（3.107）中的 D 简化为一种对角线形式，式（3.113）和式（3.114）中的变换将会导致不同的结果。

当使用控制向量的线性非退化变换时，相应的矩阵 $R_u(x,t)$ 以形式 D 选择，变换式可以写成

$$\frac{dZ}{dt} = Gf + u^* \tag{3.115}$$

在这种情况下，取决于它们所满足的点 x，充分条件确保存在滑动运动，甚至滑动流形的可达性。换句话说，确定滑动流形是全局或局部稳定。

采用不连续面线性非退化变换时，相应的矩阵 $R_Z(x,t)$ 以形式 $(D)^{-1}$ 选择，变换方程可以写成

$$\frac{dZ^*}{dt} = (D)^{-1}Gf + u + \frac{d(D)^{-1}}{dt}DZ^* \tag{3.116}$$

与前面的情况相比，只得到滑动运动存在的条件，因为等式右侧的最后一项在理想滑动运动时是不存在的。该方法中，关于在滑动流形处的可达性判断需要关于 $\frac{d(D)^{-1}}{dt}DZ^*$ 的额外信息。

3.3.6 数字控制

在控制系统设计方面，数字技术引入了具有幅值和时间量化的系统。与连续信号相比，输入和输出数字控制器的信号是在离散时间点处取到的离散值（Kwakernaak 和 Sivan，1972；Isermann，1981）。关于时间的量化是一个周期性的过程，周期用 T 表示。如果不考虑数字控制系统的特点，使用模拟算法会降低系统的静态精度，出现振荡分量（振幅与周期成比例）和跳变。

由于以下原因，数字控制系统的设计与连续系统的分析和设计有着显著的不同。首先，数字控制系统的设计是基于差分方程，该差分方程代替了描述连续系统的微分方程。其次，在周期 T 内，控制可以根据过程的速率具体化，且由于周期内的变量基本恒定，方程可以简化。第三，系统中的内存（容量为 m）存储了状态向量和控制向量之前的值，可用于控制中。第四，得到的数字算法一般都是在微控制器上实现的，对计算周期的长度和需要的计算资源都有要求。

对于在微控制器中的计算，基本变量是计算周期的长度，这与微处理器的测量时间和计算能力密切相关。在下文中，假设在一个单周期内（对应于量化周期 T）有足够的计算能力形成对执行器的控制命令。注意，原则上，在这种情况下，控制问题的求解不能小于两个计算周期。在第一步 $[k,k+1]$ 中，基于变量和规范的有效信息，数字控制器计算出执行器的控制命令，这样，在下一步 $[k+1,k+2]$ 结束时，可获得控制问题的解。在第二步中，这些控制命令被发送到执行器中。如果对于给定系统而言，这种延迟是重要的，则必须得到适当补偿。计算时间图如图 3.15 所示。

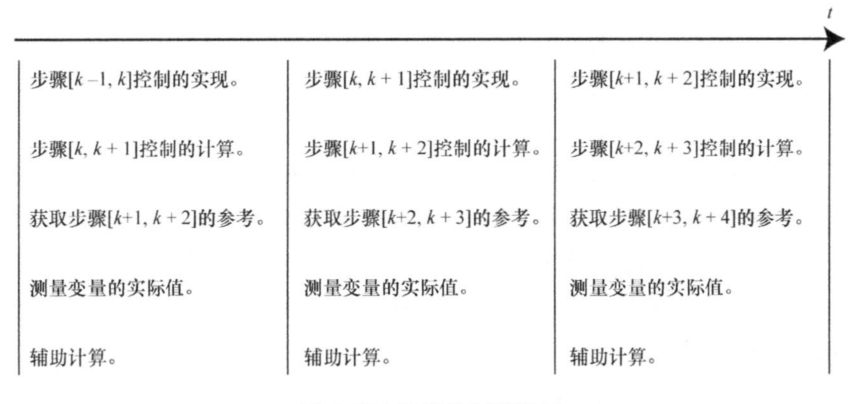

图 3.15　数字控制时间图

鉴于上述情况，电力电子装置的高质量数字控制系统的设计需要特殊设计方法，这种方法要充分利用数字系统的特点。

这样，数字控制设计的第一步是基于现有的微分方程，得到控制对象的精确解析差分模型。这里做出以下假设。

1）在脉冲宽度调制的情况下，周期 T 是脉冲宽度调制周期。

2）与控制对象的时间常数相比，周期 T 较小。

3）机械过程、磁过程（典型的时间常数 10～100ms）和电气开关过程（典型的时间常数 10～100μs）的速率显著不同。因此，一些变量可以被视为准常数。

这种方法允许把复杂的控制问题分解为更简单的问题。

控制问题的解需要求解代数差分方程，并规定所需的步数。

注意，用于电力电子装置的数字控制器核心是数字信号处理器。该处理器的高频率（最高可达200MHz）确保了25μs（40kHz）的总周期长度。在这种情况下，数字控制器在电力电子装置控制系统中的应用实际上与连续系统的模拟控制器的使用是相同的。

3.3.7 预测控制

目前，基于优化的数学方法（Linder 等人，2010；Rodriguez 和 Cortes，2012），通过预测模型（预测控制）对动态对象的控制依赖于分析和控制设计系统的形式化方法。

这种方法的主要优点是反馈建立相对简单且适应性良好。适应性允许控制具有复杂的多维结构和对多个相连的控制对象（包括非线性）进行控制，控制变量和受到约束的控制过程实时优化，以及控制对象和干扰的不确定性调节。此外，可以考虑传输延迟、处理过程中控制对象特征的变化和测量传感器的故障。

对于一个动态控制对象，预测控制是基于反馈并采用以下设计步骤。

程序控制是利用控制对象（预测模型）的数学模型进行优化，其初始条件对应于控制对象的当前状态。优化的目标是在有限的时间内（预测域），减少预测模型的控制变量及其相应参考之间的误差。在优化中，按照所选择的量化函数，要考虑所有控制和控制变量的约束。在计算步骤中，利用预测时域的一个固定短段，实现最优控制，且测量该步骤结束时目标的实际状态（或测量变量）。

预测控制需注意以下几点。

1）非线性微分方程的系统可作为预测模型。

2）可以考虑控制以及状态向量分量的约束。

3）在实时状态下，将描述控制质量的函数最小化。

4）预测控制需要直接测量或估计控制对象的状态。

5）一般情况下，动态控制对象的预测行为将与实际运动有所不同。

6）对于实时操作，优化必须在允许的延迟范围内快速进行。

7）该控制算法的直接实现不能保证控制对象的稳定性，必须通过特殊的方法予以保证。

3.3.8 电力电子的人工智能控制

到目前为止所讨论的控制方法都是基于控制对象的精确数学模型。当难以或不可能获得精确模型时，就可能会采用人工智能控制方法。人工智能采用信息技术，特别是以下几种方法：

- 模糊逻辑（Bose，2000）；
- 神经网络（Bose，2000，2007）；
- 遗传算法（Bose，2000，2007）。

3.3.8.1 模糊逻辑

模糊逻辑（模糊集理论）是经典逻辑和集合论的推广。在经典的布尔代数中，一个变量（电力电子开关函数）的特征函数χ_A（指示函数）是二进制形式模拟（见图3.16a），即

$$\chi_A=\begin{cases}1, x\in A\\0, x\notin A\end{cases} \tag{3.117}$$

式中，A是变量x值的集合，$a\leqslant x\leqslant c$。

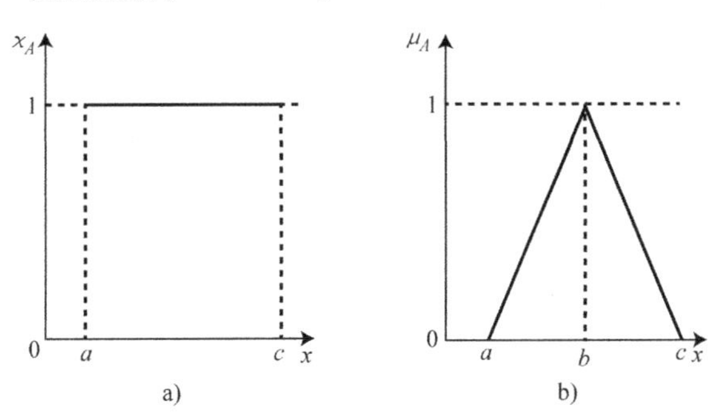

图3.16 特征函数和隶属函数
a）特征函数 b）变量x的隶属函数

通过特征函数的变换可以写为

$$x_{\text{out}}(t)=\chi_A x_{\text{in}}(t) \tag{3.118}$$

式中，$x_{\text{in}}(t)$是使用特征函数的变量；$x_{\text{out}}(t)$是使用该特征函数的结果。

在模糊逻辑中，特征函数有时被称为隶属函数，通常用μ_A表示，可以取间隔$[0,\cdots,1]$中的任何值。这就能够考虑估计的模糊性，通常以字母表示。

隶属函数通过专家评估制定。三角形、梯形和高斯函数等超过10个标准曲

线可用于描述隶属函数。最常用的隶属函数是最简单的三角函数（见图 3.16b），其解析式为

$$\mu_A=\begin{cases}0, & x\leqslant a\\(x-a)/(b-a), & a\leqslant x\leqslant b\\(c-x)/(c-b), & b\leqslant x\leqslant c\\0, & c\leqslant x\end{cases} \tag{3.119}$$

式中，$[a,c]$是 x 的范围；b 是 x 的最大可能值。

类似于那些在布尔代数中的运算可以应用于隶属函数。

- 求和(OR)$\mu_{A\vee B}=\max[\mu_A,\mu_B]$；
- 乘法(AND)$\mu_{A\wedge B}=\min[\mu_A,\mu_B]$；
- 求补(NOT)$\mu_{\bar{A}}=1-\mu_A$。

使用模糊逻辑的控制是基于反馈（见图 3.17）。控制设计包括 3 个基本步骤。

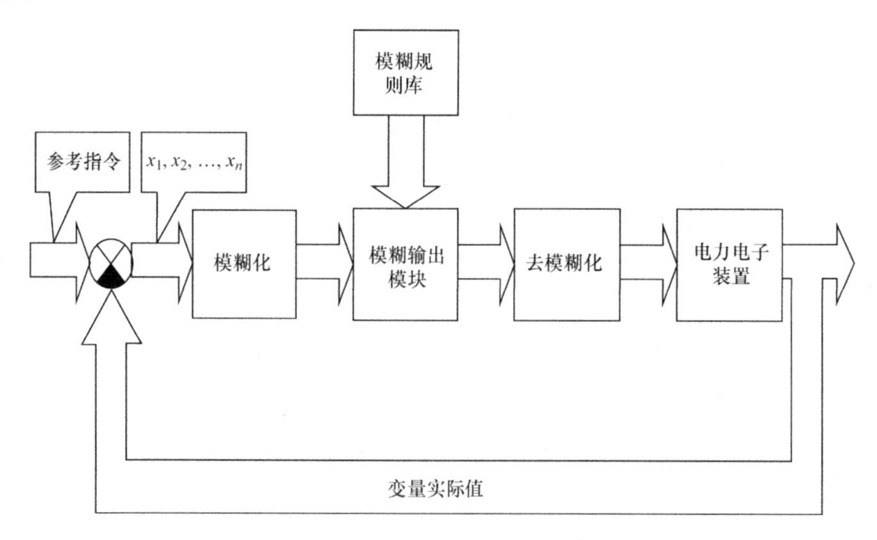

图 3.17　电力电子装置模糊控制系统结构

1）模糊化：为控制系统（通常是控制误差）选择一组输入信号，确定语言变量的数量和输入变量的相应范围，将每个范围转换为模糊格式，包括为每个范围选择一个隶属函数 $\mu(x)$（见图 3.18）。

模糊集理论中的语言变量的符号采用常规形式，有两个字母，每个字母都描述范围的特性。

第一个字母表示范围的符号：N，负；Z，零；P，正。第二个字母描述了范围的程度：S，小；M，中等；L，大。因此，NL 是一个负的大范围，NM 是负

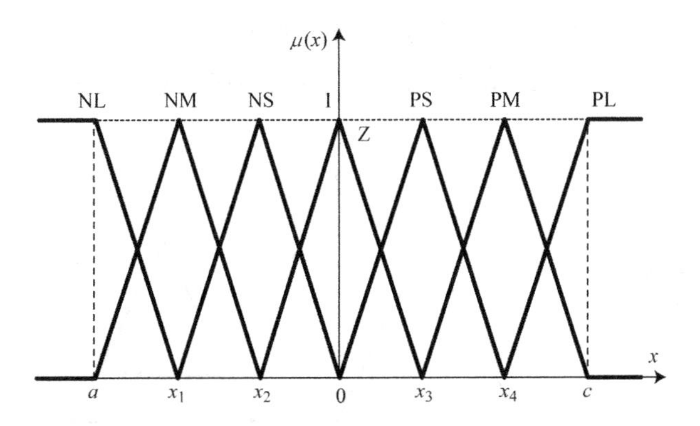

图 3.18　将 x 的变化划分为三角形隶属函数的范围：$[-\infty, x_1]$，NL 范围；$[a, x_2]$，NM 范围；$[x_1, 0]$，NS 范围；$[x_2, x_3]$，Z 范围；$[0, x_4]$，PS 范围；$[x_3, c]$，PN 范围；$[x_4, \infty]$，PL 范围

的中等范围，PL 是正的大范围。此范围内可能有任意数量。数量较大时，需要专家为输入变量所有组合制定规则，以获得大量经验数据。

2）用模糊逻辑术语表示控制：为此，基于经典的“如果 - 那么”运算符构造模糊规则的框架，指定只发生在满足某些条件时的运算。这些规则是基于专家评估制定的，并建立了控制变量范围和控制范围之间的对应关系：例如，如果 $x_1 \in Z$且 $x_2 \in$ NS，那么，$u \in$ NS。对于两个输入变量，这些规则可以简化为表格形式（见表 3.4）。在表格的每个格子中，记录了控制的对应范围。

表 3.4　模糊规则表

x_1 \ x_2	NL	NM	NS	Z	PS	PM	PL
NL	NL	NL	NL	NL	NM	NS	Z
NM	NL	NL	NL	NM	NS	Z	PS
NS	NL	NL	NM	NS	Z	PS	PM
Z	NL	NM	NS	Z	PS	PM	PL
PS	NM	NS	Z	PS	PM	PL	PL
PM	NS	Z	PS	PM	PL	PL	PL
PL	Z	PS	PM	PL	PL	PL	PL

然后，根据这些规则，以调节变量的误差信息为基础，截断控制信号的隶属函数。在任何时间，x 的值同时属于几个语言变量并将对每个隶属函数有一个特定的值。在每一个规则的框架内，通过输入变量的每个组合，隶属函数的最大值是根据逻辑变量的转换规则计算的。换言之，控制的隶属函数从三角形转换成梯

形。对于两个可测量的变量，这种方法清楚地在图 3.19 中表示。数值 $x_1 = d$ 和 $x_2 = f$ 的结合对应于语言变量的 4 个组合，也就是说，对应于 4 个模糊规则。

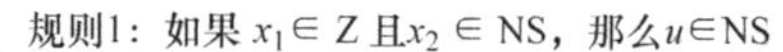

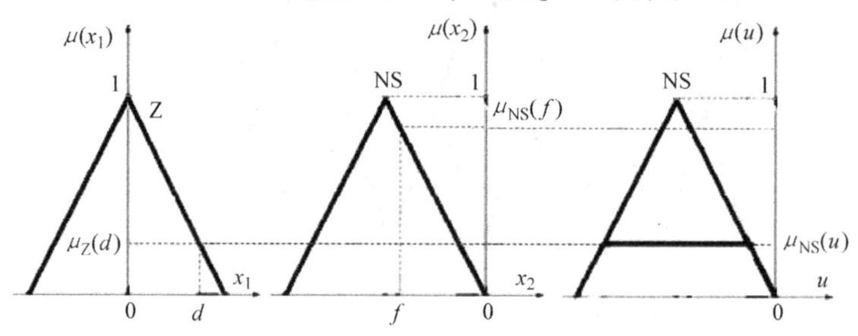

规则2：如果 $x_1 \in$Z且$x_2 \in$Z，那么$u \in$Z

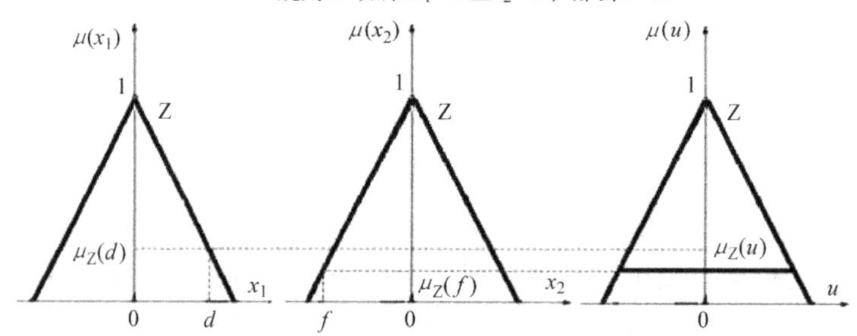

规则3：如果 $x_1 \in$PS且$x_2 \in$NS，那么$u \in$ Z

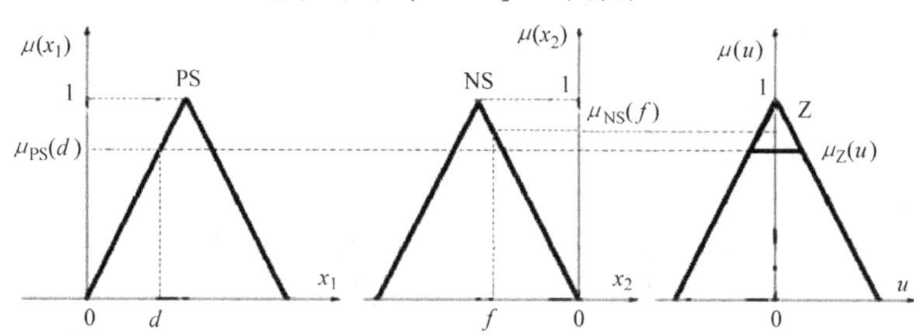

规则4：如果 $x_1 \in$PS且$x_2 \in$Z，那么$u \in$ PS

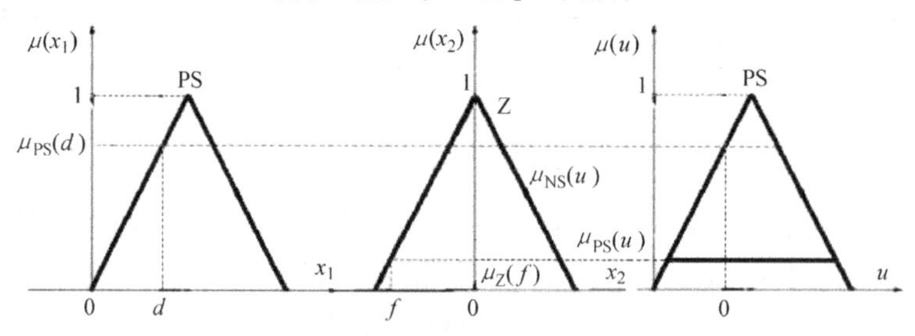

图 3.19　确定用于每个模糊规则的控制的隶属函数

1）规则1：如果 $x_1 \in \mathrm{Z}$ 且 $x_2 \in \mathrm{NS}$，那么 $u \in \mathrm{NS}$。

2）规则2：如果 $x_1 \in \mathrm{Z}$ 且 $x_2 \in \mathrm{Z}$，那么 $u \in \mathrm{Z}$。

3）规则3：如果 $x_1 \in \mathrm{PS}$ 且 $x_2 \in \mathrm{NS}$，那么 $u \in \mathrm{Z}$。

4）规则4：如果 $x_1 \in \mathrm{PS}$ 且 $x_2 \in \mathrm{Z}$，那么 $u \in \mathrm{PS}$。

对于每个模糊规则，计算截断隶属函数。由于每一种组合都是可能的，即应用OR运算，x_1 和 x_2 数值的每个组合的隶属函数是每个模糊规则的截断隶属函数之和。这个步骤的最后运算是获得用于 x_1 和 x_2 特定组合的控制隶属函数范围（见图3.20）。

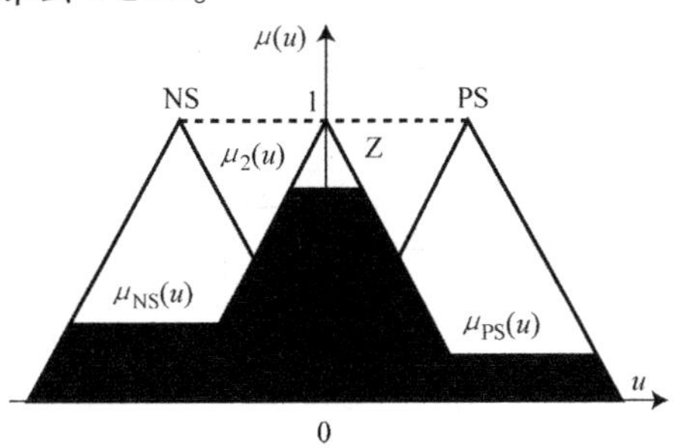

图3.20　用于控制的隶属函数范围

3）去模糊化：将模糊逻辑变量转换为适用于电力电子装置的物理控制量。去模糊化方法有很多，其中最常见的是平均中心或重心法，这种方法的几何解释是所选择的物理控制对应于隶属函数范围重心。

$$u(d,f) = \frac{\int_{u_{\max}}^{u_{\min}} u\mu(u)\,\mathrm{d}u}{\int_{u_{\max}}^{u_{\min}} \mu(u)\,\mathrm{d}u} \tag{3.120}$$

式中，$u_{\min}$和 $u_{\max}$是特定 x_1 和 x_2 对应隶属函数的边界。

3.3.8.2　神经网络

在这种方法中，设计了模仿生物神经网络的控制器。人工神经网络是基于人工神经元，也就是自然神经元的简化模型（见图3.21）。

$x_0, x_1, \cdots, x_n$ 作为神经元的输入。此处 x_0 为位移信号，x_1、…、x_n 提供解决控制问题所需的信息。这些具有相应的权重因子 w_0，w_1，…，w_n 的信号，被累加在一起并发送到该模块的输入，以计算传递函数（也被称为激活函数或触发函数）。这种传递函数可能是线性或非线性的，它完整地描述了神经元的属性。图3.22给出了最常见的传递函数。

计算传递函数模块的输出信号也是神经元的输出信号。因此，在数学术语中，神经元是输入变量线性组合的一些非线性函数。

$$y = F\left(\sum_{i=0}^{n} x_i\right) \tag{3.121}$$

式中，i 是神经元输入变量的数量。

把一些神经元的输出连接到其他神经元的输入就可得到神经网络。存在许多这样的网络，如感知器、自适应神经网络、动态链接感知器和径向基函数网络。

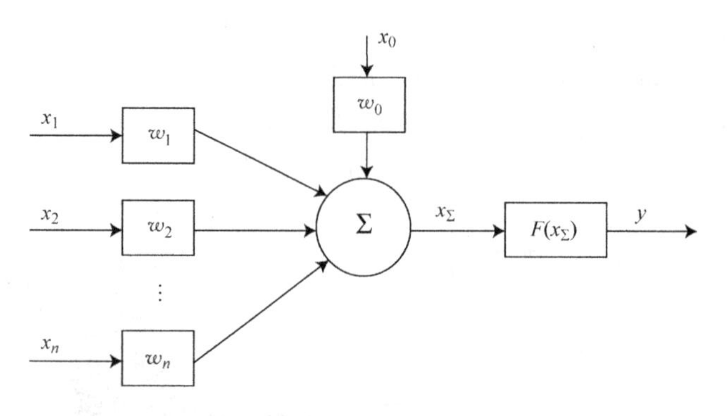

图 3.21　人工神经元

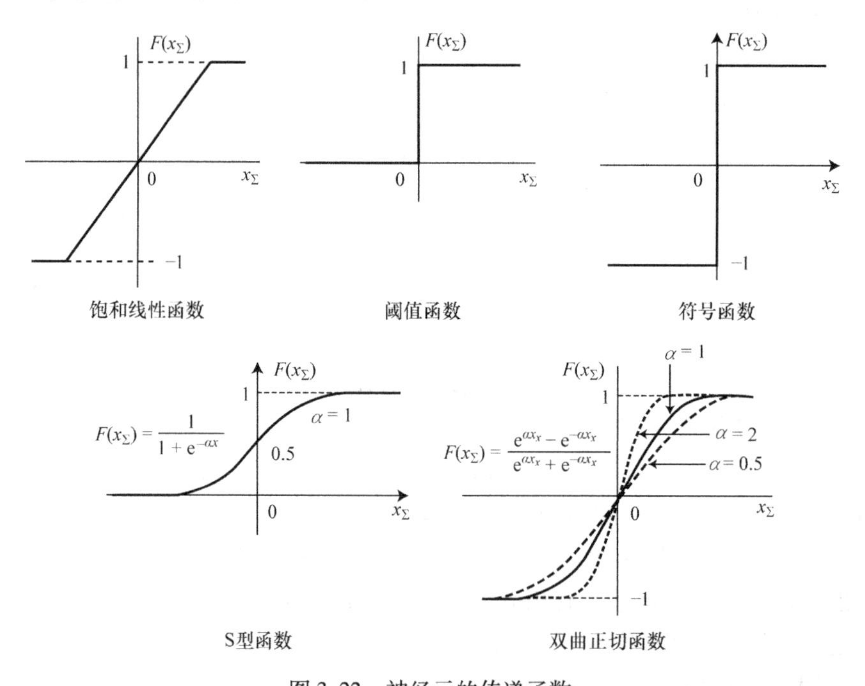

图 3.22　神经元的传递函数

目前，采用的神经网络约 90% 是前馈网络。在电力电子和电力驱动装置中，广泛使用的是具有动态链接的多层（通常为三层）感知器。

发送相同输入信号组合的神经元组合被称为神经网络的层。一个例外是神经网络的第一层，其对每个神经元提供一个输入信号。为了消除测量单位的影响，所有的输入信号写成相对变量（3.1.3 节）。所有后续的变换也使用相对变量，网络的输出变量被变换回物理单位。输入神经元通常有一个线性传递函数，且输入信号的权重因子是 1。

第二层（隐藏层）中的每个神经元接收来自所有输入神经元和位移信号的信号。这些神经元的传递函数在双极性输入信号的情况下为双曲正切函数，在单极性信号输入的情况下，为 S 型函数。第三层（输出层）包含具有线性传递函数的神经元。每一层中的神经元数（除了第一个）都是经过实验确定的。图 3.23 给出了一个 3－5－2 三层神经网络。这个网络包含 3 个输入神经元、5 个隐藏层中的神经元和 2 个输出神经元。

使用前，必须训练神经网络。这一过程被称为学习过程，包括将输入向量的连续值从一个代表性的训练集发送到神经网络的输入。这套训练集包括 P 对实际控制对象的输入向量和相应的输出向量，并为其设计了神经模型。隐藏层和输出层中的神经元的权重因子 $w_0, w_1, \cdots, w_n$ 不断变化，直到输出向量值的集合接近要求。可以用两种方法评估训练的质量。

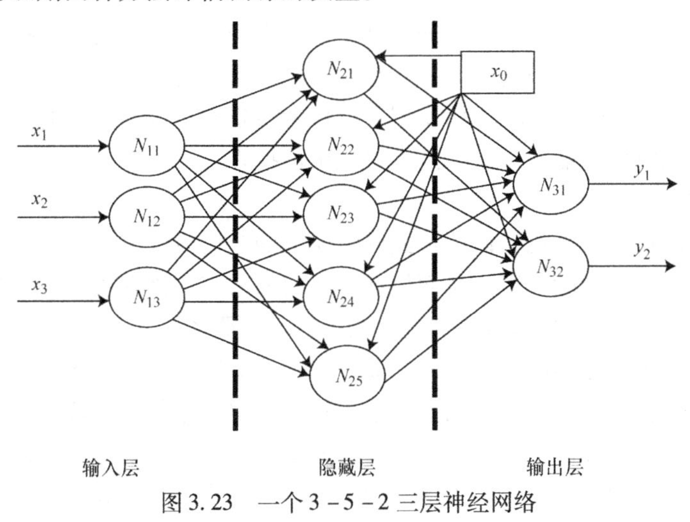

图 3.23　一个 3－5－2 三层神经网络

（1）基于输出向量误差的最小二乘法

$$\sum_{p=1}^{P}\sum_{i=1}^{Q}(y_{iz}-y_i)^2 \rightarrow \min \tag{3.122}$$

式中，p 是一组输入向量值的数量；i 是输出神经元数；Q 是输出神经元的数量；y_i 是输出神经元 i 的输出值；y_{iz}是输出神经元 i 的理想输出值，具有一组选择的输入向量值。

（2）基于均方误差

$$\frac{\left[\sum_{p=1}^{p}\sum_{i=1}^{Q}(y_{iz}-y_i)^2\right]}{Q} \rightarrow \min \tag{3.123}$$

保证快速收敛性的莱文贝格－马夸特方法通常可以确定权重因子。对于指定的神经网络结构，满足式（3.122）或式（3.123）后，结束训练。如果指定式

(3.122）中的误差平方或式（3.123）中的均方误差，训练还包括网络结构的选择，换句话说，因为输入层和输出层中的神经元数量是由对象的物理性能决定的，可以通过增加隐藏层中的神经元数量改变网络结构。此过程将一直持续到计算的误差小于指定值。

此过程结束时，训练才被视为是完整的。网络参数是固定的，且网络准备用于控制系统中。由于训练集是有代表性的，经过训练，神经网络可以充分地描述实际控制对象的行为。这样，就得到了控制对象的静态神经模型，如果装置过程相对缓慢，其可用于分析电力电子装置的行为和控制算法的设计。

如果要获得动态系统的神经模型，换句话说，需要考虑控制对象的动态特性时，则需利用递归神经网络，其中，输入信号不仅包括关于当前输入变量的信息，还包括关于前面步骤中的输入和输出变量。

在控制对象的输入和输出数据基础上，这样的神经控制器是直接通过逆神经模型进行训练的。在极限情况下，当具有神经控制器的电力电子装置的传递函数是1且输出变量符合规范时，该模型可以作为控制器。这种方法的一个重大缺陷是，确定和调整控制器涉及复杂的多参数极值搜索。

3.3.8.3 遗传算法

遗传算法可以用来找到训练神经网络所需的全局最优值。在遗传算法中，自然机制用于遗传信息的重组，从而保证种群内的适应。该算法代表了基于自然选择进化的随机启发式优化方法并通过一组个体（群体）进行操作。每个个体都可能是一个给定问题的解决方案，并通过一种适应度对问题和解决方案的匹配度进行评估。在自然界，这是相当于评估生物在资源的竞争中有效程度如何。最适合的个体能通过与种群中的个体杂交进行繁殖。这会产生新的个体，新个体是遗传自父母的特性的新组合。最不适应的个体最不可能繁殖，故其属性将逐渐在进化过程中消失在种群中，基因有时会有突变或自发变化。

这样通过一代又一代繁衍，良好的特性遍布整个种群。最优个体的杂交意味着对搜索空间最有希望的部分进行了调查。最终，种群数量将收敛到问题的最优解。遗传算法的优点是能够在一个相对较短的时间内得到最佳的解决方案。

因此，用于搜索全局最小值的遗传算法，在神经网络的情况下，包括以下分量：

- 初始种群（一组初始解）；
- 一组运算符（基于以前的种群，产生新解决方案的规则）；
- 评估解决方案适应度的目标函数（也称为适应度函数）。

初始种群包括具有特殊染色体的几个个体。染色体中的每一个基因都传递着关于对象特定属性值的信息，例如，一个特定神经元的权重因子。所有遗传算法的后续运算均发生在基因型水平上。因此，可以不用关于对象内部结构的信息，这也是该方法得以广泛使用的原因。

用于所有遗传算法类型的运算符的标准集由选择（繁殖）、交叉（杂交）和变异组成。

选择：在选择中，基于适应度函数选择染色体。至少有两种比较流行的选择运算符。

1）在轮盘选择中，基于轮盘的 n 次旋转选择个体。轮盘中每个成员占一个扇区。扇区 i 的大小，对应于个体 i，是与该个体的适应度函数的相对值成正比的

$$P_{\mathrm{sel}}(i)=\frac{f(i)}{\sum_{i=1}^{N}f(i)} \tag{3.124}$$

式中，$f(i)$是个体 i 的目标函数值。具有最高适应度的种群成员与适应度较低的成员相比，更有可能被选中。

2）在比赛选择中，基于 n 次比赛选择 n 个个体。每个赛事包括 k 名种群成员并选择最佳参与者。最常见的是 $k=2$。

交叉：在交叉中，种群中的两个（或更多）染色体交换片段。可以区分单点选择和多点选择。在单点选择中，分割点是随机选取的。分割点是染色体相邻基因之间的一个部分。父母亲的结构被分为这个点的两个部分。然后，不同父母的相应片段拼接在一起，产生两个新的基因型。

变异：变异是部分染色体的随机变化。

遗传算法迭代运算。该过程会持续特定的代数，或直到满足了其他终止条件。每一代的遗传算法均包括选择、交叉和变异（见图 3.24）。

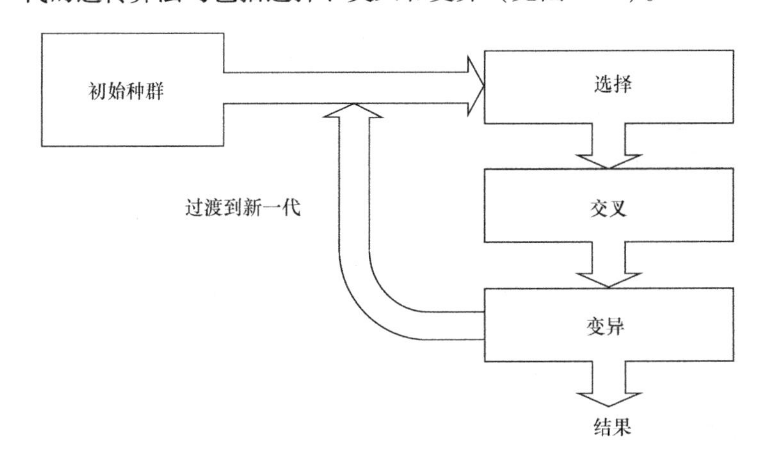

图 3.24　遗传算法

附录 3A　牛顿的二项式公式

牛顿的二项式公式可将两个变量的和展开为积分非负阶项。

牛顿的二项式公式系数由帕斯卡三角形得到。

					1						i=0
				1		1					i=1
			1		2		1				i=2
		1		3		3		1			i=3
	1		4		6		4		1		i=4
	↙↘	+	↙↘	+	↙↘	+	↙↘	+	↙↘		
1		5		10		10		5		1	i=5

三角形的每一行对应于多项式特定的 i 阶；行中的值对应于展开系数。三角形是从上到下的结构。换句话说，从顶部的零阶多项式开始，其后每一行对应阶加 1。箭头表示执行哪些运算。具体而言，每一个数字被添加到每个相邻的项中。

附录 3B　微分方程的解

1. 一阶方程

考虑方程

$$a_1 \frac{\mathrm{d}x}{\mathrm{d}t} + a_0 x = f^i(t) + b_e^i \mathrm{e}^i \tag{B.1}$$

对应的齐次方程是

$$a_1 \frac{\mathrm{d}x_{es}}{\mathrm{d}t} + a_0 x_{es} = 0 \tag{B.2}$$

分离变量，可得

$$a_1 \frac{\mathrm{d}x_{es}}{x_{es}} = -a_0 \mathrm{d}t \tag{B.3}$$

左右两侧积分，可得

$$\begin{aligned} a_1 \ln x_{es} &= -a_0 t + C^* \\ x_{es} &= C\mathrm{e}^{-(a_0/a_1)t} \end{aligned} \tag{B.4}$$

其中，C 是积分常数。

全解的表达形式为

$$x = C(x)\mathrm{e}^{-(a_0/a_t)t} \tag{B.5}$$

这样

$$\frac{\mathrm{d}x}{\mathrm{d}t} = \frac{\mathrm{d}C(x)}{\mathrm{d}t}\mathrm{e}^{-(a_0/a_1)t} - C(x)\left(\frac{a_0}{a_1}\right)\mathrm{e}^{-(a_0/a_1)t} \tag{B.6}$$

代入式（B.1）后，可得

$$a_1\left[\frac{\mathrm{d}C(x)}{\mathrm{d}t}\mathrm{e}^{-(a_0/a_1)t} - C(x)\left(\frac{a_0}{a_1}\right)\mathrm{e}^{-(a_0/a_1)t}\right] + a_0 C(x)\mathrm{e}^{-(a_0/a_1)t} = f^i(t) + b_e^i e^i$$

$$\mathrm{d}C(x) = \frac{1}{a_1}\left[f^i(t) + b_e^i e^i\right]\mathrm{e}^{(a_0/a_1)t}\mathrm{d}t \tag{B.7}$$

因此

$$C(x) = \frac{1}{a_1}\int[f^i(t) + b_e^i e^i]\mathrm{e}^{(a_0/a_1)t}\mathrm{d}t + C_1 \tag{B.8}$$

通解是

$$x(t) = \frac{1}{a_1}\left[\int[f^i(t) + b_e^i e^i]\mathrm{e}^{(a_0/a_1)t}\mathrm{d}t + C_1\right]\mathrm{e}^{-(a_0/a_1)t} \tag{B.9}$$

式中，C_1 是由初始条件 x_0 确定的积分常数。

$$C_1 = x_0(t) - \frac{1}{a_1}\left\{\int[f^i(t) + b_e^i e^i]\mathrm{e}^{(a_0/a_1)t}\mathrm{d}t\right\}_{t=0} \tag{B.10}$$

2. 二阶方程

考虑方程

$$a_2\frac{\mathrm{d}^2x}{\mathrm{d}t^2} + a_1\frac{\mathrm{d}x}{\mathrm{d}t} + a_0x = f^i(t) + b_e^i e^i \tag{B.11}$$

对应的齐次方程是

$$a_2\frac{\mathrm{d}^2x_{es}}{\mathrm{d}t^2} + a_1\frac{\mathrm{d}x_{es}}{\mathrm{d}t} + a_0x_{es} = 0 \tag{B.12}$$

解的形式为

$$x_{es}(t) = \mathrm{e}^{rt} \tag{B.13}$$

这样，式（B.12）可表示为

$$\mathrm{e}^{rt}(a_2r^2 + a_1r + a_0) = 0 \tag{B.14}$$

由于函数 $\mathrm{e}^{rt}\neq0$，如果 r 是式（B.14）的根，它将是一个微分方程的解，这被称为特征方程。

在考虑根时，可以区分3种情况。

1）当 $D = a_1^2 - 4a_0a_2 > 0$ 时，根为不相等的实根 r_1、r_2。

解的表达式为

$$x_{es}(t) = C_1\mathrm{e}^{r_1t} + C_2\mathrm{e}^{r_2t} \tag{B.15}$$

2）当 $D = a_1^2 - 4a_0a_2 = 0$ 时，根为相等实根 r_1，r_2。

解的表达式为

$$x_{es}(t) = (C_1 + C_2t)\mathrm{e}^{r_1t} \tag{B.16}$$

3）当 $D = a_1^2 - 4a_0a_2 < 0$ 时，根是共轭复数 $r_1 = \alpha + \mathrm{j}\beta$ 且 $r_2 = \alpha - \mathrm{j}\beta$，解的表达式为

$$x_{es}(t) = (C_1\cos\beta t + C_2\sin\beta t)\mathrm{e}^{at} \tag{B.17}$$

根据欧拉公式，在推导实数解时，要考虑到每个复数解的项也是一个解。

$$\mathrm{e}^{(\alpha+\mathrm{j}\beta)t} = \mathrm{e}^{at}(\cos\beta t + \mathrm{j}\sin\beta t) \tag{B.18}$$

在之前提供的公式中寻求完整解。通过拉格朗日乘子确定系数 $C_1(t)$ 和

$C_2(t)$。在系数的选择中，采用以下条件。

- 导数 dx/dt 的表达式和常系数的情况下相同。

$$\frac{dC_1}{dt}x_1+\frac{dC_2}{dt}x_2=0 \tag{B.19}$$

式中，x_1 和 x_2 是解的分量。

- 所选择的完整解是微分方程的解

$$\frac{dC_1}{dt}\frac{dx_1}{dt}+\frac{dC_2}{dt}\frac{dx_2}{dt}=f^i(t)+b_e^i e^i \tag{B.20}$$

式（B.19）和式（B.20）的解是系数 $C_1(t)$ 和 $C_2(t)$ 的导数。这些系数由积分决定的。积分的现有常数是由初始值 x_0 和 dx_0/dt 确定。

参考文献

Akagi, H., Watanabe, E.H., and Aredes, M. 2007. *Instantaneous Power Theory and Applications to Power Conditioning*, 379 pp. Hoboken, NJ: John Wiley & Sons Inc.

Bose, B.K. 2000. Fuzzy logic and neural network. *IEEE Industrial Application Magazine*, May/June 2000, 57–63.

Bose, B.K. 2007. Neural network applications in power electronics and motor drives—An introduction and perspective. *IEEE Trans. Ind. Electron.*, 54(1), 14–33.

Doetsch, G. 1974. *Introduction to the Theory and Application of the Laplace Transformation*, 326 p. Berlin, Heidelberg: Springer.

Isermann, R. 1981. *Digital Control Systems*, 566 pp. Berlin: Springer-Verlag.

Kwakernaak, H. and Sivan, R. 1972. *Linear Optimal Control Systems*, 608 pp. New York: John Wiley & Sons Inc.

Leonhard, W. 2001. *Control of Electrical Drives*, 460 pp. Berlin: Springer.

Linder, A., Kanchan, R., Stolze, P., and Kennel, R. 2010. *Model-based Predictive Control of Electric Drives*, 270 pp. Göttingen: Cuvillier Verlag.

Mohan, N., Underland, T.M., and Robbins, W.P. 2003. *Power Electronics: Converters, Applications and Design*, 3rd edn, 824 pp. New York: John Wiley & Sons Inc.

Rodriguez, J. and Cortes, P. 2012. *Predictive Control of Power Converters and Electrical Drives*, 244 pp. Chichester, UK: Wiley-IEEE Press.

Rozanov, Ju.K., Rjabchickij, M.V., Kvasnjuk, A.A. 2007. *Power electronics: Textbook for universities*. 632 p. Moscow: Publishing hous MJeI (in Russian).

Ryvkin, S. and Palomar Lever, E. 2011. *Sliding Mode Control for Synchronous Electric Drives*, 208 pp. Leiden: CRC Press Inc.

Tsypkin, Ya. 1984. *Relay Control Systems*, 530 pp. Cambridge: Cambridge University Press.

Utkin, V., Shi, J., and Gulder, J. 2009. *Sliding Mode Control in Electro-Mechanical Systems*, 2nd Edn, 503 pp. Boca Raton: CRC Press.

第4章　电网换流变换器

4.1　简介

变换器的工作原理取决于开关器件的类型以及所采用的换流方法。下面考虑两类电力电子开关器件。

- 非全控型开关；
- 自换流（全控）型开关。

第一类包括在正向电压作用下导通、可控性有限的二极管以及可控硅整流器（晶闸管）；第二类包括通过控制信号既可以控制其导通，又可以控制其关断的电力电子器件。

以上两类电力电子开关器件之间的根本区别在于换流方式，电流从一个支路向另一个支路转移的过程叫作换流，换流也常被称作换相。第一类由交流电压如电网电压提供换流电压。如果导通的晶闸管由于外部电压极性改变反而导致关断，则这种换流是自然换流。第一类开关器件组成的变换器被称为电网换流变换器，此类变换器的工作原理与许多变换电路的相同，本章重点关注此类变换器。此类变换器也可以按照如下特征进行分类：

- 额定功率（小、中、大等）；
- 工作电压、电流（低压、高压、小电流、大电流等）；
- 输入、输出电压的频率（低频、高频等）；
- 相数（单相、三相、多相等）；
- 模块化设计原理（多模块、多电平等）；
- 晶闸管换流方式（电容换流、*LC* 电路换流、负载谐振换流等）；
- 减少开关器件损耗的谐振电路（准谐振直流变换器等）；
- 控制方法（根据输入或输出、修改控制算法等）。

实际上也可以根据其他方面对变换器进行分类，但其他分类并无明确定义以及相关标准。

4.2　整流器

4.2.1　整流电路基本工作原理

整流电路中，利用电流单向导通的电力电子开关器件将交流电转换为直流电且功率损耗很小可以忽略。整流电路具体工作过程由如下因素决定：

- 开关的类型及其控制方法；
- 直流侧负载；
- 交流电源的特点。

分析整流电路具体工作过程做如下假设：

1）与直流侧连接的正弦电压源频率稳定；

2）二极管 VD 以及晶闸管 VS 为理想器件；

3）负载由特定元件组成；

4）整流电路无其他功率损耗。

为了更深入地理解影响整流过程的因素，首先考虑使用单个开关的最简单电路。半波整流电路（见图4.1a）采用的开关器件为二极管 VD 或晶闸管 VS。如图4.1a 所示，如果晶闸管在触发延迟角 $\alpha=0$ 时导通，则该电路与使用二极管时电路工作过程一致。考虑以下负载：

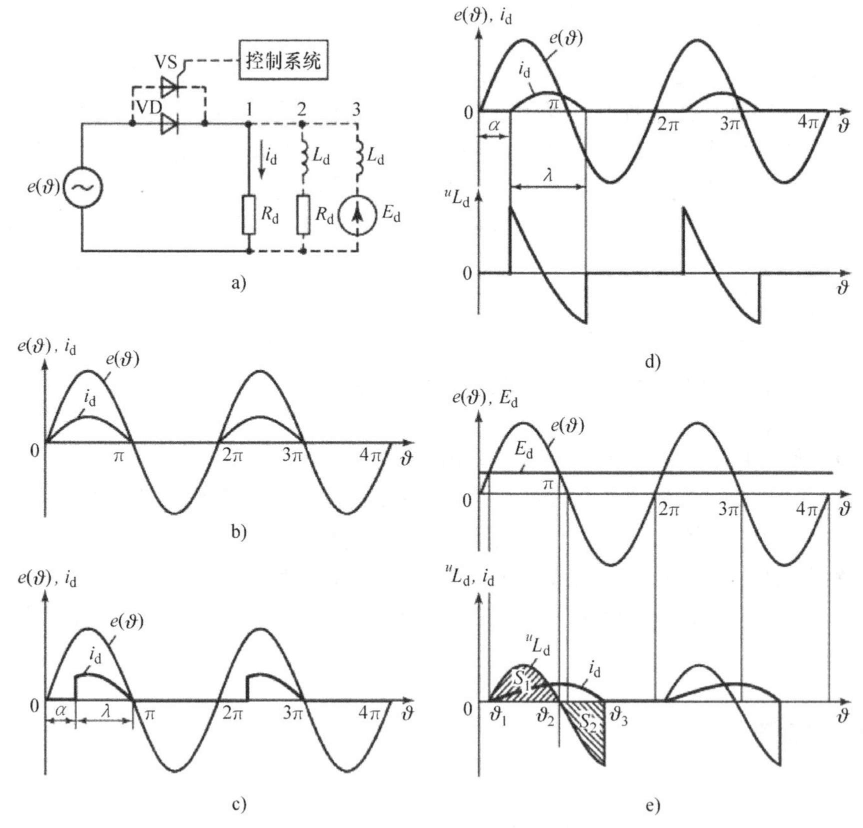

图4.1 单相半波整流电路及不同条件下的电压、电流波形

a）单相半波整流电路 b）电阻负载 $\alpha=0$ c）电阻负载 $\alpha=\frac{\pi}{6}$ d）阻感负载 $\alpha=\frac{\pi}{6}$ e）反电动势负载

- 带有电阻 R_d 的电阻负载（见图 4.1a 支路 1）；
- 带有电阻 R_d、电感 L_d 的阻感负载（见图 4.1a 支路 2）；
- 带有电感 L_d 的直流反电动势 E_d（反电动势负载；见图 4.1a 中的支路 3）。

4.2.1.1　带电阻负载的电路

本节以及以后，波形图均根据角度 $\vartheta=\omega t$ 绘制，其中 ω 为交流电源角频率，输入电压为 $e(\vartheta)=E_m\sin\vartheta$。若电路中有二极管 VD，一旦承受正向电压即有电流 i_d。也就是说，二极管 VD 从 $\vartheta=0$ 到 $\vartheta=\pi$ 时一直处于导通状态，电压为 0 时关断。二极管 VD 在下半周期承受负电压一直处于关断状态。从 0 到 π，负载 R_d 上的电流波形与输入电压波形一致。$t=2\pi$ 时，开始周期循环（见图 4.1b）。

若使用晶闸管 VS 替换二极管 VD，控制系统（CS）向晶闸管门极提供触发脉冲，电流流动。$\vartheta=0$ 之后延迟时间取决于触发延迟角 α（见图 4.1c）。电压 $e(\theta)$（电流 i_d 同理）降为零即 $\vartheta=\pi$ 时，晶闸管关断，从而电流 i_d 的导通时间 $\lambda=\pi-\alpha$，比二极管导通时间要短。

此阶段，电流波形与电压 $e(\vartheta)$ 的波形一样，负载 R_d 上出现周期性单向电流 i_d，此阶段即为整流状态。换言之，交流电源提供 $e(\vartheta)$ 时，负载 R_d 上电流 I_d 的方向恒定。

4.2.1.2　带阻感负载的电路

直流侧负载特性会显著影响整流电路工作状态。例如，含有电阻 R_d 以及电感 L_d 的负载电路（见图 4.1a 中的支路 2）中，晶闸管在 $\vartheta=\alpha$ 时导通，则电流 i_d 为

$$E_m\sin\vartheta=i_dR_d+L_d\frac{di_d}{dt} \tag{4.1}$$

式（4.1）由含有晶闸管 VS 的等效电路推导而得。当晶闸管导通，流过电感 L_d 的电流为零时，式（4.1）的解为

$$i_d(\vartheta)=\frac{E_m}{\sqrt{R_d^2+(\omega L_d)^2}}\left[\sin(\vartheta-\varphi)-\sin(\alpha-\varphi)\cdot e^{(-\vartheta+\alpha)/\tau\omega}\right] \tag{4.2}$$

式中

$$\varphi=\arctan\frac{\omega L_d}{R_d},\ \tau=\frac{L_d}{R_d}$$

图 4.1d 为 $\alpha=\pi/3$ 时的输入电压 $e(\theta)$ 和电流 i_d 的波形图。显然，电流 i_d 在电压 $e(\vartheta)$ 过零后的一段时间内仍不为零。这是由于前半周期电感 L_d 存储能量，即使电压反向，电流 i_d 仍然存在。直到 $\vartheta=\alpha+\lambda-\pi$ 时刻，电流 i_d 变为零。

4.2.1.3　反电动势负载

存在很多与开关极性相反的直流反电动势负载，如电池、直流源到交流电网的能量回收系统。

整流器输出端很大的滤波电容可被视为反电动势源。

图 4.1a 支路 3 对应带有二极管 VD 和反电动势 E_d 的半波整流电路。图 4.1e 中 $\vartheta=\vartheta_1$ 时刻，电源电压 $e(\vartheta)$ 大于反电动势 E_d，VD 承受正向电压导通，电流 i_d 与 E_d 对应的电流方向相反。该假设条件下，电压 $e(\vartheta)$ 与反电动势 E_d 直接连接，导致电流 i_d 为无穷大。为避免此情况发生，直流电路中引入电感值为 L_d 的电抗器，从而 i_d 为

$$i_d(\vartheta) = \frac{1}{\omega L_d}\int_{\vartheta_1}^{\vartheta}[e(\vartheta) - E_d]d\vartheta \tag{4.3}$$

电流 i_d 有两部分：区间 $\vartheta_1 \sim \vartheta_2$ 电流 i_d 逐渐增加，区间 $\vartheta_2 \sim \vartheta_3$ 电流 i_d 逐渐减少。ϑ_2 时刻，$e(\vartheta)$ 又与反电动势 E_d 相等。第 2 个区间对应于与电感 L_d 电压极性相反的区域。区域 S_1 和 S_2（见图 4.1e 中阴影）的面积相等，即电感 L_d 存储的能量与释放的能量保持平衡。

$$\int_{\vartheta_1}^{\vartheta_2} u_L(\vartheta)d\vartheta + \int_{\vartheta_2}^{\vartheta_3} u_L(\vartheta)d\vartheta = 0 \tag{4.4}$$

$\vartheta=\vartheta_2$ 时，电流 i_d 达到最大值。在给定的 $e(\vartheta)$ 与 E_d 下，用可控晶闸管替换二极管 VD，从而可以通过调整触发延迟角 α 来调节 i_d，晶闸管在 ϑ_1 时开始承受正向电压，α 为此时相对 θ_1 的晶闸管控制延迟。

4.2.2 基本整流电路

考虑理想整流电路，假设条件如下：

1）半导体器件视为理想器件，也就是说，导通时电阻为零；关断时没有导电性。

2）半导体器件可以瞬间导通与关断，也就是说，开关状态切换瞬间完成。

3）各器件之间导线电阻为零。

4）变压器绕组电阻和电感、电磁能量损耗、磁化电流均为零。

电阻负载和阻感负载常见于大多数中功率和大功率整流器，以此两类负载为例分析与整流相关的电磁过程。

本节分析触发延迟角 $\alpha>0$ 时，带电阻负载和阻感负载的晶闸管工作状态。显然 $\alpha=0$ 时的电路工作状态与不可控二极管整流器相同，可用于分析 $\alpha=0$ 时最常见的三相桥式电路工作过程。

4.2.2.1 带中心抽头变压器的单相电路

图 4.2a 为带有中心抽头的单相全波电路。由于对两个电压半波进行整流，故全波电路有时被称为双周期或两相电路。变压器的二次侧半绕组相对于抽头会产生电压相移为 $\vartheta=\pi$。

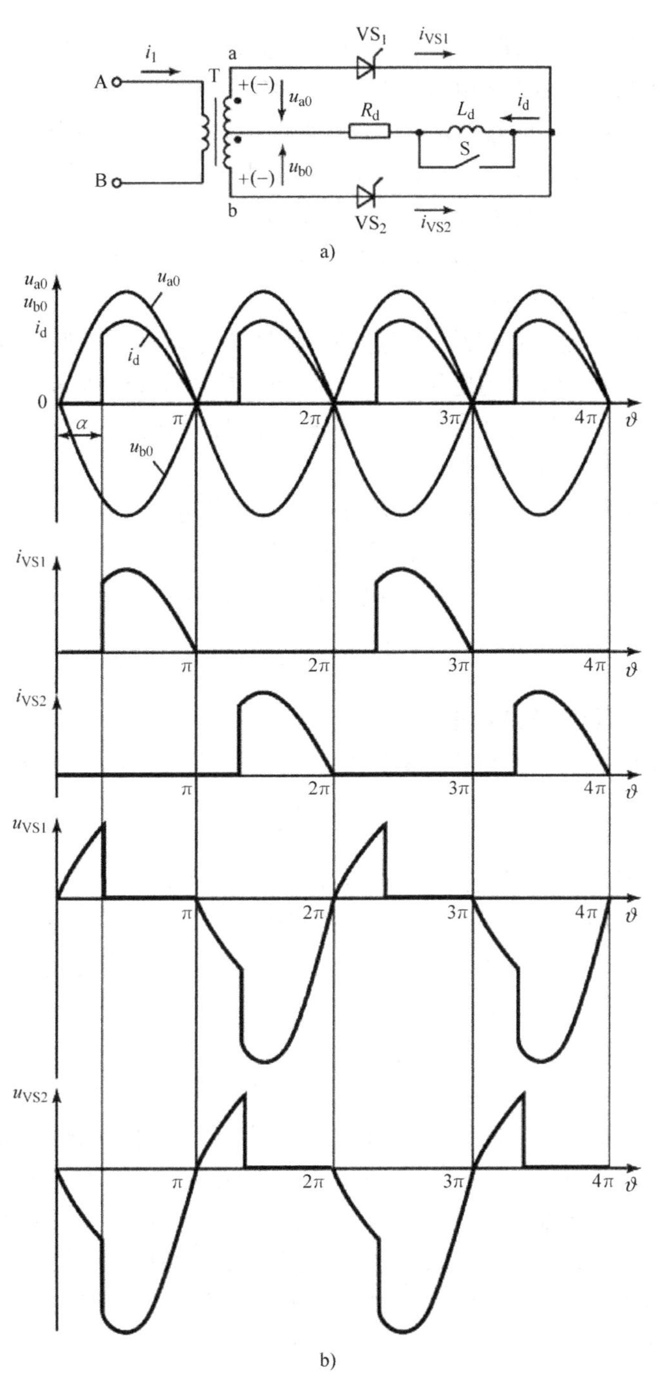

图 4.2　具有中心抽头变压器的单相全波整流器（图 a）以及对应的电压、电流波形图（图 b）

图4.2a 中的开关S闭合时，分析带电阻负载的电路。假设从 $\vartheta=0$ 开始，两个晶闸管都关断，电路中无电流。在这个电路中，相对于抽头而言，二次绕组的a点电势为正，从而b点电势为负（极性如图4.2a所示）。根据二次绕组的电压极性，晶闸管 VS_1 正向电压为 $u_{VS1}=u_{a0}$，晶闸管 VS_2 正向电压为 u_{b0}，与 u_{a0} 相反。$\vartheta=\alpha$（u_{a0}过零后延迟 α）时，晶闸管 VS_1 门极接收触发脉冲，VS_1 导通，在电压 u_{a0}的作用下，流过电阻 R_d 的电流 $i_d=i_{VS1}$，而晶闸管 VS_2 上承受反向电压 u_{ab}，其中 $u_{ab}=u_{a0}-u_{b0}$。

晶闸管 VS_1 导通一直持续到流过的电流降为零。对于电阻负载，流经负载也就是晶闸管 VS_1 的电流与电压 u_{a0}波形相同，晶闸管 VS_1 在 $\vartheta=\pi$ 时关断。二次绕组电压在半个周期后极性相反，$\vartheta=\pi+\alpha$ 时晶闸管 VS_2 收到触发脉冲而导通。以上过程在每个周期不断重复。

通过控制晶闸管导通时触发延迟角 α 可以改变输出电压。α 由晶闸管自然导通时刻（$\theta=0$，π，2π，…）开始算，相对于不可控电路中二极管导通时刻。图4.2b 中，随着 α 的增加，平均输出电压 U_d 减小，有

$$U_d = \frac{1}{\pi}\int_{\alpha}^{\pi}\sqrt{2}U_2\sin\vartheta\mathrm{d}\vartheta = \frac{\sqrt{2}}{\pi}U_2(1+\cos\alpha) \tag{4.5}$$

式中，U_2 是变压器二次绕组电压有效值。

由式（4.5）可得，若不可控整流器（$\alpha=0$）的平均整流电压用 U_{d0}表示，则有

$$U_d = U_{d0}\frac{1+\cos\alpha}{2} \tag{4.6}$$

由式（4.6）可得，随着 α 从0增加到 π，平均输出电压从 U_{d0}降低到零。触发延迟角与平均输出电压的关系叫作控制特性。

直流电路中电感 L_d 起储能作用，故 $\alpha>0$ 时即使二次半绕组电压为零，流过晶闸管的电流也不为零。电压 u_{a0}为负，仍有电流流过晶闸管 VS_1（见图4.3a）。这时晶闸管导通时间 λ 增加，整流电压从0到 ϑ_1 为负。随着 L_d 的不断增大，晶闸管的导通时间 $\lambda=\pi$，$\vartheta_1=\alpha$，对应整流电流 i_d 连续。从每个半周期开始到结束，每个晶闸管的导通时间均为半周期 π，此时 L_d 为边界电感或临界电感。随着 L_d 的进一步增大或整流负载的增大，整流电流保持连续且脉动平滑。$\omega L_d/R_d>5\sim10$，电流 i_d 非常平滑，且流过晶闸管的电流为矩形电流（见图4.3b）。显然随着 α 的增大，整流电压中负电压的区域增大，故平均整流电压下降。平均整流电压对应于整流电压的恒定分量。当 $\omega_{L_d}=\infty$ 时，恒定分量作用于电阻 R_d，变化分量作用于电感 L_d。

整流电压平均值为

$$U_d = \frac{1}{\pi}\int_{\alpha}^{\pi+\alpha}\sqrt{2}\cdot U_2\sin\vartheta\mathrm{d}\vartheta = \frac{\sqrt{2}}{\pi}U_2\cos\alpha = U_{d0}\cos\alpha \tag{4.7}$$

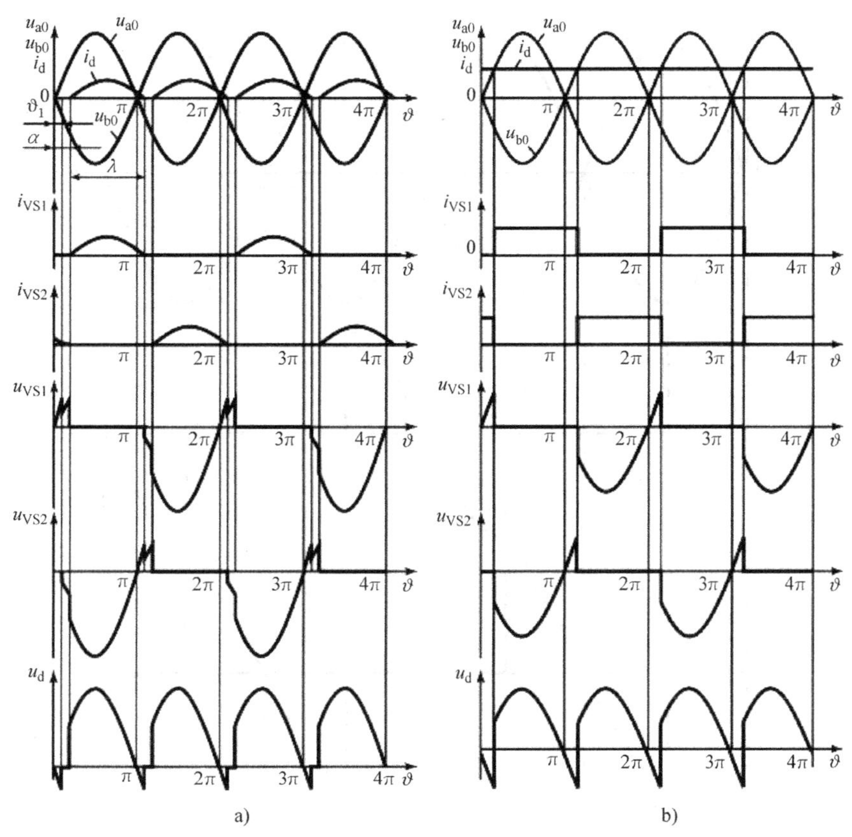

图4.3 阻感负载情况下单相带有中心抽头的全波整流器电压、电流波形图$\left(\alpha=\dfrac{\pi}{6}\right)$

a）负载电流断续 b）负载电流平滑连续（$\omega L_d=\infty$）

由式（4.7）得$\alpha=\pi/2$时，U_d为零，此时整流电压中正负部分的面积相等且无恒定分量（见图4.4）。图4.5中的曲线2为阻感负载的控制特性。

当$u_d>0$时，若$\omega L_d/R_d$的值对应的存储在电感L_d中的能量不足以使得电流维持半个周期，则在另一个晶闸管接收到触发脉冲之前，对应晶闸管处于关断状态。也就是说，电流i_d不连续。对比图4.3a和b可得，相同的α下，不连续电流的平均整流电压将比连续电流的平均整流电压大，这是由于整流电压曲线上负区域面积减小，但小于带有电阻负载的整流器平均整流电压。故不连续电流对应的控制特性曲线介于曲线1和2之间，如图4.5所示。

在电流不连续的情况下，变压器和晶闸管电路工作条件更加严苛，因为相同的平均整流电流下，器件中电流的有效值更大。故在α变化较大的大功率整流器中常选用电感L_d，以保证接近额定负载条件下的电流连续。

器件具体参数可通过电气工程方法计算得到，例如，晶闸管平均电流为

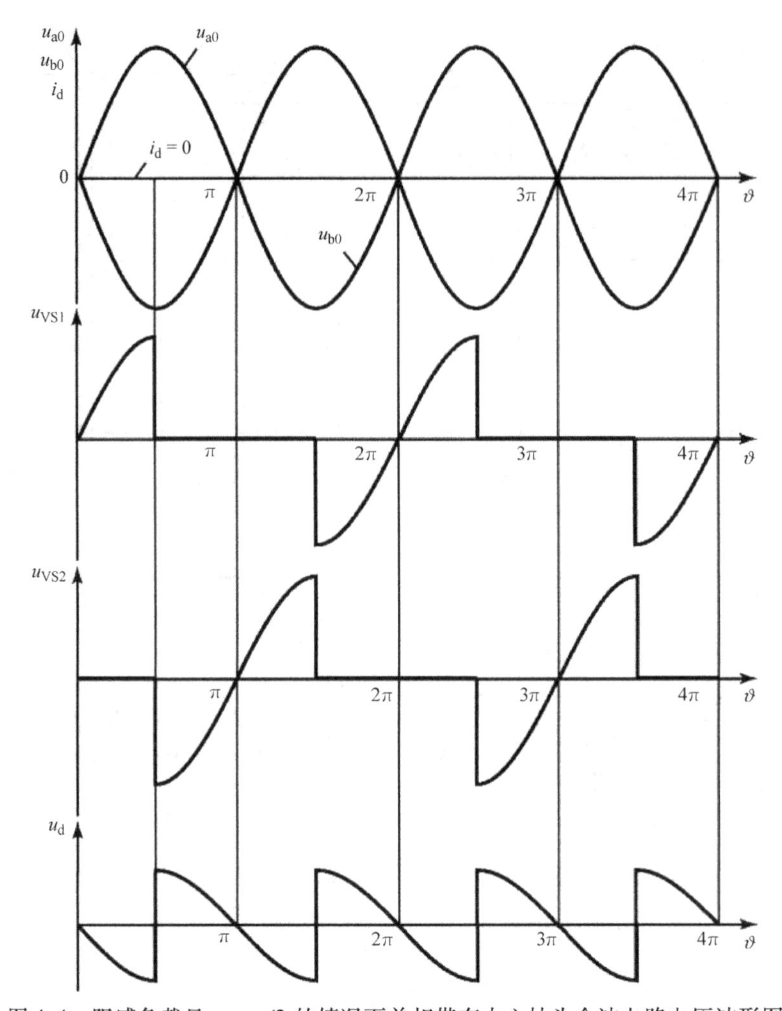

图 4.4　阻感负载且 $\alpha=\pi/2$ 的情况下单相带有中心抽头全波电路电压波形图

$$I_{\mathrm{avVS1}} = I_{\mathrm{avVS2}} = \frac{1}{\pi}\int_0^{\pi} i_{\mathrm{VS}}(\vartheta)\,\mathrm{d}\vartheta \tag{4.8}$$

当 $\omega L_d=\infty$ 时，晶闸管产生理想平滑的恒定负载电流 I_d，有

$$I_{\mathrm{avVS1}} = I_{\mathrm{avVS2}} = \frac{1}{2}I_d \tag{4.9}$$

当电流 i_d 的平滑程度很理想时很容易确定各器件电流、电压有效值以及最大值，当平滑度较差或电流 i_d 不连续的情况下计算较为复杂，需建立晶闸管导通区间的等效电路。

4.2.2.2　单相桥式电路

$\alpha>0$ 时，图 4.6 所示的单相桥式电路各部分电压和电流波形与图 4.2～图 4.5 中带中心抽头的单相全波整流电路相同，其区别在于，单相桥式电路中单相电压为

U_{ab}而非半绕组电压 U_{a0}和 U_{b0}，VS_1 和 VS_3 或 VS_2 和 VS_4 参与每个电压半波整流。故当触发延迟角 $\alpha=0$（等效于二极管不可控整流器）时负载平均整流电压为

$$U_{d0}=\frac{2\sqrt{2}}{\pi}U_2 \tag{4.10}$$

式中，U_2 是变压器二次绕组中的电压有效值。

取决于电阻负载或者阻感负载，平均整流电压 U_d 为

① 电阻负载时

$$U_d=U_{d0}\frac{1+\cos\alpha}{2} \tag{4.11}$$

U_{d0}为 $\alpha=0$ 时输出平均整流电压。

② 阻感负载时（当 ωL_d可以使整流电流连续）

$$U_d=U_{d0}\cos\alpha \tag{4.12}$$

电路的控制特性取决于 $\omega L_d/R_d$ 的比值，如图 4.5 所示。

在有中心抽头的电路中，电流不连续时，电阻负载和阻感负载的器件功率均随 α 的增大而增大，相应电路设计中必须考虑这一点。

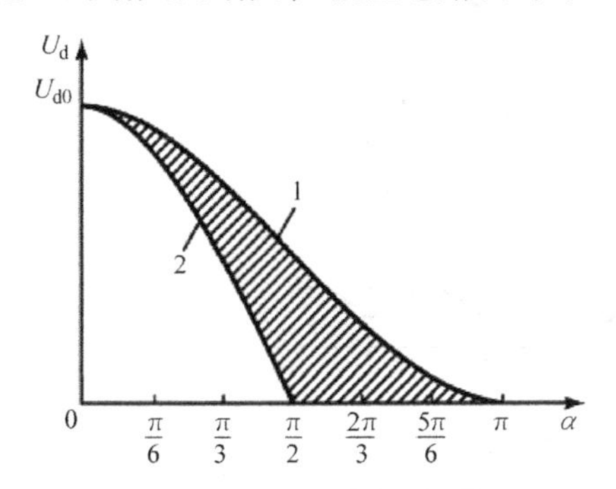

图 4.5　单相全波整流器的控制特性图
1—电阻负载　2—阻感负载

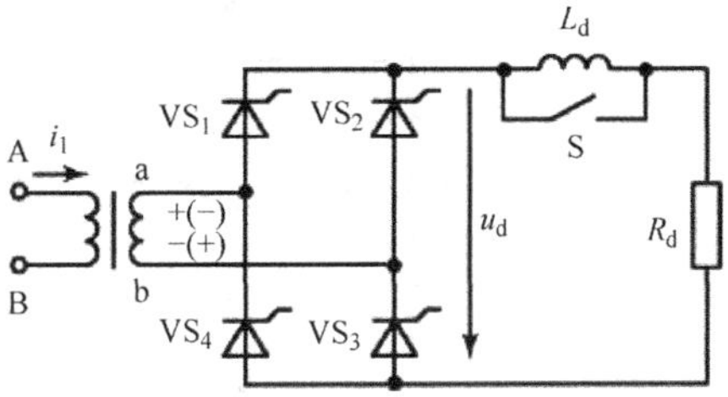

图 4.6　单相桥式整流器

4.2.2.3　带中心抽头变压器的三相电路

1. $\alpha=0$ 时的电路工作分析

图 4.7 所示带抽头的三相电路是三相单周期电路，因为每相的交流电压只有一半参与整流过程。分析变压器一次绕组为三角形联结，而二次绕组为星形联结的情况。首先假设开关 S 闭合即电阻负载电路，假设 $\omega L_d=\infty$ 并分析开关 S 断开时的情况。

图 4.8 所示 $\vartheta_0<\vartheta<\vartheta_1$ 时，与 a 相连接的晶闸管 VS_1 导通。ϑ_1 时刻开始，b 相电势高于 a 相，晶闸管 VS_2 阳极电压高于阴极电

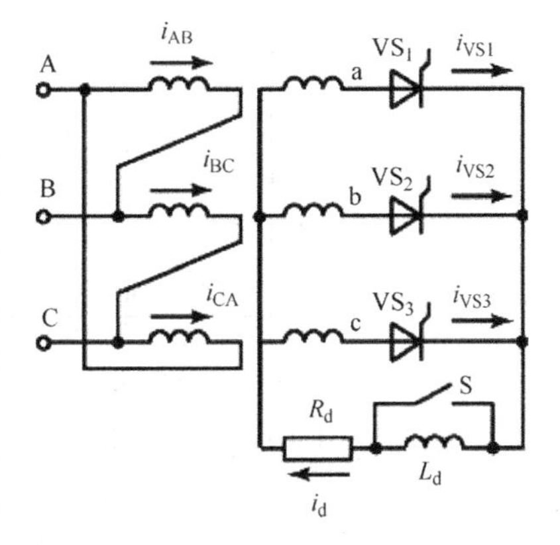

图 4.7　带有中心抽头的三相整流器

压。触发脉冲在 ϑ_1 时刻发送到晶闸管 VS_2 上，晶闸管 VS_1 在电压 u_{ab} 作用下关断，负载电流流经晶闸管 VS_2 与 b 相相连。

晶闸管 VS_2 的导通状态持续 120°，直到 ϑ_2 时刻，此时 c 相电势高于 b 相电势，晶闸管 VS_3 收到触发脉冲开始导通，晶闸管 VS_2 关断，然后，ϑ_3 时刻，电流再次通过晶闸管 VS_1，开始循环。

显然，每个晶闸管导通三分之一周期（2π/ 3），余下时间（4π/ 3）晶闸管承受反向电压而关断。晶闸管 VS_1 关断时，在晶闸管 VS_2 导通期间 VS_1 承受线电压 u_{ba}，当晶闸管 VS_3 导通时承受线电压 u_{ca}。图 4. 8 给出了晶闸管 VS_1 承受反向电压 u_{VS1} 的波形。

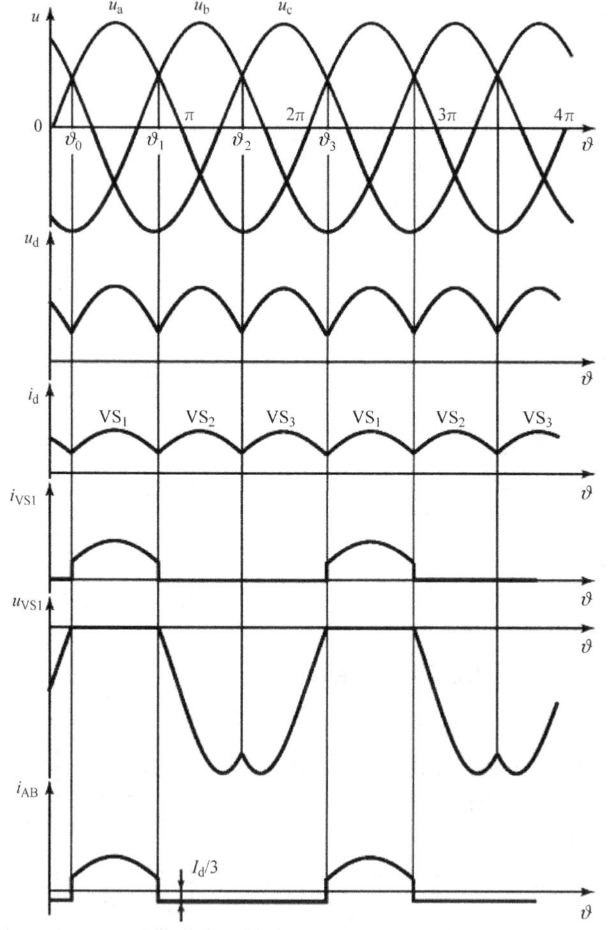

图 4. 8　$\alpha=0$ 时带有中心抽头的三相整流器电压、电流波形图

一个周期内变压器二次绕组的平均整流电压为

$$U_d = \frac{3}{2\pi}\int_{\pi/6}^{5/6\pi}\sqrt{2}U_2\sin\vartheta d\vartheta = \frac{3\sqrt{6}}{2\pi}U_2 = 1.17U_2 \tag{4.13}$$

式中，U_2是变压器二次绕组的相电压有效值。

晶闸管工作的基本参数为

- 电路系数

$$k = 3\frac{\sqrt{6}}{2\pi} \tag{4.14}$$

- 晶闸管承受的最大反向电压（二次绕组的线电压）

$$U_{\mathrm{Rmax}} = \sqrt{3}U_{2\mathrm{m}} = \sqrt{6}U_2 = \frac{\pi}{3}U_{\mathrm{d}} \tag{4.15}$$

式中，$U_{2\mathrm{m}}$是相电压幅值。

- 晶闸管最大电流

$$I_{\max} = \frac{U_{2\mathrm{m}}}{R_{\mathrm{d}}} = \frac{\pi}{3\sqrt{3}}U_{\mathrm{d}} \tag{4.16}$$

- 每个晶闸管导通三分之一周期，流过晶闸管的平均电流

$$I_{\mathrm{avVS}} = \frac{I_{\mathrm{d}}}{3} \tag{4.17}$$

由于电路中二次绕组的电流脉动并且包括恒定分量，因此在变压器磁系统中感应磁通可能导致磁饱和，故需要增加变压器功率。一次绕组中的电流只包含交流分量，因为直流分量无法通过变压器，故一次绕组中的电流为

$$\left.\begin{aligned} i_{\mathrm{AB}} &= \left(i_{\mathrm{VS1}} - \frac{1}{3}I_{\mathrm{d}}\right) \\ i_{\mathrm{BC}} &= \left(i_{\mathrm{VS2}} - \frac{1}{3}I_{\mathrm{d}}\right) \\ i_{\mathrm{CA}} &= \left(i_{\mathrm{VS3}} - \frac{1}{3}I_{\mathrm{d}}\right) \end{aligned}\right\} \tag{4.18}$$

分析带有阻感负载的三相和多相整流系统时，应考虑晶闸管和变压器绕组中的电流以及变压器功率计算值。阻感负载时，电路工作与电阻负载时相同，但电流i_{d}为理想平滑，流经晶闸管的电流为矩形，从而变压器绕组中的电流也是矩形。在这种情况下，整流电压u_{d}和晶闸管反向电压曲线与电阻负载情况下相同，并且电流为

$$\left.\begin{aligned} I_{\max} &= \frac{I_{\mathrm{d}}}{3} \\ I_2 = I_{\mathrm{VS}} &= \frac{I_{\mathrm{d}}}{\sqrt{3}} \\ I_1 &= \frac{1}{k_{\mathrm{T}}}\frac{\sqrt{2}}{3}I_{\mathrm{d}} \end{aligned}\right\} \tag{4.19}$$

变压器的一次绕组和二次绕组功率为

$$\left.\begin{aligned} S_1 &= 3U_1I_1 = \frac{2\pi}{3\sqrt{3}}P_{\mathrm{d}} \\ S_2 &= 3U_2I_2 = \frac{2\pi}{3\sqrt{2}}P_{\mathrm{d}} \end{aligned}\right\} \tag{4.20}$$

式中，U_1和U_2是一次和二次绕组的相电压有效值；I_1和I_2是一次和二次绕组中的电流有效值；P_{d}是负载平均功率。

2. $\alpha>0$时的电路工作分析

此时与不可控整流电路或$\alpha=0$时的可控整流电路相比，触发脉冲相对于变压器二次绕组中线电压的正弦波过零时刻延迟α交替触发晶闸管。正弦线电压过零时刻为正弦相电压u_{a}、u_{b}和u_{c}交点。触发延迟角$\alpha>0$时，根据负载的类型和α的范围，可观察到不同的工作状态。

如图4.9所示，α在0到$\pi/6$的范围内变化，则整流电流在电阻负载和阻感

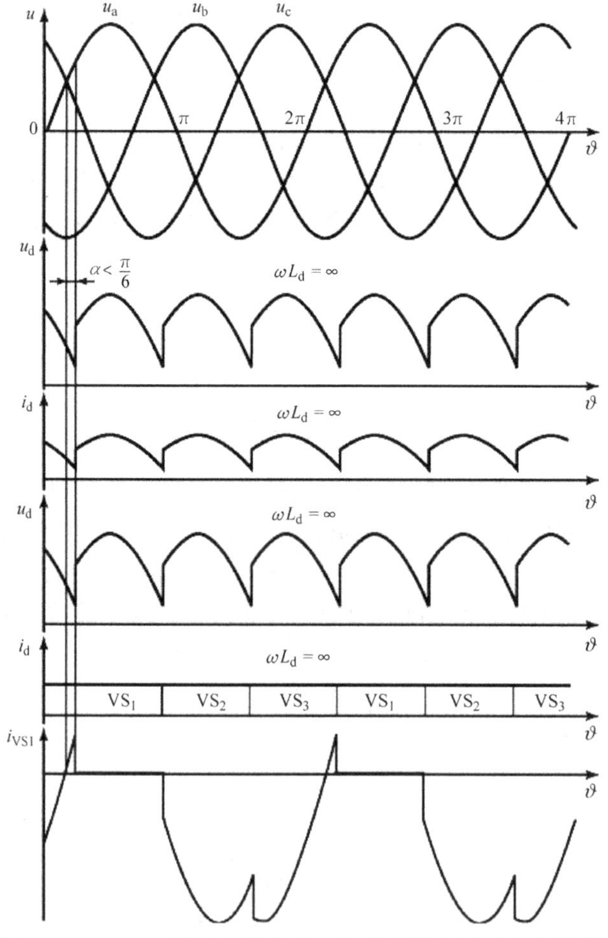

图4.9　$\alpha<\pi/6$时带中心抽头的三相整流器电压、电流波形图

负载上都连续，此 α 范围内平均整流电压为

$$U_{\mathrm{d}} = \frac{3}{2\pi}\int_{\pi/6+\alpha}^{5\pi/6+\alpha} \sqrt{2}U_2\sin\vartheta\mathrm{d}\vartheta = \frac{3\sqrt{6}}{2\pi}U_2\cos\alpha = U_{\mathrm{d0}}\cos\alpha \tag{4.21}$$

如图 4.10 左侧部分所示，$\alpha=\pi/6$ 时整流电压瞬时值在晶闸管切换时刻为零，此时为临界连续工作状态。当 $\alpha>\pi/6$，带电阻负载时整流电流 i_{d} 变得不连续，并且图 4.10 右侧部分区域整流电压 u_{d} 为零，晶闸管导通时间小于 $2\pi/3$。此时，平均电压为

$$\begin{aligned} U_{\mathrm{d}} &= \frac{3}{\pi}\int_{\pi/6+\alpha}^{\pi} \sqrt{2}U_2\sin\vartheta\mathrm{d}\vartheta = \frac{3\sqrt{2}}{2\pi}U_2\left[1+\cos\left(\frac{\pi}{6}+\alpha\right)\right] \\ &= U_{\mathrm{d0}}\left[\frac{1+\cos(\pi/6+\alpha)}{\sqrt{3}}\right] \end{aligned} \tag{4.22}$$

阻感负载情况下，存储在电感 L_{d} 中的能量在整流电压为负后仍维持负载中

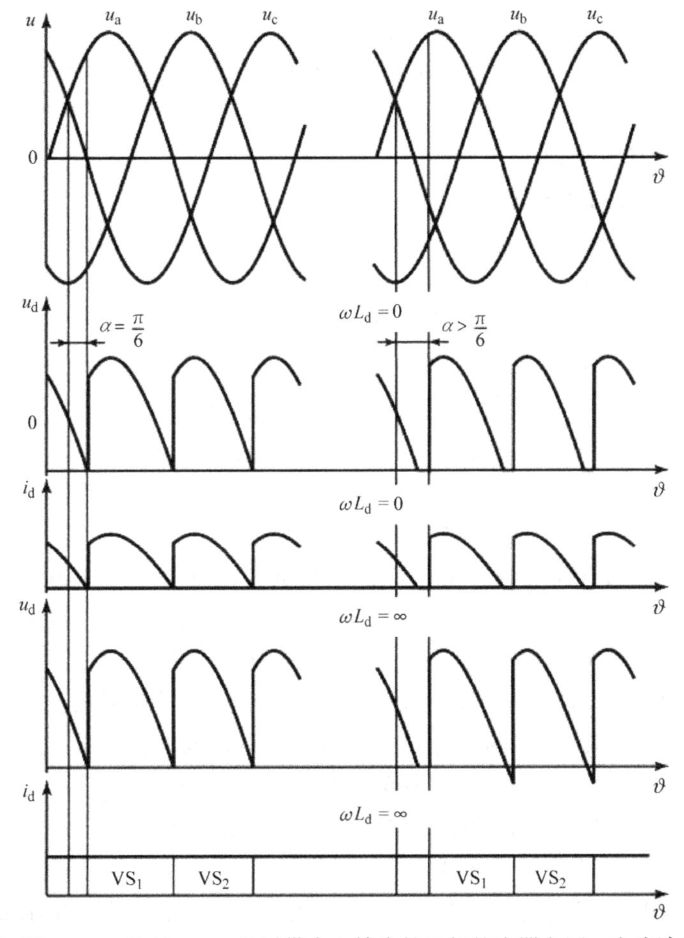

图 4.10　$\alpha=\pi/6$ 及 $\alpha>\pi/6$ 时带中心抽头的三相整流器电压、电流波形图

的整流电流 i_d。如果 L_d 中的能量持续到再次触发晶闸管，则电流 i_d 连续。当 ωL_d 为无穷大时，在 0 到 $\pi/2$ 范围内都能观察到连续的电流。此时平均输出电压 U_d 可以由式（4.21）确定。当 $\alpha=\pi/2$ 时，整流电压曲线的正负半轴面积相等，即整流电压 U_d的平均值为零。

可得，在控制特性中 α 分为两个特征区间（见图 4.11），第一区间（$0<\alpha<\pi/6$），此时无论是电阻负载还是阻感负载，其控制特性均与式（4.21）相对应。第二区间（$\pi/6<\alpha<5\pi/6$），电阻负载下，控制特性用式（4.22）描述，当 $\alpha=5\pi/6$ 时，U_d 的平均值为零；在阻感负载下，i_d 连续时，$\pi/6<\alpha<5\pi/6$ 范围内的控制特性对应于式（4.21）。阴影区域表示在不同 $\omega L_d/R_d$ 值、i_d 不连续时控制特性曲线簇。

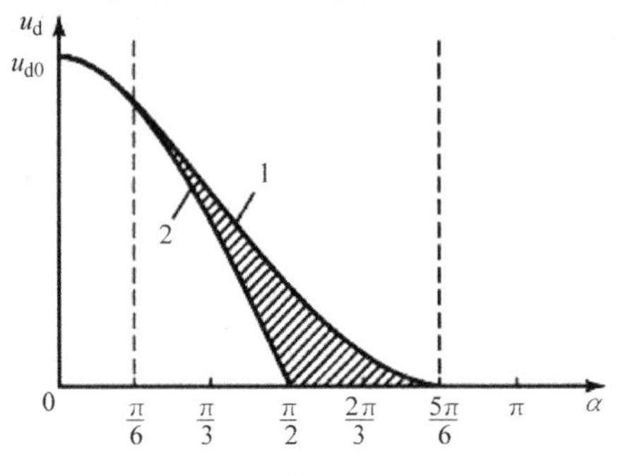

图 4.11 带中心抽头三相整流器的控制特性
1—电阻负载 2—阻感负载

4.2.2.4 三相桥式电路

1. $\alpha=0$ 时的电路工作分析

三相桥式电路如图 4.12 所示，相应的电流和电压波形如图 4.13 所示。首先分析电阻负载（开关 S 闭合）电路，ϑ_1 时刻开始电流流过晶闸管 VS_1 和 VS_6，其他晶闸管断开。此时负载 R_d 承受线电压 u_{ab}，电流 i_d流经由 a 相绕组、晶闸管 VS_1、负载 R_d、晶闸管 VS_6 和 b 相绕组组成的电路，这个过程一直持续到 ϑ_2 时刻（$\pi/3$ 周期），此时 b 相的电位高于 c 相电位。ϑ_2 时刻电压 u_{bc}变为正，晶闸管 VS_2 承受正向电压。如果触发脉冲在此时被施加到晶闸管 VS_2，则它开始导通，而晶闸管 VS_6 断开（晶闸管 VS_6、VS_2 换相）。对于晶闸管 VS_6，u_{bc}为反向电压，故晶闸管 VS_1 和 VS_2 导通，而其他晶闸管断开。

ϑ_3 时刻，晶闸管 VS_3 收到触发脉冲而导通，晶闸管 VS_1 关断，因为 b 相的电位高于 a 相的电位。之后每隔 $\pi/3$，晶闸管对换相顺序为：VS_2-VS_4、VS_3-VS_5、VS_4-VS_6 和 VS_5-VS_1。因此，在供电电压周期内，以 $\pi/3$ 为区间有 6 次换相。晶闸管 VS_1、VS_3 和 VS_5 为共阴极组（具有相同的阴极），晶闸管 VS_4、VS_6 和 VS_2 为共阳极组（具有相同的阳极）。注意，该电路中的晶闸管的序号不是随机的，而是与它们在图 4.12 中变压器具体工作相序相对应。

电路中不同晶闸管对的顺序工作使电阻 R_d上出现整流电压，由变压器二次绕组的部分线电压组成（见图 4.13）。显然换相时，线电压过零（两相电压 u_a 和 u_b 相等）。电流流过每个晶闸管的时间为 $2\pi/3$，余下时间晶闸管承受反向电压。

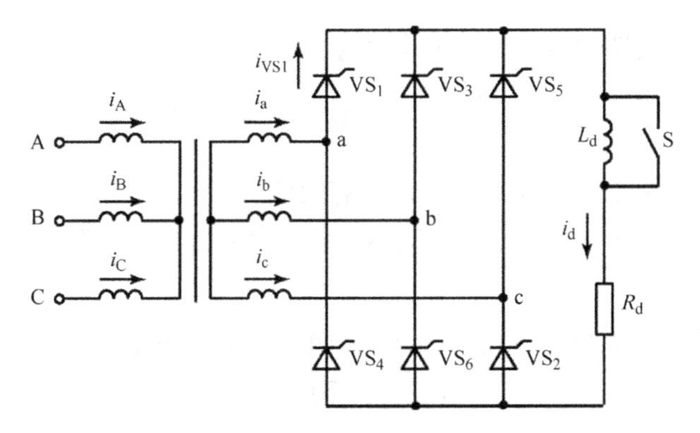

图 4.12　三相桥式整流器

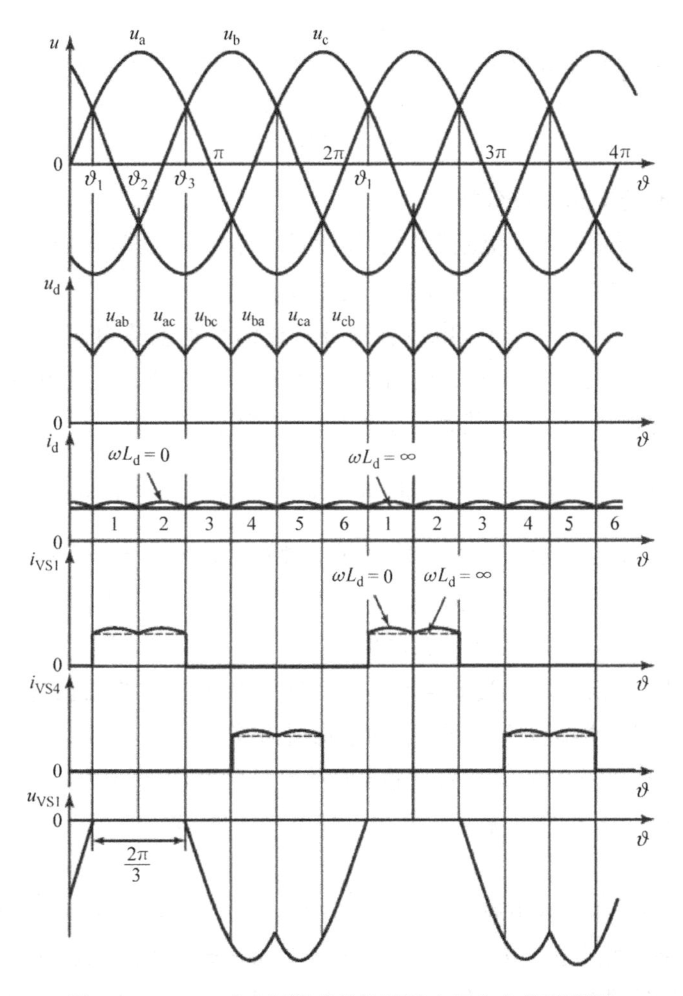

图 4.13　$\alpha = 0$ 时三相桥式整流器的电压和电流波形图

重复的 π/3 周期内整流电压平均值为

$$U_{\mathrm{d}} = \frac{3}{\pi}\int_{\frac{\pi}{3}}^{\frac{2\pi}{3}} \sqrt{6}U_2 \sin\vartheta \mathrm{d}\vartheta = \frac{3\sqrt{6}}{\pi}U_2 \tag{4.23}$$

式中，U_2 是变压器二次绕组中相电压的有效值。

式（4.23）适用于电阻负载和阻感负载，当 ωL_{d}为无穷大时，晶闸管电路主要参数为

- 晶闸管的最大反向电压（二次绕组中线电压的幅值）

$$U_{\mathrm{Rmax}} = \sqrt{2}U_{\mathrm{2line}} \tag{4.24}$$

- 晶闸管的最大电流

$$I_{\mathrm{max}} = I_{\mathrm{d}} \tag{4.25}$$

- 晶闸管的平均电流

$$I_{\mathrm{avVS}} = \frac{I_{\mathrm{d}}}{3} \tag{4.26}$$

2. $\alpha > 0$ 时的电路工作分析

如图 4.14 所示，基于晶闸管的三相桥式电路中，触发脉冲相对于线电压的过零点（即正弦相电压相交的瞬间），延迟 α 发送。

触发延迟角 α 可降低由线电压各部分构成的平均整流电压，只要瞬时整流电压 u_{d} 比零大（在 $0 < \alpha < \pi/3$ 范围内），无论何种负载，整流电流 i_{d}都是连续的。此 α 的范围内，电阻负载和阻感负载的整流电压平均值为

$$U_{\mathrm{d}} = \frac{3}{\pi}\int_{-\pi/3+\alpha}^{2\pi/3+\alpha} \sqrt{3}U_2 \sin\vartheta \mathrm{d}\vartheta = \frac{3\sqrt{6}}{\pi}U_2\cos\alpha = U_{\mathrm{d0}}\cos\alpha \tag{4.27}$$

如图 4.15 左侧所示，电阻负载情况下触发延迟角 $\alpha = \pi/3$ 对应于电流连续的边界条件；$\alpha > \pi/3$ 时，在电阻负载下出现零电压 u_{d}和零电流 i_{d}，即具有不连续整流电流。此时平均整流电压会降低。

如图 4.15 右侧所示，当 $\alpha = \pi/2$ 时，整流电压曲线的正负部分面积相等，故整流电压中缺少恒定分量，即 U_{d} 的平均值为零。

注意，对于不连续的电流 i_{d}，晶闸管接受的脉冲应为间隔一定时间的双触发脉冲或宽度大于 π/3 的单脉冲，这样不仅可确保电路的运行，而且用于电路初始起动。

图 4.16 为三相桥式电路的控制特性。当 α 从 0 变为 π/3 时，电阻负载或阻感负载的控制特性由式（4.27）计算可得。当 $\alpha > \pi/3$ 时阻感负载情况下电流 i_{d} 连续，且控制特性仍然由式（4.27）可得。图 4.16 中的阴影区域为不同触发延迟角 α 对应的不连续电流 i_{d} 控制特性曲线簇。

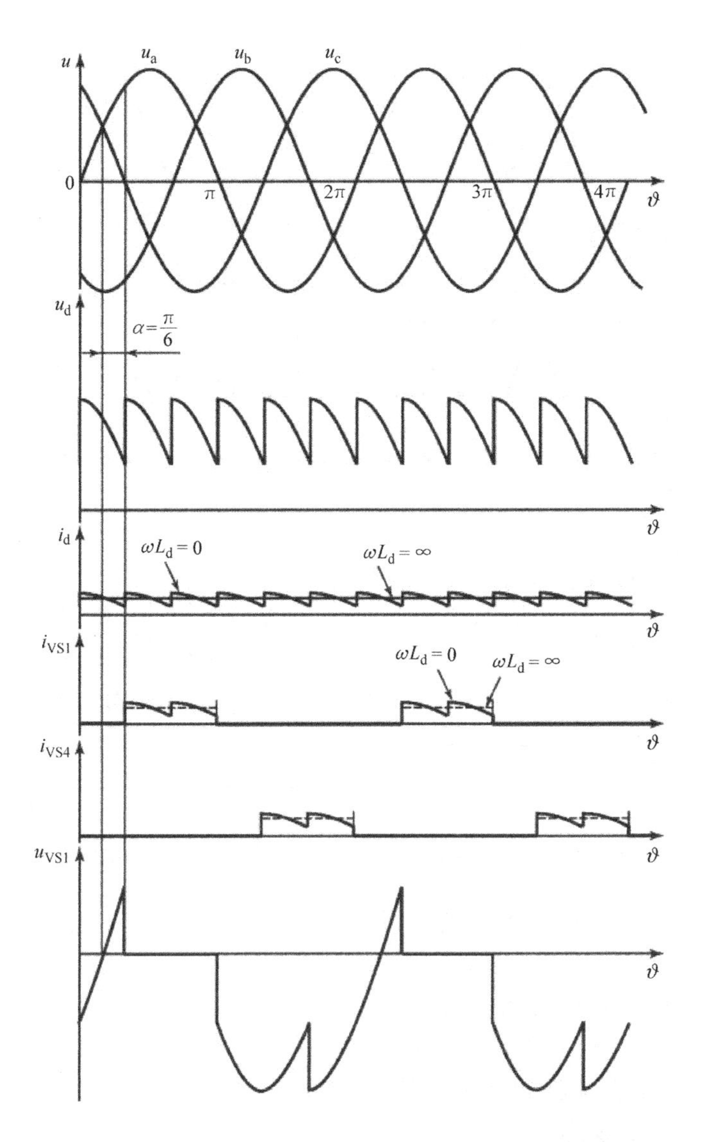

图 4.14　$\alpha=\pi/6$ 时三相桥式整流器电压、电流波形图

对于高电压、大电流下的大功率整流器（1000kW 以上），常采用多桥串联或并联的多重电路。

4.2.2.5　多桥电路

多桥电路可以分为带有单个变压器的多桥电路和带有两个或多个耦合变压器的多桥电路。多桥电路的主要目的是减小整流电压纹波，改善电网电流波形，使其更加接近正弦。

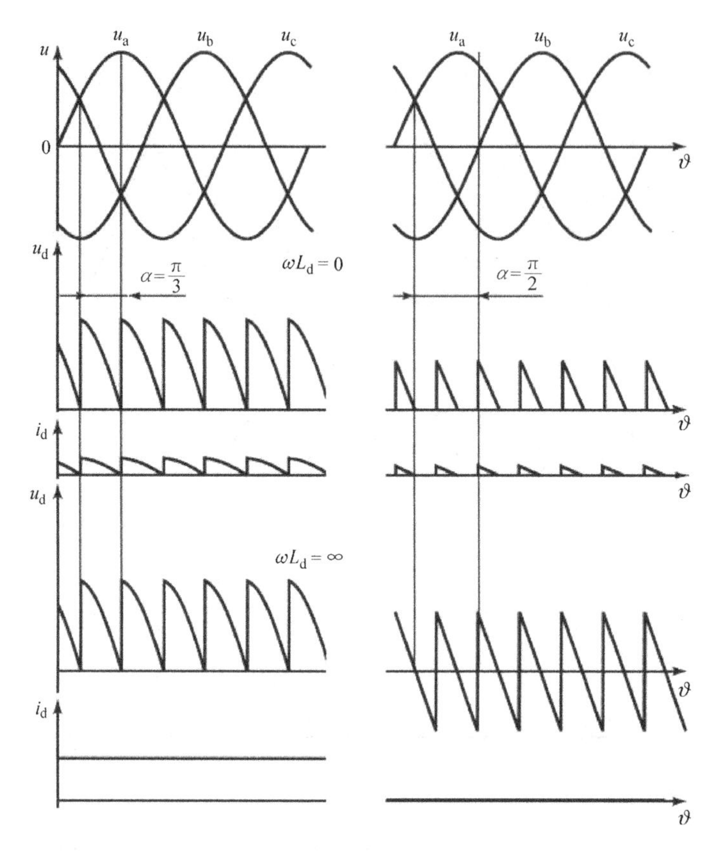

图 4.15　$\alpha=\pi/3$ 及 $\alpha=\pi/2$ 时三相桥式整流器的电压、电流波形图

图 4.17 显示了两种类型的双桥电路，第一类由星形/星形－三角形联结的三绕组变压器和两个三相电桥组成；第二类包括两个双绕组变压器和两个三相电桥。其中一个变压器星形/星形联结，另一个三角形/星形联结。

两种情况下变压器二次侧电压相移均为 π/6。

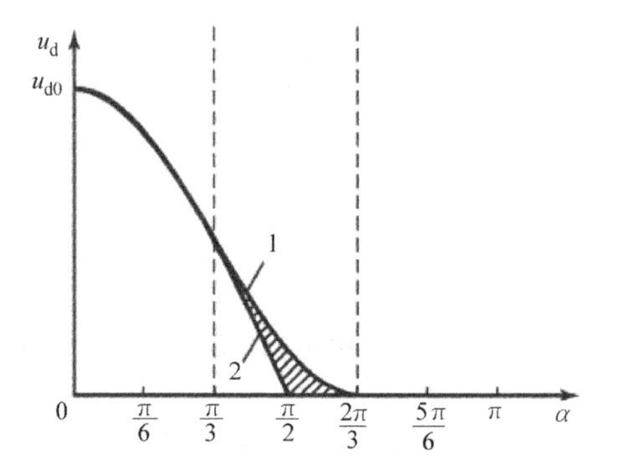

图 4.16　三相桥式整流器的控制特性图
1—电阻负载　2—阻感负载

这两个电路工作原理类似，故只详细分析其中带两个变压器的电路。由于变压器 T_1 和 T_2 的一次绕组结构不同，其中一个电路的整流电压 U_{d1} 和另一个电路的 U_{d2} 之间会产生 π/6 的相移。为平衡整流电压瞬时值，两个电桥之间通过补偿电感并联连接，从而负载处的总电压

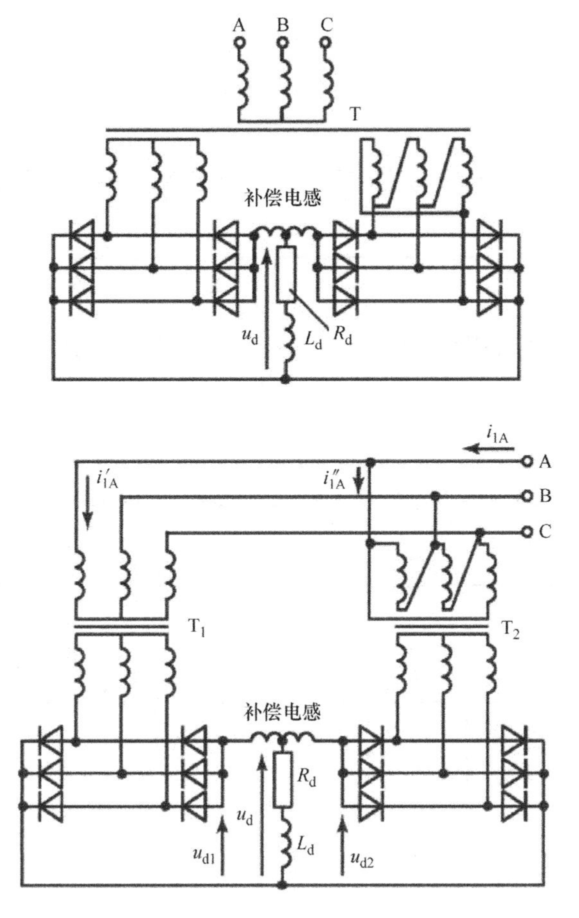

图 4.17 带有并联电桥的三相双桥整流器

纹波频率是每个单独电路的纹波频率的两倍。本例中每个周期内，单个电桥电压具有 6 个脉动，总电路电压具有 12 个脉动，故被称为 12 脉波电路。同样，考虑到每个周期的脉动次数，三相桥式电路有时被称为 6 脉波电路。瞬时电压差值由电抗器决定，电抗器的两个线圈安装在单个铁心上。整流电压的瞬时值为

$$U_d = u_{d1} - \frac{u_p}{2} = u_{d2} + \frac{u_p}{2} \tag{4.28}$$

式中，u_p是补偿电感上的瞬时电压。

图 4.18 为 ωL_d为无穷大时，12 脉波电路的电流波形，显然该电流比单变压器电路更接近正弦。

注意，实际电路中需要选择合适的变压器 T_1、T_2 的变比，以便 U_{d1}和 U_{d2}的平均电压相等。

图 4.19 为带有串联电桥的双桥电路，在这种情况下，负载平均整流电压为

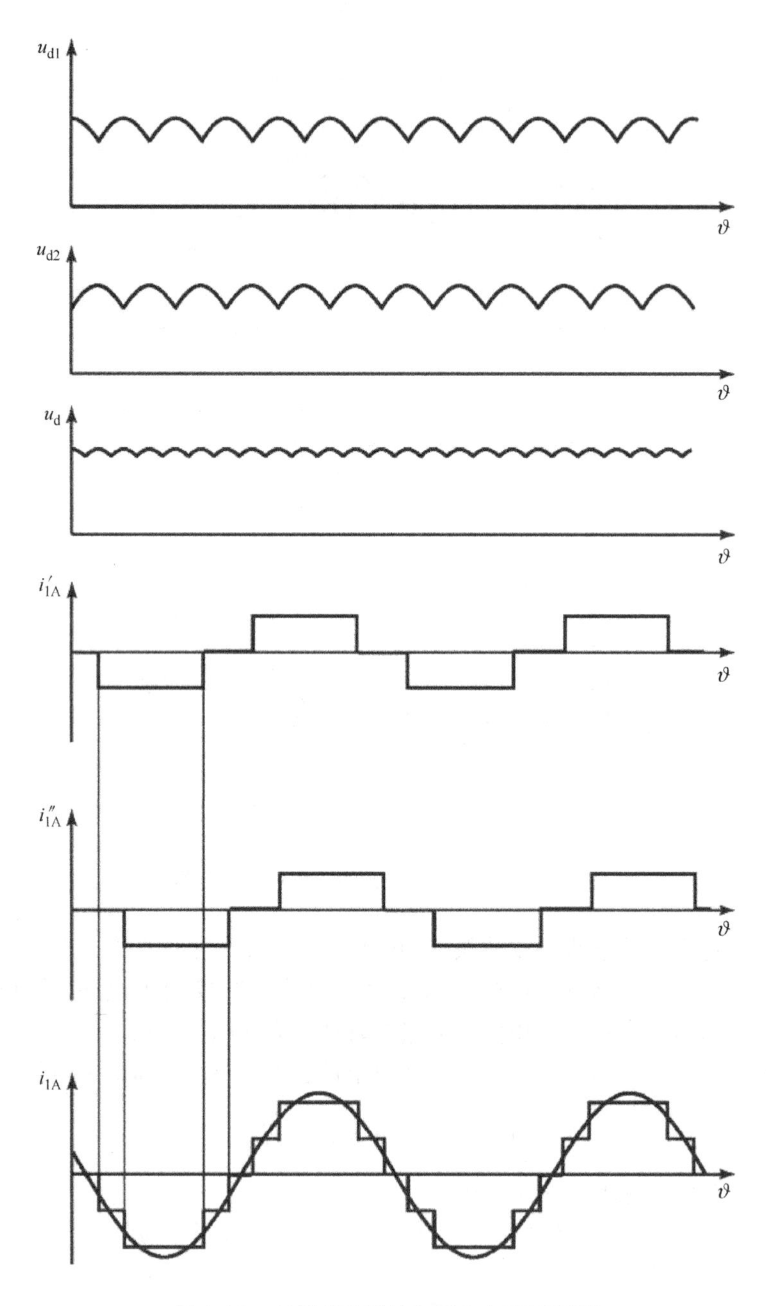

图 4.18　双桥整流器的电压和电流波形图

$$U_d = U_{d1} + U_{d2} \tag{4.29}$$

式中，U_{d1} 和 U_{d2}（$U_{d1}=U_{d2}$）是每个电桥的平均输出电压。

12 脉波整流电路基于具有不同绕组结构的变压器。

工程中通常通过并联 3 或 4 个电桥，以分别产生 18 脉波电路和 24 脉波电路（Rozanov，1992）。

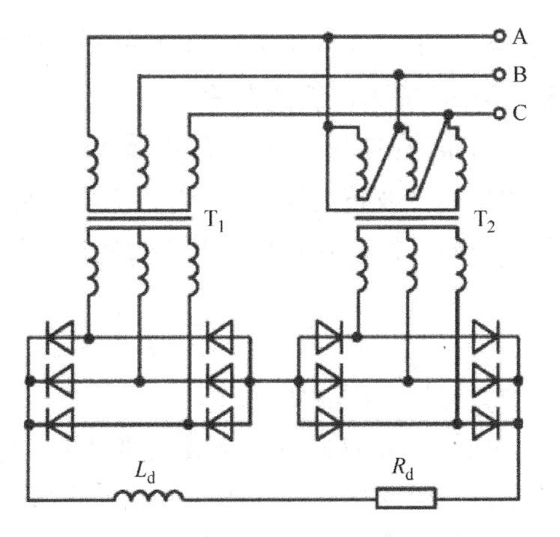

图 4.19　带有串联电桥的三相双桥整流器

4.2.3　整流器特性

4.2.3.1　输出电压纹波

整流电压可分解为一个恒定分量和一个可变分量，其中可变分量为谐波（正弦）电压总和

$$u\sim(t)=\sum_{n=1}^{\infty}U_{nm}\sin(nm\cdot\omega t+\varphi_n) \tag{4.30}$$

式中，n 是谐波次数；m 是一个周期内整流电压脉动数；ω 是电网电压的角频率；U_{nm} 是 n 次谐波的振幅；φ_n 是 n 次谐波初始相位。

整流电压恒定分量的频率为

$$f_n=nf_1=mnf \tag{4.31}$$

式中，f 是电网电压的频率；$f_1=mf$ 是脉动的一次谐波频率。

如电网频率 $f=50$Hz 时，一次谐波频率（$n=1$）为

1）单相全波电路为 100Hz（$m=2$）；

2）带中心抽头的三相电路为 150Hz（$m=3$）；

3）三相桥式电路为 300Hz（$m=6$）。

触发延迟角 $\alpha=0$ 时电压的 n 次谐波幅值为（Rozanov，1992）

$$U_{nm}=\frac{2U_d}{m^2n^2-1} \tag{4.32}$$

由式（4.32）可知，一次谐波振幅（$n=1$）最大，其余次谐波振幅与 n^2 成反比。

整流电压中可变分量的有效值为

$$U_{eff}=\sqrt{\sum_{n=1}^{\infty}U_n^2} \tag{4.33}$$

式中，U_n 是 n 次谐波有效值。

工程中，整流电压中的纹波可以根据纹波因数 K_r 估计。通过控制晶闸管触发延迟角 α（相对于自然换相时刻）可以改变整流电压谐波。从整流电压曲线可

以看出，随着 α 的上升，可变分量（纹波）增大，但纹波周期与 α 无关。

4.2.3.2 输入电流的谐波

从整流电路的工作原理来看，其主要消耗来自电网的非正弦电流。只有带负载的单相全波整流器 $\alpha=0$ 时，消耗正弦电流，高次谐波的幅值为零。当为阻感负载且 ωL_d 为无穷大时，电流为矩形，谐波总和可以表示为

$$i_1(\vartheta)=\frac{4I_d}{\pi\cdot k_T}\left[\sin\vartheta+\frac{1}{3}\sin3\vartheta+\cdots+\frac{1}{n}\sin n\vartheta\right] \tag{4.34}$$

式中，k_T是变压器变比。

从式（4.34）可得全波电路（$m=2$）时电流只包含奇次谐波，当交流电源的功率与整流器功率相当时，高次谐波对电网的影响尤其明显。

可控整流器从电网消耗的电流的谐波成分很大程度上取决于负载。如果负载是电阻负载或阻感负载，但不能确保电流 i_d连续，则高次电流谐波幅值将随着 α 的增大而增大（基波幅值恒定）。

在阻感负载且整流电流平滑程度较为理想的情况下，假定变压器绕组的感抗为零，则触发延迟角 α 对电流的谐波成分没有影响。

通常采用无源或有源滤波器来减小电压纹波以及整流器输入输出电流的谐波。

4.2.3.3 晶闸管的换相

理论分析时认为电流从一个晶闸管切换到另一个晶闸管（换相）是瞬时完成的。实际由于交流电路中的感抗，特别是变压器绕组的漏感，切换需要一定时间而非瞬时完成，这主要是变压器杂散磁通造成的。

阻抗可由变压器二次绕组短路实验中确定，考虑每相等效电感 L_s，L_s对应于二次绕组的总电感，以及减小的（取决于匝数）一次绕组的电感。除了感抗，换相过程还取决于绕组的电阻，但在正常情况下，此阻抗值比较小。故换相时，只考虑绕组的感抗，假设整流电流理想平滑（$L_d=\infty$），且换相过程在性质上是相同的，可分析最简单的整流电路：单相全波电路。

图 4.20a 为基于晶闸管的单相全波整流电路等效电路及电压和电流波形图，考虑绕组的感抗，引入电感 L_s。不妨设晶闸管 VS_1 导通，在 ϑ_1时，晶闸管 VS_2 接收控制脉冲，该时刻其阳极电势高于阴极电势，故晶闸管 VS_2 导通。

从 ϑ_1开始，两个晶闸管均导通，变压器二次绕组短路。在二次绕组电动势 e_a和 e_b的作用下，短路电流 i_{sc}即换相电流出现在短路回路（换相回路）中。从 ϑ_1开始的任何时刻，该电流可由恒定分量 i'_{sc}和自由分量 i''_{sc}之和确定。

$$i'_{sc}=\frac{2\sqrt{2}}{2x_s}U_2\cos(\vartheta+\alpha) \tag{4.35}$$

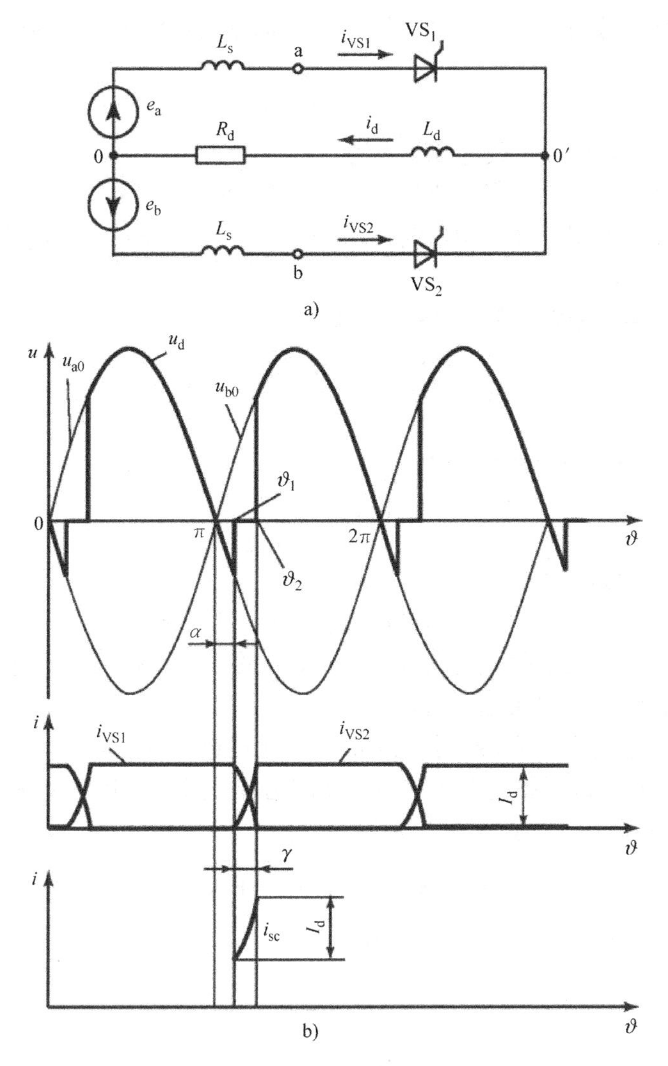

图 4.20　全波晶闸管整流器等效电路图以及对应的电压、电流波形图
a）等效电路图　b）对应的电压、电流波形图

$$i''_{sc} = \frac{\sqrt{2} \cdot U_2}{x_s}\cos\alpha \tag{4.36}$$

式中，U_2是二次半绕组的电压有效值；$x_s = \omega L_s$。

由式（4.35）、式（4.36）可得短路电流为

$$i_{sc} = i'_{sc} + i''_{sc} = \frac{\sqrt{2}U_2}{x_s}[\cos\alpha + \cos(\alpha + \vartheta)] \tag{4.37}$$

当晶闸管 VS_2 导通、VS_1 关断时，所产生的短路电流 i_{sc}从电势较高的半绕

组 b 流向电势较低的半绕组 a。由于 $\omega L_d=\infty$ 时整流电流恒定，因此 0 时刻电流方程为

$$i_{VS1}+i_{VS2}=I_d=\text{const} \tag{4.38}$$

式中，I_d 是整流电流或负载电流平均值。

式（4.38）恒成立，当电流仅通过晶闸管 VS_1 时，$i_{VS1}=i_d$，$i_{VS2}=0$。晶闸管 VS_1 与 VS_2 同时工作（换相）时，$i_{VS1}=i_d-i_{sc}$，$i_{VS2}=i_{sc}$。当电流仅流过晶闸管 VS_2 时，$i_{VS2}=i_d$和 $i_{VS1}=0$。

换相时间由换相重叠角 γ 表示，γ 满足

$$I_d=\frac{\sqrt{2}U_2}{x_s}[\cos\alpha-\cos(\alpha+\gamma)] \tag{4.39}$$

若 $\alpha=0$ 时 γ 用 γ_0 表示，则

$$1-\cos\gamma_0=\frac{I_d x_s}{\sqrt{2}U_2} \tag{4.40}$$

将 γ_0代入原始方程有

$$\gamma=\arccos[\cos\alpha+\cos\gamma_0-1]-\alpha \tag{4.41}$$

由式（4.41）得 γ 随 α 的增大而减小，α 的增大提高了换相电路中电流 i_{sc} 对应的电压，因此 i_{sc}更快地达到 I_d。

晶闸管中电流的实际持续时间为 $\pi+\gamma$，比理想电路长。

由于电路中的瞬时整流电压在换相期间为零，所以换相对整流电压 U_d有显著影响（见图 4.20b），从而平均整流电压为

$$\Delta U_x=\frac{1}{\pi}\int_{\alpha}^{\alpha+\gamma}\sqrt{2}U_2\sin\vartheta\mathrm{d}\vartheta \tag{4.42}$$

由式（4.39）~式（4.42）可以得

$$\Delta U_x=\frac{I_d x_s}{\pi} \tag{4.43}$$

考虑式（4.43），写出平均整流电压

$$U_d=U_{d0}\cos\alpha-\frac{I_d x_s}{\pi} \tag{4.44}$$

4.2.3.4 整流器外部特性

整流器特性取决于平均整流电压与平均负载电流的关系，即 $U_d=f(I_d)$，是由整流器的内部电阻决定的，使得整流电压随着负载的增大而降低。整流电压降低包括由于电路电阻导致的压降 ΔU_R、晶闸管上的压降 ΔU_{VS}、换相中由于电感导致的压降 ΔU_x。

ωL_d为无穷大时整流器特性为

$$U_d=U_{d0}\cos\alpha-\Delta U_R-\Delta U_{VS}-\Delta U_x \tag{4.45}$$

由式（4.45）得，由于内部压降，整流器的输出电压随着负载电流 I_d 的增大而下降。有功和无功电路元件的影响将取决于整流器功率。通常，在小功率整流器中，变压器绕组的电阻占主导地位，而在大功率整流器中，变压器的杂散电感占主导地位。

在不超过额定值负载的条件下，整流器内部压降不超过电压的 15% ~20%，但在过载和接近短路的情况下，电路的内部阻抗变大。此外，三相和多相电路过载的情况下，可以观察到影响整流器特性的电磁过程发生质变。例如图 4.21 所示的单相和三相整流器的特性。

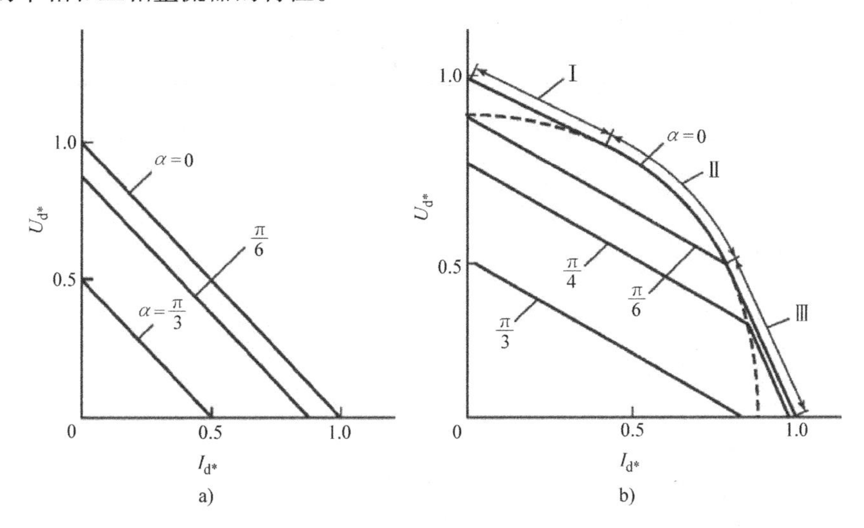

图 4.21　单相整流器及三种工作条件下三相桥式整流器外部特性曲线

a）单相整流器外部特性曲线　b）三种工作条件下三相桥式整流器的外部特性曲线

4.2.3.5　整流器能量特性

整流器的功率因数和效率要仔细说明，考虑电压纹波情况下，要区别其输出功率以及由 U_d、I_d 确定的功率。后者通常被认为是有功功率，故在计算中使用。当纹波很小时，可以忽略这两个量之间的差异。

有功功率的主要损耗产生在整流电路的下列元件：变压器（ΔP_T）、晶闸管（ΔP_{VS}），以及控制、安全、冷却和监控系统的辅助设备（ΔP_{aux}）。有小电流脉动的整流器效率为

$$\eta=\frac{U_d I_d}{U_d I_d+\Delta P_T+\Delta P_{VS}+\Delta P_{aux}} \tag{4.46}$$

对于中功率和大功率整流器，其效率一般为 0.7 ~0.9。

功率因数是有功功率与总功率之比。如果整流器的负载有功功率和效率已知，可以确定功率变换器消耗的总功率。确定整流器功率因数时，必须考虑它从

电网中吸收功率的非正弦分量。图 4.22 为单相可控整流器的电网电压 u_s和电网电流 i_s，假设整流电流理想平滑且没有换相重叠角。非正弦电流基波 i_{s1}，滞后于电压 $u_s\varphi_1$。相应整流器消耗的有功功率 P 为

$$P = U_s I_{s1}\cos\varphi_1 \tag{4.47}$$

式中，U_s是整流器电压有效值；I_{s1} 是从电网吸收的电流基波；φ_1 是电流基波相对于电压的相移。

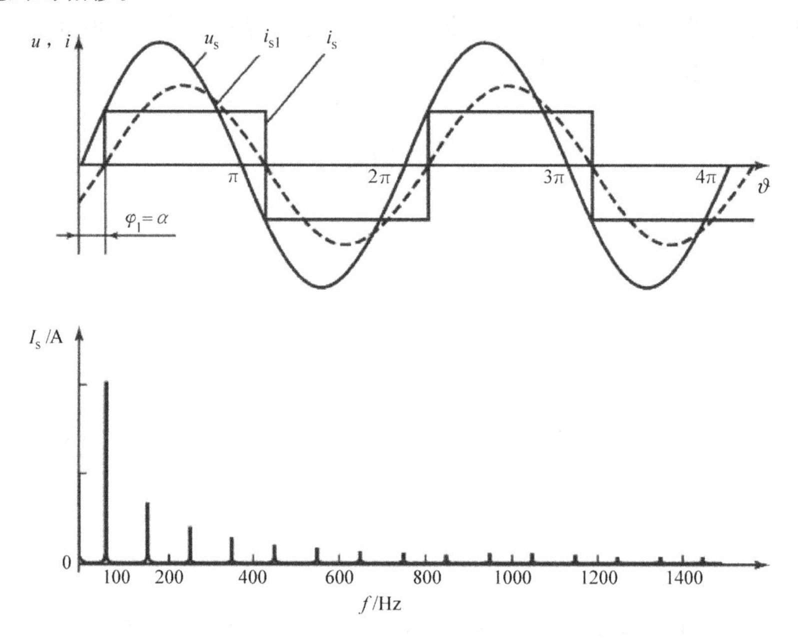

图 4.22　$L_d=\infty$ 时单相桥式整流器电流波形图及其频谱分析图

整流器所消耗的视在功率为

$$S = U_s I_s = U_s\sqrt{I_{s1}^2 + \sum_{n=3}^{\infty} I_{sn}^2} \tag{4.48}$$

式中，I_s是从电网中吸收的非正弦电流有效值；I_{sn}是 n 次谐波的有效值。

由式（4.47）和式（4.48）可得，整流器功率因数为

$$\chi = \frac{P}{S} = \frac{I_{s1}\cos\varphi_1}{\sqrt{I_{s1}^2 + \sum_{n=3}^{\infty} I_{sn}^2}} \tag{4.49}$$

可控整流器由触发延迟角 α 控制，其通常等于电流基波相对于电网电压的相移。对于理想平滑电流的电路，由式（4.49）得功率因数为

$$\chi = v\cos\alpha \tag{4.50}$$

对于非正弦电流，不仅要考虑有功功率 P 和无功功率 Q，还要考虑畸变功率

T（见第1章）。

4.3 并网逆变器

4.3.1 工作原理

逆变是将直流电变换为交流电的过程，从语言上讲，这个词来源于拉丁语的“inversio”，意为“转换”。在电力电子中用来表示与整流相反的过程。在逆变过程中，电能从直流源提供给交流电网。这种变换器称为并网逆变器，因为是在外部电网中交流电压的作用下进行变换的。在这种情况下，由于变换器的电气参数完全由外部交流电网的参数决定，因此有时称之为从属逆变器。

以图4.23a为例，阐述并网逆变器的工作原理。假设电路中的元器件为理想元器件，蓄电池内阻为零。

图4.23b所示的电压和电流波形，表明了整流模式下电路的工作情况。假设交直流源内阻为零，可以得出其电压等于电动势：$e_{ab}=u_{ab}$及$E_B=U_B$。如果电池的正极按照如图4.23所示的虚线连接，则电路可以在反电动势负载的整流模式下工作，这相当于为电池充电。随着电池放电，变换器运行在逆变模式下。现在更详细地讨论这些过程。

如果在$\vartheta=\vartheta_1$时刻向晶闸管提供触发脉冲（由触发延迟角α确定），则晶闸管导通。因此，电网向电池提供电流i_d。由于平滑电抗器L_d的存在，电流i_d随时间平滑变化：$u_{ab}>U_B$时增大，$U_B>u_{ab}$时减小。在ϑ_3时（当图4.23b中的阴影区域相等时），电流i_d为零，晶闸管VS关断。当$U_B>u_{ab}$时，电流i_d通过晶闸管的间隔时间从ϑ_2到ϑ_3，这是由于电抗器L_d中存储的电磁能量所致。随后，这些过程周期重复。因此，电池由整流电流充电（电流i_d与电动势E_B方向相反）。

若要将电路转换为逆变模式，则必须反转电池极性。

当来自电源的电流与接收该能量的电源电动势方向相反时，能量从一个电源转移到另一个电源。在目前情况下，当电网电动势e_{ab}与电流i_d相反时，能量将从电池转移到电网。逆变模式的电压和电流波形如图4.23c所示。如果在ϑ_1时刻向晶闸管提供控制脉冲，则在正向电压的作用下，晶闸管导通，其正向电压一直存在并持续到ϑ_2时刻。此后，电压u_{ab}将超过电动势E_B的绝对值。在U_B-u_{ab}的电压差作用下，电流i_d将在电路中向与电网电压u_{ab}相反的方向流动。电路中的平滑电抗器L_d限制了i_d的增加速度及最大值。由于电抗器中存储的能量，当电压u_{ab}绝对值超过U_B的绝对值时，电流继续在晶闸管中流动。当图4.23c中的阴影区域在面积上相等时，电流i_d在ϑ_3时刻为零。

在电路结构上，逆变器与可控整流器没有显著差异，因此可以被视为可逆变

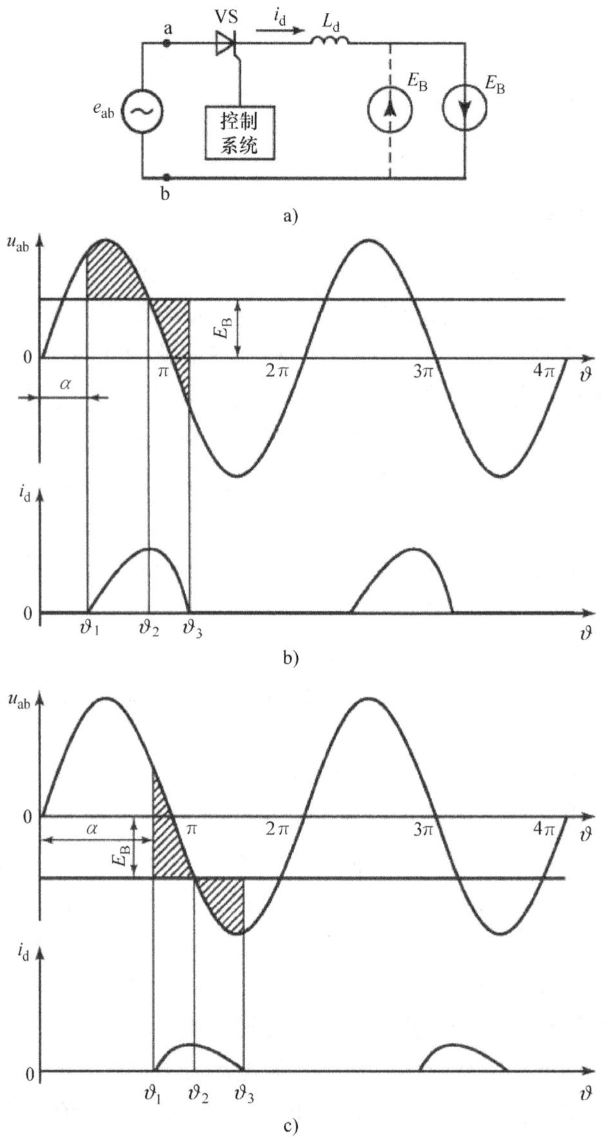

图 4.23　半波可逆变换器在整流模式和逆变模式下的电压和电流波形

a）半波可逆变换器　b）整流模式下的电压和电流波形　c）逆变模式下的电压和电流波形

换器，能够将电能从电网传输到直流电源（整流模式）或从直流电源传输到电网（逆变模式）。因此，这种变换器也称为交流 - 直流变换器（《国际电气工程词典：电力电子技术》，1998 年）。

4.3.1.1　逆变模式的运行

如前所述，可以将交流电源中相对于桥式电路的共阳极和共阴极晶闸管组的极性进行反转，从整流模式切换到逆变模式。

单相变换器的桥式电路如图4.24a所示。虚线对应于逆变模式下电动势E_{inv}直流源的连接方式；实线对应于整流模式下电动势E_{rec}的连接方式。

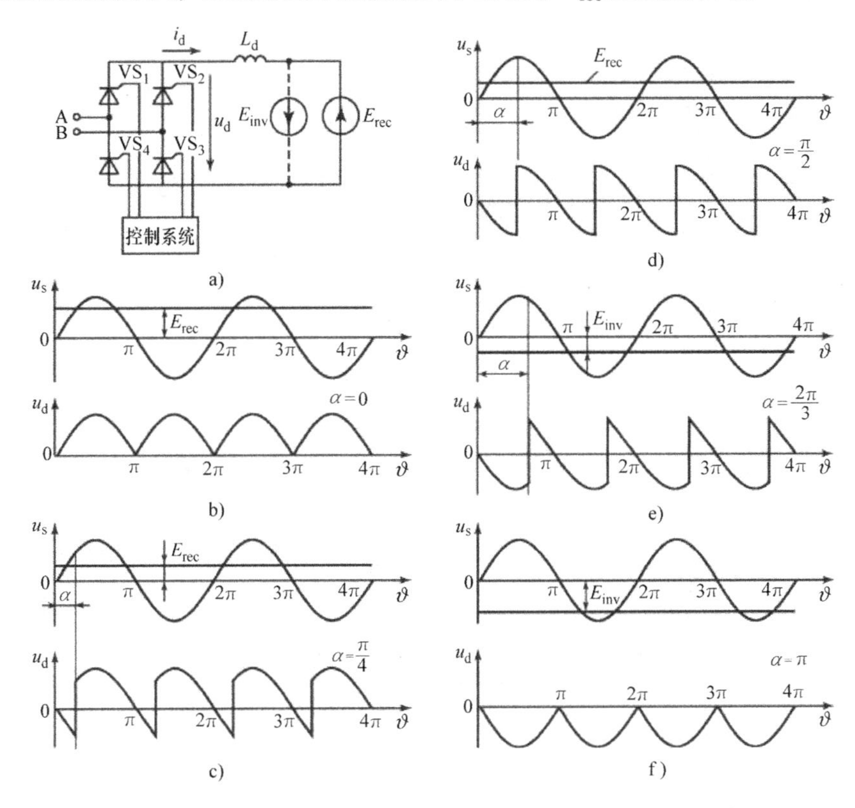

图4.24 单相桥式变换器在整流和逆变模式下的电压和电流波形

a）单相桥式变换器 b）~f）整流和逆变模式下的电压和电流波形

假设电感L_d相对较大且可以忽略直流纹波，换句话说，在稳定工作的情况下，$\omega L_d=\infty$且决定CS何时触发晶闸管的触发延迟角α值不同。

变换器直流侧（电抗器L_d前）电压$u_d(\vartheta)$的瞬时值如图4.24所示。在给定的假设条件下，整流与逆变模式下电动势是相等的：$E_{inv}=E_{rec}$。考虑在$\alpha=0$、$\pi/4$、$\pi/2$、$2\pi/3$和π时的稳定运行情况。在所有稳定运行条件下，假设电抗器L_d中的电流等于电流I_d的平均值。如图4.24所示，随着α的变化，直流电源（消耗功率）的电压也随之发生变化。

如图4.24所示，$\alpha=0$和$\pi/4$时对应于整流模式。当$\alpha=\pi/2$时，变换器直流侧的平均电压$U_d=0$，由于假设电路元件不存在功率损耗，则电抗器L_d中存储的电流I_d保持不变。结果表明，当$\alpha=\pi/2$时，交流电源与电抗器L_d之间进行无功功率交换。当$\alpha=2\pi/3$和π时，平均电压U_d反转（与电流I_d相反）。这对应于逆变模式，即能量从电源 E_{inv} 通过变换器的晶闸管桥传输到交流电网。如图 4.25 所示，电网侧的电网电压和逆变器输入电流在给定的假设条件下略有变化。

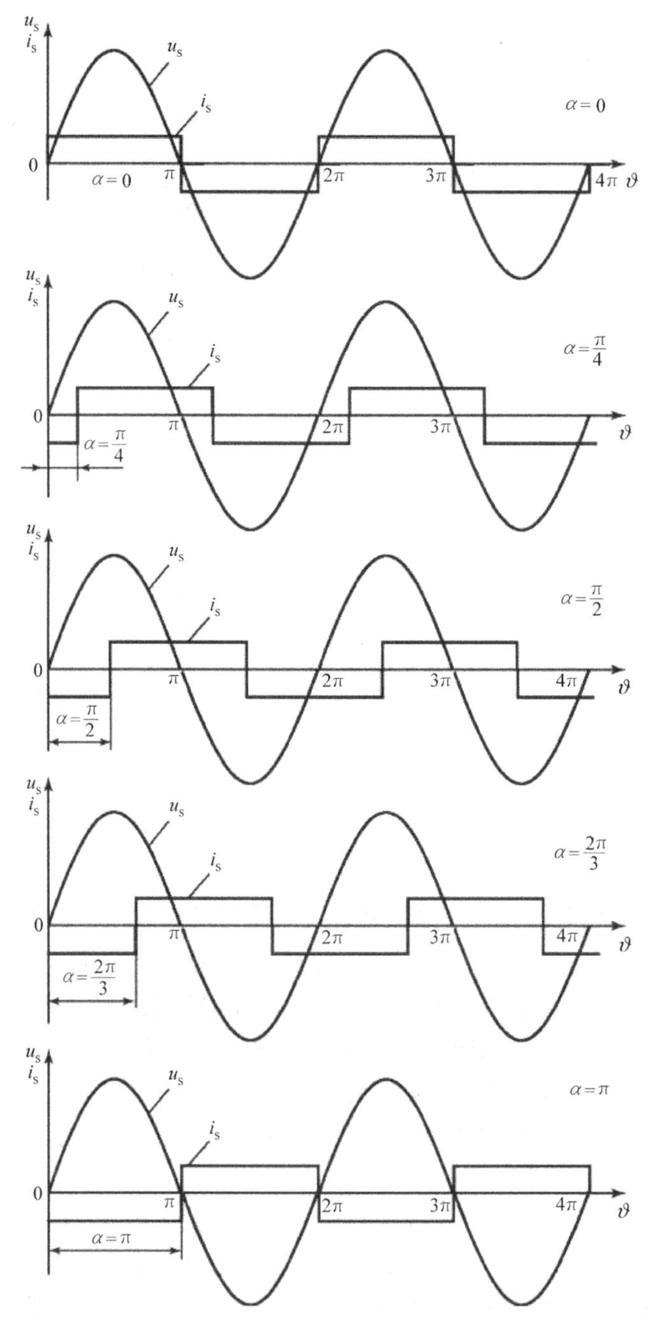

图 4.25　单相桥式变换器在不同触发延迟角 α 下的电源电压和电流波形

如果只考虑这个电流的一次谐波，则可以绘制不同运行条件下的相量图（见图 4.26）。可以发现，具有自然换相的晶闸管交流－直流变换器基波电流可以运行在复平面的两个象限。

如图 4.26 所示，当切换到逆变模式时，α 大于 $\pi/2$。在这种情况下，晶闸管变换器从直流侧产生交流电流，将电动势为 E_{inv} 的直流电源的能量传送到电网。在直流侧（电抗器 L_d 前）形成极性与整流器电动势相反的逆变电动势。

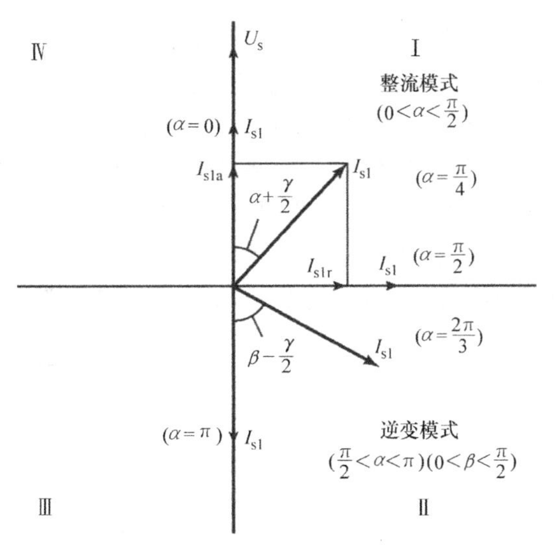

图 4.26　基于晶闸管变换器的相量图（整流和逆变模式运行）

4.3.2　在逆变模式下运行的基本电路

4.3.2.1　单相桥式逆变器

桥式逆变电路如图 4.27a 所示。假设晶闸管 VS_1 和 VS_3 处在导通状态。在这种情况下，直流电源 E_{inv} 的能量通过变压器传送到电网，因为在变压器 T 的一次绕组中电流 I_s 与电压 u_{ab} 相反。假设 $L_d=\infty$，变压器二次绕组和直流电源的瞬时压差引起的电压脉动作用于电抗器 L_d。

为了确保逆变模式正常运行，触发延迟角 α 必须大于 $\pi/2$。因此，在电路分析中，通常是根据不可控二极管电路中的自然换相时间（或晶闸管电路中的触发延迟角 $\alpha=0$、π、2π 等）来计量逆变模式下的触发延迟角。用这种方法计量的角度是逆变角 β，β 与 α 的关系可表示为

$$\beta=\pi-\alpha \tag{4.51}$$

假设晶闸管 VS_2 和 VS_4 在从 0 到 ϑ_1 的间隔内逆变导通。在 ϑ_1 时刻，触发脉冲发送到晶闸管 VS_1 和 VS_3。此时晶闸管阳极相对于阴极为正（$u_{ab}>0$），晶闸管导通，变压器二次绕组短路，因此，出现短路电流 i_{sc}，与通过晶闸管的电流相反。换句话说，开始出现自然换相。当换流结束于 ϑ_2 时刻（在整流模式下，换流时间用角度 γ 表示）时，晶闸管关断，反向电压 u_{ab} 施加于晶闸管上。因此，晶闸管 VS_2 和 VS_4 恢复其开关特性，直到 u_{ab} 符号发生变化（当 b 点的电势大于 a 点时）。与此阶段对应的角度是裕量角 δ。β、γ 与 δ 之间的关系可表示为

$$\beta=\gamma+\delta \tag{4.52}$$

晶闸管 VS_1 和 VS_3 一直导通到 ϑ_4 时刻。在此之前，在 ϑ_3 时刻时，触发脉冲

发送到晶闸管 VS_2 和 VS_4。因此，发生换流且晶闸管 VS_2 和 VS_4 导通，而晶闸管 VS_1 和 VS_3 关断。后面过程周期重复。

从电磁过程的形式可以明显看出，其很大程度上类似于带反电动势的整流器运行。主要的区别在于，在逆变模式下，直流电源与晶闸管的极性相反并将能量传送到电网。由于脉冲相对于换相时间（相移 π）超前 β 发送到晶闸管，所以电压通过零到负值之前，流向电网的电流 i_s 从零到正值。因此，电流的一次谐波超前于电压 u_{ab} 大约 $\beta-\gamma/2$ 的角度（见图 4.27b）。

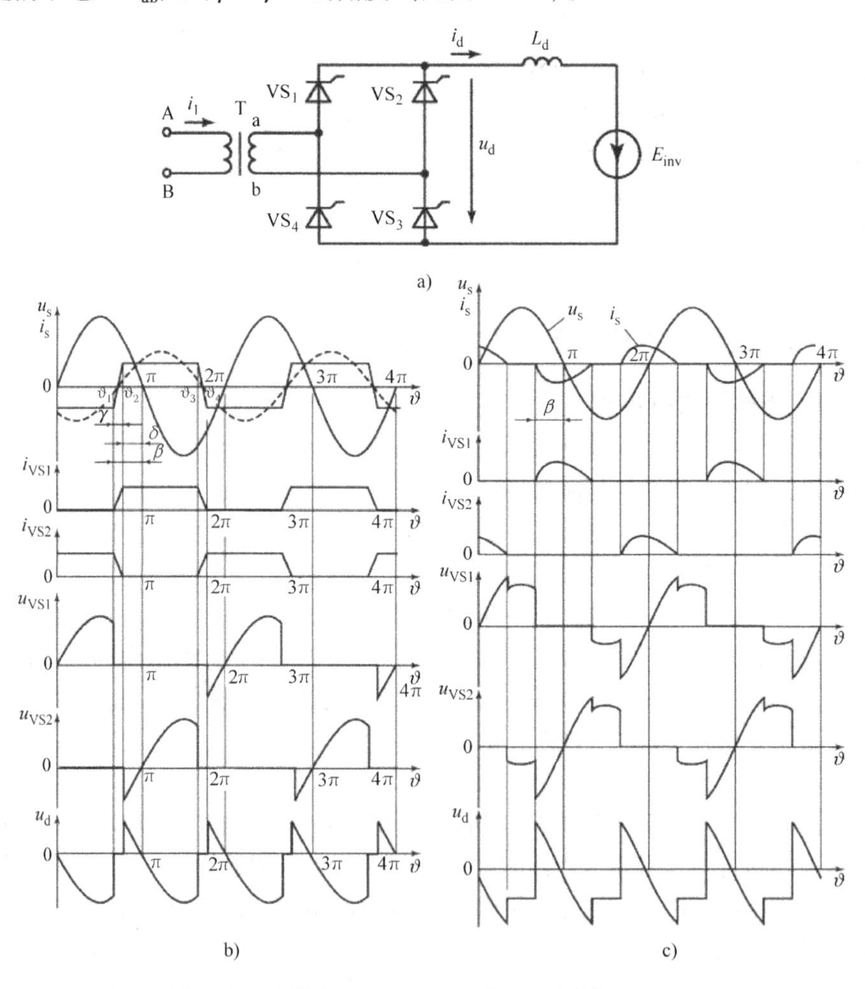

图 4.27　单相桥式逆变器在负载电流连续和负载电流断续情况下的电压和电流波形

a）单相桥式逆变器　b）负载电流连续情况下的电压和电流波形

c）负载电流断续情况下的电压和电流波形

整流模式和逆变模式下电流 i_{s1} 及电压 u_{ab} 的相量图如图 4.26 所示。在整流模式下，一次谐波电流滞后于电压约 $\alpha+\gamma/2$。从相量图中可以明显看出，在逆变模式下，电流有功分量 I_{s1a}与电网电压方向相反。这相当于向电网提供有功功率。在整流模式下无功电流为 I_{slr}，滞后电网电压 $\pi/2$。因此，在这两种情况下，变换器都吸收无功功率。变换器直流侧电压，即逆变器的反电动势，随角度 β 和 γ 的变化而产生脉动。当 α 被 β 替换时，这些脉动的关系与整流模式相同。平均电压 U_d与电源电压 E_{inv}相等。

变压器二次绕组的电压有效值 U_{ab}（取决于交流电网电压和变比）与直流电源电压 U_d的关系类似于整流器的平均整流电压。在空载的情况下，可得

$$U_{d0}=\frac{2\sqrt{2}}{\pi}U_2\cos\beta \quad (4.53)$$

式中，U_2是变压器二次绕组电压有效值。

其他关系也类似于4.2.2节中电抗器电流连续的单相整流器阻感负载的关系。在电流 i_d不连续的情况下（见图4.27c），电路参数之间的解析关系相当复杂，就像整流模式一样。

4.3.2.2 三相桥式逆变器

基于晶闸管的三相桥式逆变器以及在理想平滑电流 I_d情况下的电压和电流波形如图4.28所示。相对于该电路中，与单相桥式逆变器一样，在不可控整流模式下晶闸管换相初始时间（$\alpha=0$、π、2π 等），控制脉冲超前 β 发送到晶闸管。在这些时刻，变压器二次绕组的线路电压的波形通过零，换句话说，正弦相电压 u_a、u_b和 u_c相交。在 $\vartheta_0\sim\vartheta_1$ 阶段，在电源电压 U_d的作用下，电流 I_d通过晶闸管 VS_1 和 VS_2 以及变压器二次绕组（a相和c相）。逆变器的瞬时反电动势（见图4.28b）等于 u_c和 u_a的差（Zinov'ev，2003）。

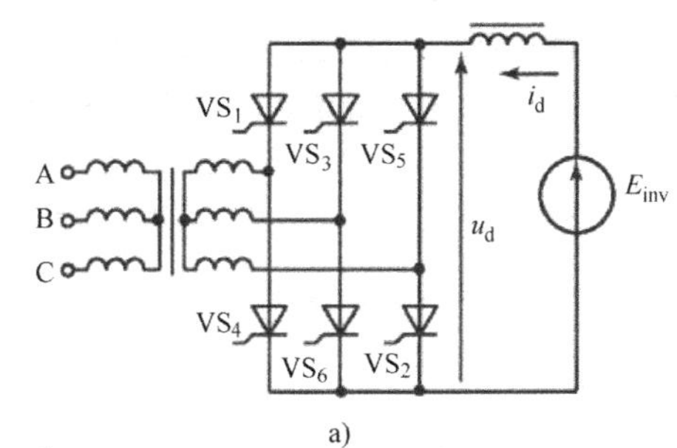

a)

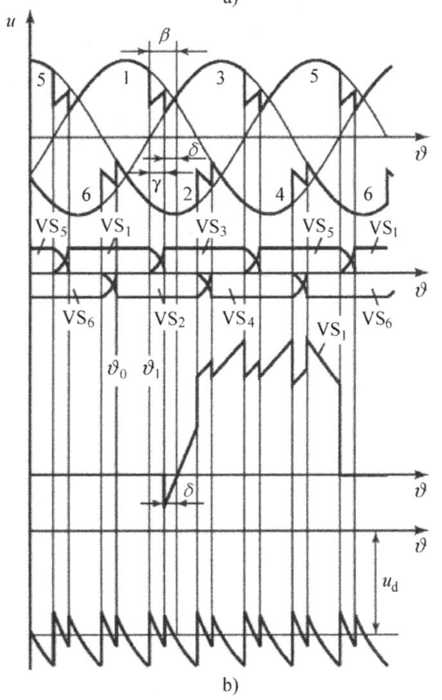

b)

图4.28 三相桥式逆变器及其电压和电流波形
a）三相桥式逆变器 b）电压和电流波形

由逆变器的控制信号逆变角 β 确定的 ϑ_1 时刻，触发脉冲提供给晶闸

管 VS_3，且晶闸管导通。因此，变压器二次绕组的 a 相和 b 相短路，在这些相中的对应的短路电流与晶闸管 VS_1 中的电流 i_{VS1} 方向相反。换句话说，开始换相，这类似于三相整流桥电路中的过程（见 4.2.2 节）。换相持续时间为 γ，换相阶段中的电压 U_d 为 u_c 减去电压 u_a 与 u_b 和的一半。在换相结束时，晶闸管 VS_2 和 VS_3 流过电流 I_d，而对晶闸管 VS_1 施加反向电压的作用时间为 δ。

随后，晶闸管的换相按照其编号进行（见图 4.28b）。每个晶闸管的导通间隔为 $2\pi/3+\gamma$。

在逆变模式和整流模式下，换相过程不仅是直流侧电压周期性暂降的原因，还是交流电网电压暂降和波动的原因。例如，假设等效相电感（主要包括变压器的杂散电感）直接连接到如图 4.29a 所示的变换器电路的输出端，输出端的电压波形如图 4.29b 所示。电压暂降和过冲的面积可表示为

$$\Delta S_1=\frac{X_S}{2}I_d,\ \Delta S_2=2X_SI_dX_S=\omega L_S \tag{4.54}$$

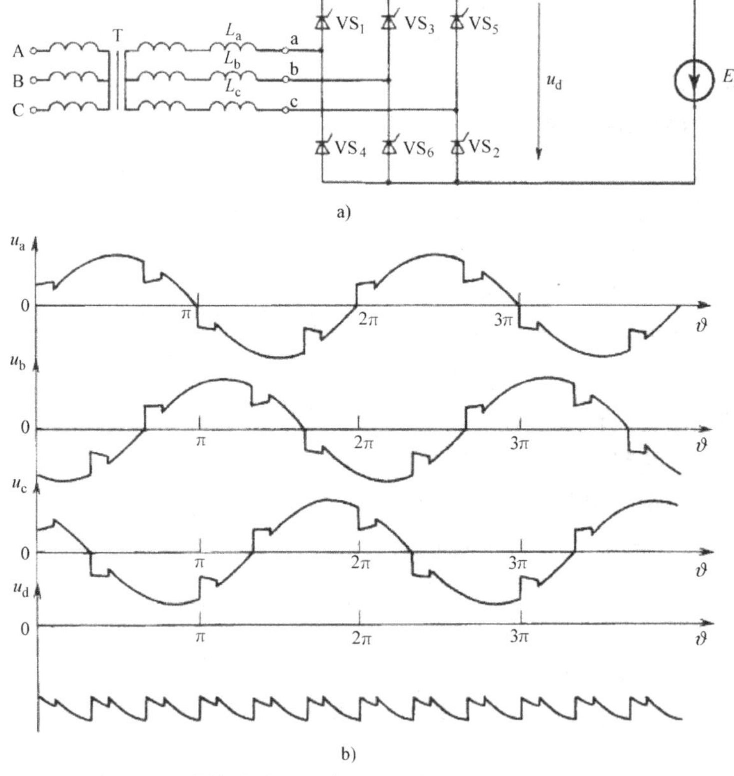

图 4.29　带等效输入电感的三相桥式逆变器及其电压波形

a）具有等效输入电感的三相桥式逆变器　b）电压波形

在整流模式下可以观察到类似的暂降和过冲（见图 4.2）。

空载时的平均电源电压 U_{d0} 与变压器输出的有效相电压 U_{ph} 有关，其关系可表示为

$$U_{d0}=\frac{3\sqrt{6}}{\pi}U_{ph}\cos\beta \tag{4.55}$$

在电流 I_d 连续的阻感负载情况下，逆变模式的其他关系类似于在整流模式下工作的三相系统的关系。

4.3.3　逆变器的有功功率、无功功率和视在功率

考虑到并网逆变器的工作原理，可以注意到非正弦电网电流的基波相对于电网电压相移 $\beta-\gamma/2$。因此，将直流电源的有功功率传输到电网的并网逆变器也会从电网中吸收无功功率。现在考虑由直流电源、单相逆变器和电网组成的系统的功率平衡，假设逆变器运行于单位功率因数。

逆变器从直流电源消耗的有功功率可表示为

$$P=U_dI_d \tag{4.56}$$

式中，U_d 和 I_d 分别是逆变器输入端的电源电压和平均电流。

如果考虑到电网电流的基波与电网电压之间的相移约为 $\beta-\gamma/2$，则交流侧相同的功率（例如单相电路）可以表示为

$$P=U_sI_{s1}\cos\left(\beta-\frac{\gamma}{2}\right) \tag{4.57}$$

式中，U_s 和 I_{s1} 分别是电网电压和电流基波的有效值。

根据式（4.56）和式（4.57），可得

$$I_{s1}=I_d\frac{U_d}{U_s\cos\varphi_1} \tag{4.58}$$

式中

$$\cos\varphi_1\approx\cos\left(\beta-\frac{\gamma}{2}\right)$$

逆变器中由电网产生的电流基波的无功功率可以表示为

$$Q=U_sI_{s1}\sin\left(\beta-\frac{\gamma}{2}\right)=P\tan\left(\beta-\frac{\gamma}{2}\right) \tag{4.59}$$

逆变器还在电网中产生更高次的谐波电流。例如，对于单相中心抽头电路，当 $\omega L_d=\infty$ 时，如果忽略换相重叠角 γ，则电网电流是矩形的，可用傅里叶级数表示为

$$i_s=\frac{4I_d}{\pi}\left(\sin\vartheta+\frac{1}{3}\sin3\vartheta+\frac{1}{5}\sin5\vartheta+\cdots\right) \tag{4.60}$$

变压器一次电流的谐波组成类似于在整流模式下工作的电路（见 4.2.3 节）。

电流的非正弦形式可以用基波因数 ν 来评估，这取决于电路的类型、角度 γ、电感 L_s、平均电流 I_d 和其他因素（Rozanov，2009）。

逆变器交流侧的总（视在）功率 S 可表示为

$$S = U_s I_s = U_s \sqrt{I_{s1}^2 + \sum_{n=3}^{\infty} I_{sn}^2} \tag{4.61}$$

考虑到高次谐波，可以把逆变器的功率因数表示为

$$\chi = \frac{P}{S} \approx \nu \cos\left(\beta - \frac{\gamma}{2}\right) \tag{4.62}$$

通过降低 β 来提高功率因数会受晶闸管自然换相条件的制约：$\delta = \beta - \gamma$ 必须大于特定值 $\delta_{\min}$。之后将更详细地讨论这一点。

需要注意的是，如果逆变器开始运行于滞后角 β，而不是超前角 β，则会成为无功功率发生器，而不是吸收器。如果再观察图 4.26，对于自然换相的晶闸管变换器，可以把电网电流的基波相量可能变化的平面分成两个区域。

1）整流模式下，当触发延迟角 $\alpha = 0 \sim \pi/2$ 时，消耗电网无功功率。

2）逆变模式下，当触发延迟角 $\alpha = \pi/2 \sim \pi$（$\beta = 0 \sim \pi/2$）时，消耗电网无功功率。

4.3.4 逆变器的特性

在常规逆变器运行分析中，理解逆变器的输入特性和边界特性是非常重要的。

输入特性是指逆变器的平均输入电压 U_d 与平均输入电流 I_d 之间的关系。

忽略电路中晶闸管的管压降和线路电阻时，逆变器的输入电压可以用两个分量之和来表示。第一个分量是空载电压 U_{d0}，其等于瞬时换相时的输入电压（$\gamma = 0$）。第二个分量是换相阶段的平均压降 ΔU。整流器中，空载电压减去压降 ΔU，而并网逆变器中 U_d 为这些元件相加，表示为

$$U_d = U_{d0} + \Delta U \tag{4.63}$$

对于逆变器电路，U_{d0} 和 ΔU 可以根据类似于可控整流器的关系来计算。压降 ΔU 取决于变换器的输入电流：$\Delta U = f(I_d)$。因此，该并网逆变器的输入特性可表示为

$$U_d = \frac{2\sqrt{2}}{\pi} E_2 \cos\beta + \frac{I_d x_S}{\pi} \tag{4.64}$$

从式（4.64）得到的不同 β 的单相逆变器输入特性如图 4.30 所示。可以看到，与整流器的特性相比（如图 4.30 所示的左半平面），这些特性是上升的：电压随电流增大而升高。整流器特性可以看作是相同 α 和 β 的逆变器输入特性的延续。

输入电压 U_d的升高与电流 I_d的增大以及换相重叠角 γ 的增大相关联。换句话说，当逆变角 β 恒定，晶闸管截止角 δ 会减小。最小允许值 δ_{min}取决于电网电压频率和晶闸管类型。从式（4.64）可以看出，β 的增大与允许换相重叠角 γ 的增大有关，因此，与电流 I_d的增加有关。I_d的极限允许值由如下内容确定。

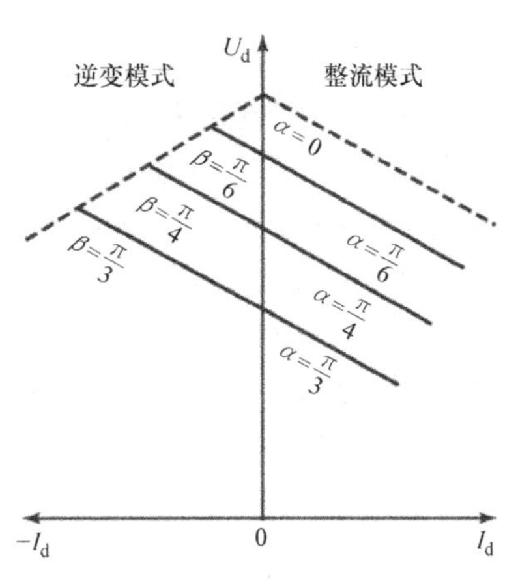

图 4.30　单相变换器输入特性

假设电路在整流模式下运行且 α 等于 δ_{min}。在这个 α 值下，整流器特性由如图 4.30 所示的虚线表示，与整流模式相对应。在与逆变模式相对应的部分继续分析 $\alpha=\delta_{min}$ 这一特性（同样以虚线表示）。这种特性与逆变器输入特性的交集决定对于不同的 β，电流为 I_d 时逆变器的极限运行条件。对于单相逆变器，这些条件与式（4.65）相对应

$$U_d=\frac{2\sqrt{2}}{\pi}E_2\cos\delta_{min}+\frac{I_d x_S}{\pi} \tag{4.65}$$

由于这一特性表明了逆变器可能存在的极限运行条件，因此称之为边界特性。

当 $I_d=0$（空载）时，变换器的直流母线电压对于整流和逆变模式是相同的，并且取决于 β（或 α）。这种关系通常称为控制特性。这里考虑的变换器是可逆的。换句话说，通过调整触发延迟角并改变直流电源的极性，可以在整流模式和逆变模式之间切换。在整流模式下，能量从交流电网发送到直流电源，其作为一个负载。这种变换器的可逆性在工程中得到了广泛的应用，特别是在直流传动系统中。

4.4　直接频率变换器（周波变换器）

4.4.1　基于晶闸管的交流 - 交流变换器

频率变换指的是从一个频率的交流电变换为另一个频率的交流电，其中包含许多电力电子频率变换器（Zinov'ev，2003）。本节只关注基于具有自然换相的晶闸管频率变换器。直接频率变换器——具有单一电能转换的变换器——有时也称之为直接耦合变换器或周波变换器。

直接耦合变换器的输入和输出电压的相数是非常重要的，因为其在很大程度

上决定了变换器结构。多相直接耦合变换器具有良好的性能并得到了广泛应用。

以三相/单相电路为例，讨论具有自然换相的直接耦合变换器的工作原理（见图4.31a）。在变换器中定义两组晶闸管：阴极组Ⅰ（VS_1、VS_2 和 VS_3）和阳极组Ⅱ（VS_4、VS_5 和 VS_6）。假设 Z_L 是电阻负载，在变换器运行时，触发脉冲交替触发阳极组和阴极组。当触发脉冲 $i_{g1} \sim i_{g3}$ 频率与电网电压同步，且依次发送到阴极组晶闸管 VS_1、VS_2 和 VS_3 时，系统工作在整流模式（作为带中心抽头的三相电路），相对于变压器抽头的一个正电压半波在负载处形成（见图

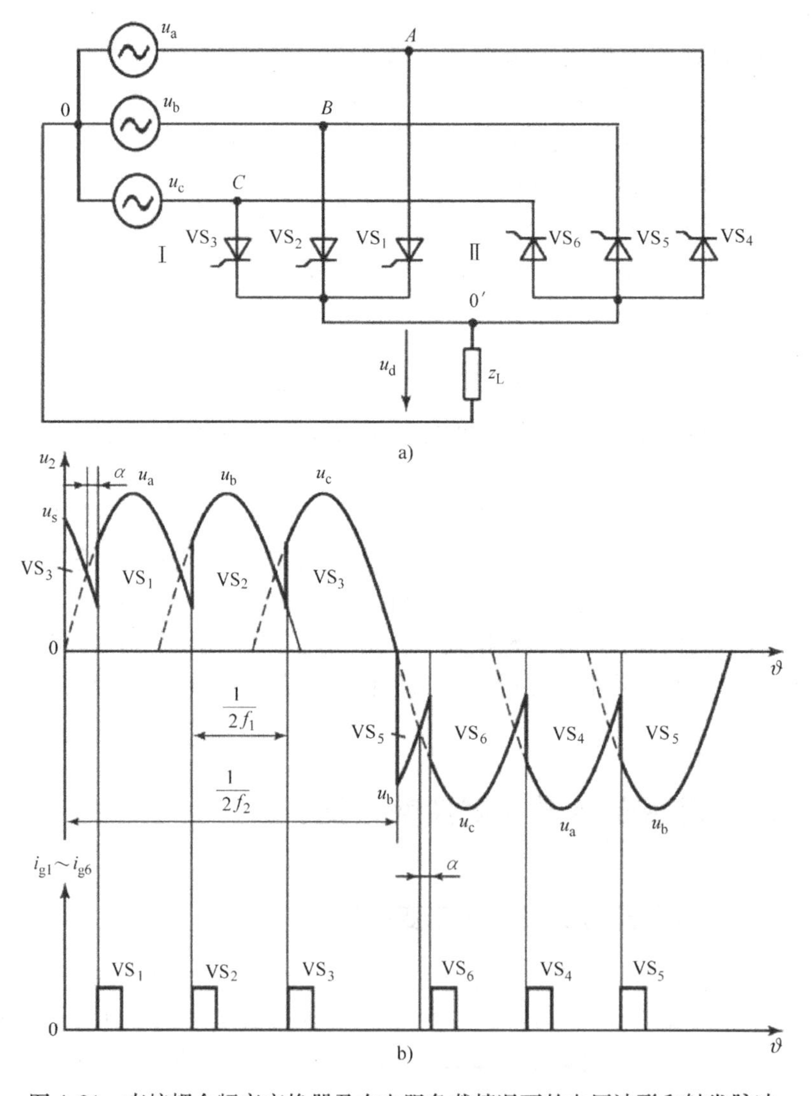

图4.31　直接耦合频率变换器及在电阻负载情况下的电压波形和触发脉冲

a）直接耦合频率变换器　b）电阻负载情况下的电压波形和触发脉冲

4.31b），触发脉冲相对于电网线电压零点相移 α 触发晶闸管。当阳极组晶闸管 VS_4、VS_5 和 VS_6 运行时，相对于变压器抽头的一个负电压半波在负载处形成。由于Ⅰ和Ⅱ组的循环运行，在负载处形成基频 f_2 低于电网频率 f_1 的交流电压。

频率 f_2 由每组晶闸管的导通时间决定。通过调节 α 可以调节输出电压。为消除负载电压中的恒定分量，阳极组和阴极组的运行时间必须相等。电阻负载的输出电压如图 4.31b 所示。可以发现阴极组晶闸管只有在阳极组形成的电压半波降至零后才能运行，反之亦然。可以将其解释为晶闸管处于导通状态，直到其电流（在目前情况下与电压同相位）降到零为止。

在三相/单相电路中，每组内换相间隔为 $\pi/3$。因此，如果不考虑换相间隔，则输出电压半波时长可表示为

$$\frac{1}{2f}=\frac{2\pi}{3}n+\left[\pi-\frac{2}{3}(2+1)\right] \tag{4.66}$$

式中，n 是半波中的正弦波段数；$\pi-2\pi/3$ 是输出电压半波末端为零部分对应的角度。

通常，当电网相数为 m 时，输出电压的频率 f_2（基频）和输入电压的频率 f_1 关系可表示为

$$f_2=\frac{mf_1}{2+m} \tag{4.67}$$

从式（4.67）中可以看出，输出电压的频率 f_2 只取 n（$n=1, 2, 3, \cdots$）变化的离散值。例如，当 $m=3$，$f_1=50\text{Hz}$ 时，f_2 的值可能为 30Hz、23.5Hz、16.7Hz 等。为确保频率的平稳变化，则需要在一组运行结束和下一组运行开始之前暂停 φ。在这种情况下，f_1 和 f_2 之间的关系可表示为

$$f_2=\frac{f_1 m\pi}{\pi(n+m)+\varphi m} \tag{4.68}$$

在阻感负载下，输出电压半波过零不对应于负载电流过零，因为负载电感使电流滞后于电压。为了确保电流在这种情况下能够从负载传送到电网（存储在电感中的能量返回到电网），适当的晶闸管组切换到逆变模式。例如，如果Ⅰ组在触发延迟角为 α 的整流模式下运行，那么经过一段时间后，相对于电网电压逆变角为 β 的触发脉冲发送到Ⅰ组晶闸管。该脉冲序列对应于晶闸管的逆变模式。在这种情况下，产生逆变电流的直流源是负载，或者更准确地说是负载的感性分量。当Ⅰ组晶闸管处于逆变模式时，电感中存储的能量返回到电网且负载电流降到零。然后，变换器 CS 确保Ⅱ组晶闸管在整流模式下开始运行之前暂停 φ，其中一些晶闸管在控制程序指定的时间切换到逆变模式。随后，这些过程周期往复。

直接耦合三相/单相变换器可以基于两个晶闸管组，每个晶闸管组都有三相

桥式结构，许多直接耦合电路在输出端可以产生三相电压。图 4. 32 显示了一些具有三相输出的变换器。在图 4. 32a 中，每相由两组三相带中心抽头的结构组成；在图 4. 32b 中，每相由两组三相桥结构组成。

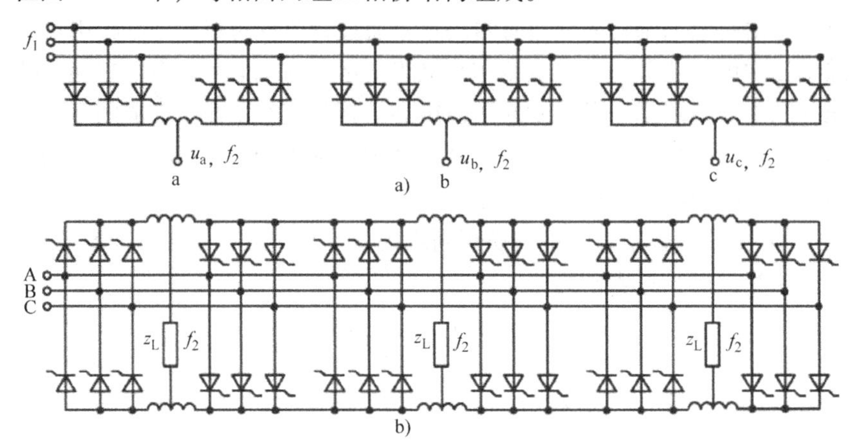

图 4. 32　基于带中心抽头晶闸管组和三相桥的三相频率变换器

a）带中心抽头晶闸管组　b）三相桥式

带有自然换相晶闸管的直接耦合变换器结构相对简单（至少在功率电路方面），并且趋向于轻便化和小型化，而其中一个缺点就是输出电压质量低。例如，如果每个晶闸管组均以恒定的触发延迟角 $\alpha=\beta$ 运行半个周期，如图 4. 32 所示，则输出电压将严重失真且有许多较高的谐波。为了降低谐波并保证正弦输出电压，需要调节触发延迟角。此外，晶闸管换相会引起脉动次数增加，这与多相整流器电路一样。

4. 4. 2　减小输出电压的谐波

通常，变换器连接一个阻感负载，对于这种变换器，在输出电压连续的情况下，每个晶闸管组都需要在逆变和整流模式下运行。

由于晶闸管组中的电流传输是单向的，电流的正向波由 Ⅰ 组形成，反向波由 Ⅱ 组形成。因此，在阻感负载下，电流将在输出电压的每半个周期内通过两组晶闸管。图 4. 33 显示了电流 i_L 和电压 u_L 在变换器输出端在阻感负载情况下且功率因数为 $\cos\varphi$ 时的基波。区间 $0\sim\vartheta_1$ 对应于逆变模式 $Ⅱ_b$，电流通过 Ⅱ 组中的晶闸管。随后，电流开始通过 Ⅰ 组中的晶闸管，在区间 $\vartheta_1\sim\pi$ 期间，晶闸管工作在整流模式 $Ⅰ_a$ 下。当 $\vartheta=\pi$ 时，Ⅰ 组的晶闸管切换到逆变模式 $Ⅰ_b$。

为了防止从整流模式切换到逆变模式的不连续性，对晶闸管采取了一系列的控制。

在这种情况下，触发脉冲以这样的方式进行，Ⅰ组中的晶闸管可以在 $\alpha\leqslant\pi/2$

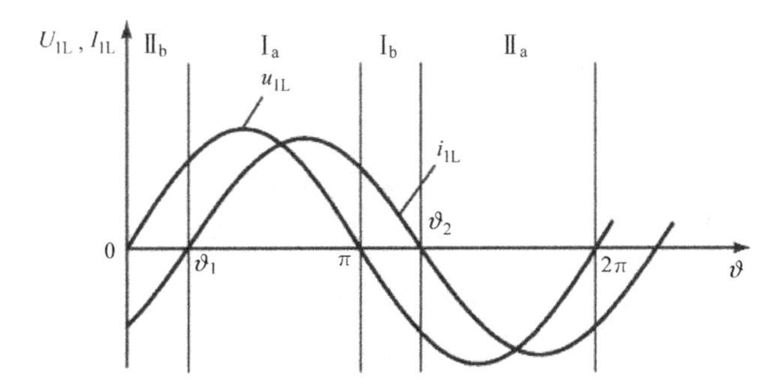

图 4.33　通过调整触发延迟角以确保直接耦合变换器的正弦输出电压

的整流模式下运行半个周期，而在下半个周期中可以在 $\alpha=\pi-\beta$ 的逆变模式下运行。晶闸管Ⅱ组前半周期为逆变模式，后半周期为整流模式。在这种控制下，两组之间可能会出现相当大的平衡电流。如果确定 α 和 β，使整流和逆变模式中的平均电压相同，也就是说，使 $\alpha=\beta$，则平衡电流会减小。由于瞬时两组电压差而产生的平衡电流受两组之间电路中电抗器的限制。

在一般情况下，这种变换器的输出电压是非正弦的。其谐波组成取决于例如 α 和 β 的变化、电网电压相数、输入和输出电压的频率比等因素。

在如下情况下，输出电压中高次谐波的含量可以降低

$$\alpha=\pi-\beta=\arccos(k\sin\omega_2 t) \tag{4.69}$$

式中，k 是变换器输入输出电压的幅值比；ω_2 是输出电压的频率。

从式（4.69）中可以看出，当 $k=1$ 时，α 和 β 是时间的线性函数。（在这种情况下，反余弦变成 $\vartheta_2=\omega_2 t$ 的线性函数，其变化范围从 0 到 π。）图 4.34 更清楚地说明了其控制原理。

在前半周期（从 $\vartheta_2=\pi/2$ 到 $\vartheta_2=\pi$，其中 $\vartheta_2=\omega_2 t$），Ⅰ组为整流模式，触发脉冲以触发延迟角 α（即从 0 到 $\alpha-\pi/2$）发送给该组的晶闸管。（注意，输出电压半波在 $\vartheta_2=\pi/2$ 时通过峰值，在 $\vartheta_2=0$ 时通过零。）如图 4.33 所示，对整流模式和逆变模式下晶闸管组运行阶段进行了标记：Ⅰ$_a$和Ⅰ$_b$分别对应于Ⅰ组在π/2～π 区间中整流和逆变模式下的运行。此时，Ⅱ组晶闸管为整流模式，其中 $\beta=0-\pi/2$。同理，Ⅱ$_a$和Ⅱ$_b$分别对应于整流和逆变模式下Ⅱ组的运行区间。

在这样的控制下，输出电压中的高次谐波含量大大降低，因为其接近正弦波，但有一定的纹波，纹波随着频率和电网相数的增加而减小，随着输出电压相位（脉动）的增加，不仅降低了输出电压的高次谐波，而且降低了频率变换器的输入电流。用反余弦控制的 6 脉冲和 12 脉冲变换器输出电压波形如图 4.35 所示。

需要注意的是，直接频率变换器的功率因数不仅取决于负载的功率因数，还取决于输入电压和输出电压的比率。随着输出电压的减小，触发延迟角 α 和 β 增加，变换器的输入功率因数随之降低。低输入功率因数是具有自然换相晶闸管的

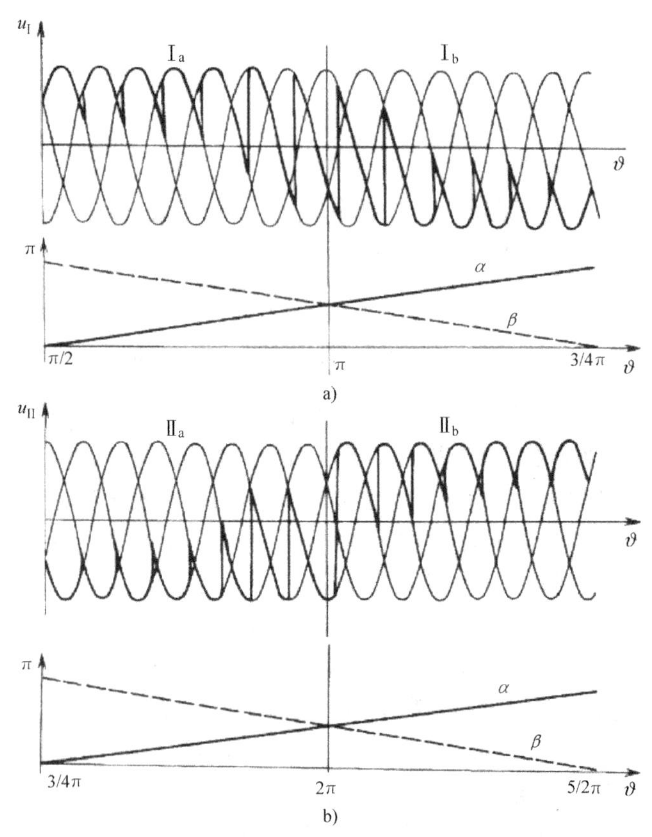

图 4. 34　频率变换器不同晶闸管组的输出电压波形和触发延迟角的变化范围

a）Ⅰ组　b）Ⅱ组

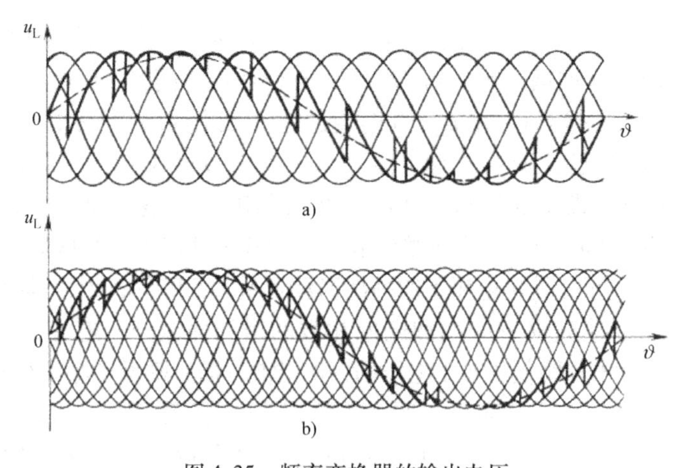

图 4. 35　频率变换器的输出电压

a）6 脉波变换器　b）12 脉波变换器

直接频率变换器的缺点之一。

4.5 基于晶闸管的交流调压器

4.5.1 单相交流调压器

根据 IEC 的定义，晶闸管交流调压器既可以作为直接交流电压控制器，也可以作为电子断路器。电子断路器的功能是开关交流电路。现在考虑的是在交流电网的情况下，具有自然换相的晶闸管调压器。

具有反并联晶闸管的单相电路如图 4.36a 所示。这是具有自然换相的晶闸管调压器基本电路。显然，双向晶闸管可以代替两个反并联的晶闸管。

假设调压器具有一个电阻负载，电阻 R_L 与调压器输入连接。其他电路元件，包括晶闸管，均视为理想元件。换句话说，其与前面所述的假设相对应。晶闸管通过向晶闸管门极提供触发脉冲 i_{g1} 和 i_{g2} 而导通。CS 与电网电压 $u_s = u_{ab}(\vartheta)$ 同步形成脉冲，相移触发延迟角 α（见图 4.36b）。

当晶闸管 VS_1 在 $\vartheta_1 = \alpha$ 时开启，输入电压施加到负载电阻 R_L 上，电阻负载电路中的电流 i_L 与电压 u_s 波形相同。当晶闸管电流降至零时，晶闸管 VS_1 关断。当 $\vartheta_1 = \pi + \alpha$ 时，晶闸管 VS_2 导通，如果 α 为常数，该过程会周期性重复。在电阻负载情况下，触发延迟角为 α 时，输出电压有效值 $U_{L\cdot eff}$ 可以表示为

$$U_{L\cdot eff} = \sqrt{\frac{1}{\pi}\int_{\alpha}^{\pi}(\sqrt{2}U_{ab}\sin\vartheta)^2 d\vartheta} = U_{ab}\sqrt{1 - \frac{\alpha}{\pi} - \frac{\sin 2\alpha}{2\pi}} \tag{4.70}$$

式中，U_{ab} 是调压器的输入电压有效值 $\vartheta = \omega t$；ω 是电网电压的角频率。

α 从 0 到 π 的调压允许平均电压（因此也是有效电压）从最大值（等于相应的输入电压）到零的调节，如图 4.36 所示。

各种单相调压器电路如图 4.37 所示，其中需要特别注意图 4.37b 所示的单晶闸管电路。然而，这种电路有一个很大的缺点，由于电流在每半个周期通过 3 个半导体器件（两个二极管和一个晶闸管），根据这些器件的实际伏安特性，由于压降增加，因此损耗增加。这限制了这种设计在低电压和小负载电流下的使用。

调压器的性能很大程度上取决于其控制特性，这与输出电压有效值 $U_{L\cdot eff}$ 和晶闸管触发延迟角 α 相关，这个特性在很大程度上取决于负载类型。目前，电阻、阻感和电感负载应用十分广泛，因此要逐一进行考虑。

4.5.1.1 电阻负载运行

由式（4.70）可得输出电压有效值与触发延迟角的关系。根据调压器的工

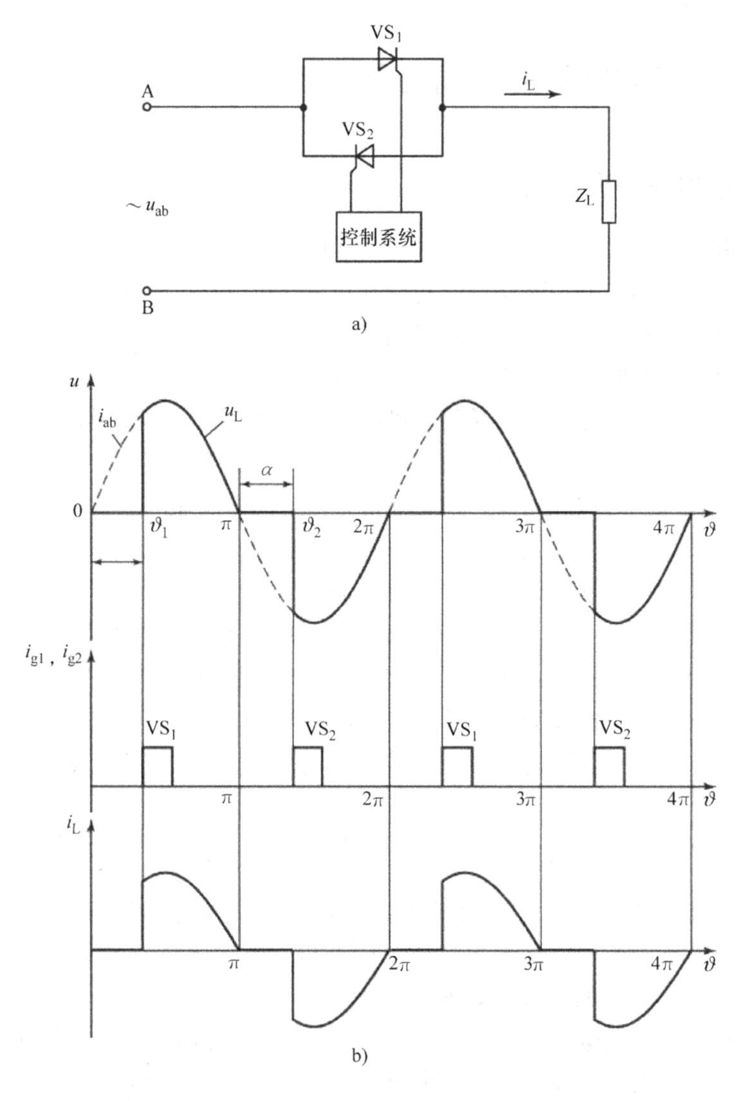

图 4.36 基于反并联晶闸管的交流调压器及其电压和电流波形

a）基于反并联晶闸管的交流调压器 b）电压和电流波形

作原理，输出电压 $u_L(\vartheta)$ 为非正弦，高次谐波的严重程度在很大程度上取决于 α。电阻负载下高次谐波的幅值与触发延迟角 α 之间的关系如图 4.38 所示。

显然，α 的增大不仅会使负载电流和电压波形发生畸变，而且会影响输入功率因数 χ，而输入功率因数的大小可以通过电流的级数展开及有功功率与总功率的公式来确定。如图 4.39 所示，对于电阻负载，χ 取决于 α。

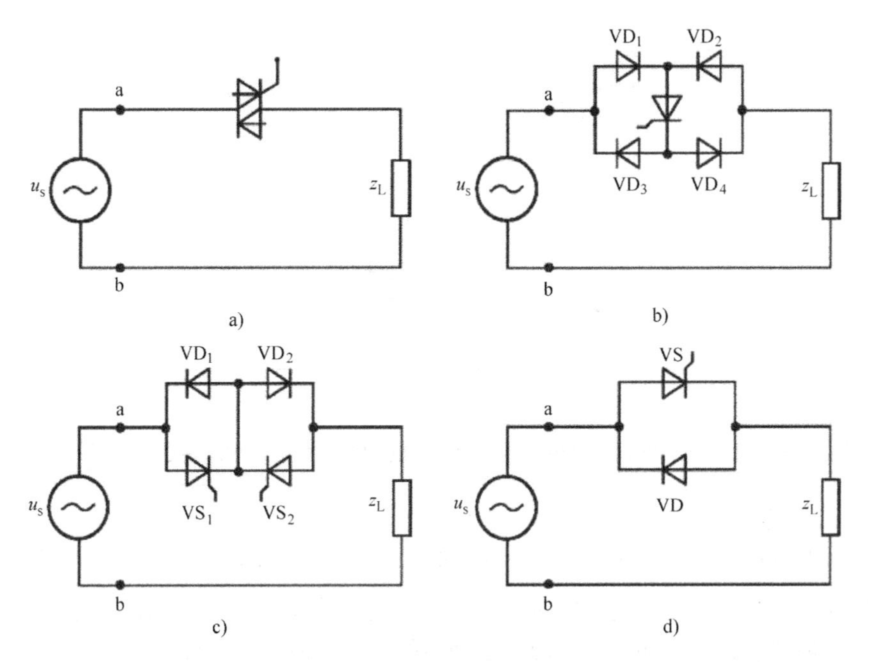

图 4.37　单相晶闸管调压器

a）基于双向晶闸管的电路　b）具有四个二极管的单晶闸管电路　c）基于两个反并联二极管的晶闸管电路　d）带有晶闸管和反并联二极管的电路

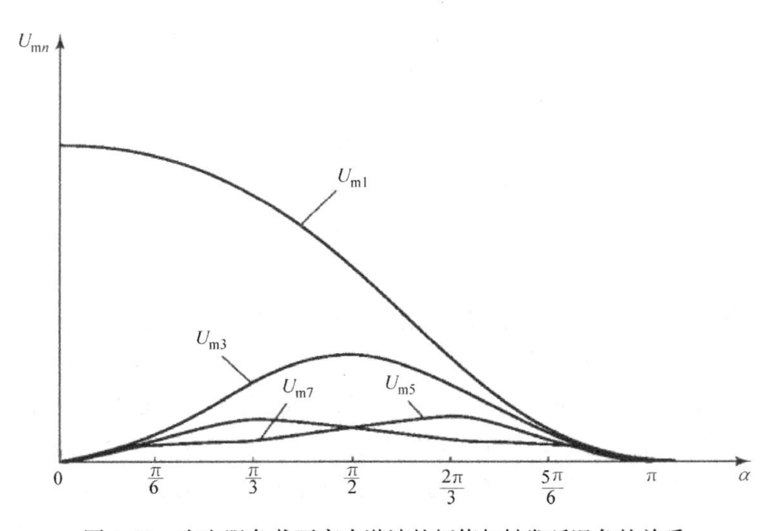

图 4.38　在电阻负载下高次谐波的幅值与触发延迟角的关系

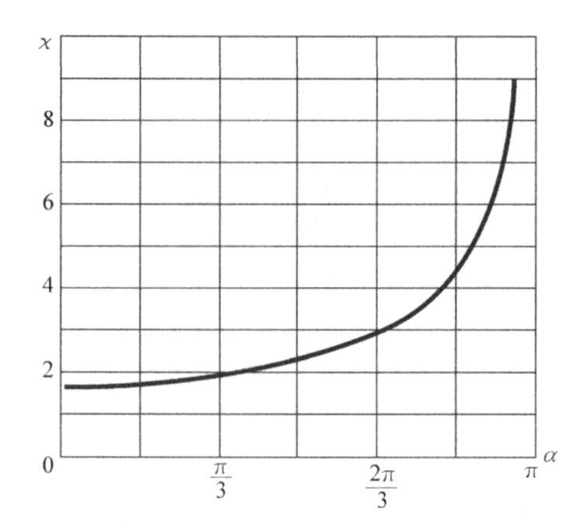

图 4.39 具有电阻负载的单相晶闸管调压器的功率因数χ与触发延迟角的函数关系

4.5.1.2 阻感负载运行

假设负载是一个电阻R_L与一个电感L_L的串联，如图 4.36a 所示的任何一个晶闸管导通，都会在由输入电压源和负载组成的系统中开始一个瞬态过程。假设调压器是理想元件，输入电压源也是理想的，则瞬态过程的形式可以表示为

$$u_{ab}(t)=L_L\frac{di_L}{dt}+i_LR_L \tag{4.71}$$

i_L 可以用瞬态分量$i_{L\cdot tr}$和稳态分量$i_{L\cdot st}$之和表示为

$$i_L=i_{L\cdot tr}+i_{L\cdot st} \tag{4.72}$$

i_L 结果为下列形式

$$i_L(\vartheta)=\frac{\sqrt{2}U_{ab}}{\sqrt{R_L^2+(\omega L_L)^2}}[\sin(\vartheta-\varphi_L)-\sin(\alpha-\varphi_L)e^{-(\alpha-\vartheta)/\omega\tau}] \tag{4.73}$$

可以将$i_L(\vartheta)$的结果分为三类，这取决于α和φ_L：

$$\begin{cases}\alpha>\varphi_L, & \lambda<\pi \quad (1)\\ \alpha<\varphi_L, & \lambda>\pi \quad (2)\\ \alpha=\varphi_L, & \lambda=\pi \quad (3)\end{cases} \tag{4.74}$$

在情况（3）时，不存在瞬态分量$i_{L\cdot tr}$，晶闸管导通而进入稳态。在情况（2）时，瞬态分量瞬态过程的前半波持续时间大于π。调压器中的相应条件是，第二个晶闸管VS_2不会在α角下导通，相反，将在第一个晶闸管分流，第一个晶闸管在负半波继续运行。因此，调压器运行是不对称的，这会导致电压质量降低和晶闸管负载的不对称。这些问题可以通过保证调压器运行在$\alpha\geqslant\varphi_L$的情况下消除。

4.5.1.3 感性负载的运行

假设在电路和负载中有功功率损耗为零，则带有感性负载的调压器与带有阻感负载的调节器运行情况不同，因为瞬态分量中没有阻尼特性。在电路方程中，时间常数 $\tau = L_L/R_L \to \infty$ 。

如图 4.40c 所示，等效电感 X_{eq}作为 α 的函数，可以看出带有输入电感 L_0的调压器可视为电子 CS 在 $X_0 = \omega L_0$到∞ 范围内的可控电感。

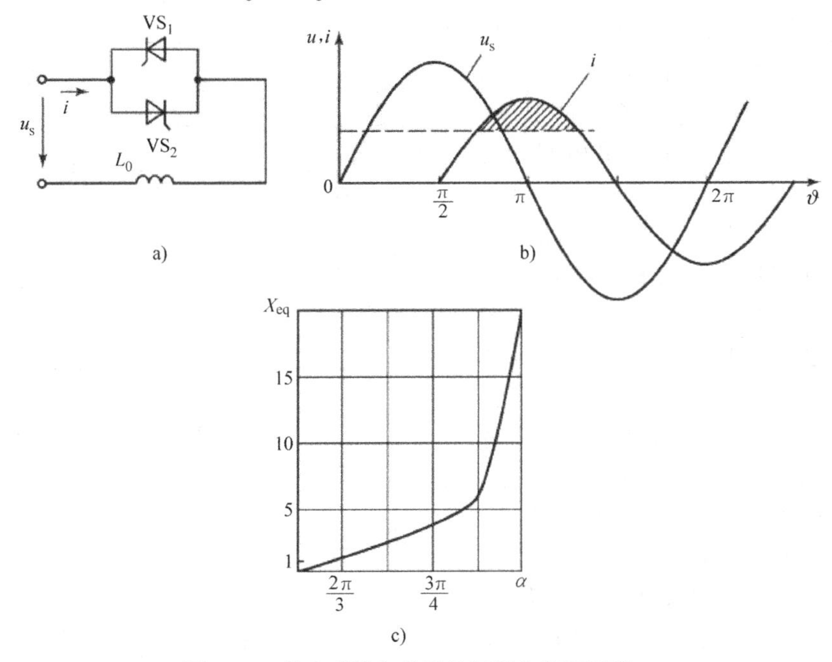

图 4.40　带有感性负载的晶闸管交流调压器

a）电路　b）电压和电流波形　c）等效电感与触发延迟角的关系

这种控制方法在电力工业中广泛应用于由并联电容器组和电阻反并联晶闸管组成的无功功率补偿装置。

4.5.2　三相交流调压器

三相调压器的两种典型结构如图 4.41 所示：包括负载中性点不接地的星形联结以及三角形联结。从单相系统变换到三相系统会使拓扑结构复杂化，因此对调压器中的工作过程分析也很复杂。分析单个触发延迟角的范围，可以得到三相系统运行的一般规律（Williams，1987）。因此，在中性点不接地的星形联结（见图 4.41a）中，在电阻负载情况下，调压器的晶闸管可能出现 3 种不同的工作模式。根据图 4.41a 中的数字编号，假设触发脉冲以 $\pi/3$ 的间隔提供给晶闸管，起点 $\vartheta = 0$ 是相电压从零变正的时刻。3 种晶闸管模式如下所示：

1）当 $0 \leqslant \alpha \leqslant \pi/3$ 时，有时两个晶闸管导通，有时三个晶闸管导通，例如，VS_5 和 VS_6；其次是 VS_5、VS_6 及 VS_1；等等。

2）当 $\pi/3 \leqslant \alpha \leqslant \pi/2$ 时，总有两个晶闸管处于导通状态，例如，VS_5 和 VS_6，以及 VS_1 和 VS_6。

3）当 $\pi/2 \leqslant \alpha \leqslant 5\pi/6$ 时，两个晶闸管处于导通状态或所有晶闸管都关断状态周期性交替出现。例如，可能电流流过晶闸管 VS_1 和 VS_6，但其随后被关断，这段时间所有晶闸管都关断。然后 VS_2 和 VS_1 再导通，以此类推。

从以上示例中可以看出，即使在最简单的电阻负载情况下，三相调压器过程也比单相调压器复杂得多。对于三角联结也是如此（见图4.41b）。需要注意的是，在实际应用中，具有阻感负载的调压器是最常见的，在这种情况下，过程更加复杂，很难得到适合实际使用的公式。可以注意到，单相调压器的输出电压，频谱特性更好。在三角形联结拓扑中，三的倍数次谐波不会注入电网。

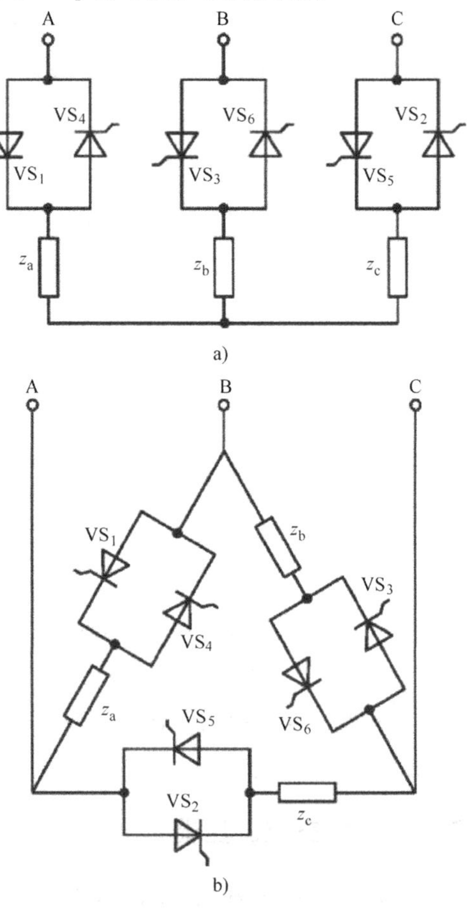

图4.41 三相晶闸管调压器电路

a）中性点不接地的星形联结 b）三角形联结

为了减小输出电压和输出电流的失真并提高输入功率因数 χ，晶闸管的调压器与自耦变压器相结合，可以很方便地实现电压稳定。如图4.42a所示为一个简化的稳压器，其中变压器绕组的连接通过晶闸管 VS_1 ~ VS_4 进行切换，在该系统中，通过调整开关时间来稳定输出电压。在输入电压的正半周期中，晶闸管 VS_1 或 VS_2 导通；在负半周期中，晶闸管 VS_3 或 VS_4 可能处于导通状态。该系统中晶闸管的换相取决于变压器电压，为了确保自然换相，需要切换到高电位端子。例如，在输出电压的正半波中，晶闸管 VS_2 先导通，然后晶闸管导通 VS_1。在这种情况下，当晶闸管 VS_1 导通时会形成短路，短路电流与晶闸管 VS_2 的负载电流相反，因此，晶闸管 VS_2 关断，电流开始流过晶闸管 VS_1。该系统中，可以通过调节晶闸管的开关时刻来调节输出电压的有效值。具有负载的稳压器的输出电压如图4.42b所示。

在阻感负载下，晶闸管的控制更加复杂，因为负载电流滞后于变压器绕组电压，当负载电流为零时，晶闸管关断。

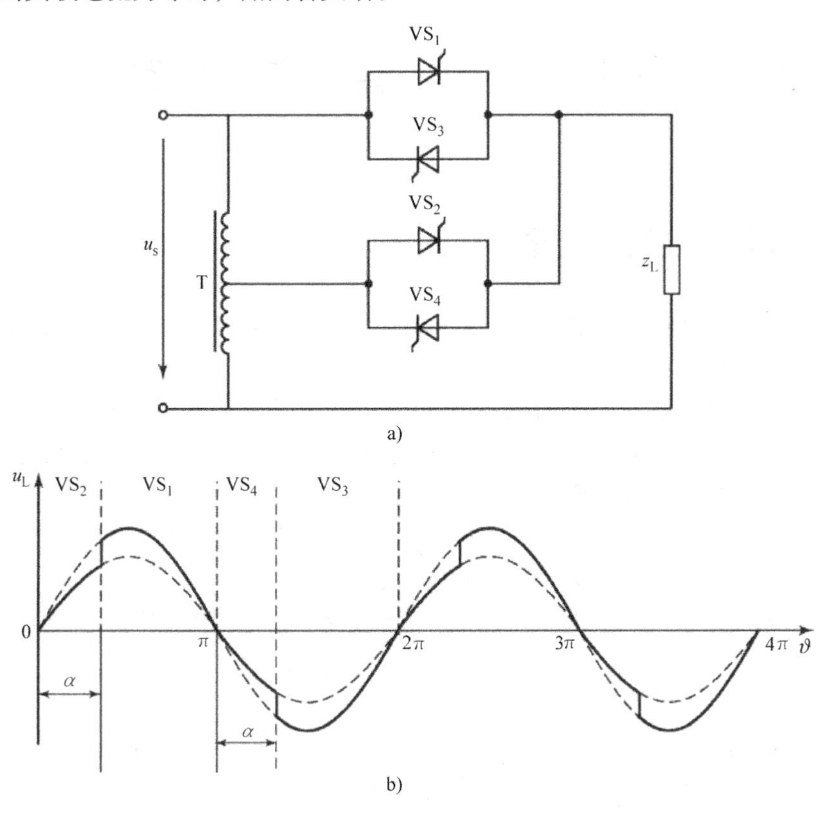

图 4.42　基于变压器的稳压器及其输出电压波形

a）基于变压器的稳压器　b）输出电压波形

参考文献

International Electrical-Engineering Dictionary, IEC BO050-551. 1998. Mezhdunarodnyi elektrotekhnicheskii slovar'. *Power Electronics, Silovaya elektronika, MEK BO050-551*. Moscow: Izd. Standartov (in Russian).

Rozanov, Yu.K. 1992. *Osnovy silovoi elektroniki (Fundamentals of Power Electronics)*. Moscow: Energoatomizdat (in Russian).

Rozanov, Yu.K. 2009. Power in ac and dc circuits. *Elektrichestvo*, 4, 32–36 (in Russian).

Rozanov, Yu.K., Ryabchitskii, M.V., and Kvasnyuk, A.A., Eds. 2007. *Silovaya elektronika: Uchebnik dlya vuzov* (*Power Electronics: A University Textbook*). Moscow: Izd. MEI (in Russian).

Williams, B.W. 1987. *Power Electronics: Devices, Drivers, and Applications*. New York: John Willey.

Zinov'ev, G.S. 2003. *Osnovy silovoi elektroniki (Fundamentals of Power Electronics)*. Novosibirsk: Izd. NGTU (in Russian).

第 5 章　直流 - 直流变换电路

5.1　简介：连续稳定器

直流 - 直流变换是为了提高直流电源的功率，并使得电源侧和用电侧电压相匹配。通常，此变换会使电源和负载的电流解耦。

直流电压变换器在实现直流变换的同时调节或稳定负载中的电压（或电流），只用于稳定电路的变换器被称为稳定器。直流变换器有两种类型：连续变换器和脉冲变换器，要能够区分。

连续变换器可以在电源或负载电压变化下稳定直流电路中的电压。连续变换器的晶体管工作在输出伏安特性曲线的有源区。

图 5.1a 所示为具有晶体管和负载串联的连续调节器的电路图。负载电压为

$$U_{out \cdot max} = E_{min} - U_{sw \cdot sat} \tag{5.1}$$

式中，$U_{sw \cdot sat}$是晶体管饱和电压。

变换器运行中负载电压稳定为 $u_{out} = U_{st}$，电流$i_0 = i_{out} = U_{st}/R_{lo}$。基于对输出电压的负反馈的控制系统（CS）维持集电极电流$i_0 = U_{st}/R_{lo}$。随着电压 E 的增加，晶体管电压$u_{sw} = E - U_{st}$也增加。

电源 E 的多余能量消耗晶体管上，其功率损耗为$P_{tr} = u_{sw} i_0$。

忽略控制系统中的能量消耗，可以用以下形式表示变换器的效率：

$$\eta = \frac{P_{lo}}{P_{lo} + P_{tr}} = \frac{U_{st} i_0}{U_{st} i_0 + (E - U_{st}) i_0} = \frac{U_{st}}{E} \tag{5.2}$$

稳定精度主要由控制系统决定。

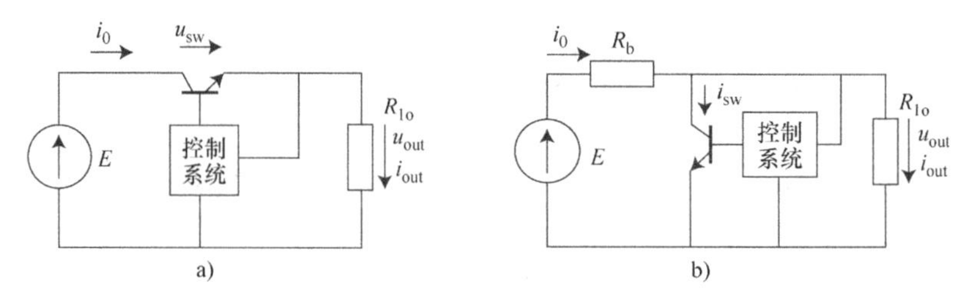

图 5.1 连续稳定器

a）晶体管和负载串联　b）晶体管和负载并联

图 5. 1b 为带有并联晶体管的稳定器，可达到的最大稳定负载电压为

$$U_{out \cdot max} = E_{min} \frac{R_{lo \cdot min}}{R_{lo \cdot min} + R_b} \tag{5.3}$$

当 $E = E_{min}$ 时，晶体管工作在关断模式下，集电极电流 $i_C = 0$。由于控制系统具有输出电压负反馈的特点，故负载电压被稳定在 $u_{out} = U_{st}$。随着 E 的增加，限流电阻 R_b 上的电压为 $u_R = E - U_{st}$，电流 $i_0 = u_R / R_b$。通过晶体管的电流也在增加：$i_{sw} = i_0 - i_{out} = i_0 - U_{st} / R_{lo}$；晶体管的电压为 $u_{sw} = U_{st}$。

电源 E 的多余能量消耗在限流电阻 R_b 以及晶体管上，功率损耗为

$$P_{loss} = P_R + P_{sw} = u_R i_0 + U_{st} i_{sw} \tag{5.4}$$

变换器效率为

$$\eta = \frac{U_{st}^2}{E^2 - U_{st} E} \cdot \frac{R_b}{R_{lo}} \tag{5.5}$$

图 5. 1b 中并联晶体管的稳定器效率比图 5. 1a 中串联晶体管的稳定器效率要低，但晶体管中的损耗会变小。

连续稳定器的低效率限制了它们在功率不超过几瓦的设备上的使用。连续稳定器和相关的控制系统以集成电路的形式生产。

当前仅在大功率场合使用脉冲变换器。在这些变换器中，可以通过调整（或调制）矩形脉冲的宽度来调节和稳定输出电压（或电流）。开关半导体器件的使用大大提高了变换器的效率且减小了单元的重量和尺寸。

相关文献阐述了针对脉冲直流电压型变换器的各种大型电路设计。最常见的类型在如下章节讨论。

没有变压器的脉冲直流电压型变换器有时也被称为直流调压器。

5. 2 基本直流调压器

5. 2. 1 降压直流 - 直流变换器

降压（buck）直流 - 直流变换器也称第一类调压器，其中晶体管与电源 E 和负载串联（Polikarpov 和 Sergienko，1989；Ericson 和 Maksimovich，2001；Mohan 等人，2003；Rashid，2004；Meleshin，2006）。

图 5. 2 为电路图以及相应的波形图。该电路包括平滑波形的 LC 滤波器。（在一些情况下电容 C 可省略）。当晶体管在 $t_1 - t_2$（脉冲宽度 T_p）区间导通时，输出电压 $u_s = E$，电感 L 上的电压为 $u_L = E - u_{out} > 0$。通过电源 E、晶体管和电感 L 上电流 $i_0 = i_L$ 增加，存储在电感 L 中的能量也随着增加。

t_2 时刻晶体管关断，电感电流流过二极管。电感电压 $u_L = -u_{out} < 0$，电感

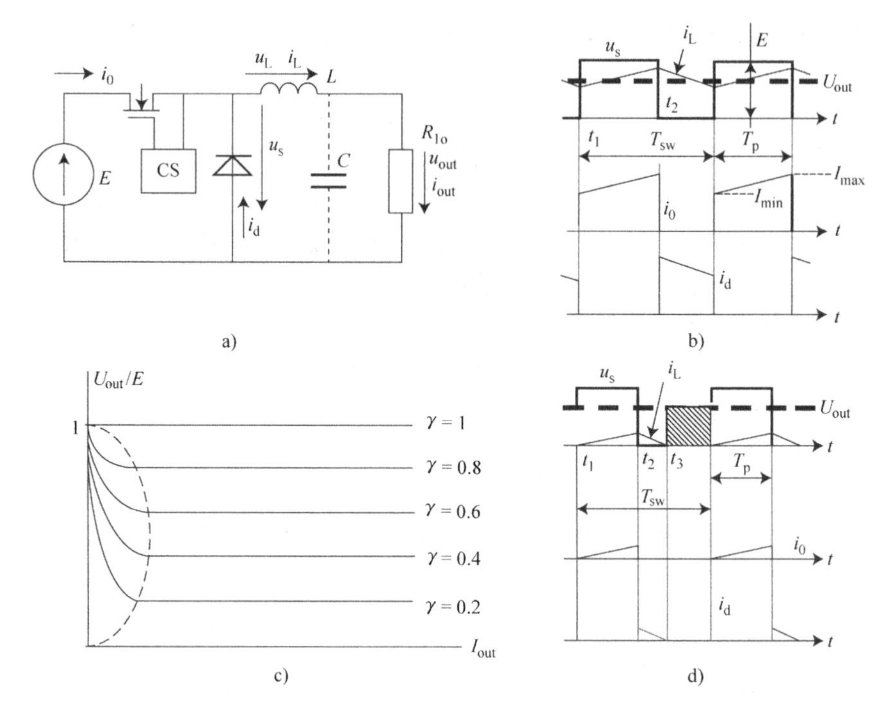

图 5-2 降压直流－直流变换器

a）电路图 b）电感电流连续时的电流和电压波形图

c）输出特性 d）电感电流不连续时的电流和电压波形图

电流 $i_L=i_d$ 变小，电感中存储的能量会减少。当电压 $u_s=0$，无电流从电源中流出：$i_0=0$。在 t_1+T_{sw}时刻，晶体管再次导通，重复以上过程（重复周期 $T_{sw}=1/f_{sw}$，其中f_{sw}为开关频率）。

如果忽略变换器的损耗，则变换器的平均输出电压为

$$U_{out}=E\frac{T_p}{T_{sw}}=\gamma E \tag{5.6}$$

式中，$\gamma=T_p/T_{sw}$，是占空比。平滑负载电压中的脉动后，$u_{out}=U_{out}$，如图 5.2b 所示。

平均电感电流 i_L与负载平均电流相等，为

$$I_{L\cdot me}=\frac{\gamma\cdot E}{R_{lo}} \tag{5.7}$$

i_L的最小值和最大值之间的差值为

$$\Delta I=I_{max}-I_{min}=\frac{E(1-\gamma)\gamma}{L\cdot f_{sw}} \tag{5.8}$$

变换器具有硬特性曲线，其斜率由变换器功率损耗决定，如图 5.2c 所示，虚线为电感电流 i_L 连续（变换器工作基本方式，见最右边部分的特性）与不连续之间的边界。此边界线上，该特性急剧变化。

图 5.2c 中的边界线对应 $I_{min}=0$ 和 $\Delta I/2=I_{L \cdot me}$，故有

$$I_{out \cdot b}=\frac{E\gamma(1-\gamma)}{2L \cdot f_{sw}} \tag{5.9}$$

图 5.2d 为电感电流不连续时的波形图。在 t_1时刻晶体管导通，$u_s=E$，电流 $i_0=i_L$增大，电感中存储的能量增加。t_2时刻晶体管关断，电感电流流过二极管，t_3时刻降为零，二极管关断。电感电流为零时 $u_s=u_{out}$。u_s 波形如图 5.2d 所示，其中由于电感电流断续，平均输出电压增加的部分用阴影标出；电流不连续时变换器特性急剧下降。

在电流不连续的情况下，变换器的功率器件保持工作状态。在控制系统使用反馈回路时，必须考虑不连续电流的作用。

在电流连续的情况下，输出电压脉动为

$$\frac{\Delta U_{out}}{U_{out}}=\frac{1-\gamma}{8LC \cdot \gamma \cdot f_{sw}^2} \tag{5.10}$$

为了降低滤波器中无源器件的损耗，必须增加开关频率。为使变换器只工作在电流连续的情况下，通常要选择电感值合适的电感 L。

随着 γ 减小，电压 U_{out}增加，同时谐波成分更加恶化。晶体管最大电流与平均电流之比为 $1/\gamma$。γ 较小时，晶体管的选择必须考虑到此因素。因此，降压直流 - 直流变换器不适用于大幅降低直流电压。

电源 E 为 300 ~ 350V 时，调节器采用 MOS 晶体管，开关频率增加到 100kHz 以降低无源元件的功耗。在更高的电压下，基于 IGBT 的调节器开关频率为 20kHz 或更高。

降压直流 - 直流变换器的优点是可以保证输出滤波器输入电流的连续性且滤波器的无源器件参数值是最小的。

5.2.2 升压直流 - 直流变换器

在升压（或 boost）直流 - 直流变换器（也称为第二类调压器）中，电感 L 与电源 E 串联。相应电路图如图 5.3a 所示，具有连续电感电流的波形图如图 5.3b 所示。

变换器与电源 E 相连且晶体管上没有控制脉冲时，电容 C 通过电感 L 和二极管充电，直到电压大于 E，变换器负载平均电压$U_{out}>E$。

在稳态条件下，当晶体管在 t_1时刻导通时，电感电压 $u_L=E$，电流 $i_L=i_0=i_T$ 增加。二极管关断，负载与电源断开连接，电容 C 向负载提供能量。

晶体管在 t_2 时刻关断，二极管导通，电感电压 $u_L=E-u_{out}$，电流 $i_L=i_0=i_d$ 下降。

如果忽略变换器的损耗，变换器的平均输出电压为

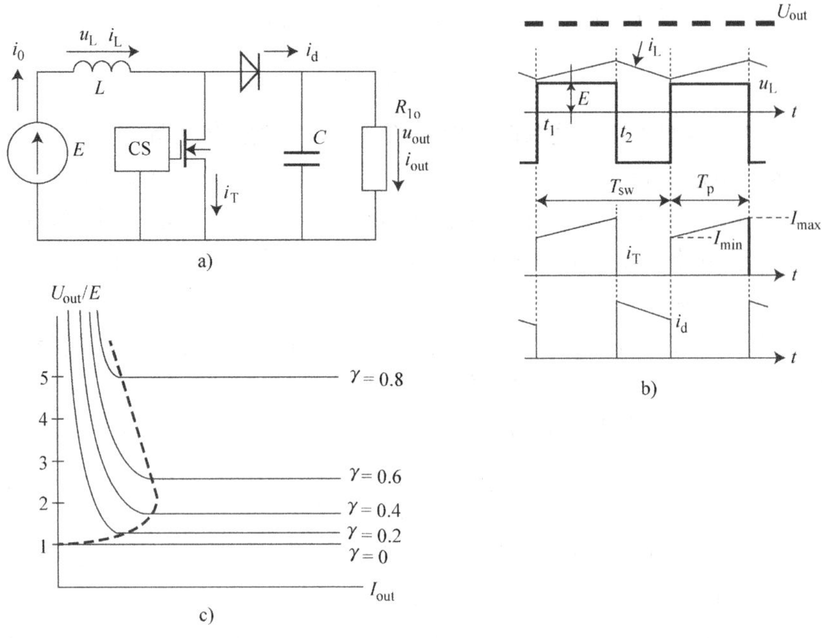

图 5.3　升压直流 - 直流变换器

a）电路图　b）电感电流连续时的电流和电压波形　c）特性曲线

$$U_{out}=\frac{E}{1-\gamma}>E \tag{5.11}$$

式中，$\gamma=T_p/T_{sw}$，是占空比。U_{out}波形如图 5.3b 所示。

变换器的特性如图 5.3c 所示，右侧对应于基本的变换器工作模式，电感电流连续。此情况下特性曲线具有硬特性，变换器的损耗决定特性曲线的斜率。图 5.3c 中的虚线为电流连续的工作边界条件。

电流 i_L 平均值为

$$I_{L\cdot me}=\frac{E}{(1-\gamma)^2R_{lo}} \tag{5.12}$$

电感电流 i_L 的最大值与最小值之间的差值为

$$\Delta I=I_{max}-I_{min}=\frac{E\cdot\gamma}{L\cdot f_{sw}} \tag{5.13}$$

图 5.3c 电感电流不连续的工作边界对应于 $I_{min}=0$ 和 $\Delta I/2=I_{L\cdot me}$，有

$$I_{out\cdot b}=\frac{E\gamma(1-\gamma)}{2L\cdot f_{sw}} \tag{5.14}$$

电感电流不连续时，晶体管关断，电感电流流过二极管。当 $i_L=0$，电感中存储的能量为零，二极管不导通。t_1-t_2时，负载与电容相连，晶体管流过电流。负载电压上升，特性曲线急剧下降（见图 5.3c）。电流不连续时，变换器的功率元件仍然维持在工作状态。在控制系统使用反馈回路时，必须考虑不连续电流的

作用。在接近空载的条件下，由于输出电压随γ值无限增加，变换器无法正常工作，这可能会导致半导体器件和负载损坏。

电感电流连续时，输出电压的脉动为

$$\frac{\Delta U_{out}}{U_{out}}=\frac{\gamma}{R_{lo}Cf_{sw}} \tag{5.15}$$

随着U_{out}/E的增加，γ也增加，输出电压质量降低。二极管最大电流与平均电流之比为$1/(1-\gamma)$。γ较大时，选择二极管必须考虑此因素的影响。因此，使用升压直流-直流变换器来大幅度增加直流电压是不恰当的。

升压直流-直流变换器的优点是，只要电感电流连续，电源E的电流就连续，这一特性使得变换器输入滤波器的电容值减小甚至无需使用电容；其缺点为输出滤波器的输入电流具有不连续性。

5.2.3 反向调节器

反向调节器也称为第三类调节器或升降压型变换器，如图5.4a所示。由于电源电压和负载电压极性相反，故被称作反向调节器。晶体管与电源E串联，晶体管电流与电源电流相同，$i_T=i_0$。图5.4b为电感电流连续情况下波形图。

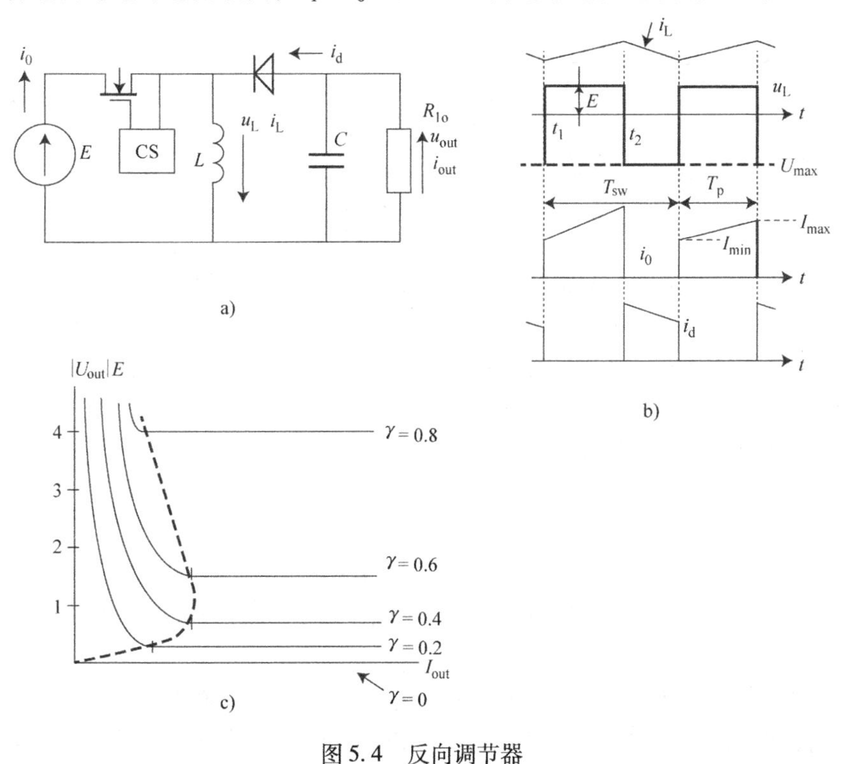

图5.4　反向调节器

a）电路图　b）电感电流连续时的电压、电流波形　c）特性曲线

t_1时刻晶体管导通，电源电流流过晶体管和电感。电感电压为电源电压，即$u_L=E$。能量存储在电感中，电流 $i_L=i_0=i_T$ 增加。二极管关断，负载与电源断开，电容 C 向负载提供能量。

t_2时刻晶体管关断，电感的自感应电压使二极管导通。电感电压 $u_L=-u_{out}$，电感能量减少，电流 $i_L=i_d=i_{out}$下降。

如果忽略变换器的损耗，则变换器的平均输出电压为

$$U_{out}=\frac{-E\gamma}{1-\gamma} \tag{5.16}$$

式中，$\gamma=T_p/T_{sw}$，是占空比，图 5.4b 为 U_{out}波形。由 γ 决定，U_{out}的绝对值可以比 E 大，也可以比 E 小。

晶体管的最大电压为$E+|U_{out}|$。

变换器特性曲线如图 5.4c 所示，右侧是变换器基本工作方式。电感电流连续。变换器具有硬特性，特性曲线的斜率表示变换器功率损耗，虚线是电感电流连续的边界。

电流 i_L平均值为

$$I_{L\cdot me}=\frac{E\gamma^3}{(1-\gamma)^2R_{lo}}+\frac{E\gamma}{R_{lo}} \tag{5.17}$$

i_L 的最大值与最小值之间的差值为

$$\Delta I=I_{max}-I_{min}=\frac{E\cdot\gamma}{L\cdot f_{sw}} \tag{5.18}$$

图 5.4c 中电流不连续边界对应于 $I_{min}=0$，$\Delta I/2=I_{L\cdot me}$，有

$$I_{out\cdot b}=\frac{E\gamma(1-\gamma)}{2L\cdot f_{sw}} \tag{5.19}$$

电流不连续模式下，t_2时刻，电感电流通过二极管；但当 $i_L=0$ 时，电感中的能量为零，二极管关断，负载与电容相连。负载电压增加，变换器特性曲线急剧下降（见图 5.4c）。电流不连续时，变换器的功率元件仍在工作。设计控制系统电流反馈回路时，必须考虑到不连续电流的作用。在接近空载的情况下，变换器由于晶体管电压的无限增长而无法工作。

电感电流连续时，输出电压的脉动为

$$\frac{\Delta U_{out}}{U_{out}}=\frac{\gamma}{R_H Cf_{sw}} \tag{5.20}$$

随着 U_{out}/E 的增大，输出电压质量不断下降，这意味着变换器不能使得直流电压增大太多。

反向调节器的优点是可以获得比电源电压大或者小的输出电压。

缺点包括低负载时从电源流出的电流以及提供给输出滤波器的输入端电流不连续，但可通过在这种电路级联连接的基础上进行拓扑调整来解决，这种新电路

称为 Ćuk 变换器。

5.2.4　Ćuk 变换器

图 5.5 为 Ćuk 变换器（Mohan 等人，2003；Rozanov，2007）的电路图以及波形图。t_1时刻，当晶体管导通时，电感L_1上的电压$u_{L1}=E$，电感电流i_0增加。电容C_1加在所负电压二极管的阳极上，二极管关断，电容C_1与LC滤波器的输入相连，通过电流i_{L2}放电，能量传输到滤波器和负载上。

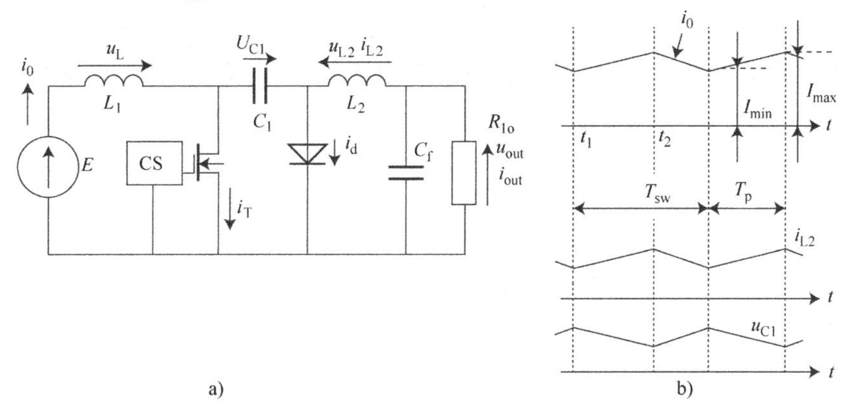

图 5.5　Ćuk 变换器

a）电路图　b）连续电流时电流、电压波形

t_2 时刻，晶体管关断。电感 L_1 电流通过电容 C_1 和二极管；电容 C_1 上的能量和电压增加。导通二极管的零电压加在滤波器的输入端，电感 L_2 的电流也流过二极管。T_f 结束时，电容电压恢复到 t_1 时刻的电压：$u_{C1}(t_1+T_f)=u_{C1}(t_1)$。

如果忽略变换器的损耗，变换器的平均输出电压为

$$U_{out}=\frac{-E\gamma}{1-\gamma} \tag{5.21}$$

U_{out}的绝对值取决于γ，可比E大或者小。

相应的变换器特性曲线系列如图 5.4c 所示，其中的虚线为电流连续边界曲线。电感 L_1 和电感 L_2 的电流中断时，可以观察到不连续电流。相关公式可在 Polikarpov 和 Sergienko（1989）的参考文献中找到。在接近空载的情况下，变换器处于不工作状态。

输出电压的脉动为

$$\frac{\Delta U_{out}}{U_{out}}=\frac{1-\gamma}{8L_2\cdot C_f\cdot f_{sw}^2} \tag{5.22}$$

Ćuk 变换器的优点为

- 和升压直流 - 直流变换器一样，从电源 E 中获取连续电流；
- 和降压直流 - 直流变换器一样，滤波器输入电流是连续的。

在一个 Ćuk 变换器电路中，两个电感通过共用一个铁芯互相耦合，这种结构大大减少了电流 i_0 以及输出电压的脉动。

5.2.5 电压倍增调节器

电压倍增在直流调节器中可以实现（Polikarpov 和 Sergienko，1989），在不使用变压器的情况下，可以大大增加输出电压与电源电压的比值。详细分析见图 5.6。

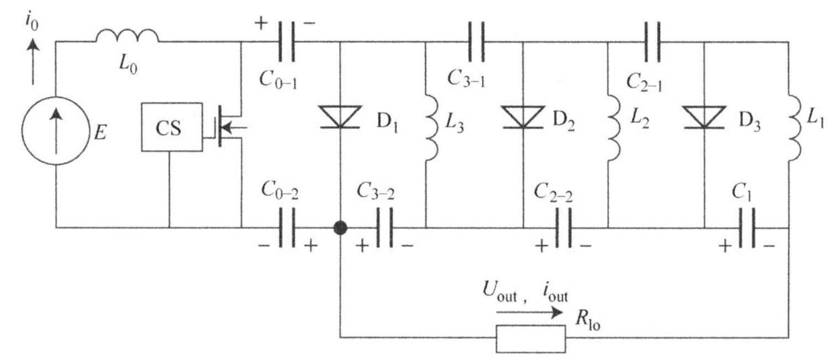

图 5.6　电压倍增调节器

若晶体管导通，能量存储在电感 L_0 中；二极管 D_1、D_2 和 D_3 关断；电容 C_{0-1} 和 C_{0-2} 中储存的能量被传送到由 C_1-L_1，$C_{2-2}-L_2$ 和 $C_{3-2}-L_3$ 组成的 L 形单元中。

若晶体管关断，来自电感 L_0 的电流 i_0 通过二极管 D_3，电感能量被传送给电容 C_{0-1} 和 C_{0-2}。电感 L_3 通过二极管 D_2、D_3 将能量传送给电容 C_{3-1} 和 C_{3-2}；电感 L_2 能量通过二极管 D_1、D_2 向电容 C_{2-1} 和 C_{2-2} 转移；电感 L_1 能量通过二极管 D_1 向电容 C_1 转移。在此区间内，电容 C_{3-1}、C_{3-2} 和 C_{2-1}、C_{2-2} 是通过导通二极管以并联方式连接的，而电感 L_1、L_2 和 L_3 则是串联的。电感中的平均电流等于负载电流 I_{out}。

变换器内相同类型的单元数目可多可少。忽略变换器的损耗，变换器的平均输出电压为

$$U_{out}=\frac{EN\gamma}{1-\gamma} \tag{5.23}$$

式中，N 是变换器中的单元数（如在图 5.6 中，$N=3$），每个单元电容的电压为

$$U_C=\frac{E\gamma}{1-\gamma} \tag{5.24}$$

而二极管的反向电压为

$$U_D=\frac{E}{1-\gamma} \tag{5.25}$$

如前所述，增加开关频率可以减少无功元件的损耗。但随着频率的增加，半导体器件的开关损耗也随之增加，其可通过使用谐振变换器和各种类型的零开关电路来降低。

5.3 输入输出变压器解耦的直流调压器

当电源电压和负载上的输出电压有很大的差别时，需使用带有内置变压器的直流调压器（Polikarpov 和 Sergienko，1989；Ericson 和 Maksimovich，2001；Rashid，2004；Rossetti，2005；Rozanov，2007）。这种变换器中变压器工作在高频段，故无功元件的功耗降低，整个系统的尺寸和重量变小。变压器实现输入端、输出端的电气隔离以及产生更高的电压。如下章节只考虑几种此类设备。

在功率不超过 1kW 的情况下，通常采用半周期直流电压变换器（反激式变换器和正激式变换器）。在更高功率时主要采用全周期变换器（推挽式变换器）。

5.3.1 反激式变换器

图 5.7a 为反激式变换器的电路图，在晶体管关断的时间内，能量进行转移；图 5.7b 为电流通过开关器件的波形图。

反激式变换器基于直流反向调节器（见 5.2.3 节），在分流电感 L 中，绕组的匝数比为 $k=w_2/w_1$。图 5.7 中当绕组接通时负载电压为正。

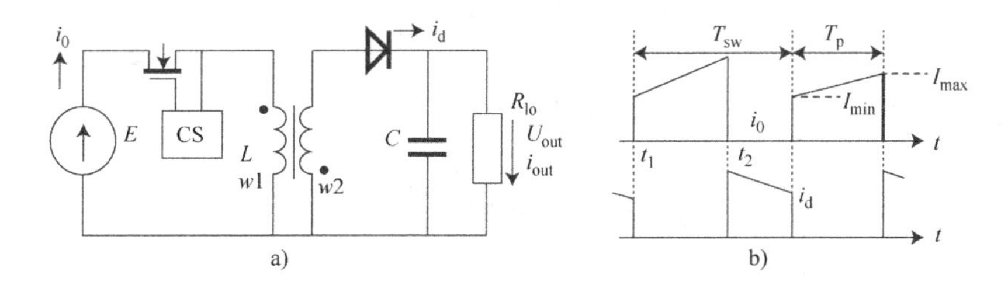

图 5.7　反激式变换器

a）电路图　b）电感电流连续时电压、电流的波形

晶体管在 t_1 时刻导通，能量存储在电感的铁心中；晶体管电流逐渐增加，且与电源电流 i_0 相等。二次绕组感应电压使二极管关断，电容 C 将其存储的能量供给负载。

晶体管在 t_2 时刻关断，流向绕组 w_1 中的电流停止。电感中的能量传递到负载并补充电容 C 的能量，二极管电流 i_d 减小。能量在晶体管关断期间内传递到负载。

若将变压器二次侧元器件值（C 和 R_{lo}）根据一次侧重新计算并合并绕组，则变换器将等效为反向调节器。5.3 节所述的所有关系和特性均在这些条件下适用。特征曲线如图 5.4c 所示，U_{out}/E 应乘上 $k=w_2/w_1$。

忽略变换器的损耗，变换器的平均输出电压为

$$U_{out}=\frac{Ek\gamma}{1-\gamma} \tag{5.26}$$

$t_1\sim t_2$时间内电流仅流过 w_1绕组，余下时间电流仅流过 w_2绕组，铁心被负载电流磁化。

电流不连续边界条件为

$$I_{out\cdot b}=\frac{E\gamma(1-\gamma)}{2kLf_{sw}} \tag{5.27}$$

式中，L 是绕组 w_1的电感。

空载（零负载）时变换器不能工作。

反激式变换器的缺点与反向调节器相同：电源电流 i_0和负载电路（$R_{lo}-C$）的电流 i_d 不连续。请注意以下几个问题

1）为使变换器工作在最佳状态，绕组之间的磁耦合应尽可能大。为此要在技术和设计上采取相应措施。

2）变压器的磁心在磁滞回线的不对称部分工作，充当储能器，这增加了磁性元件的消耗。

3）图 5.7a 中没有可以消除扼流圈杂散电感能量的电路，这可能导致晶体管出现不允许的电压浪涌。

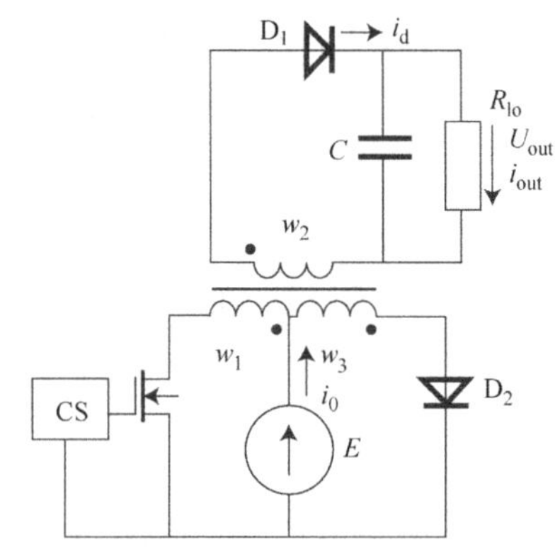

图 5.8　有续流回路的反激式变换器

很多电路设计可以解决后者问题，其中一例如图 5.8 所示，图中续流回路由绕组 w_3 和二极管 D_2 组成。绕组 w_1 与 w_3 匝数相同，之间具有很强的磁耦合。

$t_1\sim t_2$时间段晶体管导通；绕组 w_2 和 w_3 处的电压使得二极管 D_1 和 D_2 关断。电路结构如图 5.7a 所示。晶体管关断后，电感电流与电源续流下降到零二极管电流上升到一个稳定值。晶体管集电极的电压不超过 $2E$，续流回路的运行条件限制了变比 k 的选择

$$k=\frac{6U_{out}}{E_{min}+E_{max}} \tag{5.28}$$

5.3.2 正激式变换器

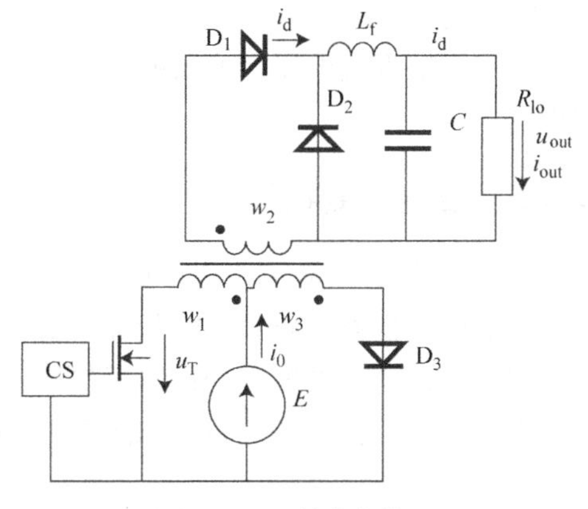

图 5.9 正激式变换器

图 5.9 为正激式变换器电路图，在脉冲宽度为 T_p 期间能量传递给负载。

晶体管导通时，绕组 w_1 上的电压为 E，二次绕组 w_2 中的感应电压使得二极管 D_1 导通，滤波器 L_fC 的输入端电压为 kE，存储在滤波器元件和变压器铁心磁场中的能量传输到负载。

晶体管关断时，二极管 D_1 关断，二极管 D_2 导通，存储在滤波器件中的能量维持负载中的电流。变压器铁心中的能量通过绕组 w_3 和二极管 D_3 传输到电源。

若忽略变换器的损耗，变换器的平均输出电压为

$$U_{out} = Ek\gamma \tag{5.29}$$

正激式变换器工作原理在很大程度上与降压直流 - 直流变换器类似（见 5.2.1 节），区别在于是否存在变压器。

在绕组具有最大可能磁耦合的情况下，集电极处的最大电压为 $2E$。变压器运行于不对称模式且铁心中无电磁积累。晶体管关断时，有一个续流阶段，磁通降到它的初始值，为此必须按以下公式选择变比

$$k = \frac{8U_{out}}{E_{min} + E_{max}} \tag{5.30}$$

占空比必须为 $\gamma = 0 \sim 0.5$。反激式变换器和正激式变换器都会从电源中消耗不连续电流 i_0。

正激式变换器的优点为

- 可以减少输出电压脉动；
- 变换器工作时磁通轨迹较短；
- 在没有负载（空载）的条件下也可以工作。

正激式变换器相对于反激式变换器的缺点为

- 电路设计更复杂；
- 输出电压范围有限。

故反激式变换器在紧凑的系统中是可取的。在这种情况下，当负载关断时会出现问题，输出电压脉动更明显。

在这些半周期变换器电路（见图 5.8 和图 5.9）中，可以引入附加的二次解耦绕组和不可控整流器，给不同的用户供电。在这种情况下，变换器的输出电压

值可能不同。

在半周期直流电压变换器的基础上，可以建立电压倍增电路，原则与 5.2.5 节相同。

5.3.3 推挽式变换器

功率不超过 1kW 可使用半周期直流电压变换器。在较大负载功率下，全周期直流电压变换器（推挽式变换器）具有明显的优点。

实际上，所有推挽式变换器都包括一个由逆变器和不可控全波整流器组成的中间交流电路，相应的电路图如图 5.10 所示。通常使用单相电压型逆变器（见 6.1 节）。

逆变器把直流变换成交流，典型的逆变器输出电压 u_p 如图 5.10 所示。电压 u_p 由具有交替极性的矩形脉冲组成，脉冲周期为 T_{cy}。变压器改变电压 u_p 的大小，不可控整流器将交流电压整流为直流电压 u_{out}。变换器通过控制系统调节逆变器输出电压的相对脉宽 T_p/T_{cy} 来调节 U_{out}/E。

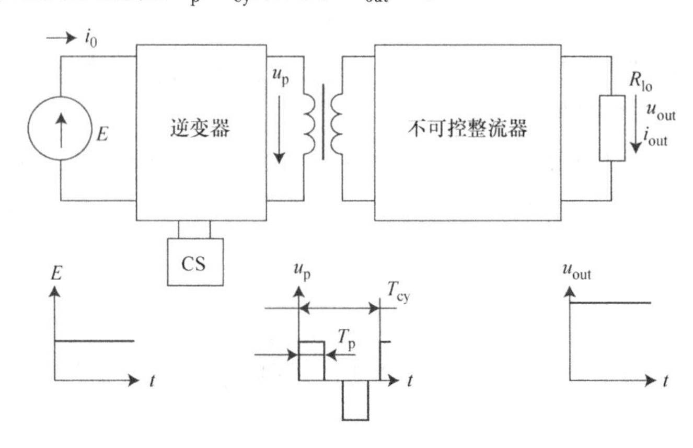

图 5.10　推挽式直流电压变换器结构图

与半周期变换器不同，全周期变换器中的变压器工作对称且无偏置。

逆变器和整流器电路的选择在很大程度上取决于一次侧电压和二次侧电压，目标是最大限度地提高效率。电源电压 E 较小（ $<50V$）时，零电压逆变器电路（见 6.1 节）比较可取，因为导通晶体管的电压损耗是逆变器的输出电压的一半。电压 E 较大时，常常采用半桥或者全桥电路。

在输出电压小时，整流器采用中心抽头电路。在其他情况下，也可能采用桥式整流电路。

在全周期直流电压变换器中，可控开关的最小数目为两个，而半周期变换器为一个（见 5.3.1 节和 5.3.2 节）。

第6章概述了单相电压型逆变器的设计原则，然而全周期直流电压型变换器中的逆变器工作具有一定的特点。这里考虑一种典型的低电压 E 变换器电路（见图5.11）。

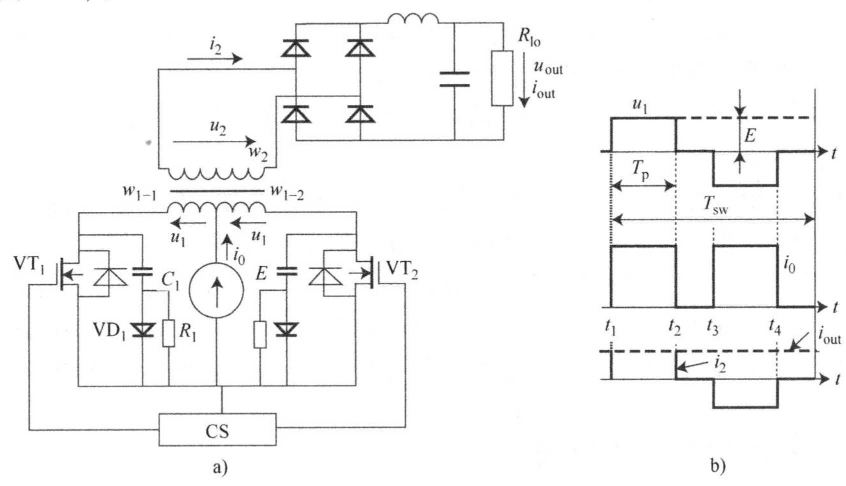

图5.11 推挽式电压型变换器电路图与波形图

a）电路图 b）波形图

该电路由零电路中基于 VT_1 和 VT_2 的单相电压型逆变器、变比为 k 的变压器和带有 LC 滤波器的不可控桥式整流器组成，波形图如图5.11b所示。在此分析中忽略了变压器的电路损耗、磁化电流和杂散电感，且假设负载处的电流和电压是理想平滑的。

$t_1 \sim t_2$时间段，晶体管 VT_1 导通，电压 $u_1=E$ 产生二次绕组电压 $u_2=kE$。这个电压由不可控的整流器的二极管加到 LC 滤波器的输入端，滤波器的无功元件的能量增加。电流 $i_2=I_{out}$，而 $i_0=kI_{out}$。电源电压和 u_1 的共同作用使得晶体管 VT_2 关断；$U_{sw.\max}=2E$。

$t_2 \sim t_3$时间段，两个晶体管都关断；电压 $u_1=u_2=0$。滤波器的电感电流通过整流二极管；$i_2=i_1=0$，负载消耗无功元件的能量。

$t_3 \sim t_4$时间段，晶体管 VT_2 导通，$u_1=-E$，$u_2=-kE$。该电压被整流并加到滤波器的输入端；滤波器的无功元件的能量增加。在最后一段时间 $t_4 \sim (t_1+T_{sw})$，两个晶体管关断；此过程类似于 $t_2 \sim t_3$。如果忽略变换器的损耗，可以确定变换器的平均输出电压为

$$U_{out}=E \cdot k \cdot \gamma \tag{5.31}$$

其中，占空比 $\gamma=2T_p/T_{sw}$。推挽式直流电压型变换器的工作方式很大程度上类似于降压直流-直流变换器（见5.2.1节）；不同之处在于是否存在变压器以及滤波器和负载中的参数变化过程是否为每个晶体管开关频率的两倍（$f_{sw}=1/T_{sw}$）。

如果考虑到变压器的杂散电感，那么存储在杂散电感中的能量将阻止晶体管的关断，产生电压过冲导致晶体管损坏。为了从绕组 w_{1-1} 获得能量，吸收电路 $C_1-VD_1-R_1$ 连接到晶体管 VT_1 上（类似的结构连接到晶体管 VT_2）。当晶体管 VT_1 导通时，通过二极管 VD1 的绕组电流向电容 C_1 充电，杂散电感能量被传送到电容。当绕组电流降至零时，二极管关断，并且电容保留了累积的能量。当晶体管 VT_1 再次导通时，电容通过串联的电阻 R_1 和晶体管 VT_1 放电，存储在电容中的能量消失。

施加在变压器绕组上的不对称电压会导致变压器磁化电流的无限增长并达到饱和。为了防止这种情况，在控制电路中适当引入反馈电路。

在图 5.11a 中，可以引入额外的解耦二次绕组和不可控整流器用于连接不同的用户，这些变换器端子的电压可能不同。注意，用于稳定输出电压的反馈电路只适用于单个端子。其他端子的输出电压是否稳定取决于相关通道特性的硬度。

5.4 多象限直流变换器

在 5.2 节和 5.3 节中考虑的直流电压型变换器能够在输出端产生相同极性的电流和电压，而某些应用需要使用可变极性的直流源。如果电压 U_{out} 和电流 I_{out} 的极性相同，能量从电源 E 传递到变换器输出端。如果电压 U_{out} 和电流 I_{out} 的极性相反，能量从变换器输出端回馈到电源 E。在这种情况下，当直流电机连接到变换器时，可以实现回馈制动。

若直流电压型变换器能够改变电压和/或电流的极性，则称为多象限变换器，其特性曲线系列位于笛卡儿坐标系中的两个或四个象限（Trzynadlowski，1998）。通常，多象限直流变换器基于直流调压器（见 5.2 节）。

5.4.1 两象限变换器

图 5.12a 为两象限直流变换器的电路图。负载可视为直流电动机，它由电动机的反电动势 E_m、内阻 R_m 及其电感 L_m 组成的等效电路代替。

当电机工作在电动机模式时，变换器中仅晶体管 VT_1 在工作，晶体管 VT_2 一直处于关断。当晶体管 VT_1 导通时，电源 E 与电动机通过 VT_1 连接，电动机电流 $i_{out}=i_0$ 流经 VT_1。当晶体管 VT_1 关断，电动机电流流经二极管 VD_2，施加在电动机上的电压为零。这时电路对应一个降压直流 - 直流变换器（见 5.2.1 节）。在这种情况下，忽略功率损耗，输出电压可写作

$$U_{out}=E\frac{T_p}{T_{sw}}=\gamma E \tag{5.32}$$

回馈制动时电动机继续转动，E_m 极性不变，此时电机切换到发电机模式，

i_{out}的极性将与图 5. 12a 中的极性反向。在此模式，晶体管 VT_1 一直处于关断。晶体管 VT_2 关断时，电流流过二极管 VD_1，电流 i_0的极性反向，电动机能的量被回馈到电源 E。晶体管 VT_2 导通时传输电流为 i_{out}。假设能量来源为电动机的反电动势 E_m，则回馈制动模式下的运行对应于升压直流 - 直流变换器（见 5. 2. 2 节）。

5. 4. 2 四象限变换器

直流电机可以通过一个四象限直流变换器来反向旋转（见图 5. 12b）。

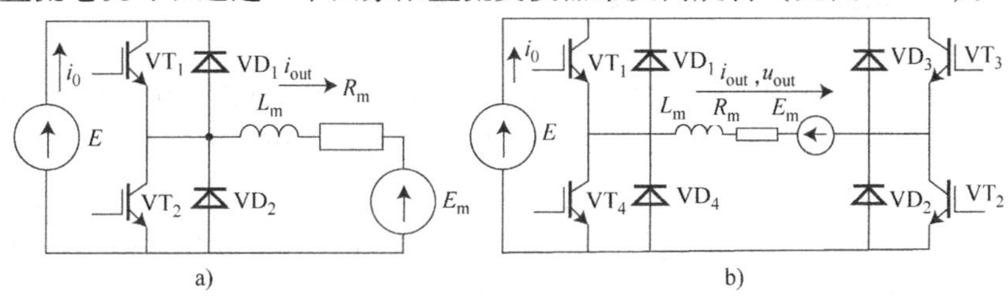

图 5-12 两象限和四象限直流电压变换器

a）两象限 b）四象限

该变换器可工作在如下 4 种模式。

象限Ⅰ：工作在电动机模式，正向旋转。当晶体管 VT_1 和 VT_2 同时导通时，在电动机输入端形成输出电压脉冲，$u_{out} = E$。为了形成一个电动机不运行的间隔可以通过关断其中一个晶体管，不妨假设为 VT_2。电动机电流通过 VT_1 和二极管 VD_3，$U_{out} = 0$，$i_0 = 0$。在象限Ⅰ中变换器类似于一个降压直流 - 直流变换器：$U_{out} = \gamma E$。

象限Ⅱ：电动机转向相同但运行于再生制动。因此，电机工作在发电模式下且电流 i_{out}反向。两种模式在变换器中交替出现。

- γT_{sw}时间段内，所有晶体管关断；电流流经二极管 VD_1 和 VD_2；电动机电流流经电源 E，能量返回到 E。
- （$1 - \gamma$）T_{sw}时间段内，晶体管 VT_3 导通；负载电流通过 VT_3、VD_1，绕过电源；$i_0 = 0$。同样的结果可以通过导通 VT_4 获得，它与二极管 VD_2 构成电路。

在象限Ⅱ中，变换器类似于一个升压直流 - 直流变换器，能量来源为电动机反电动势 E_m。

象限Ⅲ：旋转方向相反；电机电压和电流方向与图 5. 12b 所示方向相反。晶体管 VT_3 和 VT_4 同时导通，$u_{out} = -E$；能量从电源发送到电动机。当其中一个晶体管关断时，电流流过由一个晶体管和一个二极管组成的电路，绕过电源：$u_{out} = 0$；$i_0 = 0$；$u_{out} = -\gamma E$。

象限Ⅳ：再生制动。当所有晶体管关断时，电机中的电流（方向如图 5. 12b

所示）通过 VD_3、VD_4 将能量反馈到电源 E。晶体管 VT_1 导通时，电流 i_{out}绕过电源流经二极管 VD_3。晶体管 VT_2 导通时可以获得相同的结果，此时 VT_2 与二极管 VD_4 形成电路。

可以注意到多象限电压型变换器和电压型逆变器之间的相似性（见 6.1 节）。图 5.12a 中的电路对应于与负载不对称连接的半桥电压型逆变器，图 5.12b 中的电路对应于单相桥式逆变器。

5.5 向负载供电的晶闸管 - 电容调节器

在电流连续的情况下所有直流电压型变换器都具有很硬的与电动势源类似的自然特性（Bulatov and Carenko，1982），但是电力驱动和电气技术领域需要不同的特性。有时负载电阻在运行时可能降至零。自然特性的形式可以通过具有反馈的控制系统来校正，从而获得所需配置的人为特性（如需要负载电流或功率稳定）。在高动态的情况下，控制系统处理突变可能会有一定延迟，出现振荡的动态过程。在这种情况下，变换器最好具有急剧下降的自然特性，包括向负载提供能量的变换器。

晶闸管在供给负载能量的变换器中用作开关且可以在负载电压下工作，在此情况下若使用全控型开关则会困难且昂贵。

直流调压器的电路图如图 5.13a 所示。

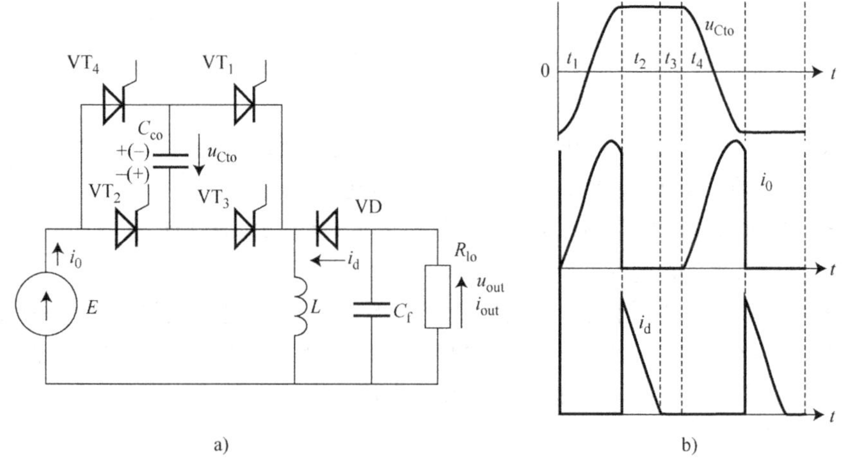

图 5.13 向负载供电的直流调压器电路图与波形图

a）电路图 b）波形图

该变换器采用晶闸管 $VT_1 \sim VT_4$，具有换流电容 C_{co}。图 5.4a 和 5.13a 中唯一区别是开关的类型。换句话说，图 5.13a 中的变换器是直流逆变调节器（升降压变换器）。然而，图 5.13a 中的变换器的特性与 5.2.3 节不同，原因如下：电

容 C_{co}不仅确保晶闸管换流，同时也可以存储能量，且可以确保变换器在不连续电流状态下工作。

现在考虑在稳态条件下变换器的工作过程；波形图如图 5. 13b 所示，每半个周期可分为 3 个阶段。

第Ⅰ阶段：在 t_1时刻，电容 C_{co}充电到电压 $u_{Cco}(t_1)=E+U_{out}$，极性如图 5. 13a 所示。$t_1 \sim t_2$时，晶闸管 VT_1 和 VT_2 接收到触发脉冲，电容 C_{co}在电路 $E-VT_2-C_{co}-VT_1-L$ 中以振荡方式充电，从而将存储的能量传递给电感此阶段的长度由 $C_{co}-L$ 电路的谐振频率决定。

第Ⅱ阶段：在 t_2时刻，电容电压达到 $U_{Cco}(t_2)=E+U_{out}$，其极性如图 5. 13a 括号内所示。二极管 VD 电压变为正，二极管导通。因此，电容 C_{CO}不会继续充电，电源电流 i_0和晶闸管电流是不连续的。电感 L 中的电流通过二极管 VD；电感的能量被传送到负载电路并存储在滤波电容 C_f中，电感电流和二极管电流 i_d下降。此阶段的长度取决于负载电流。

第Ⅲ阶段：当 $i_d=0$ 时，二极管 VD 关断（t_3时刻）。负载接收存储在电容 C_f中的能量；其他电路中没有电流。此阶段的长度由控制系统决定。

t_4时刻下半周期开始。控制脉冲被发送到晶闸管 VT_3 和 VT_4。电容 C_{co}在电路 $E-VT_4-C_{co}-VT_3-L$ 中开始振荡充电，从如图 5. 13a 括号内所示电压极性起，电容电压提升到 $E+U_{out}$，其极性如图 5. 13a 括号外所示。达到这个电压后，二极管 VD 关断，余下过程与第Ⅱ、第Ⅲ阶段相似。

忽略损耗，变换器的平均输出电压为

$$U_{out}=E\cdot R_{lo}C_{co}f(2)+\sqrt{1+\frac{1}{R_{lo}C_{co}f}} \tag{5.33}$$

式中，f是控制系统的重复频率。

由于存储在电容 C_{co}中的能量在每半个周期内都传送到负载中，因此变换器类似于一个电源，其自然特性为双曲线。该系统具有使负载短路的功能。为了保证负载电流的调节或稳定，控制系统需调节频率 f。

参考文献

Bulatov, O.G. and Carenko, A.I. 1982. Thyristor–capacitor converters (Tiristorno-kondensatornye preobrazovateli). Moskva. Jenergoatomizdat (in Russian).

Ericson, R.W. and Maksimovich, D. 2001. *Fundamentals of Power Electronics*. New York: Kluwer Academic Publisher.

Meleshin, V.I. 2006. Transistor converting technics (Tranzistornaja preobrazovatel′naja tehnika). Moskva. Tehnosfera (in Russian).

Mohan, N., Underland, T.M., and Robbins, W.P. 2003. *Power Electronics—Converters, Applications and Design*, 3rd edn. Danvers: John Wiley & Sons.

Polikarpov, A.G. and Sergienko, E.F. 1989. Single-cycle voltage converters in power supply for electronic equipment (Odnotaktnye preobrazovateli naprjazhenija v ustrojstvah jelektropitanija RJeA). Moskva. Radio i svjaz′ (in

Russian).
Rashid, M. 2004. *Power Electronics: Circuits, Devices and Applications*, 3rd edn. Englewood Cliffs, NJ: Prentice-Hall.
Rossetti, N. 2005. *Managing Power Electronics*, Weinheim: Wiley-IEEE press.
Rozanov, Ju.K., Rjabchickij, M.V., Kvasnjuk, A.A. 2007. *Power electronics: Textbook for universities*. 632 p. Moscow: Publishing hous MJeI (in Russian).
Trzynadlowski, A.M. 1998. *Introduction in Modern Power Electronics*. New York: John Wiley & Sons.

第 6 章　基于全控型开关器件的逆变器与交流变换器

6.1　电压型逆变器

6.1.1　单相电压型逆变器

直流侧连接到电压源的逆变器称为电压型逆变器（Mohan etal.，2003；Rozanov，2007；Zinov′ev，2012），其一般结构如图 6.1 所示。

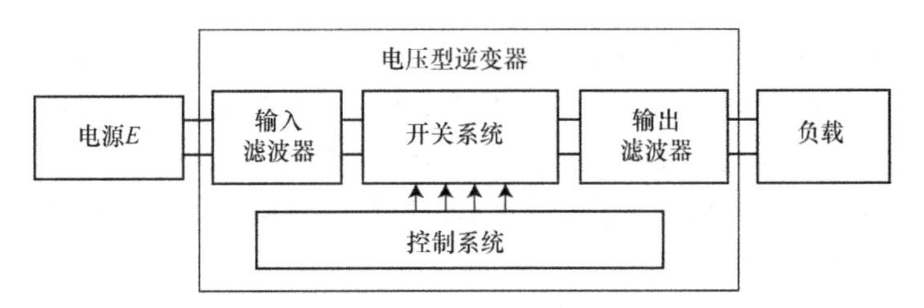

图 6.1　电压型逆变器基本结构

图 6.2a 为单相半桥电压型逆变器电路图，此类逆变器独立使用或与其他逆变器一起使用均可。

现引入函数 F_i：第 i 个晶体管 F_i 导通则 $F_i=1$，关断则 $F_i=0$。可能出现的 4 种组合状态，如图 6.2a 所示。

1）$F_1=1$，$F_2=0$。此时 $u_{out}=E/2$；电源电流 $i_{01}=i_{out}$，$i_{02}=0$。当 $i_{out}>0$ 时（方向如图 6.2a 中的箭头所示），电流流经晶体管 VT_1；当 $i_{out}<0$ 时，电流流经二极管 VD_1。

2）$F_1=0$，$F_2=1$。此时 $u_{out}=-E/2$；$i_{01}=0$ 和 $i_{02}=-i_{out}$。当 $i_{out}>0$ 时（方向如图 6.2a 中的箭头所示），电流流经二极管 VD_2；当 $i_{out}<0$，电流流经晶体管 VT_2。

3）$F_1=1$，$F_2=1$。这种情况因会导致电源短路，故不允许出现。

4）$F_1=0$，$F_2=0$。可能的两种情况为

① 当 $i_{out}>0$ 时，输出电流流经二极管 VD_2，$u_{out}=-E/2$。

② 当 $i_{out}<0$ 时，输出电流流经二极管 VD_1，$u_{out}=E/2$。

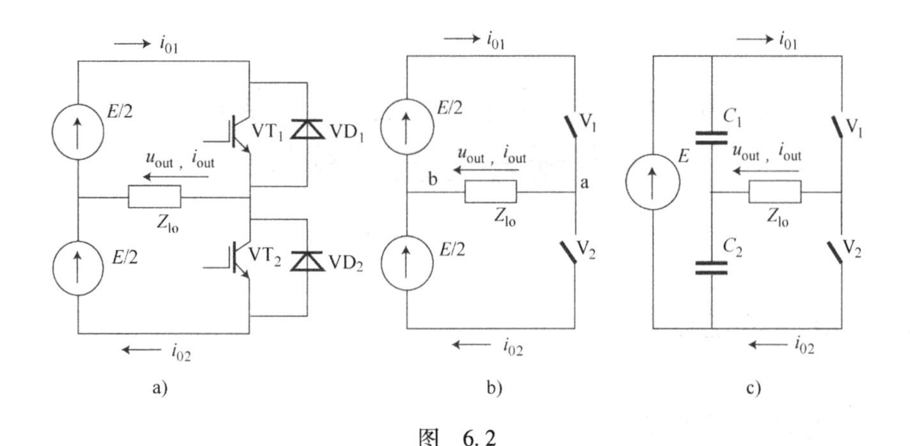

图 6.2

a）电路图 b）和 c）单相半桥电压型逆变器的电路一般形式

后一种情况下负载电压取决于输出电流的极性，而非逆变器的控制信号，这些状态对确保开关器件正常运行是必要的。当控制脉冲关断开关器件时，电流下降到零需要一定的时间，在此时间内第二个开关器件导通会导致电源流经两开关形成短路。故必须延迟一段时间再将第二个开关导通，以确保第一个开关的电流完全下降到零（死区时间）。死区时间不超过开关换相时间的1% ~2%时，其对逆变器输出电压的影响很小。

忽略死区时间，则开关交替工作。若开关 i（晶体管或二极管）导通 $F_i=1$，否则 $F_i=0$。F_i是开关 i 的开关函数（见 3.1.3 节），开关由一个晶体管和一个二极管组成，电流可以在两个方向流动。开关可以用广义形式表示如图 6.2b所示。

忽略死区时间可以得

$$F_2=1-F_1 \tag{6.1}$$

点 a、b 相对于电源负极电位（见图 6.2b）为

$$\varphi_a=F_1\cdot E,\varphi_b=\frac{E}{2} \tag{6.2}$$

逆变器的输出电压为

$$u_{out}=\varphi_a-\varphi_b=E\left(F_1-\frac{1}{2}\right) \tag{6.3}$$

逆变器输出电压仅有两个值：当 $F_1=1$ 时，$u_{out}=E/2$；当 $F_1=0$ 时，$u_{out}=-E/2$。

电流也由开关函数决定，为

$$i_{01}=F_1 i_{out},\ i_{02}=-F_2 i_{out}=(F_1-1)i_{out} \tag{6.4}$$

图 6.3a ~ 图 6.3d 为采用最简单控制策略的半桥逆变器在 RL 负载下的开关函数以及电压、电流波形。

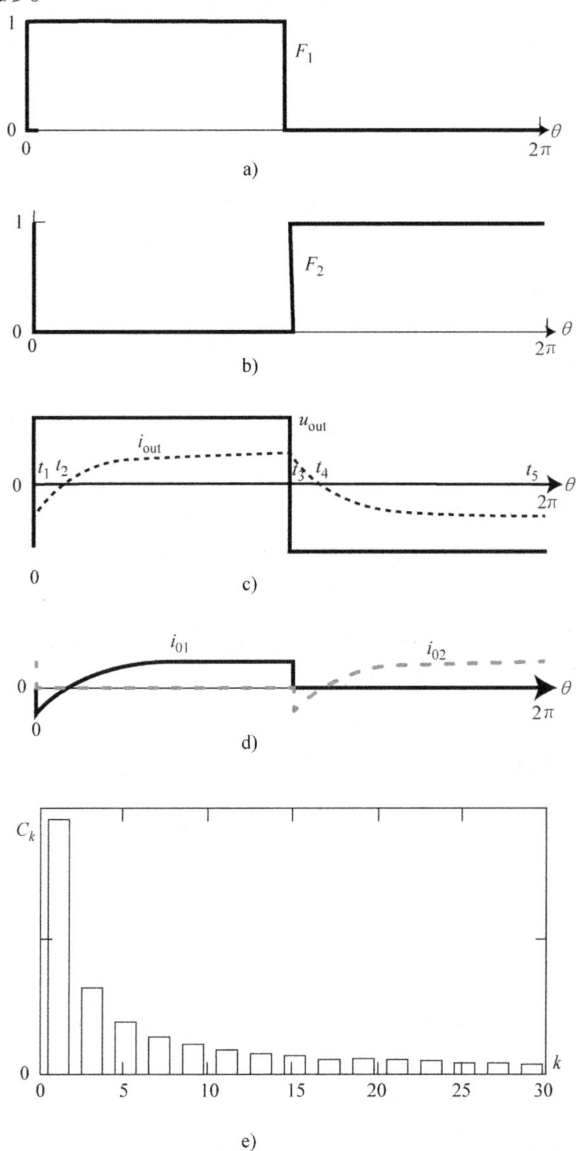

图 6.3　带 RL 负载的半桥电压型逆变器工作波形图

a）F_1 函数　b）F_2 函数　c）i_{out} 与 u_{out}　d）i_{01} 与 i_{02}　e）输出电压频谱图

在前半个周期（$t_1 \sim t_3$），晶体管 VT_1 接收到控制脉冲，$t_1 \sim t_2$ 阶段电流流经二极管 VD_1，负载向电源发送能量，$i_{01} < 0$。$t_2 \sim t_3$ 阶段电流流经晶体管 VT_1，能量从电源传递到负载，$i_{01} > 0$。在后半周期（$t_3 \sim t_5$），晶体管 VT_2 接收到控制脉冲，$t_3 \sim t_4$阶段电流流经二极管 VD_2，负载向电源输送能量，$i_{02} < 0$，$t_4 \sim t_5$阶段，电流流经晶体管 VT_2，能量从电源传输到负载，$i_{02} > 0$。

输出电压频谱图如图 6.3e 所示，输出电压的傅里叶级数展开为

$$u_{out} = \frac{2E}{\pi} \sum_{k=1,3,5,\cdots}^{\infty} \frac{\sin(k\omega_{out}t)}{k} \tag{6.5}$$

总谐波含量为

$$k_{thd} = \frac{\sqrt{\sum_{k \neq 1} C_k^2}}{C_1} = 0.467 \tag{6.6}$$

一次谐波（基波）有效值为

$$u_{out \cdot 1} = \frac{\sqrt{2}E}{\pi} \tag{6.7}$$

图 6.2a 中负载若与变压器连接，则可调整输出电压基波与电源电压 E 的比值。

通常如图 6.2c 所示将半桥逆变器与电源连接，电容 C_1 和 C_2 构成逆变器的输入滤波器，可消除 i_{01} 和 i_{02} 在电源 E 处产生的谐波电流，并确保电源 E 处的单极性电流同时电容将电源电压分成两部分，但由此会引发两个问题：

1）i_{01}、i_{02} 的一次谐波电流在电容处产生压降，电容中点电位将出现偏差，从而会使输出电压畸变。为避免此情况出现，要尽量增加输入滤波器的电容值。

2）电路及控制元件的不对称会导致逆变器输出电压含有直流量和谐波。具有输出电压反馈的控制系统可以消除此问题。

图 6.4 为单相桥式电压型逆变器电路图，其由两个半桥电路组成：①晶体管 VT_1 和 VT_4；②晶体管 VT_2 和 VT_3。忽略死区时间，由式（6.1）类推可得以下表达式：

$$F_4 = 1 - F_1, F_2 = 1 - F_3 \tag{6.8}$$

点 a 和 b 相对于电源负极的电位是

$$\varphi_a = F_1 \cdot E, \varphi_b = F_3 \cdot E \tag{6.9}$$

逆变器的输出电压为

$$u_{out} = \varphi_a - \varphi_b = E(F_1 - F_3) \tag{6.10}$$

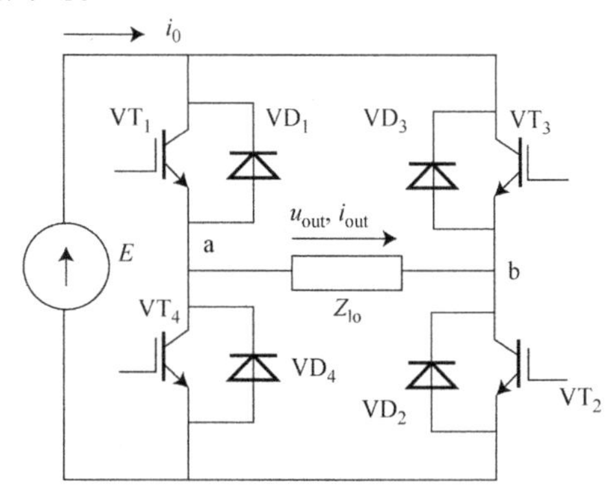

图 6.4　单相桥式电压型逆变器电路图

由式（6.10）可得桥式逆变器和半桥式逆变器之间两条重要的区别：

1）桥式电路输出电压的幅值 E 是半桥式电路输出电压 u_{out} 幅值的两倍。

2）在桥式逆变器中，输出电压可能为零：当 $F_1 = F_3 = 1$ 时，负载被 VT_1 和

VT_3 短路，当 $F_1=F_3=0$ 时，负载被 VT_2 和 VT_4 短路。

电源电流 i_0 包括流经晶体管 VT_1 和 VT_3 的电流。电流 $i_{out}F_1$ 流经 VT_1，电流 $i_{out}F_3$ 流经 VT_3。其中 i_0 为

$$i_0=i_{out}(F_1-F_3) \tag{6.11}$$

用一种简单算法计算带 RL 负载的电压型逆变器的输出电压，输出频率为 ω_{out} 时，前半周期 $F_1=1$，在后半周期 $F_3=1$。整个周期波形图如图 6.5 所示。

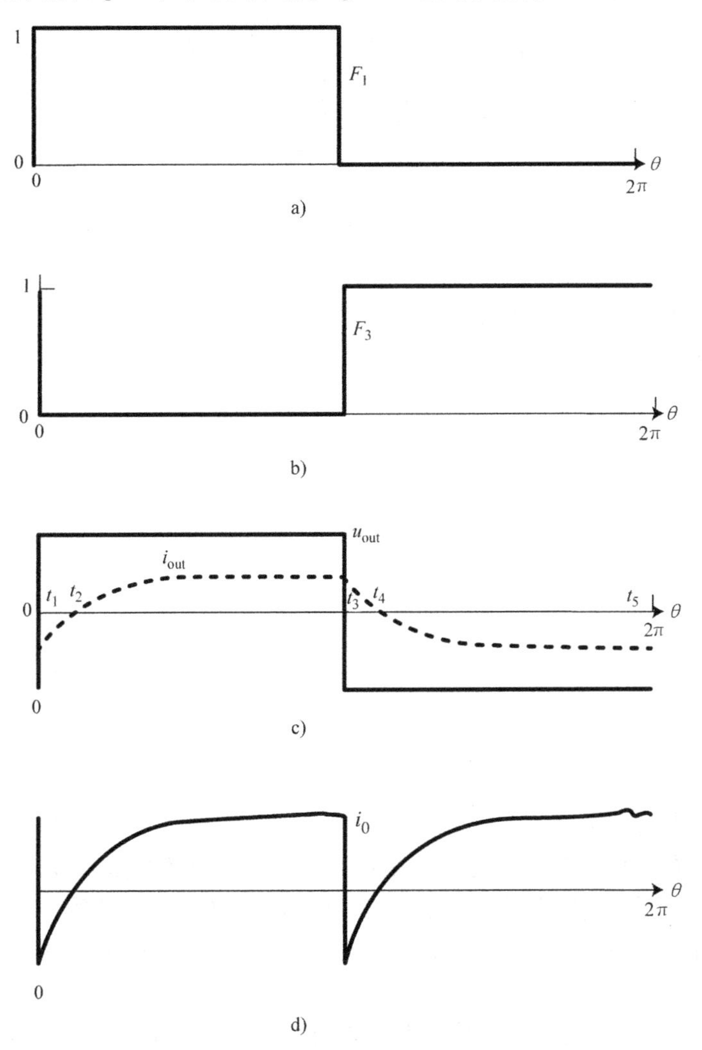

图 6.5　带有 RL 负载的全桥逆变器波形图

a）阶跃开关函数 F_1　b）阶跃开关函数 F_3　c）输出电流 i_{out} 与输出电压 u_{out}　d）电源电流 i_0

前半周期内（$t_1\sim t_3$），晶体管 VT_1 和 VT_2 收到控制脉冲，$t_1\sim t_2$ 阶段，电流

流经二极管 VD_1 和 VD_2，$i_0<0$，能量由负载流向电源。$t_2\sim t_3$阶段，电流流经晶体管 VT_1 和 VT_2，$i_0>0$，能量由电源流向负载。

后半周期内（$t_3\sim t_5$），晶体管 VT_3 和 VT_4 收到控制脉冲，$t_3\sim t_4$阶段，电流流经二极管 VD_3 和 VD_4，$i_0<0$，能量由负载流向电源；$t_4\sim t_5$阶段，电流流经晶体管 VT_3 和 VT_4，$i_0>0$，能量由电源流向负载。

输出电压频谱图与图 6.3e 形状相同，但所有谐波幅值增加一倍为

$$u_{out}=\frac{4E}{\pi}\sum_{k=1,3,5,\cdots}^{\infty}\frac{\sin(k\omega_{out}t)}{k} \tag{6.12}$$

总谐波畸变率 $k_{thd}=0.467$，基波有效值为

$$u_{out,1}=\frac{2\sqrt{2}E}{\pi} \tag{6.13}$$

图 6.6 中的电源电流 i_0的频谱包括直流以及偶次谐波，其中影响最大的是二次谐波。

图 6.4 中的负载可以经变压器连接。

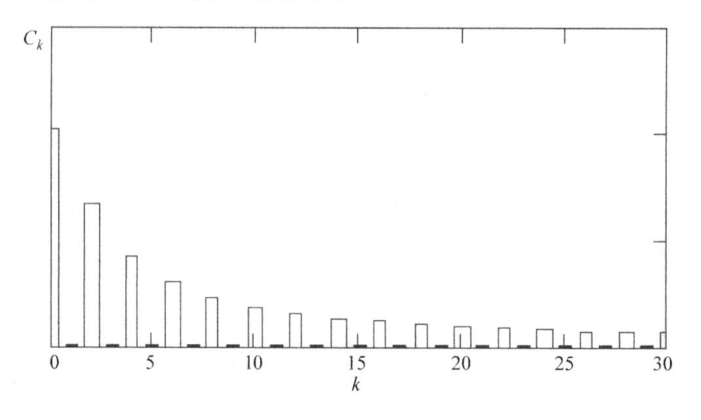

图 6.6　电源电流频谱图

当逆变器与低压电源（$E<30\sim50V$）连接时，若使用基于零电路且变压器一次绕组带有中心抽头的逆变器，则可以减少开关静态能量损失（见图 6.7）。通常逆变器控制算法很简单，前半个周期控制脉冲施加到晶体管 VT_1，后半个周期控制脉冲施加到晶体管 VT_2。输出电压、电流以及电源电流 i_0波形图如图 6.5c 和图 6.5d 所示。

在前半个周期（$t_1\sim t_3$）控制脉冲施加在晶体管 VT_1，在阶段 $t_1\sim t_2$期间，电流流经二极管 VD_1，能量从负载传输到电源，$i_0<0$。在阶段 $t_2\sim t_3$期间，电流流经晶体管 VT_1，能量从电源传输到负载，$i_0>0$。前半周期 $u_{out}=k_{tr}E$，其中 k_{tr}为变比。

在后半个周期（$t_3\sim t_5$），控制脉冲被发送到晶体管 VT_2；在阶段 $t_3\sim t_4$期间

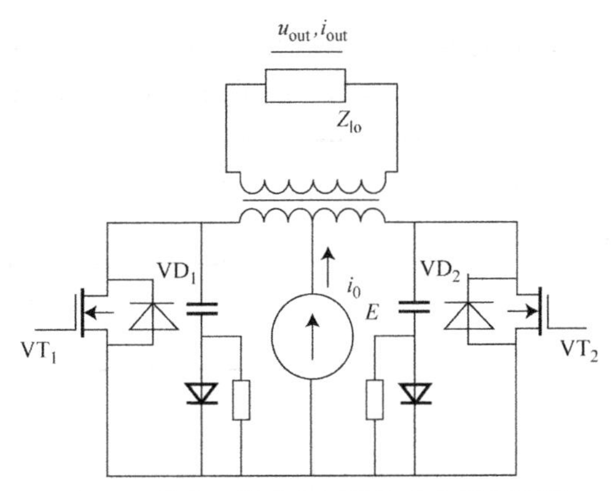

图 6.7　带中心抽头变压器的逆变器电路图

电流流经二极管 VD_2，能量由负载流向电源，$i_0<0$；在阶段 $t_4 \sim t_5$期间电流流经晶体管 VT_2，能量由电源流向负载，$i_0>0$。后半周期，$u_{out}=-k_{tr}E$。

输出电压的频谱如图 6.3e 所示，其傅里叶级数展开为

$$u_{out}=\frac{4k_{tr}E}{\pi}\sum_{k=1,3,5,\cdots}^{\infty}\frac{\sin(k\omega_{out}t)}{k} \tag{6.14}$$

杂散电感存储的能量可以阻止晶体管关断且导致过电压，从而会使晶体管损坏。可采用缓冲器与晶体管相连从而从一次绕组吸取能量，缓冲器工作原理见本书 5.3.3 节。

6.1.2　单相电压型逆变器的脉冲宽度控制

电压型逆变器施加适当的控制算法可确保输出电压与电源电压比值不变。可以通过外部控制（如改变电源电压）或内部控制（改变开关器件算法）实现电压型逆变器输出电压的调节稳定。

脉宽控制是最简单的内部控制方法，其中逆变器的输出电压由幅值相等长度可控的脉冲所形成。

如式 6.10 所示，单相桥式电压型逆变器输出电压可能取 3 个值：E、$-E$ 和 0。输出电压曲线可由具有不同间隔的正负脉冲组成。

单脉冲 - 脉冲宽度控制的开关算法可以在输出频率的半周期内形成一个单脉冲，脉冲长度为 $t_p=\gamma/(A_f f_{out})$，其中 A_f为每个周期的脉冲数，γ 为占空比。图 6.8a ~ 图 6.8d 为电压型逆变器带 RL 负载的开关函数、电流以及电压的波形图（忽略死区时间）。

$t_1 \sim t_2$期间无脉冲，电流流经 VD_2 和 VT_4，负载被短路，$u_{out}=0$，$i_0=0$，负载中电流呈指数变化，时间常数 $\tau=L_{lo}/R_{lo}$。t_2时刻，控制电路将晶体管 VT_4 关断。晶体管 VT1 接收到控制脉冲，开始形成正脉冲。阶段 $t_2 \sim t_3$期间，$u_{out}=E$，

$i_{out}=i_0<0$。能量由负载流向电源，电流流经二极管 VD_1 和 VD_2。t_3时刻，电流 $i_{out}=i_0$变为正，流经晶体管 VT_1 和 VT_2，能量由电源流向负载。

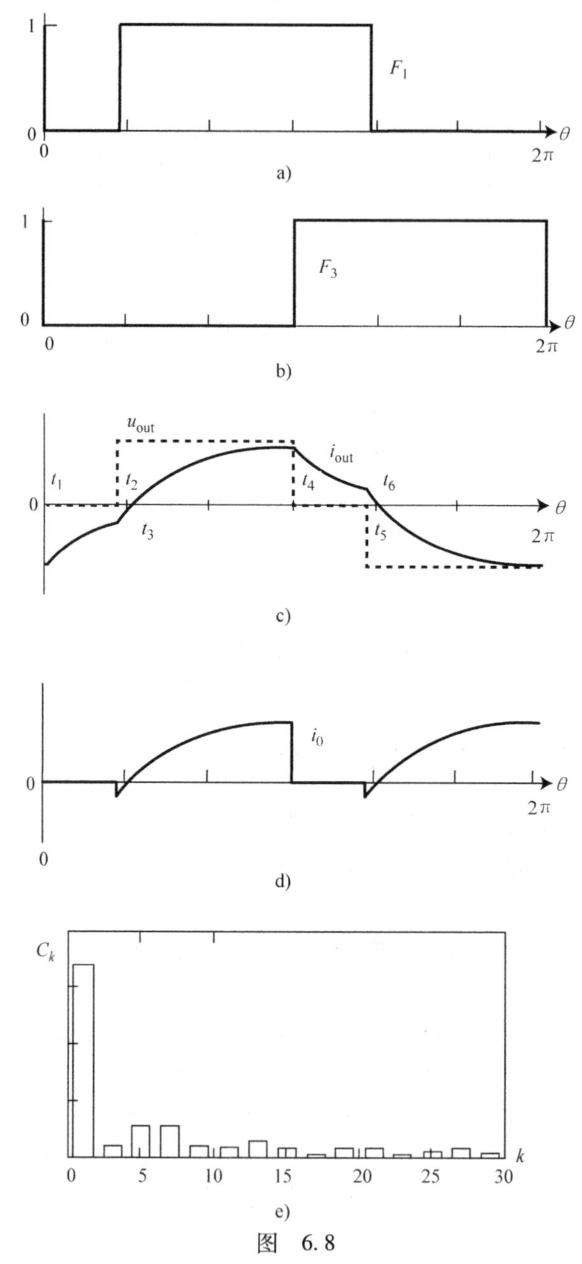

图 6.8

a）~d）单脉冲脉冲宽度控制且带有 *RL* 负载的桥式电压型逆变器波形图 e）输出电压频谱图

在后半周期，阶段 $t_4\sim t_5$期间，对应于脉冲之间的间隔（无脉冲）电流流经 VT_1、二极管 VD_3，$u_{out}=0$，$i_0=0$。t_5时刻，晶体管 VT_1 关断，晶体管 VT_4 接收到控制脉冲，负脉冲开始形成。$t_5 \sim t_6$期间，$u_{out} = -E$，$i_{out} = -i_0 > 0$，能量由负载流向电源，电流流经二极管 VD_3、VD_4。t_6时刻，电流 $i_{out} = -i_0$，变成负值，流经晶体管 VT_3 和 VT_4，能量由电源流向负载。

输出电压有效值为

$$u_{out} = \sqrt{\frac{1}{T_p}\int_0^{T_p} u_{out}^2 \mathrm{d}t} = E\sqrt{\gamma} \tag{6.15}$$

多脉冲脉宽控制的每个半周期均会有等长的 $A_f/2$ 脉冲，脉冲之间会有相应时间间隔。图 6.9a ~ 图 6.9d 为 $A_f = 20$ 时带 RL 负载的电压型逆变器的开关函数、电流和电压波形。图 6.8 和图 6.9 中的负载、占空比 γ 均相同，很明显开关组 $VT_1 \sim VT_4$ 开关频率 $f_{sw} = A_f f_{out}$。输出电压的有效值可由式（6.15）计算。

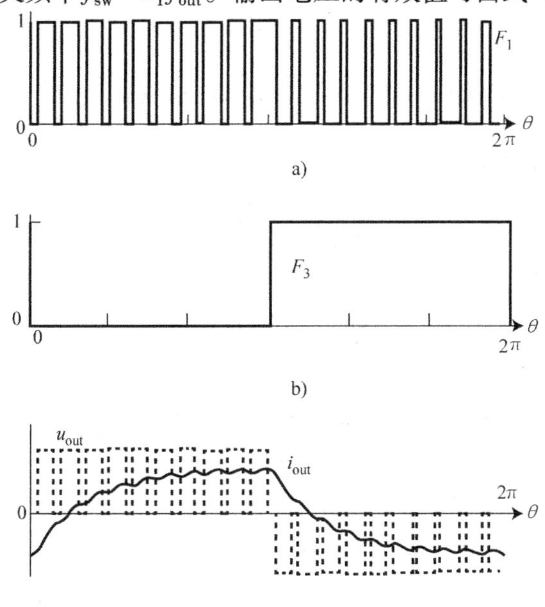

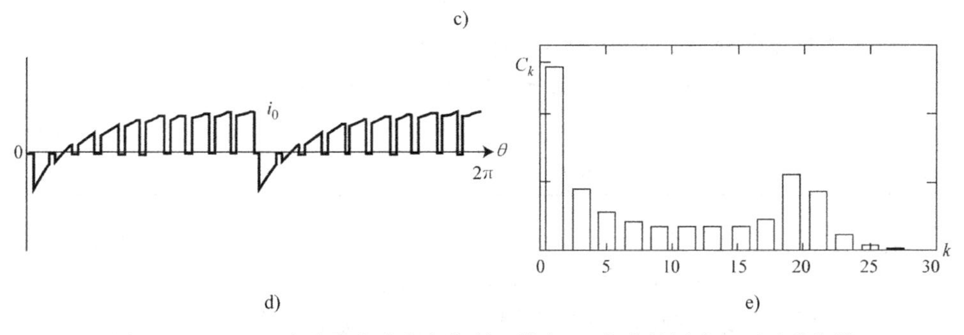

图 6.9　a) ~ d) 多脉冲脉冲宽度控制且带有 RL 负载的桥式电压型逆变器波形图以及 e) 输出电压频谱图

图6.8e和图6.9e为输出电压频谱图，单脉冲脉宽控制的输出电压u_{out}中谐波成分取决于占空比γ，如图6.10所示。

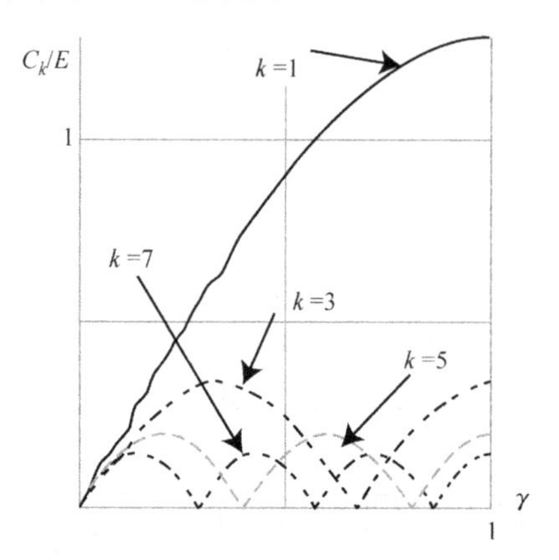

图6.10　单脉冲脉宽控制中占空比与输出电压谐波曲线

基波（$k=1$）的幅值为

$$C_1=\frac{4E}{\pi}\sin\left(\frac{\pi l}{2}\right) \tag{6.16}$$

表6.1为谐波总畸变率与占空比的关系

$$k_{thd}=\frac{\sqrt{\sum_{k\neq1}C_k^2}}{C_1}=f(\gamma)$$

电压型逆变器的输出电压的谐波成分随着γ的减小而显著恶化。采用多脉冲脉宽控制且增加开关频率可以减少这一问题。通常，低频谐波对负载的影响最大。$A_f>20\sim30$的u_{out}频谱可分为低频区（$k<A_f-9$）和对负载影响不大的高频区。低频区域谐波的幅值（$k=1$，3，5，…）为

$$\widetilde{C}_k=\frac{4E\gamma}{k\pi} \tag{6.17}$$

其中总谐波含量为$k_{thd}=0.47$且不依赖于γ。

表6.1　总谐波损耗k_{thd}与占空比的关系表

γ	1	0.9	0.8	0.7	0.6	0.5	0.4	0.3	0.2	0.1
k_{thd}	0.47	0.51	0.61	0.75	0.92	1.10	1.27	1.42	1.54	1.61

许多用户对输出电压的质量不满意，可以更改逆变电路或者更改开关算法来改善电压型逆变器的输出电压谐波成分。大功率高频电力变压器以及微处理器控制系统的出现使得脉宽调制越来越占据主导地位（见第7章）。

6.1.3 三相电压型逆变器

三相电压型逆变器一般基于三相桥式电路（见图6.11），每个开关V由一个晶体管和一个反并联二极管组成。当晶体管或二极管接收到控制脉冲时，电流流过开关且 $F_i=1$。

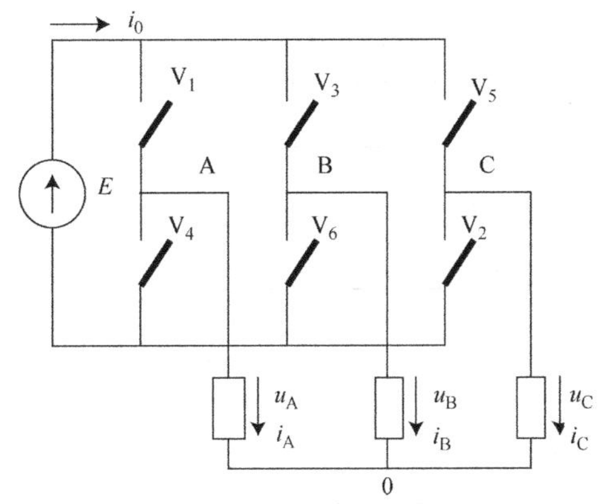

图6.11 基于三相桥式电路的电压型逆变器

逆变器由3个半桥电路组成（见6.1.1节），由式（6.1）得

$$F_2=1-F_5,\ F_4=1-F_1,\ F_6=1-F_3 \tag{6.18}$$

A、B、C点相对于电源 E 负极电位为

$$\varphi_A=E\cdot F_1,\ \varphi_B=E\cdot F_3,\ \varphi_C=E\cdot F_5 \tag{6.19}$$

对称负载中性点电势为

$$\varphi_0=\frac{1}{3}(\varphi_A+\varphi_B+\varphi_C)=\frac{E}{3}(F_1+F_3+F_5) \tag{6.20}$$

电压型逆变器的输出相电压为

$$\begin{aligned}u_A&=\varphi_A-\varphi_0=\frac{E}{3}(2F_1-F_3-F_5)\\u_B&=\varphi_B-\varphi_0=\frac{E}{3}(2F_3-F_1-F_5)\\u_C&=\varphi_C-\varphi_0=\frac{E}{3}(2F_5-F_1-F_3)\end{aligned} \tag{6.21}$$

由上式可得，逆变器各相开关决定了相电压，这也就是三相电压型逆变器和单相电压型逆变器的差别。

逆变器的输出线电压为

$$\begin{aligned}u_{AB}&=\varphi_A-\varphi_B=E(F_1-F_3)\\u_{BC}&=\varphi_B-\varphi_C=E(F_3-F_5)\\u_{CA}&=\varphi_C-\varphi_A=E(F_5-F_1)\end{aligned} \tag{6.22}$$

流经开关 V_1、V_3 和 V_5 的电流构成的电流 i_0 为

$$i_0=i_AF_1+i_BF_3+i_CF_5 \tag{6.23}$$ ㊀

最简单的开关算法为180°导电方式，图6.12为逆变器中开关函数和电压的波形图。开关编号对应工作顺序，开关函数之间的相移为60°，开关的导通状态

㊀ 原书为 $i_0=i_A+i_BF_3+i_CF_5$，有误。

持续时间为180°。

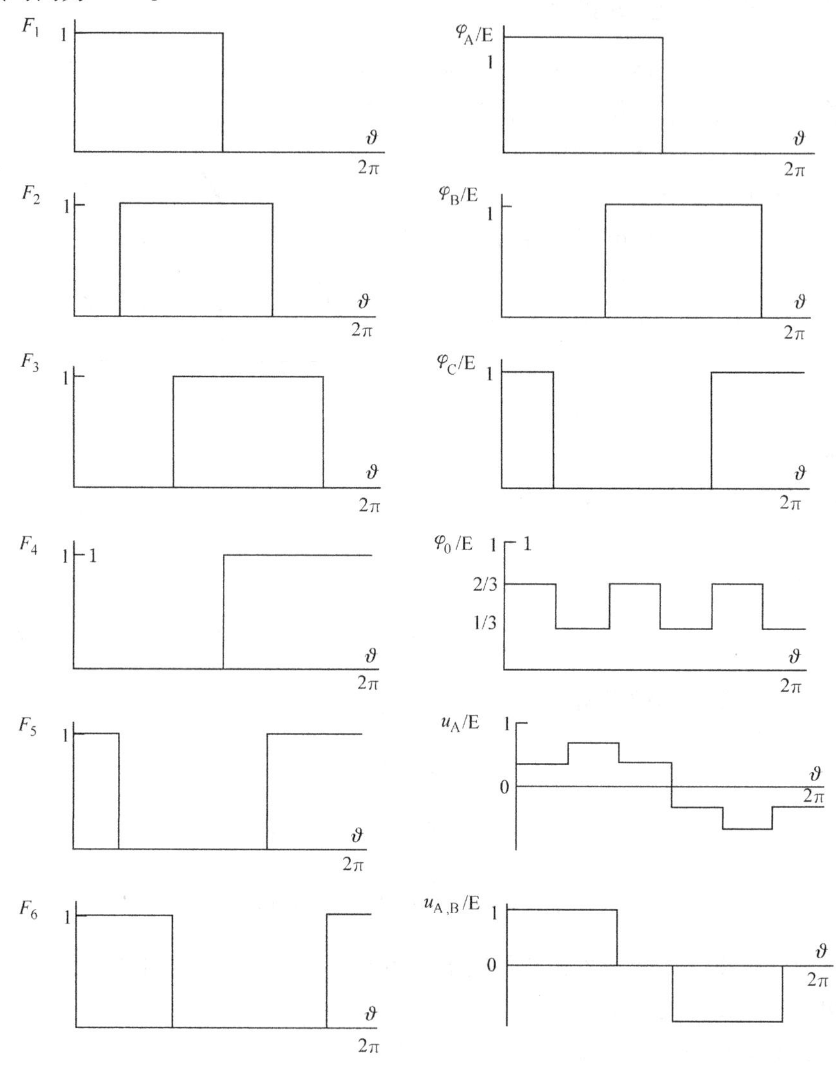

图6.12　180°导电方式下开关函数与电压的波形图

相电压是一个幅值为$2E/3$的矩形阶跃函数。图6.13为输出相电压的频谱。单相电压型逆变器频谱结构比较复杂，含有奇数谐波，其幅值与频率成反比，而三相电压型逆变器不存在3次谐波及其倍数谐波。基波的有效值为$0.45E$，相电压的有效值为$0.471E$，总谐波畸变率$k_{thd}=0.29$，线电压的频谱是相同的，但所有的谐波均乘以系数$\sqrt{3}$。

图6.14a为阻感负载时相电压u_A以及相电流i_A的波形。图6.14b为根据式(6.23)绘制的从电源E吸取的电流i_0的波形图，电流i_0的频谱包含一个恒定的

分量和 $6f_{out}$ 倍数的谐波。

这里提出的输出电压形成方式可以保证输出电压基波与电源电压比例固定。输出电压最简单的内部调节方法为脉冲宽度控制。输出电压由频率恒定、持续时间不同的脉冲组成，并以特定的间隔隔开。

输出电压脉冲的形成过程同样采用 180°导电方式。

如下两种办法可以产生各相输出电压脉冲之间的间隔：

1）奇数开关的所有晶体管接收控制脉冲：$F_1 = F_3 = F_5 = 1$，由式（6.21），$u_A = 0$，$u_B = 0$ 和 $u_C = 0$；电源电流 $i_0 = 0$。

2）偶数开关的所有晶体管接收控制脉冲：$F_2 = F_4 = F_6 = 1$，$u_A = 0$，$u_B = 0$，$u_C = 0$；$i_0 = 0$。

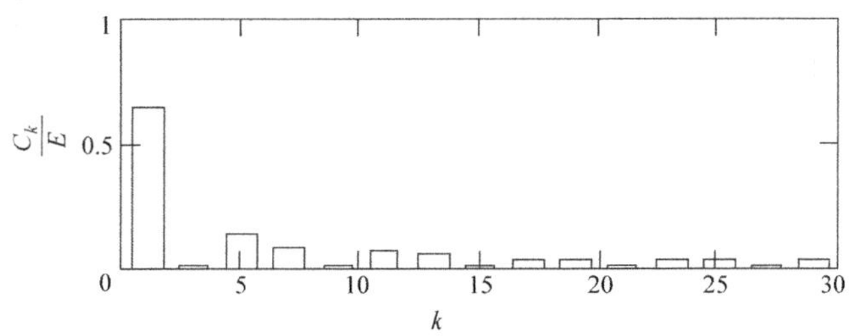

图 6.13　三相电压型逆变器输出相电压频谱图

为确保开关上电流负载均匀，可交替使用上述方法。为确保相电压和线电压的对称性，要保证输出频率 A_f 是 6 的倍数。

图 6.15a 为电压型逆变器的输出相电压 u_A 和相电流 i_A 波形。图 6.15b 为当前的 i_0 波形，图 6.15c 和图 6.15d 为输出相电压和电流 i_0 的频谱。逆变器工作于对称 RL 负载，$A_f = 24$，$\gamma = 0.5$。

A_f 较小时，随着 γ 的降低，电压型逆变器输出电压的谐波成分变差，可以增加每个周期脉冲数以及开关频率 $f_{sw} = A_f f_{out}$ 来解决此问题。当 $A_f > 20 \sim 30$ 时，u_{out} 的频谱可分为低频段（$k < A_f - 9$）和对负载影响不大的高频区域。低频区谐波的幅值（$k = 1, 5, 7, 11, 13, \cdots$）为

$$C_k = \frac{\sqrt{2}E\gamma}{k\pi} \qquad (6.24)$$

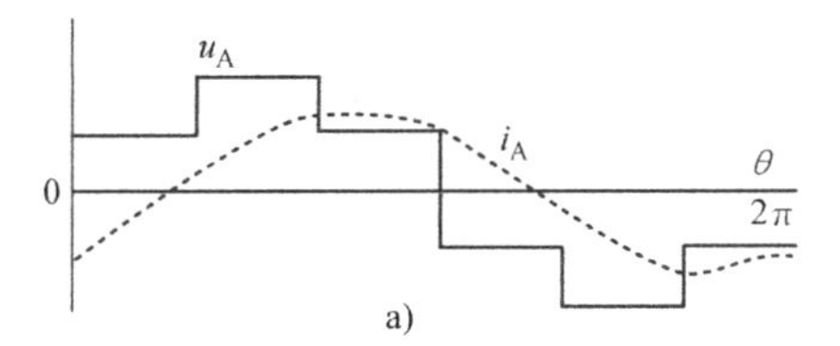

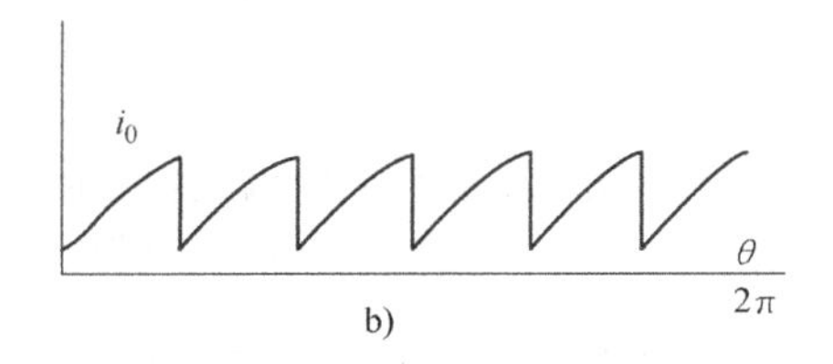

图 6.14　带阻感负载 180°导电的三相逆变器电压电流波形图
a）相电压与相电流波形
b）从电源吸取电流的波形图

低频区的总谐波畸变率 $k_{thd} = 0.29$ 且不依赖于 γ。

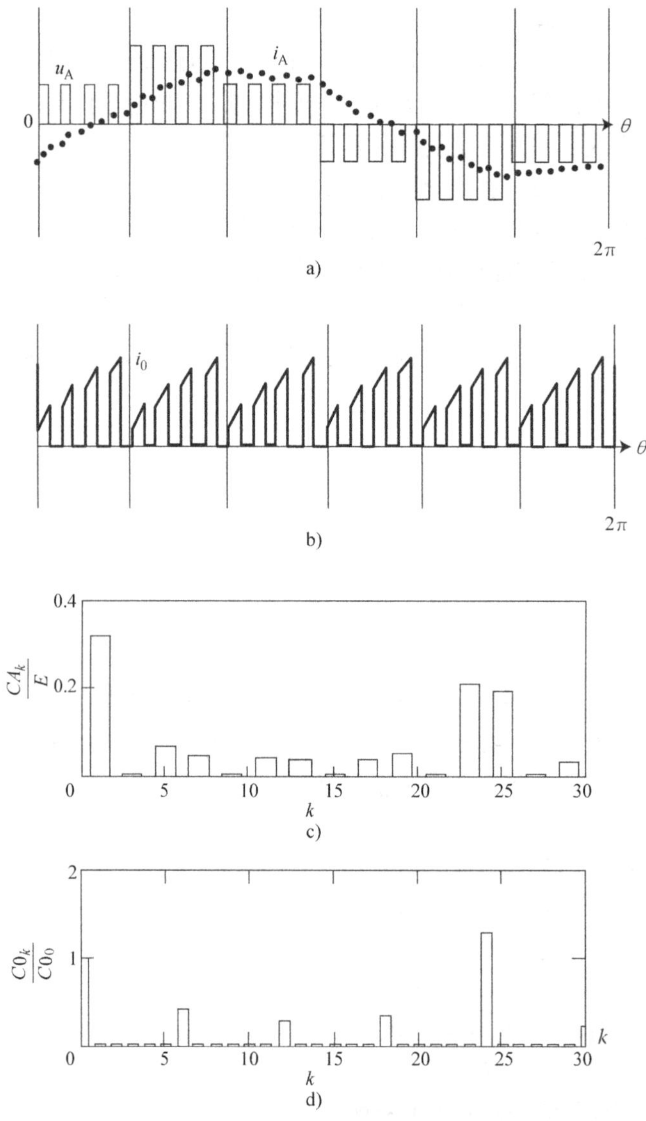

图 6.15 带阻感负载采用脉冲宽度控制的三相桥式电压型逆变器电压电流波形图和频谱图
a、b）电流和电压波形图 c、d）相电压与电源电流的频谱图

尽管受频率影响的电气传动装置可以承受这种输出电压的谐波分量，但采用脉宽调制的变换器替代脉宽控制的电压型逆变器（见第 7 章）是一种趋势，这是因为，在微处理器控制系统中，脉宽调制无需增加成本，且可以得到更高质量的输出电压。

6.1.4 非对称负载下的三相电压型逆变器

负载采用三角形联结时，三相桥式电压型逆变器可以在对称负载或非对称负载下工作（Chaplygin，2009）。任何负载下施加在对角线上的线电压 u_{AB}、u_{BC}和u_{CA}保持对称但负载电流可能不对称。图 6.16 为在非对称负载情况下，电压型逆变器从电源吸取的电流 i_0。

对比图 6.14b 和图 6.16 可得，负载不对称时，电流 i_0的重复周期是原来的 3 倍，等于输出频率对应周期的一半。故电流 i_0的频谱包括额外的谐波，特别是 $2f_{out}$的成分。

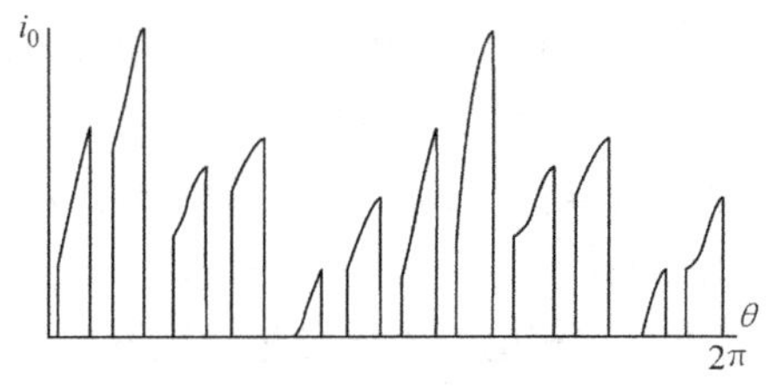

图 6.16　带有非对称负载的三相电压型逆变器电流

在没有中性线的星形结构中，当负载不对称时，三相桥式逆变器（见图 6.11）形成了非对称相电压系统。这种非对称不能通过控制系统消除。带有中性线的星形结构可以保持输出相电压的对称性。

图 6.17 为三相逆变器对非对称负载供电的电路图。图 6.17a 为由三个单相半桥组成的电路，电容 C_1 和 C_2 将电源电压一分为二。

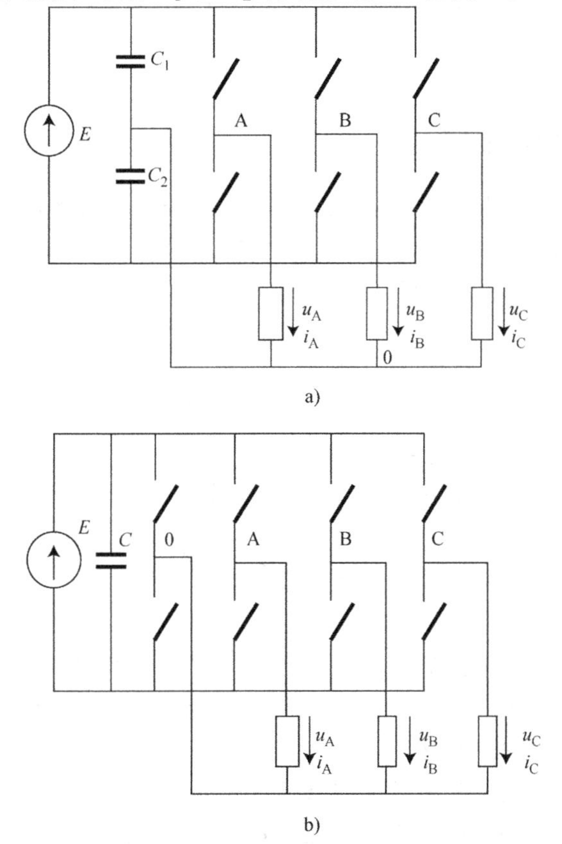

图 6.17　带有非对称负载的三相电压型逆变器电路图

和单相半桥电路（见图 6.2c）一样，每个半桥独立工作，0 点相对于电源负极的电位为 $E/2$。控制系统会导致相电压产生 120°相移，相电压可能的值为 $E/2$ 或 $-E/2$。

具有附加半桥的电路中（见图 6.17b）（Chaplygin，2009；Zinov'ev，2012），0 点相对于电源负极的电位为 E 或 $-E$；输出频率周期内的平均值为 $\varphi_{0,\mathrm{me}}=E/2$。相电压 $u_A=\varphi_A-\varphi_0$，$u_B=\varphi_B-\varphi_0$，$u_C=\varphi_C-\varphi_0$可取 3 个值：$E/2$，$-E/2$ 和 0。

该电路由 3 个单相半桥组成，这也说明了半桥电压型逆变器的不足之处。首先，不对称相电流零序分量使电容的中点电位偏移，从而使输出电压发生畸变。为了消除这一问题，要大大提高输入滤波器的电容值；其次，电路元件和控制系统的不对称性可能导致逆变器输出电压出现直流分量甚至谐波；最后，相电压没有为零的间隔。

附加半桥电路的另一个缺点是半导体器件和驱动器的额外成本。通过计算可得，输入滤波器电容的额定功率比图 6.17a 中的电容总功率小一个数量级，相电压曲线中有产生零间隔的可能性，这会大大改善输出电压的谐波含量。

6.2 电流型逆变器

6.2.1 晶体管电流型逆变器

电流型逆变器为直流侧连接到电流源的逆变器（Rozanov，2007）。

图 6.18 为单相桥式电流型逆变器的电路图。在直流侧，电感 L_d 可以稳定电流 i_d 并使脉动平稳，$i_d=I_d$。开关器件使电流单向流动，二极管可以避免晶体管承受反极性电压。

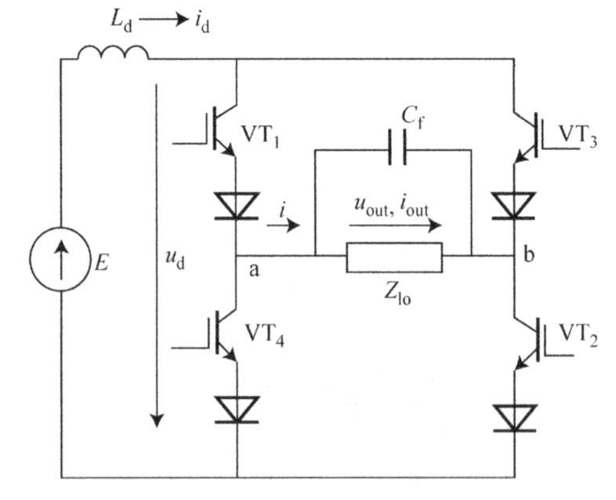

图 6.18 单相桥式电流型逆变器

任何开关器件的工作都要保证电流 I_d 的连续。故导通一个奇数开关的同时也要导通一个偶数开关。

相应开关函数为：$F_3=1-F_1$ 和 $F_4=1-F_2$。

矩形电流脉冲被发送到交流电路，由于负载具有电感特性，通常，需要将电容滤波器 C_f 与负载 Z_{lo} 并联，负载和滤波器构成阻抗为 Z 的交流电路。

电流型逆变器最简单的工作方式为晶体管 VT_1 和 VT_2 在前半个周期导通，晶体管 VT_3 和 VT_4 在后半个周期导通。图 6.19 为逆变器电压、电流的波形图：给定输出频率下，负载阻抗模值为 Z_{lo1}（见图 6.19a 和 b）和 $Z_{lo2}=10\ Z_{lo1}$（见

图 6.19c 和 d）中，在基波处为 $\cos\varphi$ 的两个值：在输出 $\cos\varphi=1$（见图 6.19a 和 c）和 $\cos\varphi=0.8$（见图 6.19c 和 d）。图中给出了 $E=300\mathrm{V}$ 时的电压值。

电阻负载情况下（$\cos\varphi=1$），电容电压在 t_1 时为负值。晶体管 VT1 和 VT2 导通时，交流电路中的电流为 $i>0$，电流给电容充电。负载电压呈指数变化。$t_1 \sim t_2$ 期间电流和电压极性相反，能量从交流电路传到电感 L_d。t_2-t_3 期间电压、电流极性相同，能量从直流电路传到交流电路。后半周期，$i<0$，电容放电。图 6.19a 和图 6.19c 的比较表明输出电压随负载电阻的变化而变化。电容充电时间常数按比例变化，低阻负载时电压 u_{out} 接近矩形，高阻负载时电压 u_{out} 接近三角形。

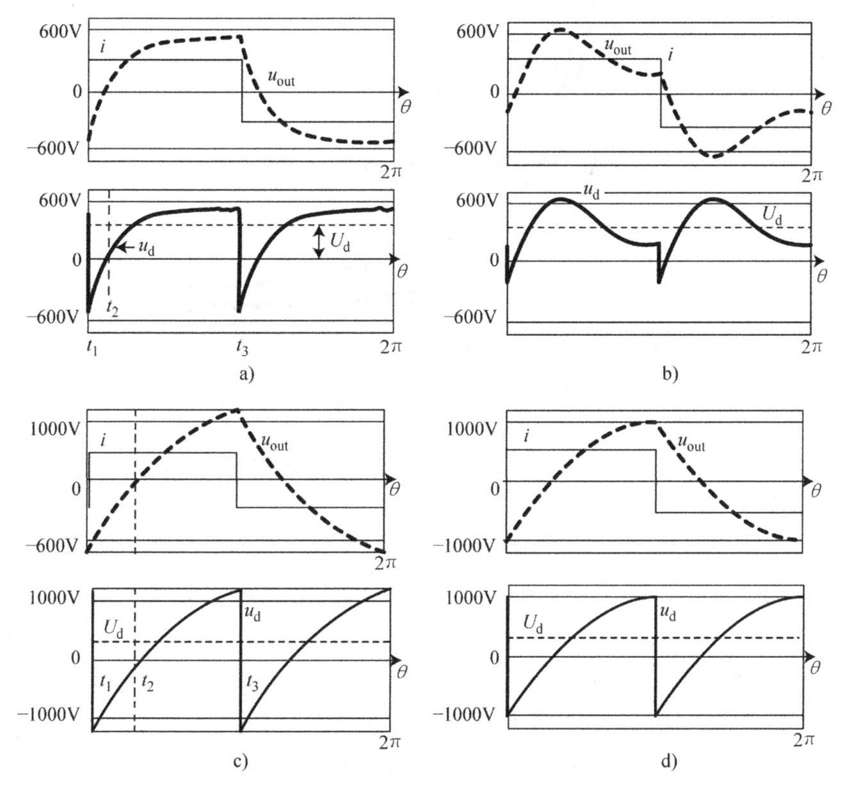

图 6.19　单相电流型逆变器对应不同负载参数的电流、电压波形图

a）Z_{lo1}，$\cos\varphi=1$　b）Z_{lo1}，$\cos\varphi=0.8$　c）$Z_{lo2}=10Z_{lo1}$，$\cos\varphi=1$　d）$Z_{lo2}=10Z_{lo1}$，$\cos\varphi=0.8$

电压 $u_d=u_{out}$（F_1-F_3）可能极性不同；$u_d=E$ 为其平均值（见图 6.19）。当 E 为常量时，幅值 $u_{out,1}$ 随着负载电阻的增加而增大，输出电压更接近三角形，输出电压基波 $u_{out,1}$ 也随之增大。如图 6.20 所示，电流型逆变器特征值 $u_{out,1}=f(1/Z_{lo})$ 急剧下降。

图6.19b和图6.19d为带有阻感负载的电流和电压波形图。在小电阻负载下，充放电过程电容C_f出现了额外的振荡分量。负载对逆变器特性的影响是可量化的（见图6.20）。特征表达式为

$$u_{out,1}=\frac{\pi E}{2\sqrt{2}}\sqrt{1+\left(\frac{\gamma_C Z_{lo}}{\cos\varphi}-\tan\varphi\right)^2}=\frac{\pi E}{2\sqrt{2}\cos\beta} \tag{6.25}$$

式中，γ_C是在输出频率（$\gamma_{C2}=2\gamma_{C1}$）处电容滤波器的电导模值；Z_{lo}和φ分别是负载阻抗的模值和相位；β是电压u_{out}和电流i的相位差，等于交流电路输出频率处阻抗对应的相位。

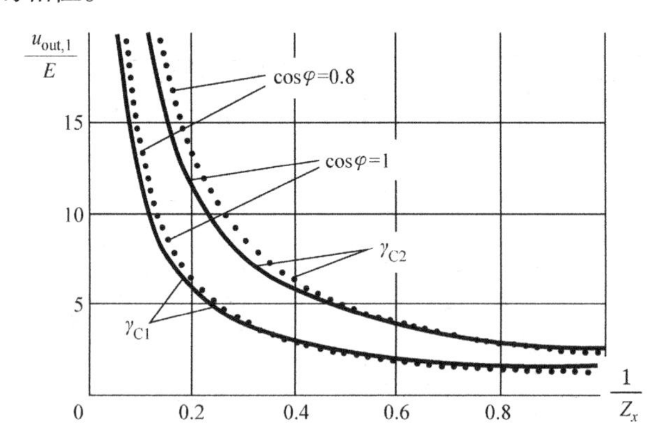

图6.20　单相桥式电流型逆变器特性曲线

开关i处的电压为$u_{sw}=u_d$（$1-F_i$），改变电压极性要使用带阻断二极管的开关（见图6.18）。

电流型逆变器的设计中，输出电压上限为：$u_{out,1}\leqslant u_{lim}$。对于所需的负载范围，可从式（6.25）推导，$\gamma_C=\omega_{out}C_f$。输出频率很低时电容成本增加，这限制了采用所述开关算法的电流型逆变器的使用。

图6.21为一个三相桥式电流型逆变器。为确保电流I_d的连续性，必须在导通一个奇数开关的同时导通一个偶数开关，也即

$$F_1+F_3+F_5=1,\ F_2+F_4+F_6=1 \tag{6.26}$$

最简单的开关算法为：每个开关导通三分之一周期，开关数字顺序对应工作顺序。如图6.22为其带对称负载R情况下的电流和电压波形图。

相电流为

$$\begin{aligned}i_A&=I_d(F_1-F_4)\\i_B&=I_d(F_3-F_6)\\i_C&=I_d(F_5-F_2)\end{aligned} \tag{6.27}$$

有电流时每相电容C_f充电，无电流阶段电容放电（见图6.22）。

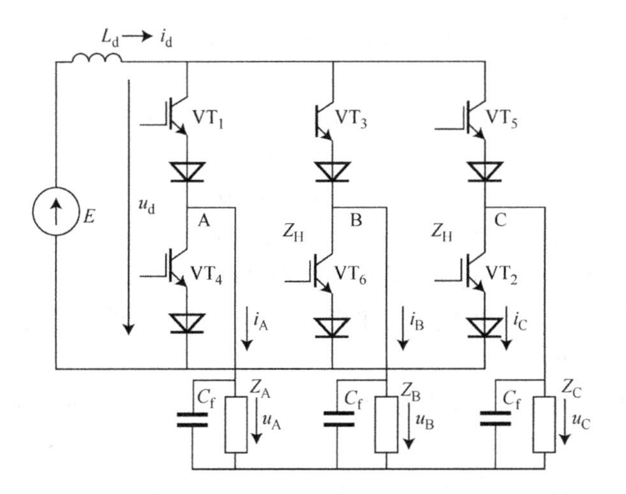

图 6.21　三相桥式电流型逆变器

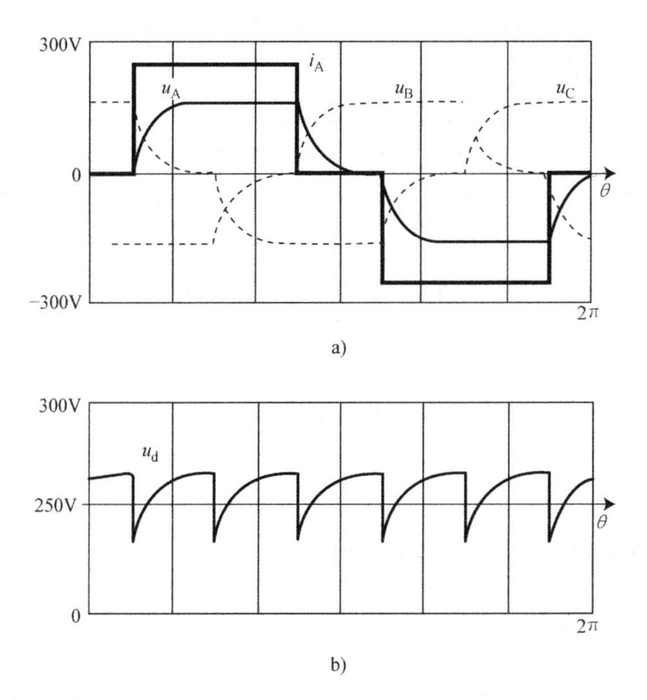

图 6.22　带有电阻负载的三相电流型逆变器的电流、电压波形图

a）u_A、u_B、u_C和i_A　b）u_d

电压u_d为

$$u_d = u_A(F_1 - F_4) + u_B(F_3 - F_6) + u_C(F_5 - F_2) \tag{6.28}$$

图 6.22 中u_d平均值为E，单相电流型逆变器随着负载电阻的增大，电压u_d

波形趋近三角形；此外 u_d 的幅值也随之增加，也可能为负，输出相电压的基波也增加。

三相电流型逆变器的特性非常陡峭，其输出电压表达式为

$$u_{out,1}=\frac{E}{2.34\cos\beta} \tag{6.29}$$

式中，β 是电压 u_A 的基波与电流 i_A 之间的相位差，等于交流电路在输出频率上阻抗的相位。负载相角对逆变器特性的影响是可量化的，且 β 一直在变化。

三相电流型逆变器为使电流 i_d 平滑所需的电感 L_d 比单相逆变器要小得多。

电流型逆变器的基本特点为

1）电流型逆变器在直流电路中含有电感值很大的扼流圈，故比电压型逆变器更大、更重一些。

2）由于输出电压和开关器件上电压的增加，电流型逆变器不允许在接近空载的条件下工作（也即负载很小时）。

3）本书所描述的电流型逆变器的简单开关算法，由于电容的成本故不能有效地用于产生低频电压。

4）电流型逆变器的固有特性非常陡峭。

5）与电压源型逆变器相比，电流型逆变器具有相当大的控制惯性。

6）由于电流源电流的稳定，在负载电路短路的情况下，输出电流增长缓慢。

7）电流型逆变器中的晶体管可由晶闸管代替，而不改变电路设计。此时 C_f 也充当换相电容，这样可以减小逆变器成本，同时允许在高压负载下使用（见 6.2.3 节）。

随着高频功率晶体管的出现，电流型逆变器与电压型逆变器相比，竞争力要小得多，但它们在某些特定的电气驱动以及电子技术的其他领域中仍然是有用的。

6.2.2 电流型逆变器的脉宽控制

电流型逆变器输出电压的调节和稳定可以通过外部调节（改变电源电压 E）或内部调节。基于晶体管的电流型逆变器，可以采用脉冲宽度控制。现在考虑单相电流型逆变器（见图 6.18）带 R 负载的情况下单脉冲－脉宽控制。

为了在脉冲间隔期间防止电源 E 的能量供应，可以向单个半桥（VT_1、VT_4 或 VT_2、VT_3）的晶体管提供控制脉冲。在这种情况下，负载与外部电路断开连接；Z_{lo} 的电压和电流由存储在电容 C_f 中的能量维持。图 6.23 为 $E=300V$ 时相应的电流和电压波形图；很明显，随着占空比 γ 的减小，电压脉冲变得越来越窄。u_d 的平均值为 E 时，脉冲的幅值随输出电压和基波分量 $u_{out,1}$ 的增大而增大。

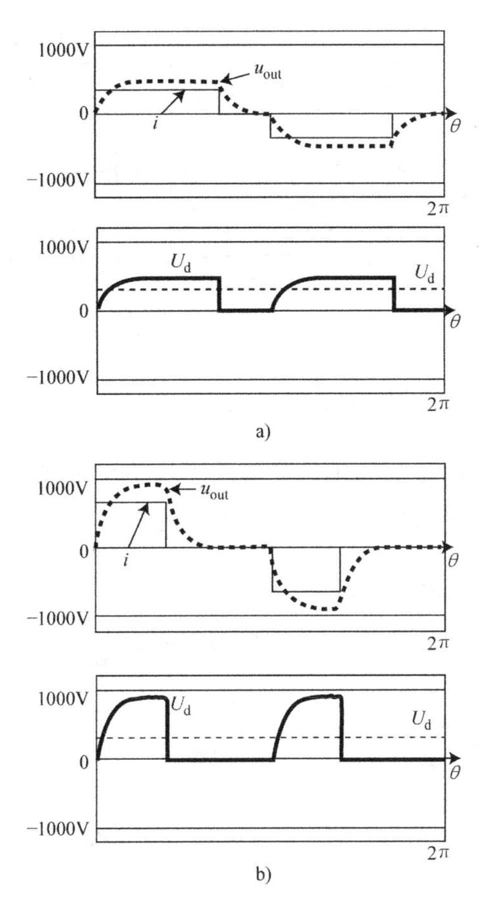

图 6.23　当（图 a）$\gamma=0.7$ 和（图 b）$\gamma=0.4$ 时在带 R 负载条件下单相脉冲宽度控制的电流型逆变器的波形图

图 6.24 为电阻负载时具有脉宽控制的电流型逆变器的 $u_{out,1}=f(1/Z_{lo})$ 特性曲线族，这些特性很陡峭。RL 负载下，输出电压包括振荡分量，R 很小时振荡分量特别强烈。从而导致特性畸变，负载和 β 对输出电压的影响变得更加复杂。故 RL 负载情况下，不能方便地利用脉宽控制来调节和稳定电流型逆变器的输出电压。通过脉宽调制可以改善输出电压的谐波含量（见第 7 章）。

6.2.3　基于晶闸管的电流型逆变器

6.2.1 节已指出，不改变基本电路设计的前提下，电流型逆变器中的晶体管可被晶闸管取代。图 6.25 为单相和三相电流型逆变器的电路图，被称为并联逆变器。6.2.1 节中的所有关系和特点都适用于这种情况。唯一的区别是晶闸管逆变器中的电容 C_f 为换相电容，这意味着交流电路中电流 i 的基波分量必须超前输

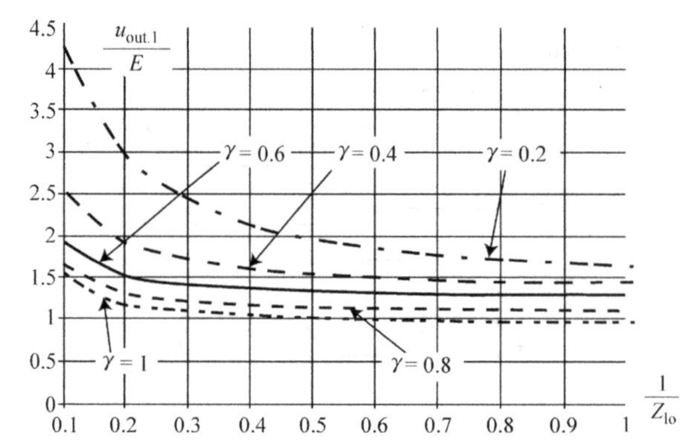

图 6.24　在电阻负载情况下脉冲宽度控制的电流型逆变器的特性曲线

出电压 u_{out} 的基波分量相位 β。电容产生的无功功率必须大于负载的感性功率。换言之，负载的无功功率必须得到充分的补偿。

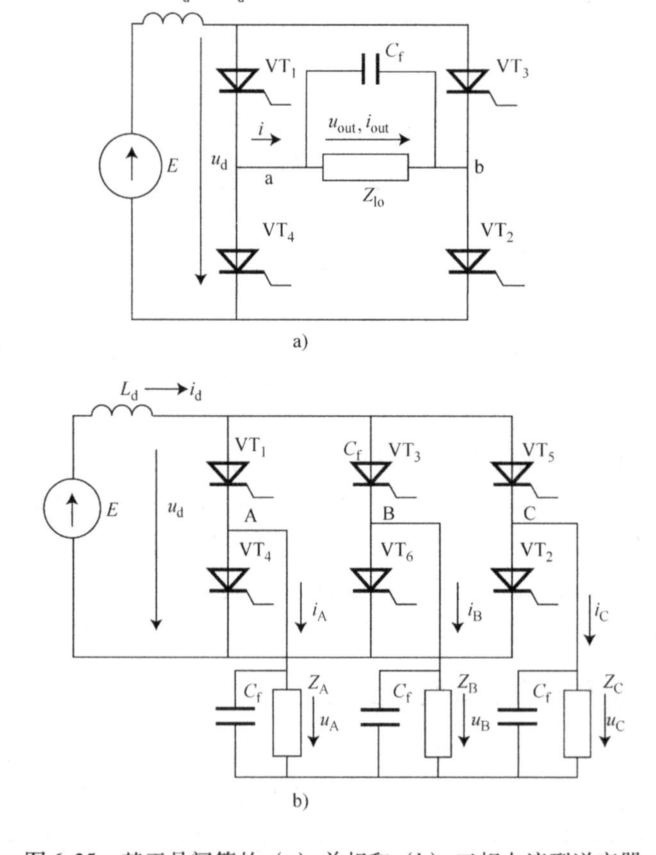

图 6.25　基于晶闸管的（a）单相和（b）三相电流型逆变器

现考虑前半周期晶闸管的换相，t_1时刻（见图6.19），负载和电容C_f处的电压极性为负。故当晶闸管VT_1和VT_2的门极接收到控制脉冲时，电容与晶闸管VT_3的阴极承受正电压，VT_4的阳极收到负脉冲。开关VT_1和VT_2导通，电容电压被施加到晶闸管VT_3和VT_4，导致关断，只要电容上的电压为负（在阶段t_1 ~ t_2），它们就会一直保持关断状态。阶段$t_1 - t_2$的持续时间由相位β决定。因此，为实现可靠的晶闸管换相，要求

$$\beta \geqslant \omega_{out} t_{off} \tag{6.30}$$

式中，ω_{out}是逆变器的角频率；t_{off}是晶闸管关断时间。

交流电路输出频率为

$$\tan\beta = \frac{\gamma_C Z_H}{\cos\varphi} - \tan\varphi \tag{6.31}$$

根据式（6.31），β随负载阻抗Z_{lo}的减小或负载相位φ的增加而减小。当$Z_{lo} = Z_{lo \cdot min}$，$\varphi = \varphi_{max}$，$\beta_{min} = \omega_{out} t_{off}$，从式（6.31）中可得晶闸管可靠换流所需的$\gamma_C$最小值为$\omega_{out} C_f$。对于任何电流型逆变器，由于晶闸管逆变器输出电压的增加，Z_{lo}有一个上限，而由于换流条件，Z_{lo}有一个下限。

当式（6.30）不满足时，半桥上的两个晶闸管都导通，直流电路会出现短路，从而导致流经电感L_d的电流增加，负载也短路，电容不受控地放电，电流流经晶闸管，可能因此造成晶闸管的损坏。故不满足式（6.30），例如逆变器与负载的连接，$Z_{lo} < Z_{lo \cdot min}$，会造成严重后果。

式（6.30）和式（6.31）适用于单相和三相逆变器。

对于基于晶闸管的电流型逆变器，采用内部手段调节和稳定输出电压需要引入额外的电路元件。最常见的电路包括容性功率补偿器；单相补偿器如图6.26所示。在交流电路中，由电感L_{co}和双向晶闸管组成的补偿器与负载并联。

当双向开关导通时，补偿器感性电流的基波为

$$I_{L \cdot 1} = \frac{u_{out,1}}{\omega_{out} L_{co}} \tag{6.32}$$

逆变器电流的无功分量为

$$i_r = i_{out,r} + i_L \tag{6.33}$$

若在双向开关内的晶闸管引入延迟，则不连续电流流经扼流圈L_{co}，电流的基波成分i_L下降。通过这种方式可以调节交流电路中的无功功率，稳定相位β，式（6.25）决定逆变器输出电压中的基波大小。

尽管该装置可以稳定或调节输出电压，但仍存在如下严重缺陷。

1）功率电路的复杂性；

2）补偿器中晶闸管附加控制通道控制系统的复杂性；

3）增加电容C_f，需对其吸收的无功功率进行补偿。

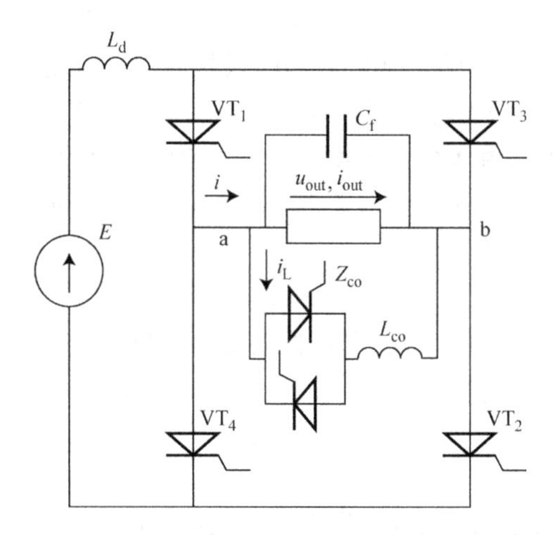

图 6.26　带有附加补偿器的单相晶闸管电流型逆变器

在该系统中，电容保证交流电路中的负载呈容性，电路中可以使用截止二极管来使得电容值下降（见图 6.27）。

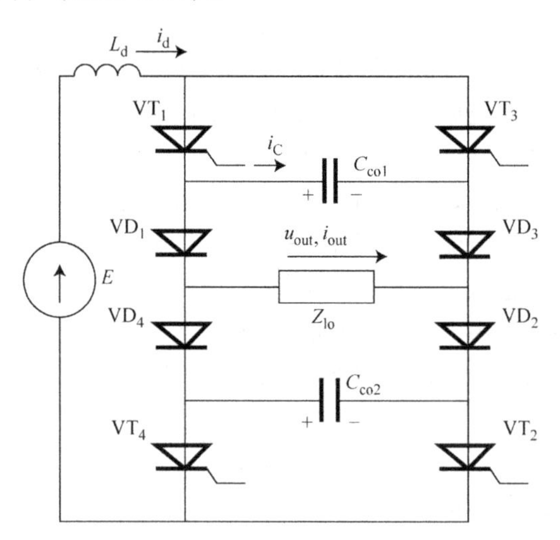

图 6.27　带有截止二极管的晶闸管电流型逆变器

当晶闸管 VT_1 和 VT_2 以及二极管 VD_1 和 VD_2 导通时，电容的极性如图 6.27 所示，电容充电，二极管 VD_3、VD_4 使得电容与负载断开；当晶闸管 VT_3 和 VT_4 接收到控制脉冲时，晶闸管 VT_1 和 VT_2 在电容 C_{co1} 和 C_{co2} 的作用下截止，电流 i_d 在电路 $C_{co1}-VD_1-Z_{lo}-VD_2-C_{co2}-VT_4$ 中流动，电容再次充电；电压正负变化，最终等于输出电压的值，二极管 VD_1 和 VD_2 截止，二极管 VD_3 和 VD_4 开始导通。后半周期过程类似。

在该系统中，电容只参与换相过程，其大小为

$$C_{\mathrm{co1}} = C_{\mathrm{co2}} \geqslant \frac{I_{\mathrm{d}} t_{\mathrm{off}}}{2u_{\mathrm{C}}} \tag{6.34}$$

在此基础上，逆变器可在任何负载、任何输出频率下工作。

6.3 交流变换器

如第 4 章介绍，深控下（α 较大）的电网换相交流晶闸管变换器具有低功率因数的特点，使用全控型开关可以大大改善此问题。

6.3.1 不含变压器的交流变换器

这种变换器以直流调节器为基础（见 5.2 节）。一些电路图如图 6.28a 至图 6.28c 所示，调节器电路中的晶体管被双向导通开关 VT_1 代替，二极管由双向导通开关 VT_2 所代替。图 6.28d ~ 图 6.28f 为晶体管开关器件可能的结构。调节器输入与电网（电压 e）连接。电网电压为正时，电流方向如图 6.28a ~ 图 6.28c 所示，取代二极管的开关器件 VT_2 在前半周期导通，而开关器件 VT_1 与直流调节器中的晶体管在同一周期导通。

故在电网电压的任何极性下，变换器的工作方式与直流调节器相同，不同之处在于变换器与交流电压源相连。开关算法相同，故直流调节器的公式可以直接使用。

降压交流调节器（见图 6.28a）中，有

$$u_{\mathrm{out}}(t) = \gamma \cdot e(t) \tag{6.35}$$

升压交流调节器（见图 6.28b）中，有

$$u_{\mathrm{out}}(t) = \frac{e(t)}{1-\gamma} \tag{6.36}$$

在 Buck - Boost 调节器（见图 6.28c）中，有

$$u_{\mathrm{out}}(t) = -\frac{\gamma e(t)}{1-\gamma} \tag{6.37}$$

式中，γ 是占空比。

电网电流 i_0 的基波分量存在相移 φ 与由 Z_{lo} 和 C 并联组成输出电路的相角相同。恒定 RL 负载运行时，电容 C 可以充分补偿负载的无功功率。图 6.29a 和图 6.29b 为降压电路（见图 6.28a）中的电压、电流波形图。脉冲序列组成的电压 u 的频谱包含高频分量（见图 6.29c），尽管输出电流 i_{L} 中的高频分量明显削弱。电网电流 i_0 频谱也包含高频谐波成分，变换器功率因数为 $\chi = \nu\cos\varphi$，其中描述畸变功率的电流的基波因数 ν 依赖于占空比 γ。

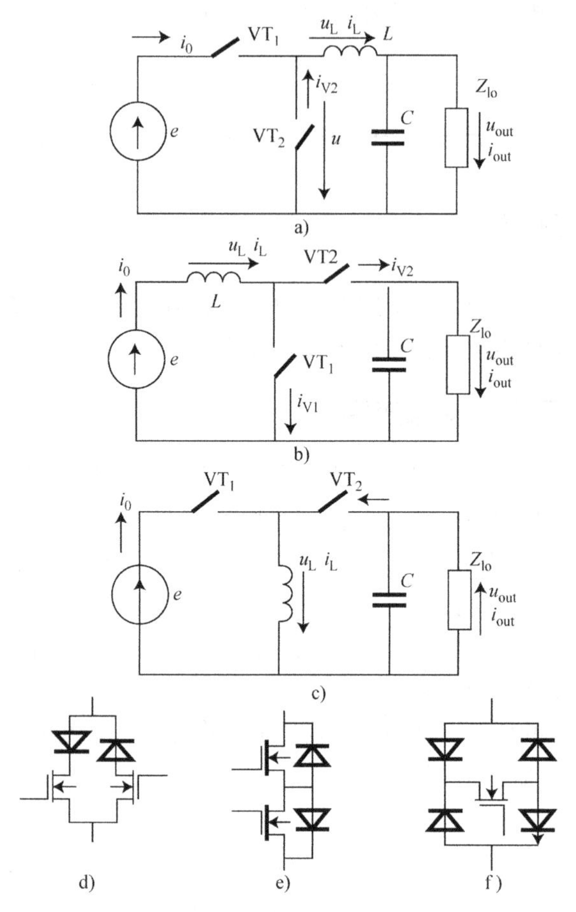

图 6.28　不带变压器的（a）降压交流调节器（b）升压交流调节器（c）buck－boost 交流调节器以及（d～f）双向导通的晶体管电路图

为降低畸变功率，交流电压变换器的输入端引入了电容滤波器 C_{in}（见图 6.29d），滤波器可以处理高频分量下的输入电流 i_0。为了减少 C_{in}值，可以增加开关频率$f_{sw}=A_f f_{grid}$，其中 A_f是电网一个周期内的脉冲数。因为变换器的输入电流连续，升压变换器（见图 6.28b）可以不用滤波器连接到电网。

6.3.2　升压交流电压变换器

图 6.30a 中的变换器包含由双向导电开关和变压器（转换比为 k_{tr}）组成的桥。图 6.30b 为电路电压波形。当开关 S_1 和 S_2 导通，$u_{out}=e\ (1\ +k_{tr})$。当 S_2 和 S_3（或 S_1 和 S_4）导通，$u_d=0$，$u_{out}=e$。改变占空比 γ 可以调节 u_{out}（$u_{out}>e$）。当开关 S_3 和 S_4 导通，$u_{out}=-e\ (1+k_{tr})$。当 S_2 和 S_3（或 S_1 和 S_4）导通，

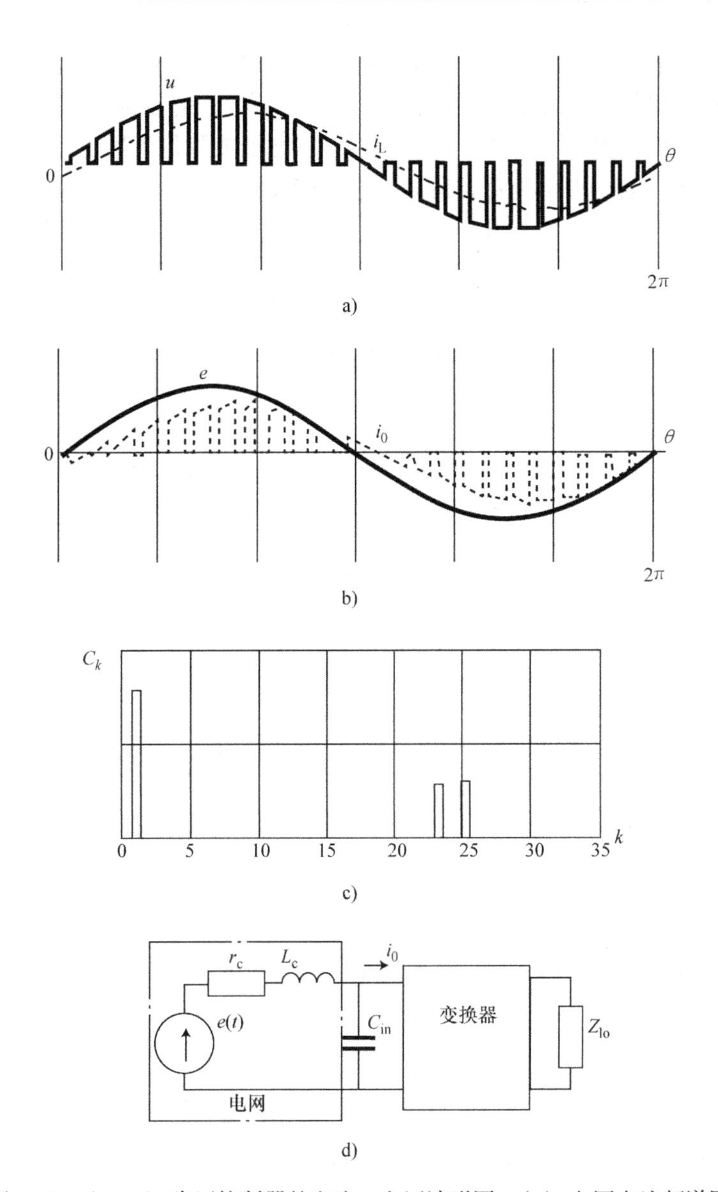

图 6.29　（a、b）降压控制器的电流、电压波形图、（c）电网电流频谱图和（d）带有电容输入滤波器的变换器结构图

$u_d=0$，而 $u_{out}=e$。改变占空比 γ，可以调节 u_{out}（$u_{out}<e$）。

该变换器的一个优点是输出电压、电流的谐波成分优于 6.3.1 节中的变换器。因此，变换器适用没有输入、输出滤波器的情况。基于图 6.28d 到图 6.28f 中的电路，变压器工作的输出频率以及额外增加的晶体管开关导致此种变换器有体积、质量增加的缺点。

图6.30c中的变换器包括一个整流器R和一个逆变器I，通过脉宽控制在第一个变压器绕组形成双极性电压u_d（见6.1.1节）。电压波形图如图6.30d所示。根据逆变桥输出电压的相位，变换器可以增加或降低电网电压。升压器的矩形电压导致输出电压中出现奇频谐波，这些谐波很小。

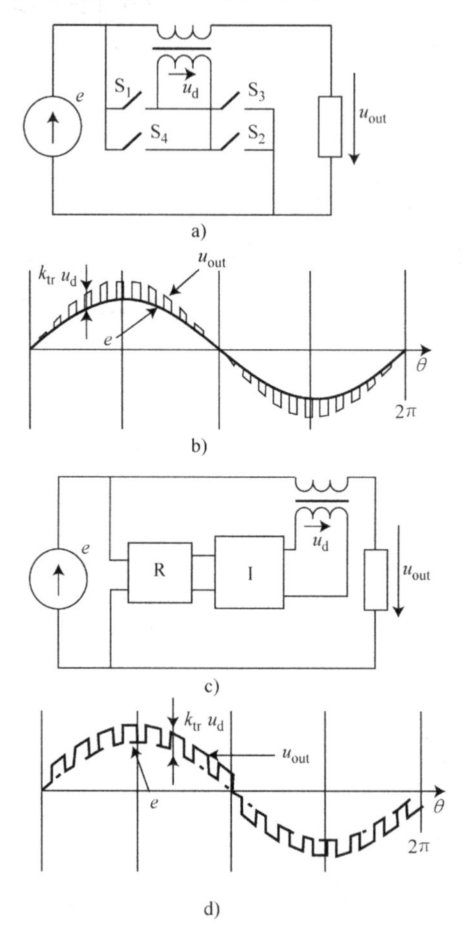

图6.30 （a、c）电路图和（b、d）带有升压变压器的变换器相应的电压波形图

这种变换器的缺点是由于变压器导致其重量和尺寸的增大，以及晶体管开关的大量使用。

6.3.3 间接交流电压变换器

为改善输出电压的谐波成分（不在输出滤波器上花费很大的费用）并尽可能地将功率因数提高到1，可以使用由单相或三相有源整流器和单相或三相逆变器组成的间接交流电压变换器，这两个部分通过脉宽调制形成电压

（见第7章）。

6.4 变频器

6.4.1 带有直流环节的变频器

变频器广泛应用于电气传动、电力行业、光学工程等领域。如今大多数变频器都是间接变频器，由以下几个部分组成：整流器、逆变器、直流环节。变频器的选择取决于相数和频率的变化、输出电压和电流谐波的要求，功率因数的要求以及输出电压与输入电压的比值。变频器的串联必须确保电网到负载之间的能量流通。

变频器基于电流型、电压型逆变器以及谐振逆变器（见第8章）。随着输出电压质量要求严格，输出频率要求更宽，输出电压由PWM得到的电压型逆变器最近得到了广泛的应用（见第7章），采用PWM得到的电流型逆变器也被广泛使用。

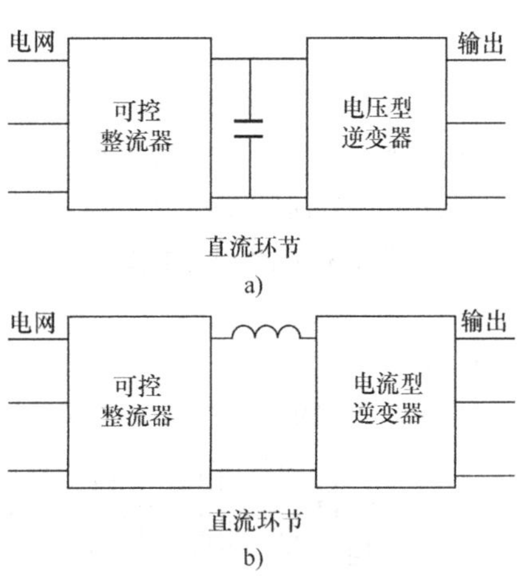

图6.31 带有（a）电压型变换器和（b）电流型变换器的直流环节的变频器结构图

在整流器的选择中，必须考虑到对功率因数的要求。带有L或LC滤波器的不可控整流器，特别是三相整流器（见第4章），具有高功率因数。高功率因数（$\chi\approx1$）可以通过有源整流器或功率因数校正器获得（见7.3.2节）。变频器结构如图6.31所示。单相/三相与三相/单相变换器结构相似。

图6.31a所示的可控整流器直流环节包含一个电容滤波器（能量存储）。图6.31b所示的可控整流器（见7.3节）使用了含有电感滤波器的直流环节。直流环节中的滤波器是整流器的输出滤波器和逆变器的输入滤波器。无变压器变换器的好处是获得的输出电压可以比电网电压高，也可以比电网电压低且能量在电网与负载之间双向流动。

6.4.2 直接变频器

直接变频器是研究人员非常感兴趣的内容。在图6.32所示的变换器中，负载每相（a、b、c）与电网每相（A、B、C）通过基于图6.28d双向导电的开关连接，这就是所谓的矩阵式变频器（Teichmann等人，2000；Shrejner等人，2003；

Lin 等人，2005；Chaplygin，2007；Fedyczak 等人，2009；Manesh 等人，2009）。

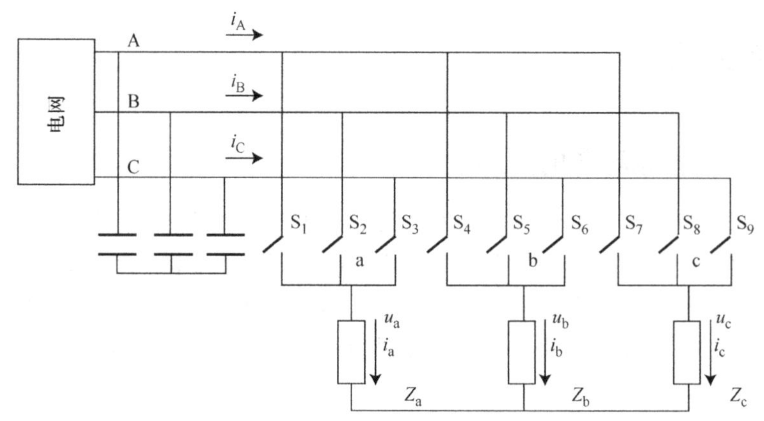

图 6.32　矩阵式变频器

这种矩阵式变频器的输入滤波器隔离由变换器形成的输入电流分量，该分量频率接近或高于变换器开关的换相频率，故该系统很小巧。采用 PWM 的这种结构可以保证当电流的基波分量电网电压相位一致时输出高质量电压。矩阵变换器可以实现能量在电网和负载之间的双向传输。图 6.33 为矩阵变换器的输入（u_A，i_A）和输出（u_a，i_a）的电压、电流波形。输入频率为 50Hz，输出频率为 100Hz。

矩阵变换器的优点是在直流环节中不使用滤波器以及具有较低的开关电压损耗。

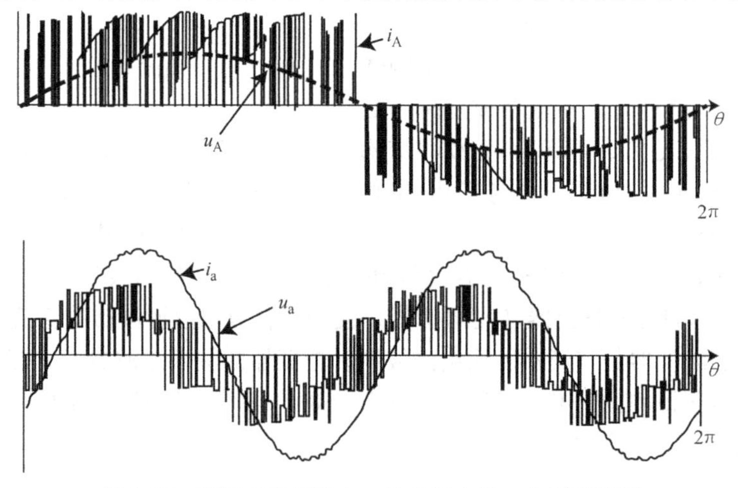

图 6.33　矩阵变换器输入、输出的电流、电压波形图

但矩阵变换器也有一些缺点。

1）矩阵变换器包含 9 个双向导通开关，即 18 个全控型单向导通开关。而带有直流环节的三相/三相变换器（见图 6.31）只有 12 个开关。

2）矩阵变换器在驱动器及其电源上需要很多额外开支。

3）矩阵变换器中需要额外的电流传感器来进行开关换流。

4）矩阵变换器的变比，即输出相电压的最大可能有效值与电网相电压的有效值之比为 $k_{U,mcf}$为 0.86～0.95，而在间接频率变换器中 $k_U > 1$ 是完全可能的（见图 6.31）。

5）矩阵变换器的输出电压在低频区域含有很大的寄生谐波。（五次谐波的幅值可能是基波分量的 10%，二次谐波的幅值可能是基波分量的 1.5%～4.6%。频率低于基波的谐波可能出现，也可能出现直流分量）。故矩阵变换器就输出电压的质量而言，远低于带有直流环节的频率变换器。由于电网不对称以及在输出频率以下的低频分量的出现，矩阵变换器的输出电压下降。这种影响在最大输出频率时尤为明显。

6）矩阵变换器功率因数高。但电网电流的频谱中含有低频分量，而这些在带有直流环节的变换器中并不存在。

由于成本问题本书概述的方法不能用于提高小功率整流器（如单相整流器）与电网的兼容性，为此要在整流器直流侧对功率因数进行校正。

参考文献

Chaplygin, E.E. 2007. Analysis of distortion of network current and output voltage of matrix frequency converter (Analiz iskazhenij setevogo toka i vyhodnogo naprjazhenija matrichnogo preobrazovatelja chastoty). *Jelektrichestvo*, 11, 24–27 (in Russian).

Chaplygin, E.E. 2009. Two-phase pulse-width modulation in three-phase voltage inverters (Dvuhfaznaja shirotno-impul'snaja moduljacija v trehfaznyh invertorah naprjazhenija). *Jelektrichestvo*, 6, 56–59 (in Russian).

Fedyczak, Z., Szczesniak, P., and Koroteev, I. 2009. Generation of matrix-reactance frequency converters based on unipolar PWM AC matrix-reactance choppers. *Proc. ECCE 2009*, San Jose, pp. 1821–1827.

Liu, T.-H., Hung, C.-K., and Chen, D.-F. 2005. A matrix converter-fed sensorless PMSM drive system. *Electr. Power Comp. Syst.*, 33(8), 877–893.

Manesh, A., Ankit, R., Dhaval, R., and Ketul, M. 2009. Techniques for power quality improvement. *Int. J. Recent Trends Eng.*, 1(4), 99–102.

Mohan, N., Underland, T.M., and Robbins, W.P. 2003. *Power Electronics—Converters, Applications and Design*, 3rd edn. John Wiley & Sons.

Rozanov, Ju.K. 2007. Power electronics: Tutorial for universities (Silovaja jelektronika: Uchebnik dlja vuzov) Rozanov, Ju.K., Rjabchickij, M.V., Kvasnjuk, A. A. Moscow: Izdatel'skij dom MJeI (in Russian).

Shrejner, R.T., Krivovjaz, V.K., and Kalygin, A.I. 2003. Coordinate strategy of controlling of direct frequency converters with PWM for AC drives. Russian Electrical Engineering, No. 6.

Teichmann, R., Oyana, J., and Yamada, E. 2000. Controller design for auxiliary resonant commutated pole matrix converter. *EPE-PEMS 2000 Proceedings*, Kosice, Slovak Pepublic, Vol. 3, pp. 17–18.

Zinov'ev, G.S. 2012. Bases of power electronics (Osnovy silovoj jelektroniki). Izd-vo Jurajt, Moskva (in Russian).

第7章 脉冲宽度调制(PWM)与电能质量控制

7.1 PWM 基本原理

根据 IEC 551 -16 -30 的定义，脉冲宽度调制（PWM）是指在基频周期内通过对脉冲宽度或频率进行调制以获得特定的输出电压波形的脉冲控制。在大多数情况下，PWM 用于输出正弦电压或电流，即降低相对于基波分量的高次谐波幅值。PWM 的基本方法（Rashid，1988；Mohan 等人，1995；Rozanov 等人，2007）分为

- 正弦 PWM（以及其变形）；
- 特定高次谐波消去法；
- 滞环或 Δ 调制；
- 空间矢量（SV）调制。

传统的正弦 PWM 技术通过比较给定的电压信号（参考信号）和高频三角波信号（载波信号）来改变形成输出电压（电流）的脉冲宽度。参考信号是调制信号，可以确定所需输出电压（电流）的波形。本例中调制信号是正弦波，其频率与电压或电流的基波相同。调制信号可以是特殊非正弦波，可有效地降低特定谐波的含量。

特定谐波消去法通过调整每半个周期内的脉冲宽度和开关动作次数来抑制输出电压（电流）的高频谐波。目前该方法已成功由微处理控制器实现。

滞环调制基于对参考信号如正弦信号延迟跟踪，结合了脉冲宽度调制和脉冲频率调制的原理，可以让调制频率稳定或限制其变化。

空间矢量调制将三相电压（电流）系统转换为两相静止坐标系，并由此推导出电压（电流）的广义空间矢量的调制方法。在调制频率（每个采样周期）决定的每个周期内，开关器件在基本矢量之间切换，对应变换器的有效状态，从而形成所需的对应于三相系统中参考电压（电流）的调制矢量。

基于 PWM 的控制能够产生具有所需频率、幅值和相位的电压或电流基波“分量”。在此情况下交流 - 直流变换器使用了强迫换流开关，可在复平面的四象限中工作。换言之可以工作在整流器和逆变器两种状态，功率因数 $\cos\varphi$ 介于 -1 到 +1 之间。随着调制频率的增加，逆变器输出端输出的电压（电流）越接近期望波形。基于强迫换流变换器，有源电力滤波器可消除谐波（见 7.3.3 节）。

以图 7. 1a 中单相半桥电压型逆变器中的正弦 PWM 为例，与二极管串联和并联的开关 S1 和 S2 被视为强迫换流器件，串联二极管对应于开关的单向导通（如晶体管或晶闸管），反并联二极管可确保反向电流的传输。

图 7. 1b 为参考调制信号 $u_m(\vartheta)$ 和载波信号 $u_c(\vartheta)$ 波形。开关 S_1 和 S_2 的控制脉冲形成原则如下：当 $u_m(\vartheta) < u_c(\vartheta)$ 时，开关 S_1 导通，S_2 关断。当 $u_m(\vartheta) < u_c(\vartheta)$ 时，开关状态相反，S_2 导通，S_1 关断。输出电压波形为双极性脉冲（见图 7. 1b）。实际中为避免两个开关 S_1 和 S_2 均导通的状态，开关切换过程中必须存在死区时间。脉冲宽度取决于信号 $u_m(\vartheta)$ 和 $u_c(\vartheta)$ 的幅值比，表征该比率的参数称调制度，定义为

$$M_a = \frac{U_m}{U_c} \tag{7.1}$$

式中，U_m 和 U_c 分别是调制信号 $u_m(\vartheta)$ 和载波信号 $u_c(\vartheta)$ 的幅值。

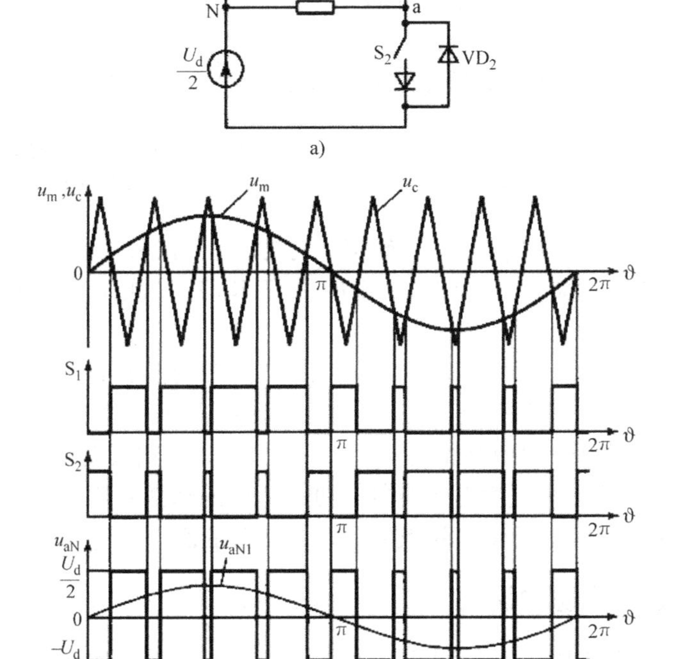

图 7. 1　单相半桥电压型逆变器及正弦 PWM 控制方式下的电压波形
a）单相半桥电压型逆变器　b）正弦 PWM 控制方式下的电压波形

三角载波信号频率 f_c 等于 S_1 和 S_2 的开关频率且通常比调制信号的频率 f_m 大得多。f_m/f_c 对调制效率影响很大，被称为频率调制比，即

$$M_f = \frac{f_c}{f_m} \tag{7.2}$$

对于较小的 M_f 值，信号 $u_m(\vartheta)$ 和 $u_c(\vartheta)$ 必须同步，以消除输出电压中不需要的次谐波。如果这些信号是同步的，则 M_f 是一个整数。Mohan 等人（1995）推荐同步时 M_f 的最大值为 21。

由式（7.1）得输出电压基波 $U_{aN\,1}$ 的幅值（见图 7.1b）为

$$U_{aN1} = M_a \frac{U_d}{2} \tag{7.3}$$

由式（7.3）得当 $M_a = 1$ 时，输出电压基波分量幅值等于其脉冲高度 $U_d/2$，输出电压的基波与 M_a 的关系图如图 7.2 所示（无量纲形式）。M_a 介于 0 ~ 1 时，$U_{aN\,1}$ 随 M_a 的变化呈线性变化。M_a 的最大值由调制原理确定，根据调制原理，$U_{aN\,1}$ 的最大值是矩形半波的幅值 $U_d/2$，M_a 从最大值进一步增加时，$U_{aN\,1}$ 非线性增加。

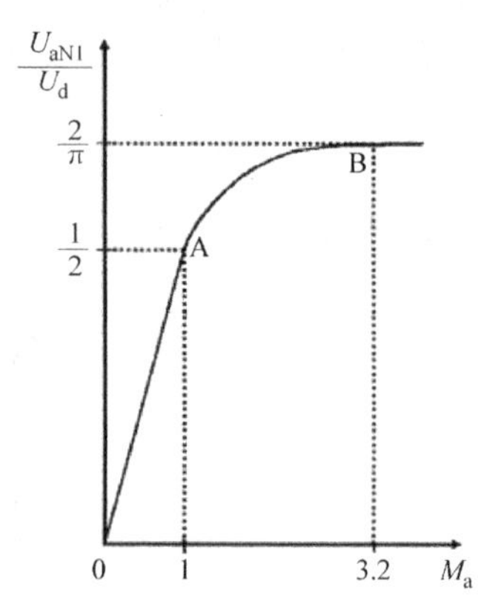

图 7.2　半桥电路中输出电压基波的相对幅值与 M_a 的关系图

由矩形函数的傅里叶展开式得出电压基波的最大幅值为

$$U_{aN1} = \frac{4}{\pi}\frac{U_d}{2} = \frac{2}{\pi}U_d \tag{7.4}$$

对应 U_{aN1} 最大值的 $M_{a\,max}$ 由 M_f 确定，约为 3.2。在 M_a 介于 1 ~ 3.2 范围时，U_{aN1} 与 M_a 为非线性关系（见图 7.2 中的 A 至 B 段），此非线性区域为过调制区域。

M_f 值取决于载波信号 $u_c(\vartheta)$ 选择的频率，且对变换器的性能影响很大。随着载波频率的增加，开关损耗增大，但输出电压频谱可大大改善，更容易滤除因调制引起的高频谐波。在许多情况下，必须选择 f_c 以达到人类能听到声音频率的上限（20kHz）。选择 f_c 应考虑变换器的功率。M_f 的选择要考虑很多因素，总的原则是小功率、低电压变换器 M_f 数值较大，反之亦然。

7.1.1　随机过程脉冲调制

PWM 在变换器中的应用与电压、电流调制中出现的高次谐波有关。频谱图中主要谐波出现在 M_f 整数倍频率上，M_f 整数倍周围的频率上也会有谐波出现，整体趋势为越远离 M_f 整数倍频率，谐波的幅值越小。高次谐波会产生以下后果：

- 声音噪声；
- 与其他电气设备的电磁兼容性恶化。

在含有声音频率谐波的电压和电流作用下，电磁元件（电感和变压器）会

产生声音噪声。注意噪声可能出现在最大高次谐波对应的特定频率，磁致伸缩也可能会产生噪声，从而使问题的解决复杂化。在不同的频率范围内也可能会产生电磁兼容问题，并且会对不同的设备有不同的表现。一般可通过设计无源滤波器以及其他方法降低噪声以确保电磁兼容性。

对调制电压和电流的频谱进行修改，让频谱随机分布在较宽的频率范围内来均衡频谱片减小最强谐波的幅值，这可以减少谐波最大值频率处的噪声能量。该方法仅通过修改软件，无需更改变换器功率元件，其主要原理如下。

PWM 调整占空比 $\gamma = t_{on}/T$，其中 t_{on}是导通时间，T 是脉冲周期。通常稳态条件下，这些参数以及脉冲在周期 T 内的位置不变，PWM 的结果为积分平均值。t_{on}和 T 的值以及脉冲位置会导致调制参数出现不希望的频谱。假设 t_{on}和 T 随机，γ 不变，则过程随机，调制参数频谱会被修正。例如，周期 T 内的脉冲位置或 T 随机，可以使用随机数生成器来影响调制频率 $f = 1/T$。脉冲在周期 T 内的位置也可以用零数学期望方法来改变。γ 的平均值必须保持在控制系统规定的水平，调制电压和电流的频谱相同。

7.2 逆变器中的 PWM 技术

7.2.1 电压型逆变器

7.2.1.1 单相全桥电压型逆变器

图 7.3 为单相全桥电压型逆变器的简化拓扑结构图。该电路与单相半桥逆变器一样，采用基于正弦调制波与三角载波信号比较的正弦 PWM。与半桥电路相比，全桥电路可以采用单极性或双极性调制技术。开关 S_1 ~ S_4 与图 7.1 中的开关相似。为便于分析，节点 N 标记在两个相等的直流侧电容 C_d之间（见图 7.3）。

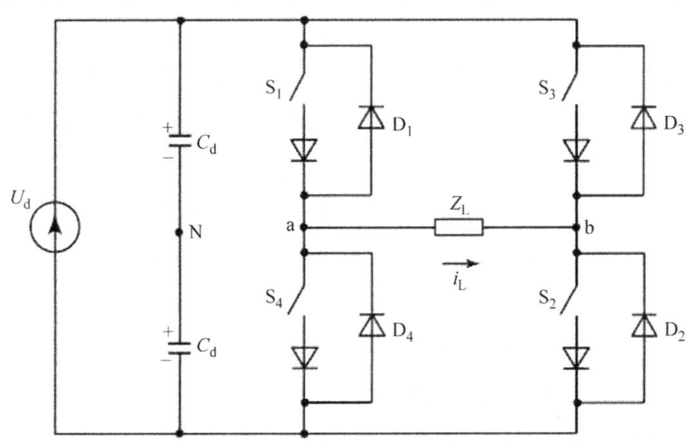

图 7.3 单相全桥电压型逆变器

全桥逆变器有四种开关组合，如表7.1所述，其中开关S的开关状态分别用1和0表示。表7.2为对应这些状态的u_{aN}、u_{bN}、$u_{ab}(=u_{aN}-u_{bN})$电压。根据调制的类型，可以使用不同开关状态。

表7.1　单相全桥逆变器各种开关状态组合

状态	开关状态			
	S_1	S_2	S_3	S_4
Ⅰ	1	1	0	0
Ⅱ	0	0	1	1
Ⅲ	1	0	1	0
Ⅳ	0	1	0	1

表7.2　开关器件各状态的导通元件及电压值

状态	导通开关和二极管		电压		
	$i_L>0$	$i_L<0$	u_{aN}	u_{bN}	u_{ab}
Ⅰ	S_1，S_2	D_1，D_2	$U_d/2$	$-U_d/2$	U_d
Ⅱ	D_3，D_4	S_3，S_4	$-U_d/2$	$U_d/2$	$-U_d$
Ⅲ	S_1，D_3	D_1，S_3	$U_d/2$	$U_d/2$	0
Ⅳ	S_2，D_4	S_4，D_2	$-U_d/2$	$-U_d/2$	0

在单极性调制中，同时使用两个调制信号$u_m(\vartheta)$和$-u_m(\vartheta)$（见图7.4）。有两个开关控制脉冲序列，一个序列控制一组开关（S_1和S_4），而另一个控制其他开关（S_3和S_2）。通过比较参考信号$u_m(\vartheta)$和三角信号$u_c(\vartheta)$产生的脉冲序列决定了电压u_{aN}的大小。负调制信号$-u_m(\vartheta)$与载波信号$u_c(\vartheta)$进行比较产生了电压u_{bN}。节点a相对于N点（使用开关S_1、S_4），节点b相对于N（使用开关S_3、S_2）调制规律相同。开关S_1导通时，节点a相对于节点N的电位为$U_d/2$（状态Ⅰ、Ⅲ）；开关S_4导通时，节点a相对于节点N的电位为$-U_d/2$（状态Ⅱ、Ⅳ）；开关S_3导通时，节点b相对于节点N的电位等于$U_d/2$（状态Ⅱ、Ⅲ）；当S_2导通，节点b相对于节点N的电位为$-U_d/2$（状态Ⅰ、Ⅳ）。开关切换的条件为

$$\begin{aligned}
&u_m(\vartheta)>u_c(\vartheta)\text{—}S_1\text{ 导通},S_4\text{ 关断}\\
&u_m(\vartheta)<u_c(\vartheta)\text{—}S_4\text{ 导通},S_1\text{ 关断}\\
&-u_m(\vartheta)>u_c(\vartheta)\text{—}S_3\text{ 导通},S_2\text{ 关断}\\
&-u_m(\vartheta)<u_c(\vartheta)\text{—}S_2\text{ 导通},S_3\text{ 关断}
\end{aligned}\tag{7.5}$$

如图7.4所示，逆变器输出电压$u_{ab}(\vartheta)$的波形是由调制信号$u_m(\vartheta)$指定的正弦波每个半周期中的单极性脉冲序列。

在双极性PWM技术中，开关算法不同，只存在状态Ⅰ、Ⅱ根据下列条件周期性交替：

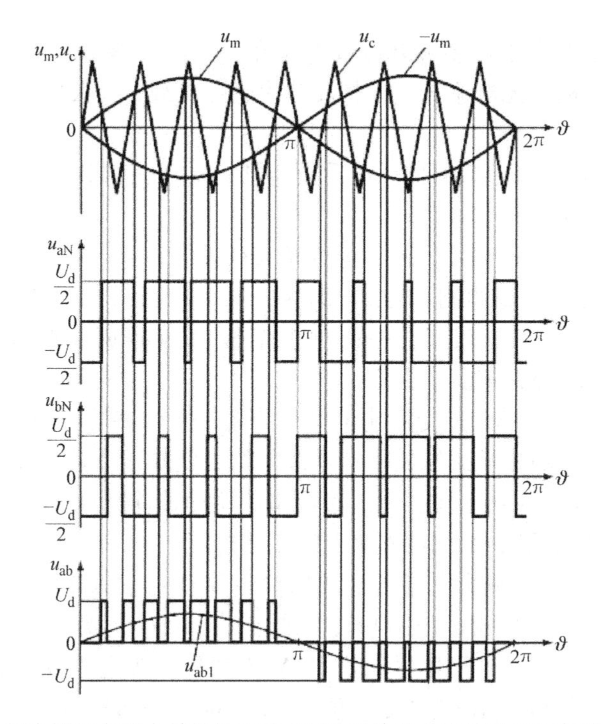

图 7.4　单相全桥逆变器中单极性正弦 PWM 的输出电压波形和调制波载波信号

$$u_m(\vartheta) > u_c(\vartheta)\text{—状态 I },u_m(\vartheta) < u_c(\vartheta)\text{—状态 II} \tag{7.6}$$

开关状态 Ⅰ 和 Ⅱ 的切换对应于由开关 S1 和 S2 组成的半桥电压型逆变器的调制（见图 7.1）。全桥、半桥逆变器输出电压脉冲幅值不同，全桥电路中幅值为 U_d，半桥电路中为 $U_d/2$。由式（7.3），输出电压的基波最大幅值也发生变化，当 $M_a=1$ 时为 U_d。当 $M_a>1$ 时，进入过调制区，调制电压转换为矩形波；当 $M_a>3.2$ 时，输出电压的基波幅值为

$$U_{ab1} = \frac{4}{\pi} U_d \tag{7.7}$$

对于阻感负载对电压型逆变电路中电磁过程的影响，要注意到负载电流基波滞后于负载电压基波，能量会从负载流向电源。电压基波反向后，电流与之前流向相同。电路中二极管 $D_1 \sim D_4$ 与开关 $S_1 \sim S_4$ 并联。假设负载电流（$i_L>0$）正方向为从节点 a 流向节点 b，在半桥电路中，从节点 a 流向节点 N；那么，在电感中的能量释放的区间，电流 i_L 为负值并通过反并联二极管返回直流电压源 U_d（见表 7.2）。电流过零时刻（反向）取决于负载参数，只考虑负载电流和输出电压的基波分量，此时刻由负载功率因数决定

$$\varphi_L = \arctan \frac{\omega_1 L}{R} \tag{7.8}$$

式中，ω_1 是基波的角频率；L 和 R 分别是负载电感和电阻。

显然，φ_L值的大小直接影响负载电流在开关和二极管之间的分配。如电阻负载情况时，二极管无电流流过。相反若为感性负载，开关电流的平均值等于二极管电流的平均值。

输出电压的频谱是 PWM 的一个重要特征。对于正弦 PWM，输出电压包含 n 次谐波，由 M_f决定。

$$n = eM_f \pm k \tag{7.9}$$

式中，对于双极性脉宽调制，当 $e=2, 4, 6, \cdots$时，$k=1, 3, 5\cdots$；当 $e=1, 3, 5, \cdots$时，$k=0, 2, 4, 6, \cdots$；对于单极性脉冲宽度调制，当 $e=2, 4, 6, \cdots$时，$k=1, 3, 5, \cdots$。

对应式（7.9），单相逆变器输出电压的频谱包含基波（频率f_1）以及 M_f倍数及其附近频率。单极性调制的优点是调制的最低次谐波具有较高的频率，谐波是$2M_f$的倍数。在 0~1 的范围内，随着 M_f的增加，输出电压的畸变明显下降，这就可以使用轻型无源 LC 滤波器来获得正弦电压。

由式（7.1）得，输出电压的基波幅值由逆变器输入电压 U_d以及 M_a确定。$0 \leqslant M_a \leqslant 1$时，逆变器输出电压的基波幅值为 $U_{ab1} < U_d$。为提高基波幅值且不严重影响输出电压的频谱，可以对正弦 PWM 方法进行改进。各种基于三角载波信号与非正弦调制信号 u_m比较的改进方法（Rashid，1988）有：

- 梯形波调制信号（见图 7.5a）；
- 阶梯波调制信号（见图 7.5b）；
- 谐波注入的调制信号（见图 7.5c）。

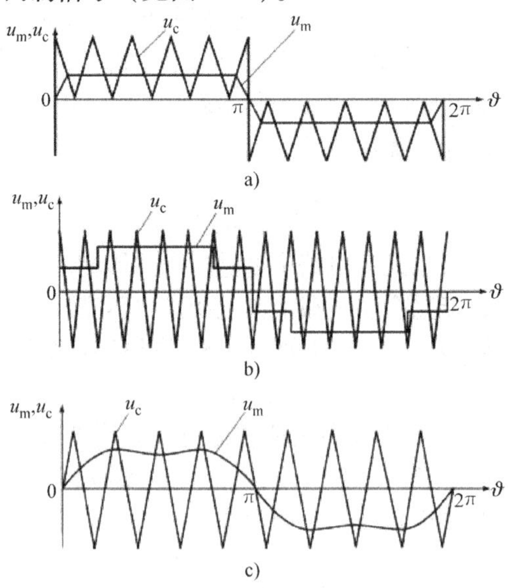

图 7.5　正弦 PWM 的改进方法

a）梯形波调制信号　b）阶梯波调制信号　c）谐波注入调制信号

以上方法使输出电压的幅值相对于正弦PWM增加了5%～15%，然后根据输出电压的频谱对高次谐波进行有效过滤。

在调制频率有严格限制的情况下可应用特定谐波消去法消除电压频谱的3次、5次和7次低频部分谐波。当输出电压波形每半个周期有一个脉冲时，高次谐波幅值与输出电压的脉宽有关。通过电压脉冲的宽度控制，输出电压的频谱满足以下表达式：

$$u_{ab}(\vartheta) = \sum_{n=1,3,5}^{\infty} \frac{4U_d}{\pi n} \sin\frac{n\delta}{2} \sin n\vartheta \tag{7.10}$$

式中，U_d是逆变器的输入电压；n是谐波次数；δ是半周期内电压脉宽角度。

从式（7.10）中可以看出，当$\delta = 2\pi/3$时，逆变器输出电压的频谱中消除了3次谐波，在半周期内开关发生两次切换。如果开关次数和每半周期中的电压脉冲（N）数增加，更多的谐波就可能被抑制。对于单相逆变器，如果输出电压在每半个周期内有N个脉冲，就可以消除（$N-1$）个谐波。例如，图7.6为$N=3$，$M_a=0.5$的双极性调制逆变器电压波形，其中$\alpha_1=22°$，$\alpha_2=55°$，$\alpha_3=70°$（$\delta_1=33°$，$\delta_2=40°$），频谱中不存在$n=3$，5次谐波。当$N=4$时，频谱中$n=3$，5，7次谐波被消除。单极性调制下，α和δ值与双极性调制不同。下面详细讨论特定谐波消去的常用技术（Espinoza，2001）。

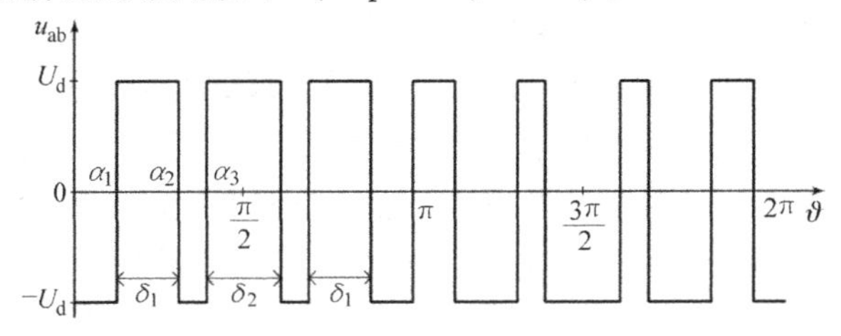

图7.6　单相逆变器输出电压波形（消除3次谐波和5次谐波）

滞环或Δ调制在实际中也被广泛应用，这可以方便地获得所需电压、电流。Δ调制法可以用于直流－直流变换器的脉冲控制，通过对受控信号的跟踪，以便在允许偏差范围内与给定参考信号一致。以电压型逆变电路中的负载电流控制为例，当负载电流比参考值$i_m \pm \Delta i_L$大时，变换器开关的状态改变如图7.7所示。为得到正弦负载电流，采用与基波频率相同的正弦参考信号。通常，偏差带的宽度取决于产生开关脉冲的比较器滞环宽度。该技术的一个缺点是开关频率取决于被控信号的变化率di_L/dt。因此，对于正弦调制信号i_m，在正弦波接近其最大值的区间内，开关频率比其通过过零的区间大（见图7.7）。要采用一定的方法来稳定开关频率。为了避免低频谐波，滞环调制通常是在M_f值较大的情况下使用。

7.2.1.2　三相电压型逆变器

图7.8为三相电压型逆变器的拓扑结构，开关S_1～S_6与单相逆变器中的开

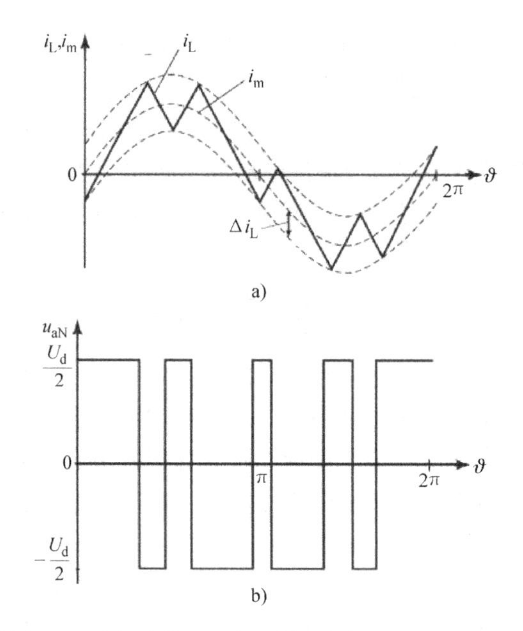

图 7.7　半桥电压型逆变器滞环电流调制的负载电流波形与输出电压波形图

a）负载电流波形图　b）输出电压波形图

关相同，相电压 u_{aN}、u_{bN}和 u_{cN}参考电位为电容 C_d相连的节点 N。在三相平衡系统中，每一相的电压和电流是相同的（不考虑相移的前提下）且三相之和为零。由任意两相电压或电流之和可得第三相的电压或电流，故仅两相电压、电流为独立变量，在指定参考信号时必须考虑这一点。三相逆变器和单相逆变器一样，通过比较 3 个正弦调制信号和三角载波信号可以得到 PWM 信号。

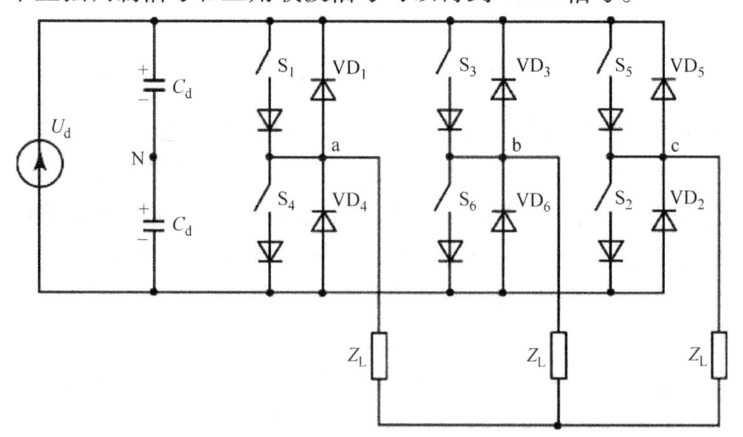

图 7.8　三相电压型逆变器（桥式电路）

表 7.3 为三相逆变器的 8 种有效开关状态。状态Ⅰ ~ Ⅵ产生非零输出电压，而状态Ⅶ和Ⅷ对应线电压为零。所有这些状态通过 PWM 产生给定的电压。开关

状态的改变取决于载波与参考信号的比值。为了在相同结构下考虑三相调制和单相调制，着重观察线电压 u_{ab}，即 a 相和 b 相相对于节点 N 的电压的差值（见图 7.8）。电路的任意点都可以作为参考电位，比如直流电压源的负端。若参考电位为节点 N，则线电压$u_{ab}=u_{aN}-u_{bN}$。

表 7.3　三相电压型逆变器的开关状态和电压值（0 为关断，1 为导通）

状态	开关状态						电压		
	S_1	S_2	S_3	S_4	S_5	S_6	u_{aN}	u_{bN}	u_{ab}
Ⅰ	1	0	0	0	1	1	$U_d/2$	$-U_d/2$	U_d
Ⅱ	1	1	0	0	0	1	$U_d/2$	$-U_d/2$	U_d
Ⅲ	1	1	1	0	0	0	$U_d/2$	$U_d/2$	0
Ⅳ	0	1	1	1	0	0	$-U_d/2$	$U_d/2$	$-U_d$
Ⅴ	0	0	1	1	1	0	$-U_d/2$	$U_d/2$	$-U_d$
Ⅵ	0	0	0	1	1	1	$-U_d/2$	$-U_d/2$	0
Ⅶ	1	0	1	0	1	0	$U_d/2$	$U_d/2$	0
Ⅷ	0	1	0	1	0	1	$-U_d/2$	$-U_d/2$	0

由表 7.3 可得相电压 u_{aN}和 u_{bN}的值如下：

- 当开关 S_1 导通时，a 相与 $+U_d$端相连，$u_{aN}=U_d/2$；当 S_4 导通时，a 相与 $-U_d$端相连，$u_{aN}=-U_d/2$。
- 当开关 S_3 和 S_6 导通时，$u_{bN}=U_d/2$ 和 $-U_d/2$。

由表 7.3 中可得开关 S_1、S_3 和 S_5 的状态分别与开关 S_4、S_6 和 S_2 状态相反，故电压型逆变器中的控制算法可以简化。

图 7.9 为采用正弦 PWM 的三相逆变器的波形。为实现电压 u_{aN} 和 u_{bN} 的 PWM，开关状态切换条件为

- 当 $u_{mA}(\vartheta)>u_c(\vartheta)$时，$S_1$ 导通，S_4 关断；当 $u_{mA}(\vartheta)<u_c(\vartheta)$时，$S_1$ 关断，S_4 为导通；
- 当 $u_{mB}(\vartheta)>u_c(\vartheta)$时，$S_3$ 导通，S_6 关断；当 $u_{mB}(\vartheta)<u_c(\vartheta)$时，$S_3$ 关断，S_6 为导通。

由以上条件可得，在调制信号 u_{mA}和 u_{mB}的正、负半周期中，当 S_1 和 S_3 导通时，a 相和 b 相的电压为 $U_d/2$；当 S_1 和 S_3 关断时，a 相和 b 相的电位为 $-U_d/2$。

当 $0\leqslant M_a\leqslant 1$ 时，线电压 U_{ab1}的基波分量幅值为

$$U_{ab1}=\sqrt{3}M_a\frac{U_d}{2} \tag{7.11}$$

在过调制（$M_a>1$）的情况下，基波幅值增加到与方波对应的最大值

$$U_{ab1}=\frac{4}{\pi}\frac{U_d}{2}\sqrt{3}=\frac{2\sqrt{3}}{\pi}U_d \tag{7.12}$$

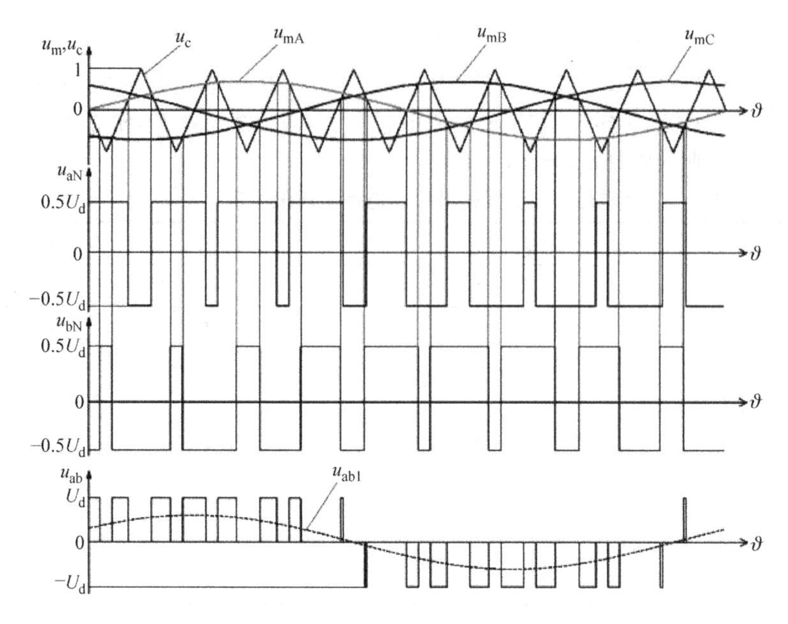

图 7.9　三相逆变器正弦 PWM 的调制波、载波信号和输出电压波形

输出线电压的频谱不含三的倍数次谐波，载波信号频率的取值应为 3 的奇数倍（$M_f=9$，15，21，…），将 M_f 的值取为整数。

三相逆变器和单相系统一样，开关电流可以用一个周期内的电流平均值来估计。显然，流过开关 $S_1 \sim S_6$ 和二极管 $D_1 \sim D_6$ 的平均电流对应于相电流部分。对于阻感负载，相电流分布在相应的开关和并联二极管之间。因此，电流通过开关从直流源流向负载，并在反向时通过二极管返回到电源。电流反向的时间由相电流和电压基波的位移因数（$\cos\varphi$）决定，故只考虑电流的基波分量即可计算开关和二极管的静态功率损耗。

7.2.2　电流型逆变器

在全控型电力电子器件投入使用之前，电流型逆变器脉冲宽度调制没有得到广泛应用，因为很难通过晶闸管的强制换相实现直流电流的调制。全控型开关如功率晶体管或门极可关断晶闸管（GTO）可以在电流型逆变器、电压型逆变器中实现 PWM 控制方式。电流型逆变器、电压型逆变器的对偶性意味着可以采用几乎相同的 PWM 技术。由于逆变电路的对偶性，相同的输出电压、电流波形可采用同样的调制技术。

电压型逆变器与电流型逆变器的 PWM 算法的显著区别在于零信号区域分别出现在输出电压、输出电流的波形中。如图 7.3 所示，单相电压型逆变器零电压区域出现在开关（S_1 和 S_3）或（S_4 和 S_2）导通时，负载被短路，与直流源 U_d 断开连接。这种开关不适用于图7.10a所示的电流型逆变器电路，因为直流侧电流 I_d 必须始终短路，否则电路断路会导致电感 L_d 产生很高的浪涌电压。

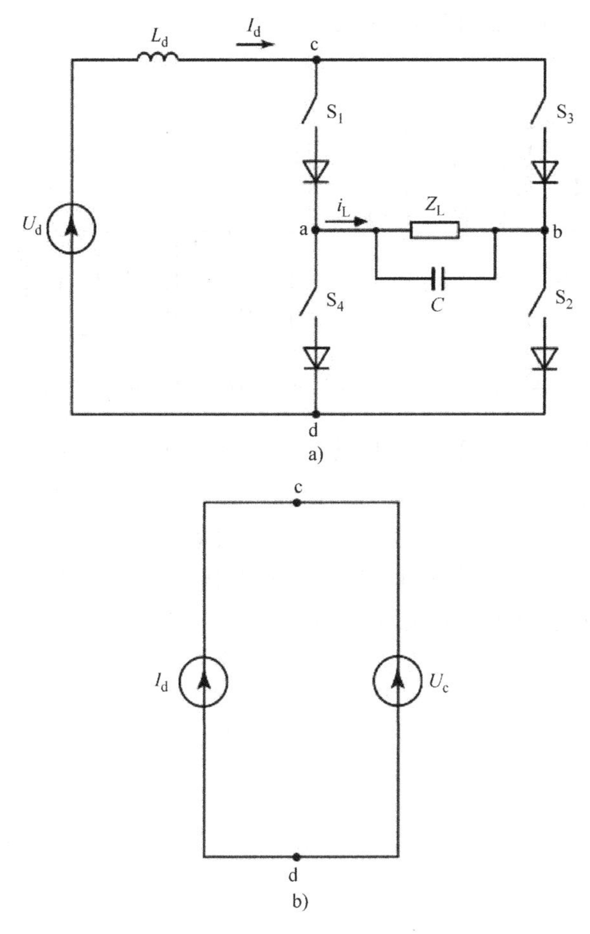

图7.10　单相电流型逆变器的原理图以及等效电路图

a）原理图　b）等效电路图

图7.10a为基于单向开关（如GTO）的单相电流型逆变器。在晶体管开关的情况下，需串联二极管以阻断反向电压。感性负载时，电容应连接到电流型逆变器的输出端。当开关状态改变时，并联电容吸收能量。逆变器稳态运行时等效电路如图7.10b所示，其中电压源 U_d 和电感 L_d 由直流电流源 I_d 代替，而开关和容性负载则由电压源 U_c 代替。当开关 S_1、S_4 或开关 S_3、S_2 导通时产生零负载电流。电流 I_d 流过以上开关时，电压 U_c 降为零，电流源被导通开关短路。当开关 S_1 和 S_2 导通时，负载电流为正。当 S_3 和 S_4 导通时，电流 $i_L = -I_d$。这样，负

载电流可以取值为 $+I_d$、0 和 $-I_d$。为了产生所需的电流波形，应该选取合适算法来切换这些电流值。使用类似于电压型逆变器的 PWM 技术可以产生正弦电流。为了减少调制谐波，输出使用 LC 滤波器，电容与逆变器的交流侧连接。正弦 PWM 输出电流波形如图 7.11 所示。

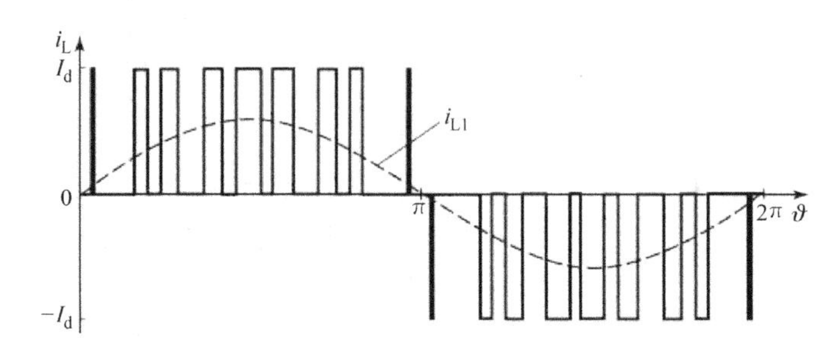

图 7.11　单相电流型逆变器正弦 PWM 相电流波形

单相电流型逆变器在实际中并没有被广泛应用，但三相电流型逆变器（见图 7.12）广泛应用于电力驱动，为确保输出电压正弦，需采用输出电流的正弦 PWM。表 7.4 为三相电流型逆变器有效开关状态和电流值。与电压型逆变器不同，相电流的零值对应三个零状态（Ⅶ、Ⅷ和Ⅸ）。在这些状态中，仅一个桥臂的开关导通，即 S_1 和 S_4，S_3 和 S_6 或 S_5 和 S_2。

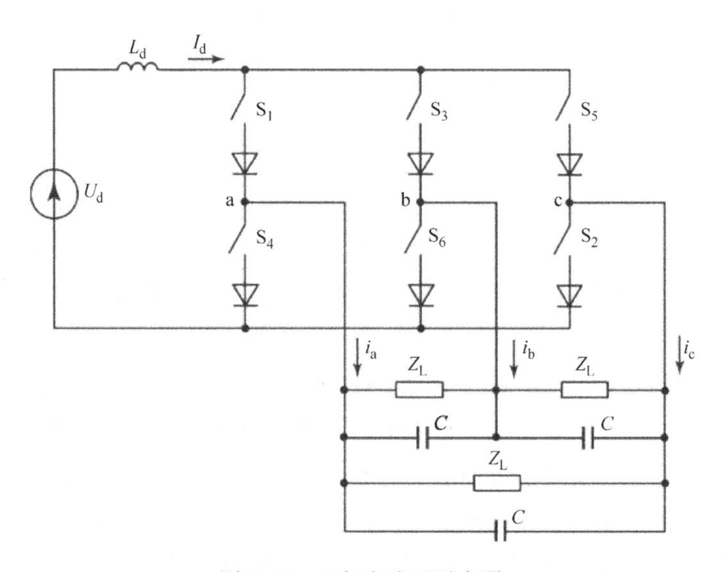

图 7.12　三相电流型逆变器

表 7.4　三相电流型逆变器开关状态以及电流值（0 为关断，1 为导通）

状态	开关状态						电流		
	S_1	S_2	S_3	S_4	S_5	S_6	i_a	i_b	i_c
Ⅰ	1	0	0	0	0	1	I_d	$-I_d$	0
Ⅱ	1	1	0	0	0	0	I_d	0	$-I_d$
Ⅲ	0	1	1	0	0	0	0	I_d	$-I_d$
Ⅳ	0	0	1	1	0	0	$-I_d$	I_d	0
Ⅴ	0	0	0	1	1	0	$-I_d$	0	I_d
Ⅵ	0	0	0	0	1	1	0	$-I_d$	I_d
Ⅶ	1	0	0	1	0	0	0	0	0
Ⅷ	0	0	1	0	0	1	0	0	0
Ⅸ	0	1	0	0	1	0	0	0	0

电流型逆变器和电压型逆变器的另一个显著区别是其输出电压直接取决于负载。控制负载电压最简单的方法是调整 M_a、输出相电流 I_a 的基波幅值为

$$I_{a1}=\sqrt{3}M_a\frac{I_d}{2},0<M_a\leqslant 1$$

$$\frac{\sqrt{3}}{2}I_d\leqslant I_{a1}\leqslant\frac{2\sqrt{3}}{\pi}I_d,M_a>1 \tag{7.13}$$

从式（7.13）中可得，电流型逆变器和电压型逆变器具有对偶性，电流型逆变器中的相电流基波、电压型逆变器中的线电压基波都取决于 M_a。

与电压型逆变器中的谐波消除一样，通过控制相电流中零间隔宽度可消去其中的低次谐波。

7.2.3　空间矢量调制

三相到两相坐标转换大大简化了三相变换器的电压和电流控制，此外这种坐标变换被用于交流电机变频调速数字控制系统（交流电压控制器），故空间矢量调制技术在三相电压型变换器中得到了广泛的应用。SVPWM 根据变换器的开关状态，将静止 $\alpha-\beta$ 坐标系中的三相电压信号表示为相位离散变化的矢量（见表 7.3），8 个有效状态对应于定义的输出线电压值。空间矢量调制采用复平面上的逆变器模型，而非相坐标中的模型。因此有必要产生对应于所需线电压的空间电压矢量。为在一个周期内产生三相正弦电压，在每个采样周期内要连续使用 6 个非零矢量（开关状态）。和正弦 PWM 一样，采样频率可以看作是载波频率。使用 $\alpha-\beta$ 静止坐标系（见 3.1.4 节）的空间矢量调制在以下章节详细介绍。

表7.5为三相电压型变换器的桥式电路的开关状态（见图7.13a）和对应于输出电压u_a、u_b和u_c的空间矢量值（见图7.13b）。图7.13b所示的波形为180°开关算法，每个开关导通时间为π。S_1、S_3、S_5导通状态对应于S_4、S_6、S_2的关断状态，反之亦然（见图7.13a）。各个开关数字编号没有实质意义，但是开关顺序必须严格对应电压u_a、u_b和u_c的变换。每个状态对应于π/3的间隔，也就是说，在这些间隔的边界处开关S_1 ~ S_6的状态变化是不连续的。仅使用6种（非零）状态，不考虑输出电压为零的零状态。因此，在$\alpha\beta$平面上，可以得到6个矢量U_1 ~ U_6，对应于开关S_1 ~ S_6状态变化的电压空间矢量位置，矢量U_1 ~ U_6在$\alpha\beta$平面对应6个扇形区域（见图7.14a）。矢量的末端通过直线连接形成一个规则的六边形，六边形的中心将矢量的起始点组合在一起，对应于零矢量U_7和U_8。

表7.5　三相电压型变换器开关状态以及空间矢量

状态	开关状态			SV U_k
	S_1	S_3	S_5	
Ⅰ	1	0	1	$\frac{2}{3}U_d e^{j5\pi/3}$
Ⅱ	1	0	0	$\frac{2}{3}U_d e^{j0}$
Ⅲ	1	1	0	$\frac{2}{3}U_d e^{j\pi/3}$
Ⅳ	0	1	0	$\frac{2}{3}U_d e^{j2\pi/3}$
Ⅴ	0	1	1	$\frac{2}{3}U_d e^{j\pi}$
Ⅵ	0	0	1	$\frac{2}{3}U_d e^{j4\pi/3}$
Ⅶ	1	1	1	0
Ⅷ	0	0	0	0

如图7.13c所示，在输出电压u_a、u_b和u_c的周期中，扇区发生连续变化，并且空间矢量U_S（见图7.14a）在扇区内从一个状态变为另一个状态（$U_1-U_2-U_3-U_4-U_5-U_6$）。旋转矢量U_S模值与正弦电压u_a、u_b和u_c幅值相等，非零矢量模值由方波（阶梯波）相电压最大值决定，即$2U_d/3$，其中U_d是逆变器直流侧输入电压。

正弦脉冲宽度调制中，当调制信号在载波频率f_c处与三角信号相等时开关切换。正弦调制信号的幅值与M_a成正比。通常由每相产生一个调制信号，以便产生三相变换器输出电压。SVPWM中，参考空间矢量是产生三相变换器所有输出电压的调制信号。正弦PWM可以使用模拟比较器产生开关信号，但在SVPWM中，采用数字控制系统来计算采样周期和开关时间。SVPWM技术和正弦PWM技术中，f_c的范围大致相同。

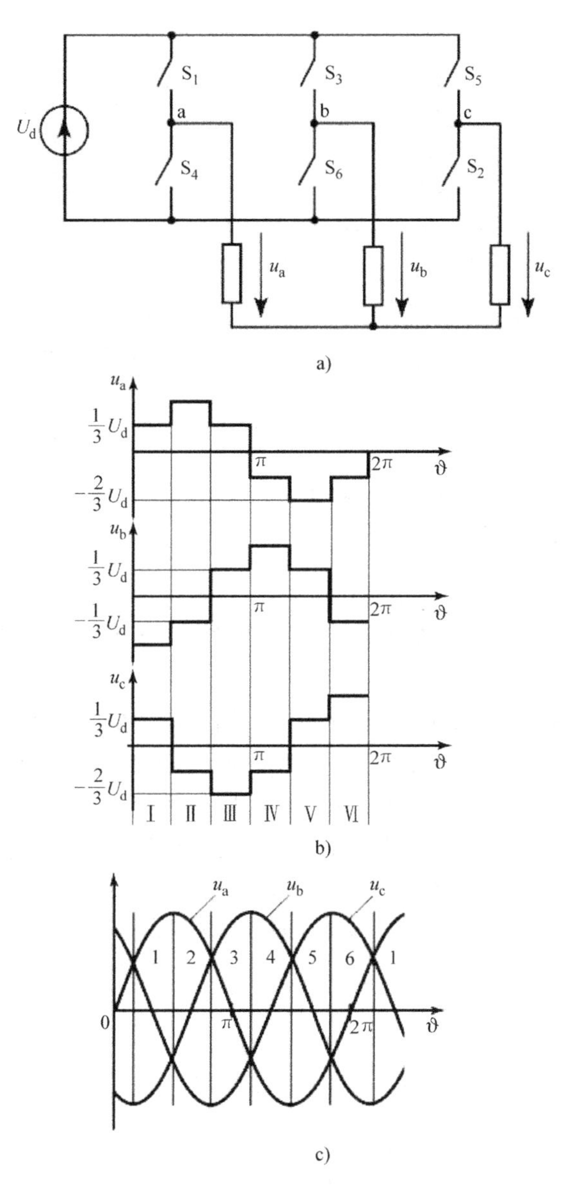

图 7.13　电压型变换器的桥式电路、输出相电压波形及基波分量

a）电压型变换器的桥式电路　b）输出相电压波形　c）基波分量

为在 SVPWM 中产生所需的电压，参考电压空间矢量在 6 个扇区中平均分布。扇区 k 通过使用最近的有效矢量（U_k 和 U_{k+1}）和一个零矢量（U_7 或 U_8）来完成。在此情况下电压矢量相加，但应考虑到每个矢量的作用时间。空间矢量 U_k 作用时间的相对值 γ_k 可看作 PWM 直流 - 直流变换器的占空比。相应地，矢量 U_k 作用时间定义为 $t_k=\gamma_k T_S$，其中 $T_S(=1/f_c)$ 是载波信号的采样周期。每个采

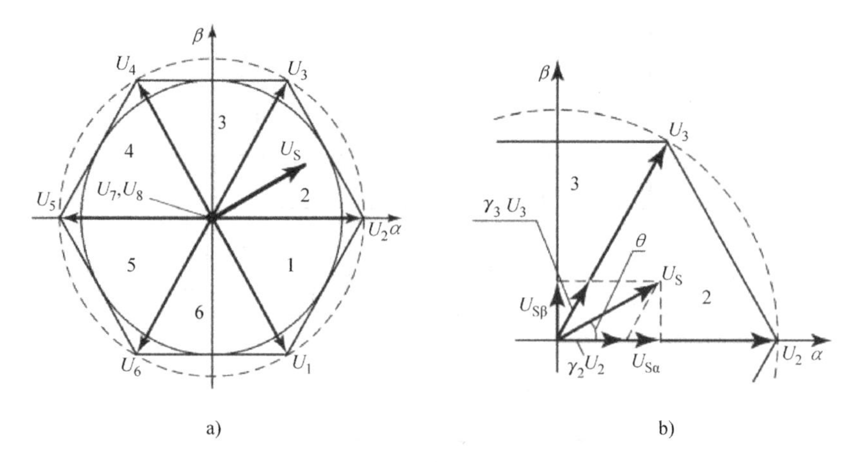

图 7.14　αβ 平面中的空间矢量图

样周期仅使用 3 个状态，则有

$$t_k + t_{k+1} + t_7 + t_8 = T_S \tag{7.14}$$

式中，t_k和 t_{k+1}分别是矢量 U_k和 U_{k+1}的作用时间；t_7和 t_8分别是零矢量 U_7和 U_8的作用时间。

参考空间矢量 U_s在 $\alpha\beta$ 静止坐标系中以输出电压的角频率 ω_m旋转。相电压平衡时，该矢量的模值与相位由 $U_{s\alpha}$和 $U_{s\beta}$确定。第二扇区的时间 t_2和 t_3可以从矢量 $U_{s\alpha}$和 $U_{s\beta}$以及 $\gamma_2 U_2$、$\gamma_3 U_3$的三角函数关系计算出。扇区 2 的矢量如图 7.14b 所示，在考虑矢量 U_S的相位角 θ 的情况下计算 t_2和 t_3。调制频率f_c远大于电压频率f_m，可将矢量 U_s看作是 T_s周期内的常数。由图 7.14b 得

$$U_{s\beta} = \gamma_3 U_3 \sin 60° = U_s \sin\theta \tag{7.15}$$

由 $\gamma_3 = t_3/T_s$以及

$$M_a = \frac{2}{\sqrt{3}} \frac{U_s}{U_3}$$

可得

$$t_3 = \frac{\sqrt{3}}{2} \frac{M_a}{\sin 60°} T_s \sin\theta = M_a T_s \sin\theta$$

类似地，

$$U_{s\alpha} = U_s \cos\theta = \gamma_2 U_2 + \gamma_3 U_3 \cos 60° \text{ 或}$$

$$M_a \frac{\sqrt{3}}{2} \cos\theta = \gamma_2 + \gamma_3 \cos 60° \tag{7.16}$$

由式（7.15）可得

$$t_2 = \frac{\sqrt{3}}{2} \frac{M_a}{\sin 60°} T_s \sin(60° - \theta) = M_a T_s \sin(60° - \theta), (t_7 + t_8) = T_s - t_2 - t_3$$

同样地，对于扇区 k 定义开关时间 t_k 和 t_{k+1}。因此，参考电压空间矢量 U_s 是每个扇区 k 的采样周期内最近的有效矢量和零矢量 U_z 的平均值之和，即 $U_s=\gamma_k U_k+\gamma_{k+1}U_{k+1}+\gamma_z U_z$。调制矢量 U_s 幅值受 M_a 控制。根据 $abc/\alpha\beta$ 变换，空间矢量调制可以产生变换器给定输出电压（见 3.1.4 节）。

$$\begin{vmatrix} u_a(\vartheta) \\ u_b(\vartheta) \\ u_c(\vartheta) \end{vmatrix} = \begin{vmatrix} 1 & 0 \\ -1/2 & \sqrt{3}/2 \\ -1/2 & -\sqrt{3}/2 \end{vmatrix} \begin{vmatrix} U_{s\alpha}(\vartheta) \\ U_{s\beta}(\vartheta) \end{vmatrix} \tag{7.17}$$

空间矢量 PWM 算法有很多种，在采样周期内可以使用不同的矢量序列和不同的零矢量。通常调制周期 T_s 内，非零矢量和零矢量的对称分布位置如图 7.15 所示。前半周期使用序列 $U_z-U_k-U_{k+1}-U_z$，后半周期，序列相反：$U_z-U_{k+1}-U_k-U_z$。U_7 和 U_8 中交替选择零矢量 U_z。第二个扇区有（其他扇区适当修改）

$$\frac{T_s}{2}=t_2+t_3+t_7+t_8, t_7=t_8 \tag{7.18}$$

另一种开关算法是在每个调制周期中只使用一个零矢量（U_7 或 U_8）。很多方法都可以降低开关频率和谐波。一些开关算法可以使开关频率 f_c 降低 33% 且不影响调制效率。另外，根据负载功率因数，开关损耗可减少 30%。

空间矢量调制中，输出电压的范围受到 M_a 最大值限制。图 7.14a 中，以内切六边形圆（$M_a\leqslant1$）为界的区域内，输出电压与 M_a 之间是线性关系。空间矢量 U_s 的最大值为 $U_s=U_d/\sqrt{3}$，其中 U_d 是直流侧电压。

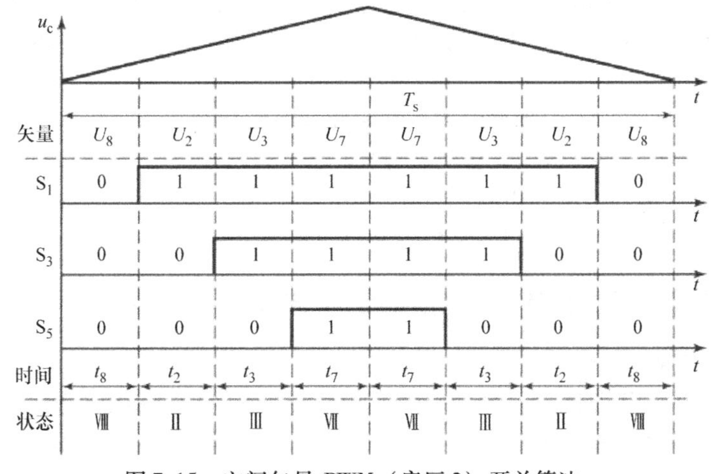

图 7.15　空间矢量 PWM（扇区 2）开关算法

$M_a\geqslant1$ 的过调制区域内，M_a 可提高到 $2/\sqrt{3}\approx1.15$。零矢量（t_7 或 t_8）作用时间等于零（仅使用非零矢量）。M_a 进一步增加会导致输出电压波形失真，从而出现方波电压。

7.3 基于 PWM 变换器的电能质量控制

7.3.1 PWM 变换器功能

随着自换流快速电力电子开关器件的发展，可以根据任何给定的参考信号进行电流、电压的脉冲调制和控制。这从根本上使得变换器的功能得到大大改善。以前，基于可控硅整流器（晶闸管）的变换器主要用于将一种类型电能转换为其他类型电能，如从交流到直流或从直流到交流，其中伴随着电源电流的畸变和无功功率的消耗。PWM 控制与四象限运行能力（整流、逆变模式下，电源电流和电压之间任意相移）意味着交流 - 直流变换器的功能拓展。这类变换器避免了基于晶闸管的电网换流变换器缺点，故基于自换流开关的 PWM 变换器成为开发多功能电能质量控制器的基础，从而可以解决电力工程中许多的节能问题。

基于全控型电力电子器件的交流 - 直流 PWM 变换器可实现：

1）确保整流模式下正弦电源电流、逆变模式下正弦负载电压；

2）校正用电端、电力传输线或电源的功率因数；

3）无功补偿（感应或容性）；

4）稳定负载电压；

5）电力系统中电流、电压的有源滤波；

6）电力系统中电流、电压的混合滤波（有源滤波器和无源滤波器的组合）；

7）消除负序和零序电流或电压，补偿三相电力系统中的不平衡电流和电压；

8）电力系统与不同类型储能系统之间的电能传递；

9）可再生能源与电力系统的有效连接；

10）电气传动及电气设备的有效控制；

11）通过电能质量的提高，使混合动力汽车和电动汽车得到有效应用。

7.3.2 交流 - 直流 PWM 变换器工作方式

7.3.2.1 逆变

第 4 章中，用晶闸管实现的电网换流交流 - 直流变换器不对输出参数进行调制。这种非正弦交流的变换器降低了与交流电源的兼容性，从而限制了其应用。高频自换流电力电子器件的发展使利用 PWM 可以解决这类问题。本节讨论交流 - 直流并网 PWM 逆变器的优点。

传统的用于逆变的变换器在直流侧有一个平滑电感，这是电流型逆变器的一个特征。由于直流侧和交流电压的瞬时值存在差值（见图 7.16），因此该电感是变换器电路必须的元件。电感 L_d 很大且无脉宽调制的情况下，变换器会产生方波相电流，这会导致电源电压畸变。由于低频电流谐波幅值较大，要使用笨重的滤波器。相电流正弦 PWM 的使用可大大降低电流型逆变器中输出滤波器的功率。

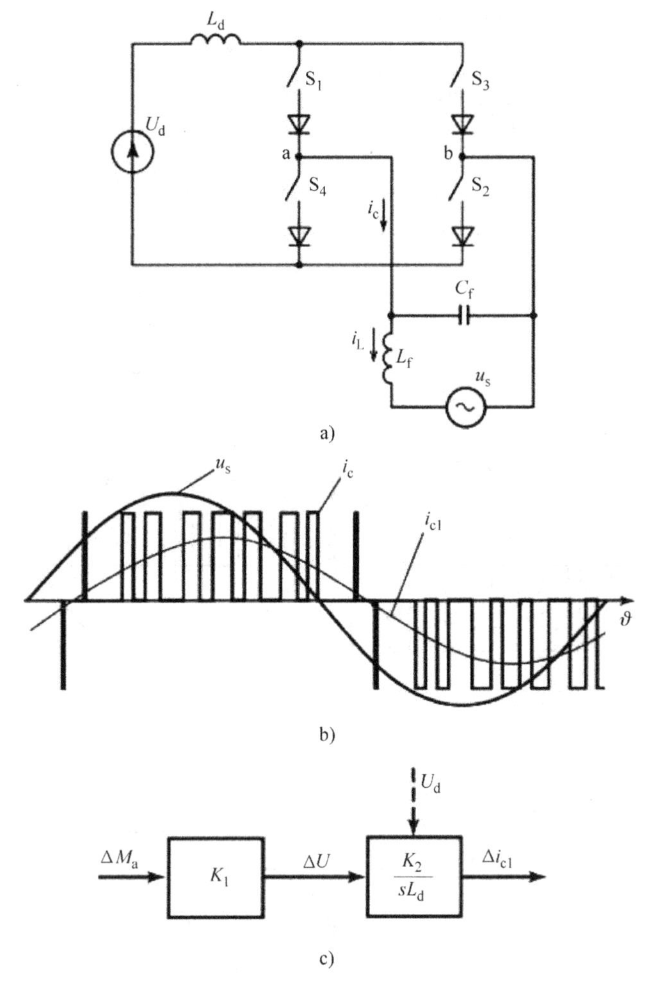

图 7.16　电流型交流 - 直流变换器电路、波形图以及控制框图

a）电流型交流 - 直流变换器电路　b）交流电压和变换器电流波形　c）基波电流控制框图

在电压型变换器电路中，由于具有不同电压值的交流和直流电源周期性连接（见图 7.17），其逆变工作模式需要一个电感输出滤波器。电流型逆变器中，直流侧电感 L_d 将这些电路分开，从而限制了电流变化率。电压型逆变器中，电感是输出 LC 滤波器的组成部分，平滑 PWM 产生的高频纹波。变换器中的电感 L_f 使由电压 U_d 和 u_s 的瞬时差值产生的电流波形更加平滑。调制频率较高时，电感值应减小。无正弦 PWM 的逆变器，需要加大电感值，导致变换器工作性能严重恶化，故基于无 PWM 电压型逆变器的交流 - 直流变换器没有实际应用价值。基

于电流型逆变器和电压型逆变器的交流－直流变换器的主要特性将在下面章节详细讨论，并以单相变换器电路为例进行比较。

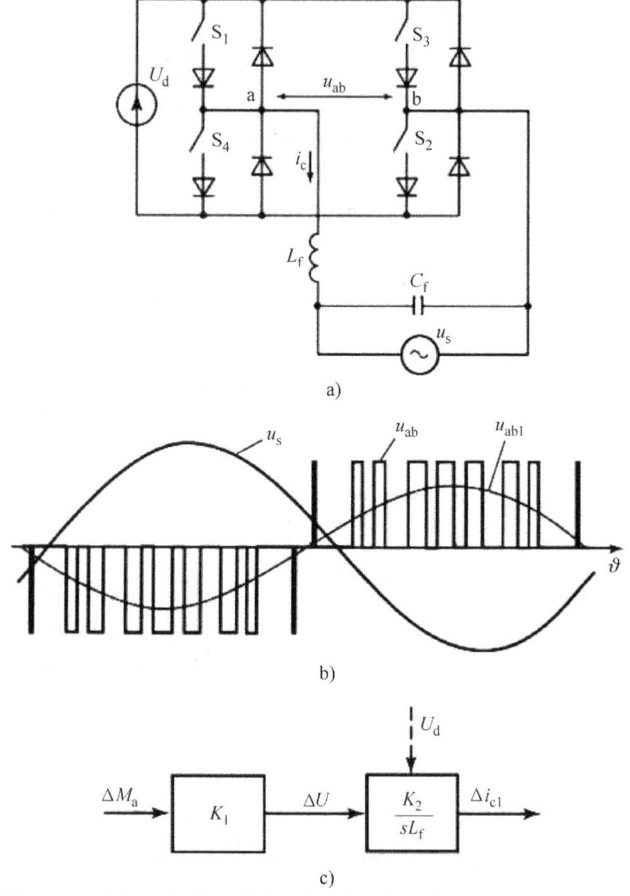

图 7.17　电压型交流－直流变换器电路、波形图以及控制框图

a）电压型交流－直流变换器电路　b）交流电压和变换器输出电压波形　c）基波电流控制框图

7.3.2.2　电流型变换器

如图 7.16a 所示，电流型变换器的交流侧通过 *CL* 滤波器消除输出电流 i_c 的调制谐波。图 7.16b 为正弦电源电压和变换器调制电流 i_c 波形。i_c 以谐波级数形式表示为

$$i_c(\omega_1 t) = \sum_{n=1}^{\infty} I_{cn}\sin(n\omega_1 t + \varphi_n) \tag{7.19}$$

式中，ω_1是基波的角频率；I_{cn}是 n 次谐波的幅值；φ_n是 n 次谐波的初始相位。

电源电流的谐波幅值（对应电感 L_f）为

$$I_{Ln} = \frac{I_{cn}}{\omega_n^2 L_f C_f - 1} \tag{7.20}$$

从式（7.20）中可得，频率为$\omega_n \gg \omega_1$的谐波可以用电容C_f和较小电感L_f实现滤波。电感值较大的L_d可使得交流和直流电压源之间的电流更加平滑。电路出现故障如交流侧短路时，电流型变换器故障保护相对简单；此外，该电路通过电感存储能量效率较高，但电流型变换器的缺点是电感L_d导致直流侧电流具有惯性，不易改变。图7.16c为变换器电流控制的简单框图，在参数（ΔM_a和Δi_{c1}）变化范围很小时，其为M_a的函数。如图7.16c所示的积分模块，变换器动态特征主要由电感L_d的值决定。CL滤波器对动态特性的影响明显比电感L_d对动态特性的影响要小，这一点在图7.16c中并未展示出来。

7.3.2.3　电压型变换器

电压型变换器中调制电压u_{ab}和电源电压u_s（见图7.17a和b）之间存在差值，滤波器电感L_f可使电流更加平滑。当交流源功率远远大于变换器功率时，变换器电流谐波（除了基波）可以近似地由谐波级数表示为

$$i_{cn}(\omega_1 t) = \sum_{n=1}^{\infty} \frac{U_{abn}}{n\omega_1 L_f} \sin(n\omega_1 t + \varphi_n) \tag{7.21}$$

式中，U_{abn}是n次电压谐波幅值。

从式（7.21）中可得，与电流型变换器相比，电流谐波幅值由电感L_f决定。该滤波器的电感必须大于电流型逆变器中的电感，同时由于调制频率高，电感L_f远小于图7.16a中的电感L_d。输出电流的控制惯性小，变换器电流控制的框图如图7.17c所示。与电流型变换器相比，这也是电压型变换器的主要优点。

通过对不同的交流－直流变换器进行简要比较，两种基于全控型开关的PWM变换器都能保证四象限运行。下节讲述交流－直流变换器的整流模式。

7.3.2.4　整流

整流器模式中的PWM通过减小基波电流的无功功率和畸变功率（即降低电源电流谐波）来提高功率因数。为此，可使用自换流交流－直流变换器。在整流模式下，基波电流的相位根据电流矢量在复平面的第Ⅱ象限和第Ⅲ象限中的位置移动。请注意，基于晶闸管的交流－直流变换器的整流模式和逆变模式一般采用电流型变换器实现。随着可控器件的发展，电压型并网变换器（见图7.17a）逐渐被采用。基波电流与电压的关系在矢量图中最易分析。假设电源电压为正弦，滤波电容C_f电流为零，基波电流和电压用复数表示为

$$\dot{U}_s + j\omega_1 L_f \dot{I}_{c1} = \dot{U}_{ab1} \tag{7.22}$$

式中，$\dot{U}_{ab1}$是基本变换器电压的复数；$\dot{I}_{c1}$是变换器基波电流的复数（见图7.17a）。

以电源电压矢量$\dot{U}_s$为基准，由式（7.22）可得四象限工作的矢量图（见图7.18）。由于变换器电流I_{c1}相位不同，区域Ⅱ、Ⅲ为整流模式，区域Ⅰ、Ⅳ为逆变模式。在图7.18中，圆1是矢量$\dot{U}_{ab1}$末端的轨迹，电流矢量$\dot{I}_{c1}$相位在$0<\varphi<$

2π 范围内变化；圆 2 是电流矢量 $\dot{I}_{c1}$ 末端的轨迹。由式（7.22）可得，圆 1 的半径与电感 L_f 电压 $\Delta\dot{U}_L=\omega_1 L_f I_{c1}$ 相等。从图 7.18 中可见，当电流 $\dot{I}_{c1}$ 超前电源电压（象限Ⅲ和Ⅳ）时，由于电感电压 ΔU_L 的存在，变换器电压 $\dot{U}_{ab1}$ 小于电源电压 $\dot{U}_s$，但当电流 $\dot{I}_{c1}$ 滞后于电源电压（象限Ⅰ和Ⅱ）时，变换器电压 $\dot{U}_{ab1}$ 增加 $\Delta\dot{U}_L$。

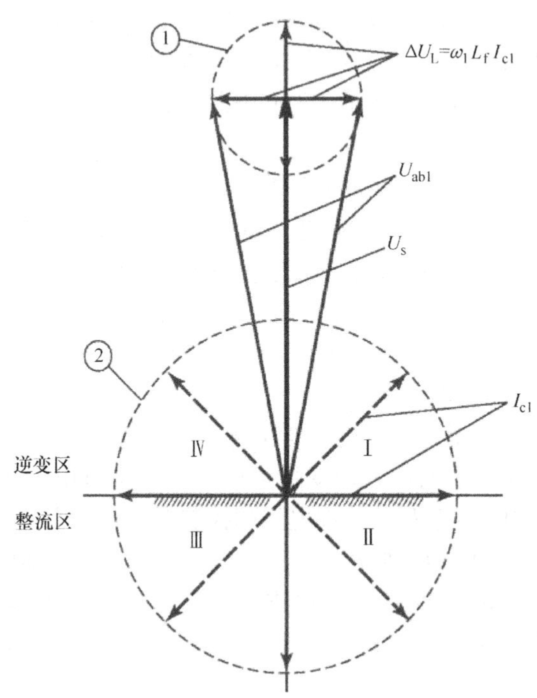

图 7.18　四象限运行模式下电压型变换器整流模式和逆变模式矢量图

7.3.2.5　无功功率控制

变换器在区域Ⅰ－Ⅱ和Ⅲ－Ⅳ的边界工作时与电源交换无功功率。边界Ⅰ－Ⅱ上产生感性无功功率，边界Ⅲ－Ⅳ上产生容性无功功率，从而调节电源中的无功功率或补偿特定类型的无功功率。例如，输电线路电感产生无功功率，需要容性无功功率补偿；如果电源中的容性无功功率过剩，则需要感性无功功率补偿。在作为无功功率补偿器的变换器中，直流源可以来自电容或电感存储的能量，有功功率仅需要补偿在变换电路中的有功功率损耗包括储能。变换器从电源中消耗较低的有功功率。图 7.18 中，变换器工作在无功功率控制模式下，该区域接近整流区的Ⅰ－Ⅱ和Ⅲ－Ⅳ边界，由图 7.18 中沿象限Ⅱ和Ⅲ边界的阴影表示。

因此，采用强迫换流开关和 PWM 可以使交流－直流变换器在整流或逆变模式下工作，具有超前或滞后的功率因数。电压型变换器以及电流型变换器都可以实现这种功能。这对于低环境影响的电力电子设备的发展是非常重要的，而这种电力电子设备既不会产生电流谐波，也不会产生电压谐波以及基波无功功率。

在具有感性负载电流的配电系统中，调节容性无功功率的能力对于降低系统的损耗是非常重要的。换句话说，无功功率补偿可以提高功率因数。

7.3.3 有源电力滤波器

7.3.3.1 有源滤波器原理

传统电气工程领域通过无源滤波器来减少电流、电压谐波。无源滤波器是电感（L）和电容（C）的不同组合并接入具体的电力电子电路。无源滤波器的电抗与频率有关，故会改变非正弦电流和电压的谐波成分。在与变换器连接的系统中，滤波器主要保证交流电路的电压（电流）正弦同时减少直流电路中的纹波。此类滤波器已在前几章中有所涉及。无源滤波器拓扑结构简单，但有两个主要缺点如下

1）受电路拓扑及其元件的参数影响，性能有限。

2）不可控。

以上问题大大降低了无源滤波器在改变电流（电压）谐波成分方面的性能，特别是随着频率以及电网参数变化。除此之外，系统中的暂态过程可能会产生过电压和过电流。无源滤波器还对诸如元件老化等自身参数变化很敏感。

与无源滤波器相比，有源电力滤波器含有诸如晶体管的可控元件，从而可对频率特性进行调节。然而直到最近，在电力电子中还没有用于创建有源电力滤波器的组件。

20 世纪 70 年代初，在模拟集成电路的基础上，第一台低功率有源电力滤波器问世，被用于信息和控制系统的微电子元器件中。

基于晶体管和 GTO 的可控高速电力电子开关为有源电力滤波器的产生奠定了基础（Akagi，2002）。

7.3.3.2 用于功率调节有源滤波器

IEC（国际电工委员会）将有源电力滤波器定义为用于滤波的变换器，这一笼统的定义不能代表滤波器的重要特征。在给出更精准的定义之前，需要划定相应范围。首先，因为有源电力滤波器常用于功率较低的二次电源，很少用于直流电路，故本书更多讨论的是交流滤波器。直流滤波器基于信号放大器而非变换器，故将这种滤波器称为有源直流滤波器。鉴于上述情况，可以对有源电力滤波器提出更具体的定义。有源电力滤波器是一种直流侧能量存储在电感或电容的交流 - 直流变换器，通过脉冲调制，其产生的电流（或电压）等于非线性电流（电压）和正弦电流（电压）之差。当然，有源电力滤波器具有很多功能，如补偿基波无功功率、滤除高次谐波。扩展的功能可用混合术语表示，例如滤波器 -

补偿器。下面将详细讨论有源电力滤波器工作原理。

根据有源电力滤波器的电路和控制原理，将其分为电流型和电压型两种。图7.19所示为带有电压源（u_{AF}）、电流源（i_{AF}）形式的有源电力滤波器简化等效电路。图7.19a中电源电压u_s非正弦。为了保证负载端的电压u_L正弦，将有源电力滤波器等效为电压源u_{AF}与电源串联，则有

$$
\begin{aligned}
u_L(\vartheta) &= U_1\sin(\vartheta-\varphi_1)\\
u_s(\vartheta) &= \sum_{n=1}^{\infty}U_n\sin(n\vartheta-\varphi_n)\\
u_{AF}(\vartheta) &= \sum_{n=1}^{\infty}U_n\sin(n\vartheta-\varphi_n)
\end{aligned}
\tag{7.23}
$$

或
$$u_L(\theta) = u_s(\vartheta) - u_{AF}(\vartheta)$$

式中，ϑ是基波电压的相位；φ_n是n次谐波的初始相位。

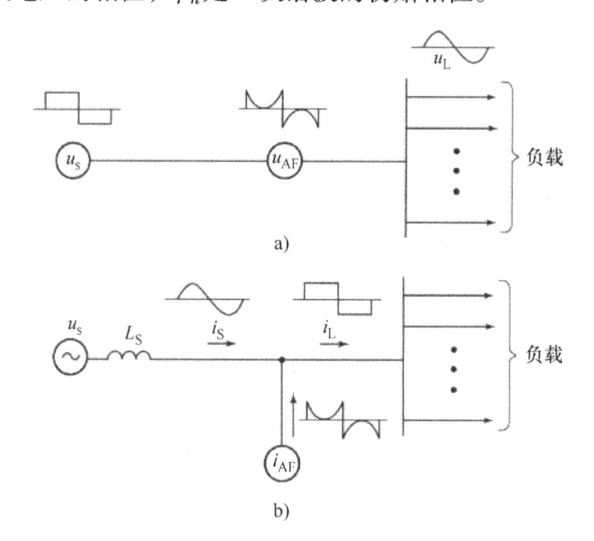

图7.19　有源电力滤波器两种拓扑结构
a）串联拓扑　b）并联拓扑

假设有源电力滤波器在零损耗以及线性负载条件下，在一个基波周期内的有功功率为

$$P_{AF} = \frac{1}{2\pi}\int_0^{2\pi}\left[\sum_{n\neq 1}^{\infty}U_n\sin(n\vartheta-\varphi_n)\right]\times I_{L1}\sin(\vartheta-\varphi_{i1})\mathrm{d}\vartheta = 0 \tag{7.24}$$

式中，I_{L1}和φ_{i1}分别是正弦负载电流的幅值和初始相位。

由式（7.24）可知，给定假设条件下，有源电力滤波器不影响电源－负载系统的有功功率平衡，其会与非正弦电压源交换谐波功率。在这种情况下，谐波

功率在谐波源与连接电源和有源电力滤波器的线路之间循环。由于电压畸变而接收和释放能量的有源电力滤波器是电能存储器即电容器或电感器。

有源电力滤波器可以产生与输入流 i_L 和基波 i_{L1} 差值相等的非正弦电流，从而消除由非线性负载引起的非正弦电流 i_L。这种有源电力滤波器通常与非线性负载并联，且连接点尽可能接近负载端（见图7.19b）。假设有源电力滤波器没有功率损耗，则有

$$i_L(\vartheta) = \sum_{n=1}^{\infty} I_n \sin(n\vartheta - \varphi_{in})$$

$$i_{AF}(\vartheta) = \sum_{n=1}^{\infty} I_n \sin(n\vartheta - \varphi_{in})$$

$$i_s(\vartheta) = i_L(\vartheta) - i_{AF}(\vartheta) = I_1 \sin(\vartheta - \varphi_{i1}) \tag{7.25}$$

$$P_{AF} = \frac{1}{2\pi}\int_0^{2\pi}\left[\sum_{n\neq 1}^{\infty} I_n \sin(n\vartheta - \varphi_{in})\right] \times U_1 \sin(\vartheta - \varphi_1)\mathrm{d}\vartheta = 0$$

式中，I_n 和 φ_{in} 分别是 n 次电流谐波的幅值和初始相位；U_1 和 φ_1 分别是负载正弦电压的幅值和初始相位。

由式（7.25）得并联有源电力滤波器产生电流补偿负载谐波功率，不影响电源－负载系统有功功率平衡。但与串联有源电力滤波器相比，谐波功率在非线性负载和有源电力滤波器之间交换。

由式（7.24）和式（7.25）得，有源电力滤波器是能够产生给定的非正弦交流电流或电压的交流－直流变换器。可使用容性或感性储能元件与电源交换无功功率，包括基波无功功率。给定假设条件下，有源电力滤波器交流侧在基波一个周期内的平均功率为零，故直流侧不需要使用电源或用电设备。显然，产生所需的非正弦电流或电压的变换器必须基于全控高速开关并使用PWM技术。

7.3.3.3 有源电力滤波器电路

按照能量存储类型不同，有源电力滤波器的基本电路可分为电流型变换器与电压型变换器。下面分析单相有源电力滤波器的工作原理，其中能量存储在电感（见图7.20a）或电容（见图7.21a）中。

图7.20a为基于电流型逆变器、直流侧带电感 L_d 的有源滤波器。VT1～VT4采用脉冲调制控制方式，按照规定的控制原理，电流 i_{AF} 脉冲序列在有源电力滤波器输出端产生。电流通过 LC 滤波器后，电流 i_{AF} 的波形对应电流调制参考信号。图7.20b为电源电压 u_{ab} 和有源电力滤波器输出电流 i_{AF}，包括3次、5次谐波。在图7.20b中，假设电路为理想电路，忽略电流 I_d 纹波（$L_d = \infty$），通过调整调制函数，输出电流波形也会发生变化。变换器的调制频率 f_m 是限制产生所需电流精度的重要因素。第一个近似条件为假设 f_m 至少大于产生的最大谐波频率的10倍，另一个要求是有源电力滤波器不输出有功功率。有源滤波器和电源之间有功功率的不

平衡会导致电感电流 I_d（或电容电压 U_d）变化。

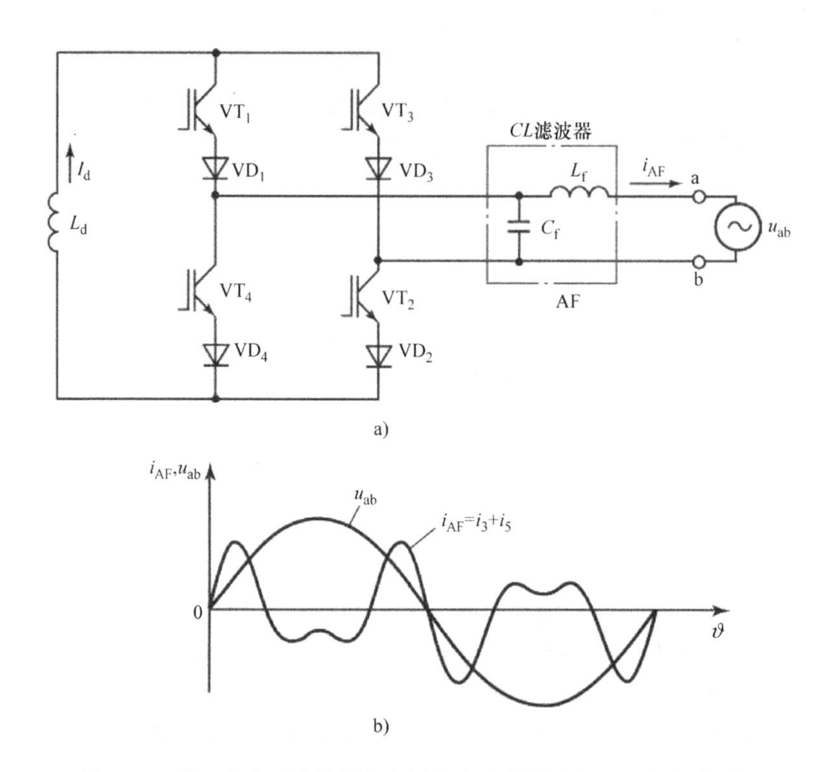

图 7.20　基于电流型变换器的有源电力滤波器及电压、电流波形图
a）电路图　b）电压、电流波形图

直流侧带电容的有源电力滤波器（见图 7.21a）是基于电压型变换器，与图 7.20a所示的拓扑对偶。图 7.21a 中产生的输出电压 u_{ab}和图 7.20a 中产生的输出电流 i_{AF}相似。图 7.21b 为 3 次、5 次电流谐波情况下的输出电流波形。变换器的控制系统根据非正弦参考电流来调节输出电压。

在图 7.20 和图 7.21 中，有源电力滤波器与电源并联，可以用非正弦电流源等效；相同的电路也可以与电源串联，用非正弦电压源等效。带电感储能的有源电力滤波器与电源串联时（通常使用变压器），阻抗 Z_{AF}必须与滤波器输出端连接，以确保由电压源 u_s和负载 Z_L组成的电路中基波负载电流 i_L具有通路（见图 7.22），这是因为带电感储能的有源电力滤波器的内阻抗很高，当然，阻抗的增加会使电源电压略低。因此，可以区分 4 种有源电力滤波器电路：带有电感或电容储能的并联和串联拓扑。带有电容储能的滤波器由于其快速、高效，在实践中广泛应用。但需注意，带有超导电感储能的滤波器在补偿无功功率或谐波功率方面具有优势且断电时能够存储功率。这种情况下，可以考虑大功率滤波器补偿系统（Rozanov 和 Lepanov，2012）。

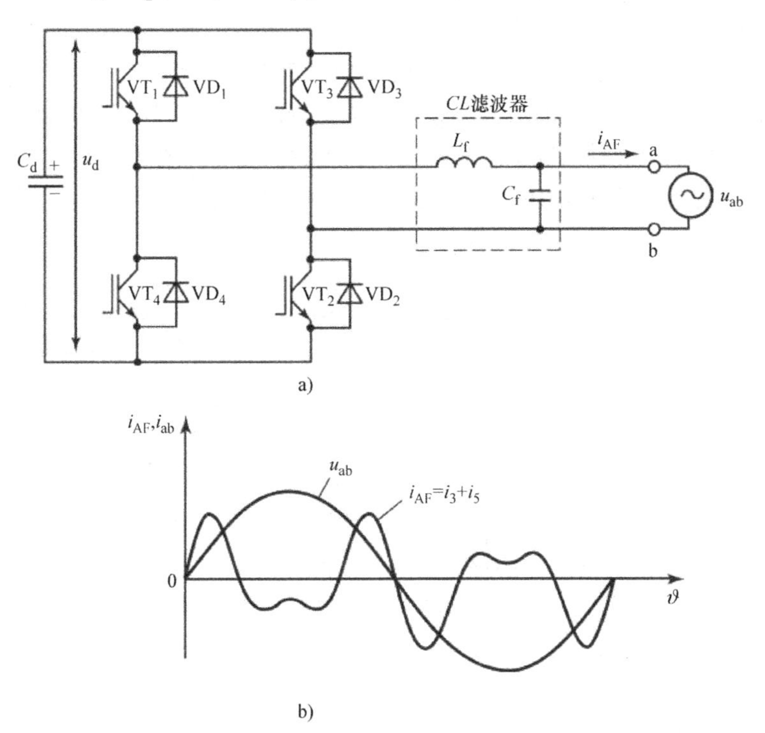

图 7.21 基于电压型变换器的有源电力滤波器电压、电流波形图

a）电路图 b）电压、电流波形图

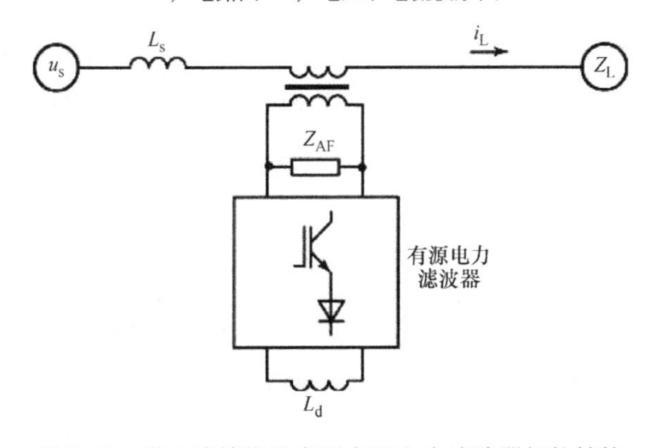

图 7.22 带电感储能的串联有源电力滤波器拓扑结构

图 7.23 和图 7.24 为带电容储能的单相有源电力滤波器，常采用并联拓扑（见图 7.23）消除由非线性负载引起的谐波电流，例如直流侧带有大电感的整流器。为使滤波更有效，有源电力滤波器直接连接到非线性负载端。无有源电力滤波器时，负载谐波电流在电源阻抗上产生压降，从而使不同用户终端的电压为非

正弦。要消除或减少谐波电流，连接到负载端的有源电力滤波器将产生电流 i_{AF}，抵消负载电流 i_L 的谐波。所产生的电源电流为正弦波，等于负载电流的基波分量 i_{L1}，与式（7.25）一致。相应的电流波形如图 7.23b 所示。

如前所述，有源电力滤波器不仅可以消除谐波，还可以补偿非线性用户的基波电流无功功率。这种情况下，有源滤波器的最大功率由补偿电流和滤波电流之和的最大值决定。PWM 电压型逆变器电路元件参数可以用这种方法计算。

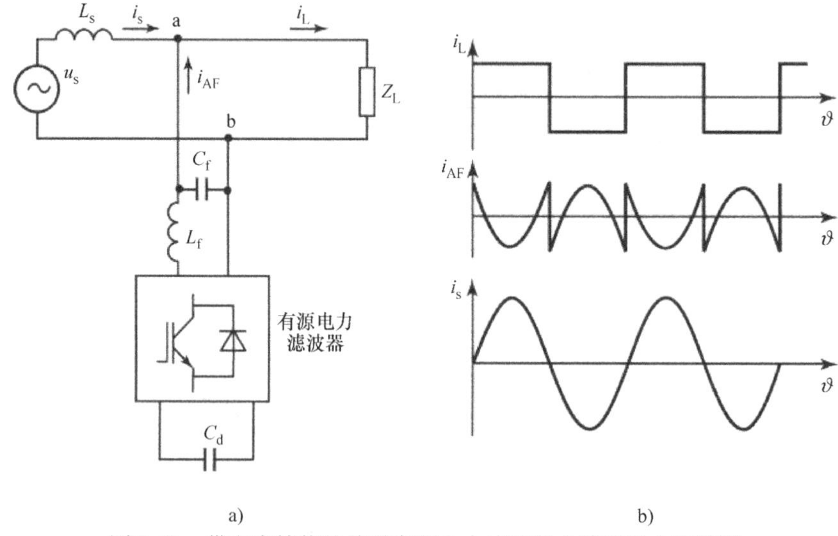

图 7.23　带电容储能的并联有源电力滤波器电路图及电流波形

a）电路图　b）电流波形

图 7.24 为带电容储能的串联有源电力滤波器，可以确保非正弦电源时，负载电压为正弦。串联有源电力滤波器本质上是一个高频升压器，可以产生所需的

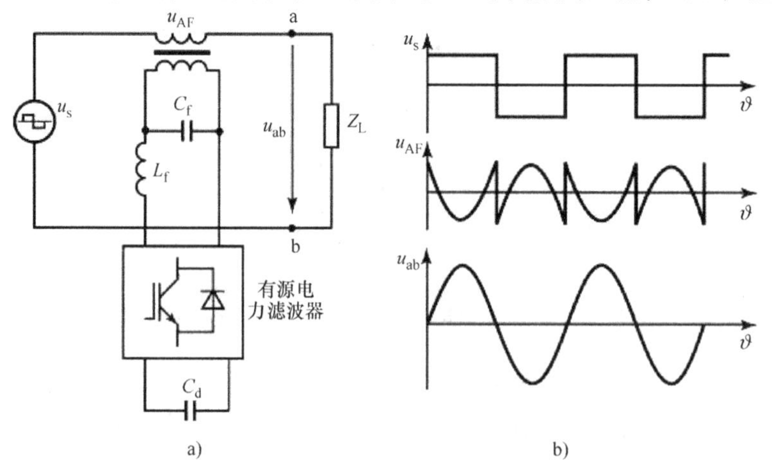

图 7.24　带电容储能的串联有源电力滤波器电路图及电压波形

a）电路图　b）电流波形

电压波形。但是，有源滤波器仅存储一定能量，在没有连接电源的情况下，无法长时间产生或消耗有功功率。同时串联有源滤波器具有消除低频电压波动或短暂压降的功能，这是其拓展的功能。具有并联和串联结构的有源电力滤波器应用广泛（见图7.25）。这种结构中，并联有源滤波器不仅用于滤波和无功功率补偿，而且可以作为直流电压源 U_d 来保证交流电源与串联滤波器之间的有功功率交换，串联滤波器可用作交流端的调压器。

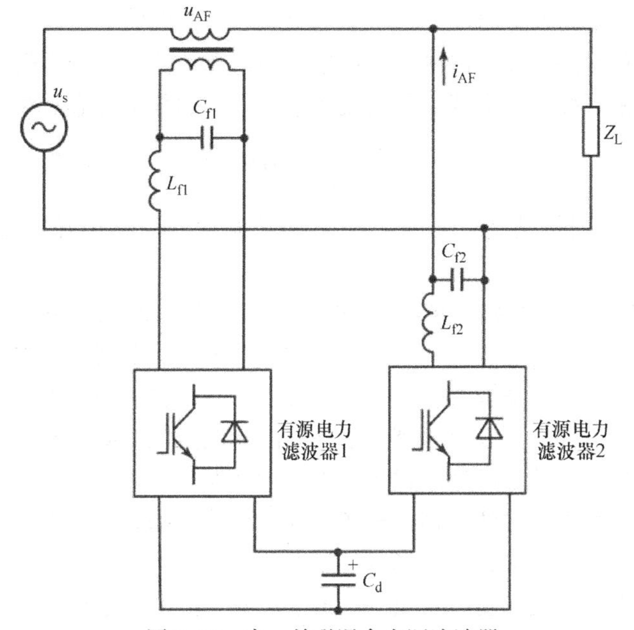

图7.25 串、并联混合有源滤波器

7.3.3.4 直流有源滤波器

如前所述，因有许多其他方法可消除直流纹波，所以直流有源滤波器并未得到广泛使用。同时低功率直流电源中可以应用这种有源滤波器，例如可以用于与纹波电压反相的交流电压发生器电路中。图7.26为基于电流或电压型交流发生器的有源滤波器等效电路。在电路中，若假设对纹波进行理想滤波，则应满足

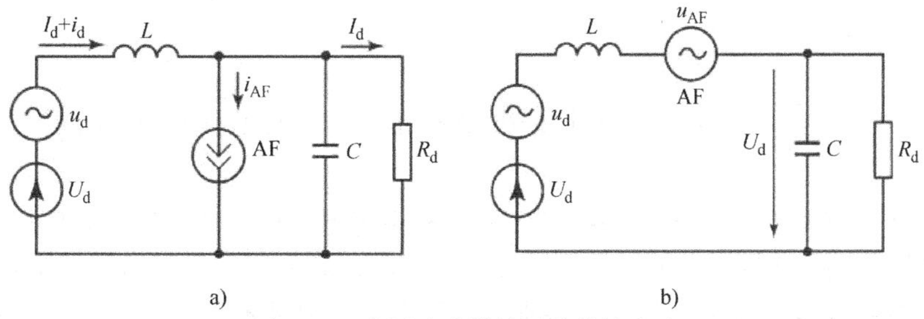

图7.26 有源滤波器的两种等效电路

a）并联电路 b）串联电路

$$i_{AF}=i_d, u_{AF}=u_d \tag{7.26}$$

式中，i_d和u_d分别是平均电压为U_d的直流源电流、电压纹波。

7.3.4 混合滤波器

7.3.4.1 无源滤波器特性

传统基于电感和电容的无源滤波器用来保证电源中的正弦电流、电压。滤波器阻抗由电流频率以及包含电容和电感的串联、并联电路中的谐振现象决定。无源滤波器的电路不同，相应的频率特性也不同。无源滤波器分为失谐和调谐。失谐滤波器的谐振频率低于需滤除的谐波频率，失谐的程度可表示为

$$\delta=\left(\frac{\omega_1}{\omega_n}\right)^2\times100\% \tag{7.27}$$

式中，ω_1和ω_n分别是基波（一次谐波）和被滤除的n次电流或电压谐波的角频率。

δ取决于滤波失真参数，通常$\delta=5\%\sim15\%$。失谐滤波器不仅可以消除高次谐波，而且可以在基波下进行无功功率补偿。在失谐滤波器中，由于滤波后的谐波频率高于调谐频率，滤波系统中几乎不可能发生谐振。通常失谐滤波器主要功能是基波无功功率补偿，在此基础上选择滤波器电容值。滤波器电感可限制电容电流，并在电网电压波动的暂态过程中进行瞬态保护。

调谐滤波器用于消除滤波器谐振频率处的谐波。基频的无功功率补偿不是选择滤波器参数的主要因素，其选择的标准是使滤波器尺寸与成本最小化，因此，电容值明显小于用于无功功率补偿的失谐滤波器中的电容值。调谐滤波器广泛应用于保证正弦电压和电流，减少功率变换器的脉动。

无源滤波器在提高电能质量方面简单、可靠，但有一个严重缺点，即其参数不可控，故不可能满足不同工况下所有的要求，且滤波参数不可调。

品质因数Q是无源滤波器的一个重要参数，表示存储在无功元件（如电感、电容）中的最大能量与滤波器有功元件损耗能量之比。根据定义，品质因数可以用各种表达式来描述。特别地，在串联谐振电路中，有（见图7.27a）

$$Q=\frac{\rho}{R_f} \tag{7.28}$$

式中，$\rho=\sqrt{L_f/C_f}$，是滤波器的特征电路阻抗（滤波器电抗）；R_f是滤波器的等效电阻。

品质因数Q决定电路电压增加时，电容C_f和电感L_f上的电压增加程度。由图7.27b可得，Q越大，滤波器阻抗相对于频率的斜率越大，但谐振频率ω_r带宽减少，这在滤波器参数设计上，特别是在稳态运行中是矛盾的。一方面，品质因数Q越大，调谐振频率ω_r处滤波效果越好；另一方面，频率失谐对滤波器阻抗

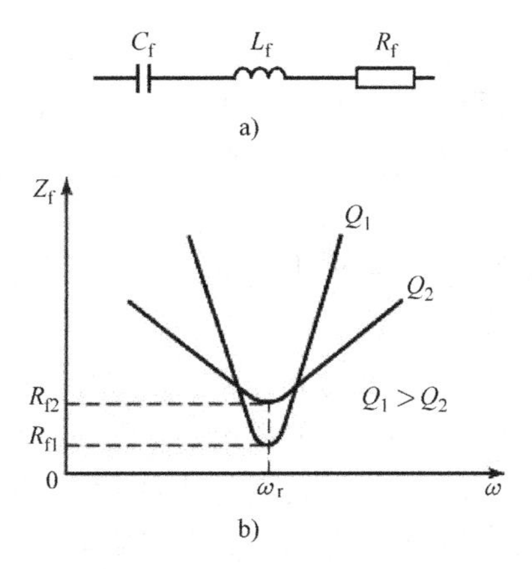

图 7.27　单频无源滤波器等效电路及不同品质因数 Q 值下频率与滤波器阻抗的关系图
a）单频无源滤波器等效电路　b）不同 Q 值下频率与滤波器阻抗关系图

的负面影响增大。这种频率偏差可能是由于滤波元件老化或外部环境温度的影响造成的。随着电压谐波频率也会偏离 ω_r。此外，除效率损失外，还可能出现及谐振现象，滤波器阻抗在反谐振频率处增加，电力系统终端电压谐波也会增加。这与包含电网电感 L_s，且滤波器与之相连的并联电路中的电流谐振有关。若忽略电阻 R_f，反谐振频率 ω_{ar} 为

$$\omega_{ar}=\frac{1}{\sqrt{(L_f+L_s)C_f}} \tag{7.29}$$

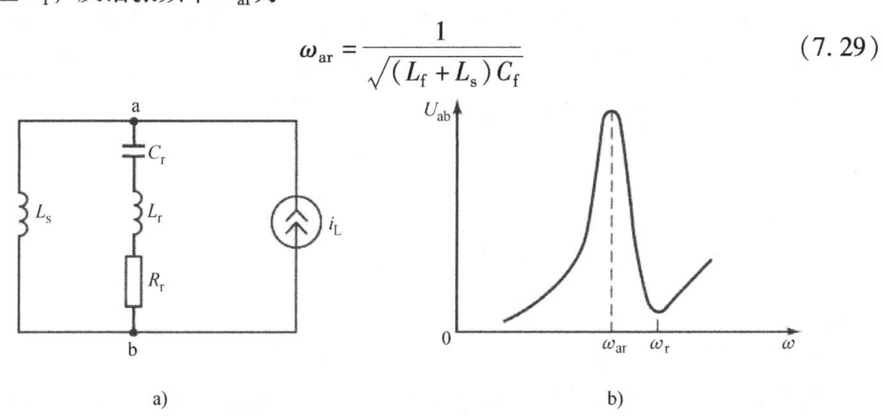

图 7.28　反谐振情况下的等效电路及电压与频率关系图
a）反谐振情况下的等效电路　b）电压与频率关系图

从式（7.29）可得，当滤波器与大容量电网连接时，即 L_s 较小的情况下，反谐振频率接近谐振频率 ω_r，会导致电网和滤波器中相应的电压或电流谐波急剧增加（见图 7.28b），产生各种极其不良的后果，如滤波电容故障或绝缘击穿。Q 值越大，反谐振的负面影响越大。

即使在稳态条件下，无源滤波器也要选择合适的品质因数 Q。此外，Q 也大

大影响供电系统中的瞬态过程。由于负载换相、外部电压波动或运行条件变化引起的系统扰动将与暂态过程有关，其中电压和电流与其稳定值相差很大。含有无功元件的无源滤波器延长了瞬态过程，且会引入电压、电流浪涌。谐振电路阻尼较小，即 Q 值过大时会导致整个系统无法正常工作。因此，无源滤波器可增加额外电阻以降低品质因数，消除系统中过电压和电流浪涌。

7.3.4.2 无源滤波器的调节

有源滤波器的理论和实践发展为无源滤波器参数的控制提供了依据。如果考虑以下因素，有源滤波器对这些目标的适用性很明显。首先，有源电力滤波器基于大功率元件，滤波器功率由非线性负载总功率决定。因此，有源滤波器的高成本限制了其使用。其次，无源滤波器是提高电能质量的传统设备，无需新的制造技术，且与现有的电力系统兼容。近年来，在有源滤波器的基础上各种无源滤波器的控制方法得以发展，可以对无源滤波器的参数进行调整。在这些应用中，有源滤波器的功率比无源滤波器低至少一个数量级。另外，在运行过程中可以容易地对无源滤波器参数进行自动校正。将无源滤波器和有源滤波器的组合称为混合滤波器。

混合滤波器通过产生电流或电压改变无源滤波器的频率特性，同时改善其补偿特性。该装置基于有源电力滤波器，即采用 PWM 技术的可控交流 - 直流变换器。图 7.29 为混合滤波器拓扑结构，通常采用有源滤波器与无源滤波器并联。有源滤波器的调制电压或电流可认为由于平均调制 $i_{AF}(t)$ 和 $u_{AF}(t)$ 引起的瞬时输入阻抗 $z_{AF}(t)$ 的变化。对于具有电容储能的有源滤波器，有

$$z_{AF}(t)=\frac{u_{AF}(t)}{i_{AF}(t)}=\frac{U_d\cdot m(t)}{i_{AF}(t)} \tag{7.30}$$

式中，$m(t)$ 是调制函数（平滑分量）；U_d 是有源滤波器直流侧电压的平均值。

由式（7.30）可得，适当的调制函数 $m(t)$ 可使得 $dz_{AF}(t)/dt=0$，这与可正可负的电阻 R_e 相等。正 R_e 对应从电网中消耗能量，负 R_e 对应传输能量到电网中。基波周期内 $z_{AF}(t)$ 平均值为零，对应有源滤波器与带有无源滤波器的系统之间的无功功率和畸变功率交换。调节 $m(t)$，$z_{AF}(t)$ 也随之改变，从而得到混合滤波器所需的频率特性。这种控制方式可看作在无源滤波器中引入等效阻抗，基本约束是开关的频率特性和储能电容，该电容限制了能量变化速率以实现等效阻抗。等效阻抗 $z_{AF}(t)$ 特性由混合滤波器的拓扑、调节器输入信号和调制函数决定。注意等效电路阻抗的连接点与电路中的实际位置不必一样。

混合滤波器结构中有源滤波器的调节器具有如下特点

- 校正频率特性，使在稳态工作时滤波更有效；
- 减小滤波器参数波动对滤波谐波频率的影响；
- 消除供电系统中滤波谐波频率附近的反谐振现象；

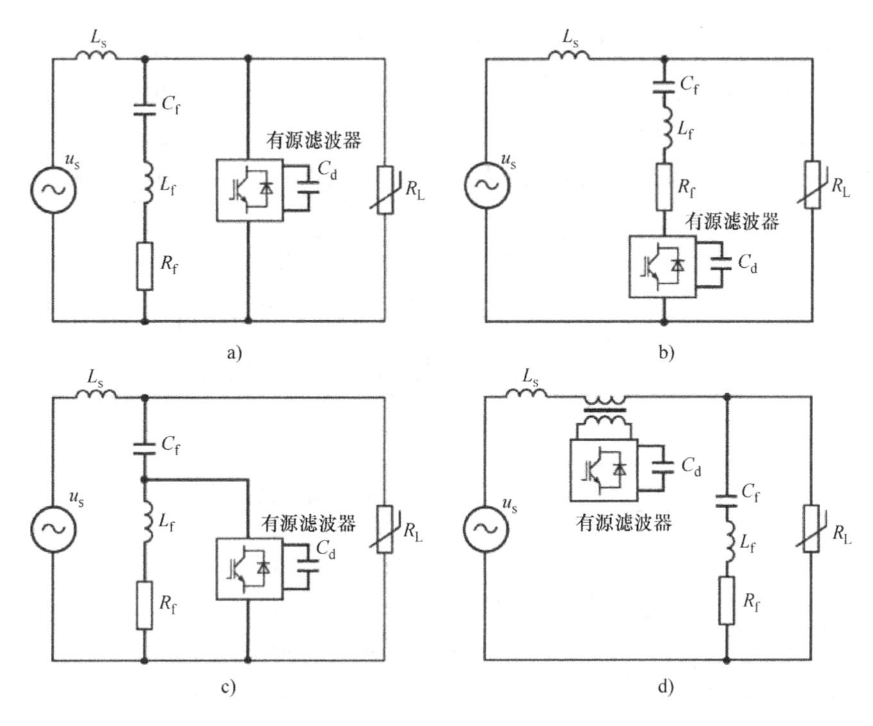

图 7.29　不同类型的混合滤波器拓扑

a）并联拓扑　b）串联拓扑　c）组合拓扑　d）串联有源滤波器和并联无源滤波器混合拓扑

- 阻尼无源滤波器元件引起的谐振；
- 减少电网中各种电源引入的电流谐波。

混合滤波器的改进取决于调节器输入信号的频谱，为了改善无源滤波器在调谐频率下的性能，可跟踪该频率下输入信号的谐波。这样有源滤波器功率可以比监测整个频谱时小得多，此外，还简化了信号调制。同时，只有当混合滤波器的输入信号带宽较大时，系统谐振才会衰减。虽然混合滤波器的控制方法和电路形式各异，但仍与有源电力滤波器有许多共同点（Rozanov 和 Grinberg，2006）。

7.3.5　三相系统中的电流平衡

负载包含单相用户时，三相供电系统相电流会不平衡，进而导致电压不平衡、电流过载、传输线上的功率损耗增加。使用带有全控开关的四象限变换器作为补偿器可以保持负载平衡（Kiselev 和 Rozanov，2012；Kiselev 和 Tserkovskiy，2012）。在无功功率补偿和谐波滤波中，由于不平衡主要是由无功功率造成的，故不平衡电流的补偿不需要有功功率。

图 7.30 为四线制电路中不平衡电流补偿器的结构示意图。补偿器是基于直流侧带有电容的三相交流 - 直流变换器。为消除无中性线三相电路中相电流的不平衡

分量，补偿器应产生与负载负序电流相位相反的负序电流。瞬时功率的振荡分量（100Hz）在补偿器的电容 C 与负载之间进行交换。在带有中性线的四线制电路中，补偿器还会产生零序电流。负载与补偿器之间的零序电流回路通过连接补偿器电容中点形成。零序电流的完全补偿使补偿器与交流电源间的中性线电流为零。

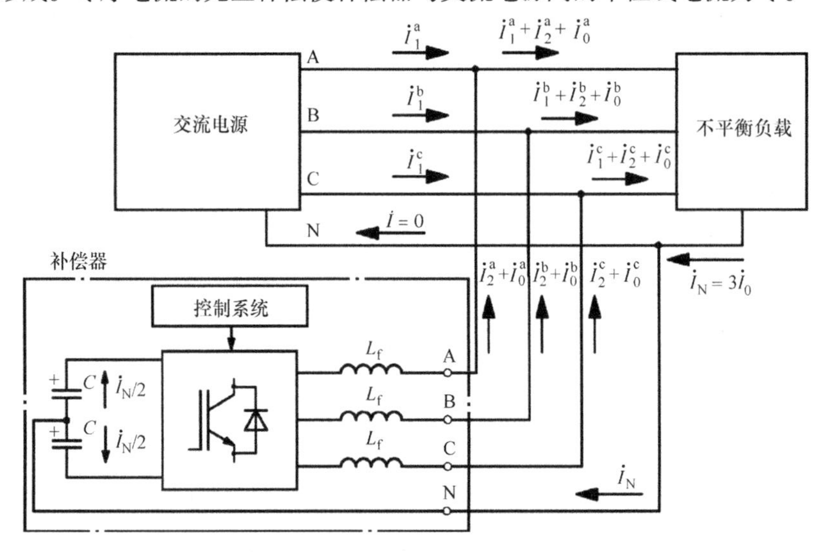

图 7.30　三相四线制系统中的不平衡电流补偿

（I_1 为正序电流，I_2 为负序电流，I_0 为零序电流，I_N 为中性线电流）

7.4　PWM 交流－直流变换器基本控制系统

一般来说，交流—直流变换器中基于 PWM 的控制方法可分为两大类：

1）无电流反馈的电压控制；

2）有电流反馈的电压控制。

以上控制方法在 PWM 控制方式和所用的元器件上有所不同。第一种主要应用于电压型逆变器，如不间断电源，可以使用传统以及新型 PWM（如空间矢量调制法）。

图 7.31 为三相电压型逆变器基于正弦 PWM 的控制框图。变换器开关的控制脉冲通过参考相电压 u_a^*、u_b^* 和 u_c^* 与由载波频率发生器形成的三角载波信号进行比较产生，所需的调制度 M 由控制系统确定（图 7.31 中并未示出）。变换器开关控制的脉冲由驱动器 1 ~ 驱动器 6 产生，触发时刻由比较器 1 ~ 3 控制，该触发时间取决于控制信号的电平 ε。电压型变换器由开关 S_1、S_3 和 S_5 控制，其导通时，开关 S_4、S_6 和 S_2 关断，反之亦然。图 7.31 中的虚线为改善变换器特

性的可能连接，例如，为了扩大电压调制范围线性区域，参考信号会叠加 3 次谐波 u_3。此外，为使频谱更加平滑，载波频率发生器会接收来自随机信号发生器的信号。考虑到概率分布密度函数，这些随机信号决定了载波信号的周期。带有“电压传感器”的通道可用于校正直流侧输入端的电压变化或检测其脉动程度。这种结构可以通过比较模拟信号或微处理器形成的数字信号直接进行调制。数字控制方式可以提高控制系统由于各种误差引起的典型扰动下的稳定性。

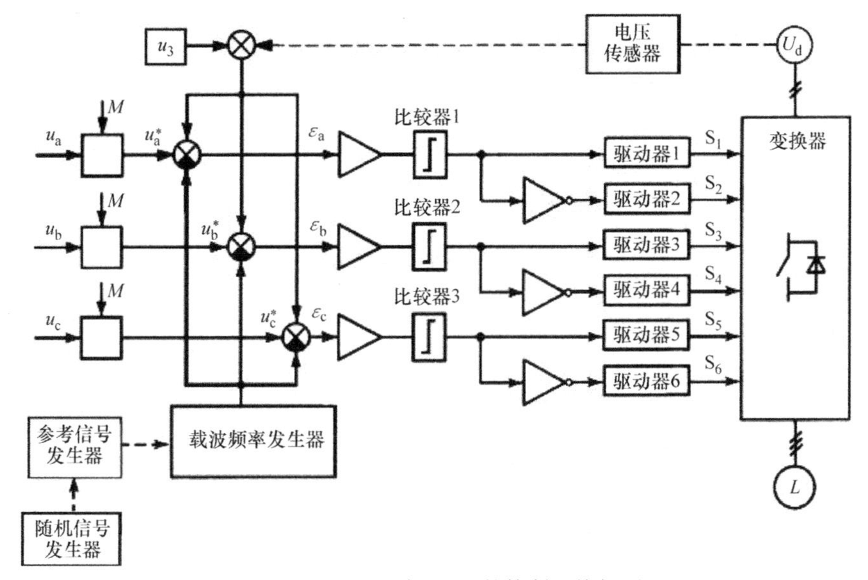

图 7.31　基于正弦 PWM 的控制系统框图

图 7.32 为基于 SVPWM 的简化控制框图。这种情况下，系统根据每个调制周期由微处理器确定的单个空间矢量（参考矢量）进行调节。考虑调制度，指定参考矢量 U_s^* 作为输出电压的参考值。例如所需电压可由电力驱动变换器工作时的输出参数求得，同时要考虑直流侧电压 U_d 的扰动。与变换器调制频率相对应的采样频率由“参考信号发生器”确定，这个频率决定基波输出电压周期内的开关切换次数。每个周期（或半周期）内，“计算模块”求得每个扇区内矢量 U_s^* 的坐标，“扇区选择器”在给定时刻确定与矢量 U_S^* 相对应的扇区，驱动器产生变换器开关器件的控制信号。

基于 PWM 的无电流反馈电流控制方法可以在较宽的范围内进行电压调制甚至过调制，缺点是开关损耗大、谐波高。

相比之下，具有电流反馈的系统在负载扰动下响应更快，故变换器具有更好的动态特性。电流反馈可以提高瞬时电流变化时的控制精度，从而可提供有效的电流浪涌保护。具有电流反馈的 PWM 控制方法广泛应用于电力驱动。

图 7.33 为具有负载电流反馈的交流 - 直流电压型变换器的简化控制框图。

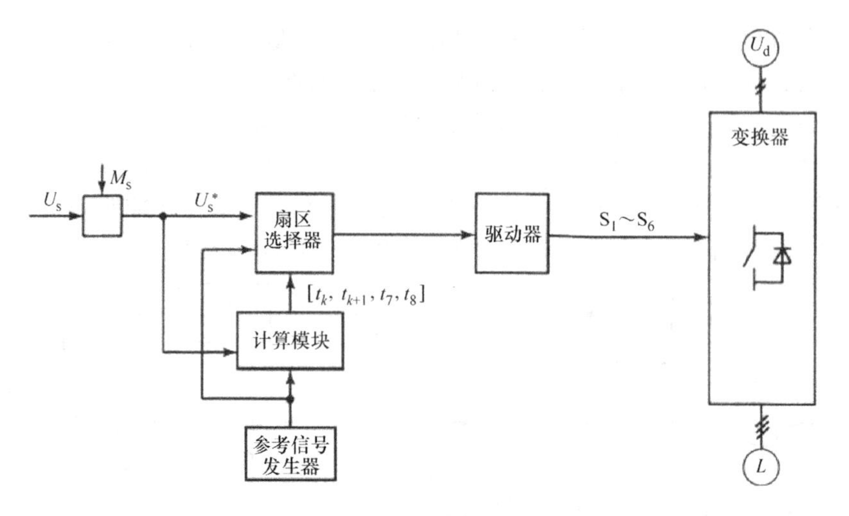

图 7.32　SVPWM 简化控制框图

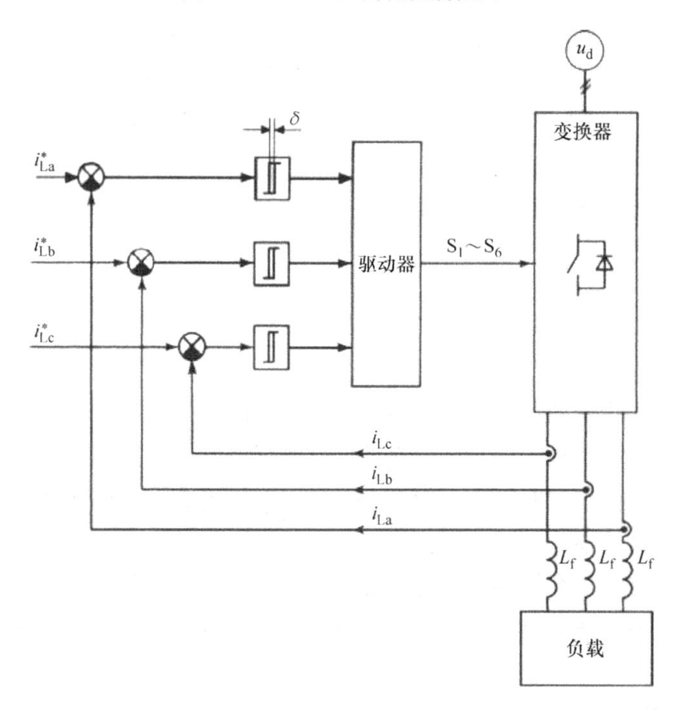

图 7.33　基于滞环电流控制的负载电流反馈的交流 - 直流变换器控制框图

系统滞环控制带宽 δ 决定开关频率，在 δ 下控制实际电流 i_L 直接跟踪参考值 i_L^*。这类系统因实用简单而得到广泛应用，其缺点是在跟踪非线性正弦信号时，开关频率会发生变化。由于调制信号与载波频率之间相差一个数量级，现有限制频率范围的方法受到两者频率差的限制而效果不好，这在主要用于消除高次谐波的有源电力滤波器调制中尤为重要。与模拟系统相比，滞环在数字控制系统中的应用要求微控制器频率更高，模拟 - 数字变换器的速度更快以达到规定的控制准确度。在这种情况下，可使用考虑参数变化率的预测调制。

有源电力滤波器和无功功率补偿器需要建立具有脉宽调制技术的系统，以调节非正弦电流、电压谐波或者单次谐波。根据各种无功功率补偿器包括有源电力滤波器的工作原理，现详细讨论一些标准结构和 PWM 控制系统的组成模块，如交流 - 直流电压型变换器，同时假设这些补偿器可以作为如下类型的无功功率调节器：

- 有源电力滤波器；
- 混合滤波器；
- 基波无功功率补偿器；
- 不平衡电流补偿器。

以上基于电压型变换器电路中的电容用于变换器和交流电源之间交换无功功率，调节器结构图如图 7.34 所示。图中变换器的功率开关由产生控制脉冲的模块（驱动器）控制，数字控制系统实现控制算法，负载电流 i_L，变换器电流 i_c，电源电压 u_s和电容电压 U_d为该控制系统的输入信号。数字控制系统中引入了滤波器，以便获得单谐波或非正弦信号部分频谱。在各种滤波方法中，最有效的方法是将三相系统坐标转换为两相正交旋转坐标，再进行数字滤波。旋转坐标系需相位和频率与电源电压同步。该控制系统包括基于自动相位 - 频率调节系统的锁相环（PLL）模块，以保证高精度同步。

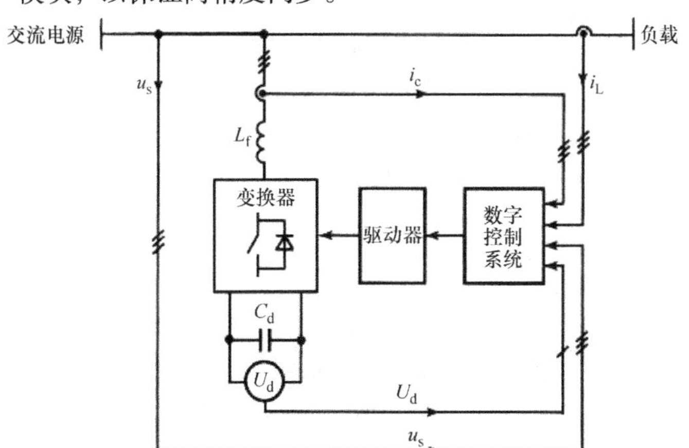

图 7.34　无功功率调节器框图

图 7.35 和图 7.37 ~ 图 7.39 为具有不同调节器的控制系统框图。图 7.35 为无功功率补偿器数字控制系统的原理框图，输入为来自传感器的外部信号和给定的无功功率。控制系统有三个主要单元为

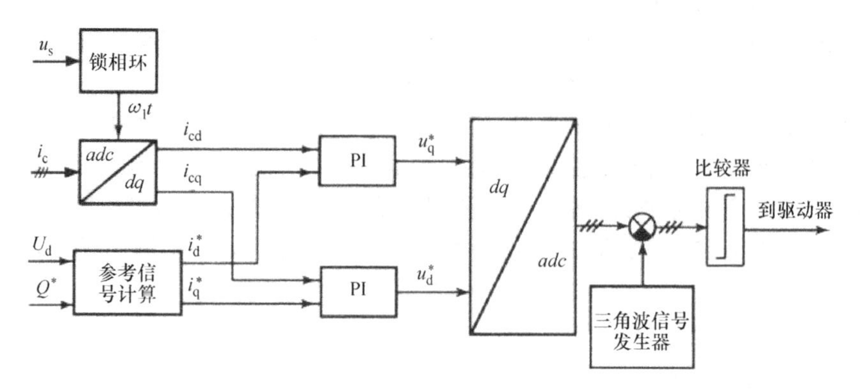

图 7.35　无功功率补偿器数字控制系统框图

1）PLL，产生频率、相位与电源电压同步的正弦信号。

2）*abc/dq* 同步坐标变换，使用同步信号计算变换器电流的 d*q* 分量。

3）参考电流计算单元，输入为电容 C_d的电压 U_d 以及来自外部控制系统的无功功率。电容电压信号用于补偿补偿器的有功功率损耗。

dq 坐标系中实测和计算电流进入比例积分控制器，产生控制电流所需的调节电压 *dq* 信号。*dq/abc* 逆变换后，将所需变换器电压信号与三角信号发生器产生的载波信号进行比较，从而产生开关频率信号。在比较器的输出端，产生变换器每相的开关控制脉冲并被传至驱动器。图 7.36 为电流信号波形，用以说明无功功率补偿器的控制。

图 7.37 为有源电力滤波器数字控制系统框图。该系统实现变换器电流的滞环控制，包含两个用于确定参考电流 i^* 的基本计算模块。

1）电压控制器，接收来自电压传感器的信号 U_d。此单元可以计算有功电流 i_1^*，用于补偿变换器功率损耗以及保持电容 C_d上的电压。

2）基于数字滤波器的谐波计算单元，接收负载电流传感器的信号 i_L，计算所需电流谐波 $\sum_{n\neq 1}^{k} i_n$。

参考电流 i^* 由电流 i_n与 i_1^* 之和决定。变换器输出电流 i_L和参考电流 i^* 进行比较，产生控制脉冲以控制变换器的开关状态。

谐波计算方法有很多。图 7.38 为使用两相负载电流的谐波提取框图。a、b 两相负载电流基波由数字低通滤波器获得，实测的负载电流要减去负载电流基波负载电流谐波，c 相电流可由另外两相计算所得。图 7.39 为基于 *abc/dq* 变换的谐波计算方法。*dq* 坐标系中的基波为常量。电流的 *dq* 分量通过低通滤波器，所得常量要从负载电流的 *dq* 分量中减去。负载电流的高次谐波可由逆变换 *dq/abc* 得到。负载电流及其谐波的波形如图 7.40 所示。

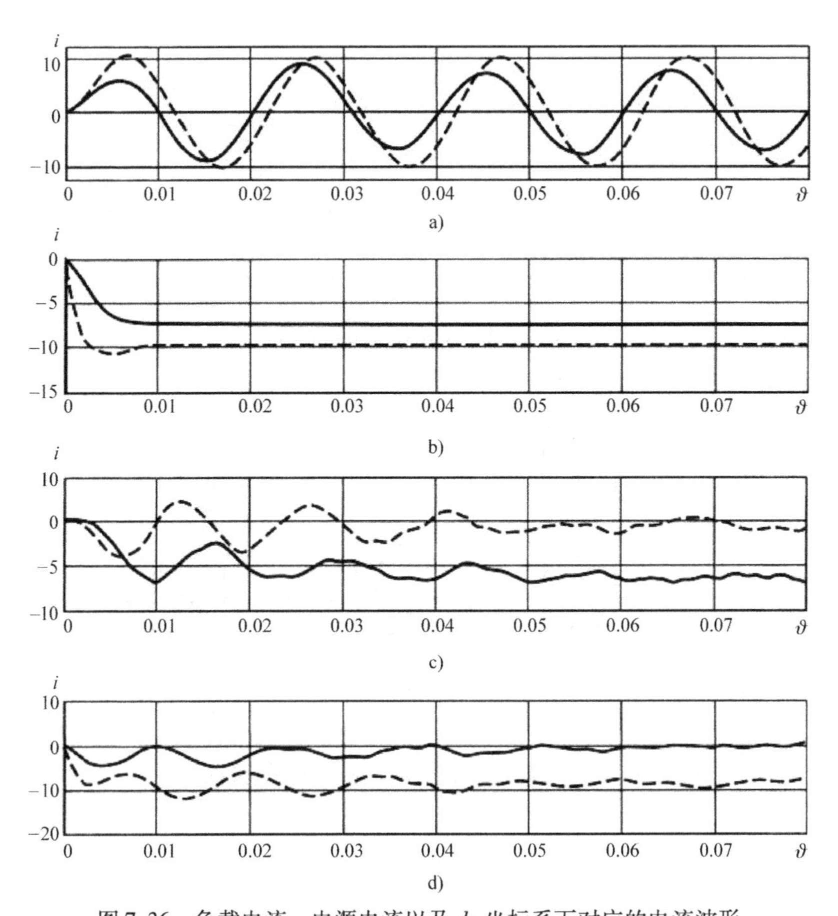

图 7.36 负载电流、电源电流以及 dq 坐标系下对应的电流波形

a）负载电流（－－）电源电流（—） b）负载电流的 d 轴分量（－－）和 q 轴分量（—）

c）变换器电流的 d 轴分量（－－）和 q 轴分量（—） d）电源电流的 d 轴分量（－－）和 q 轴分量（—）

i_c U_d 电压控制器 i_1^* 比较器   到驱动器 i^* $\sum_{n\neq1}^{k} i_n$ i_L 谐波计算

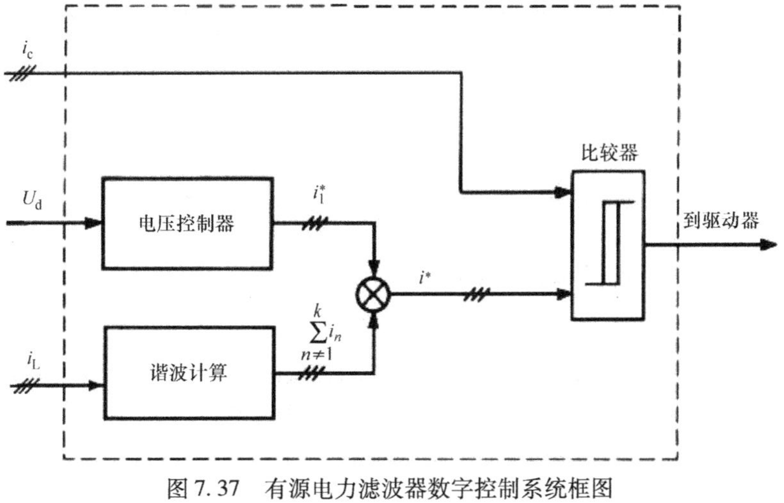

图 7.37 有源电力滤波器数字控制系统框图

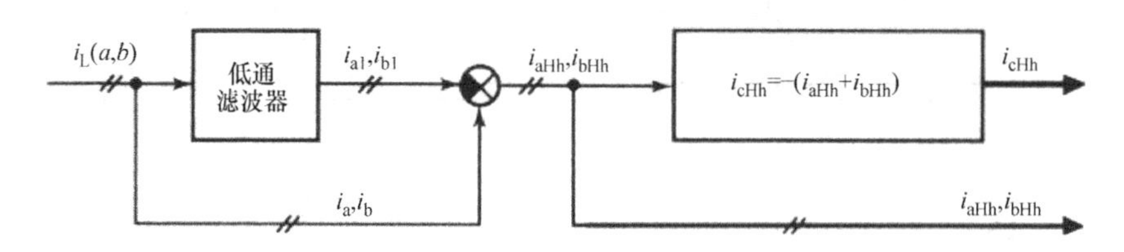

图 7.38　高次谐波提取框图

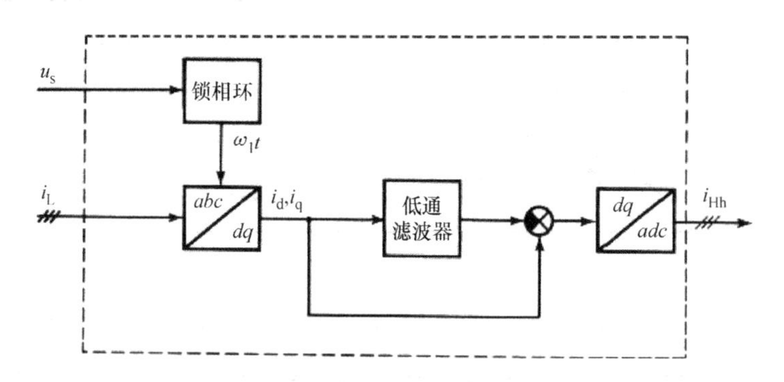

图 7.39　基于 *abc/dq* 变换的负载电流高次谐波计算框图

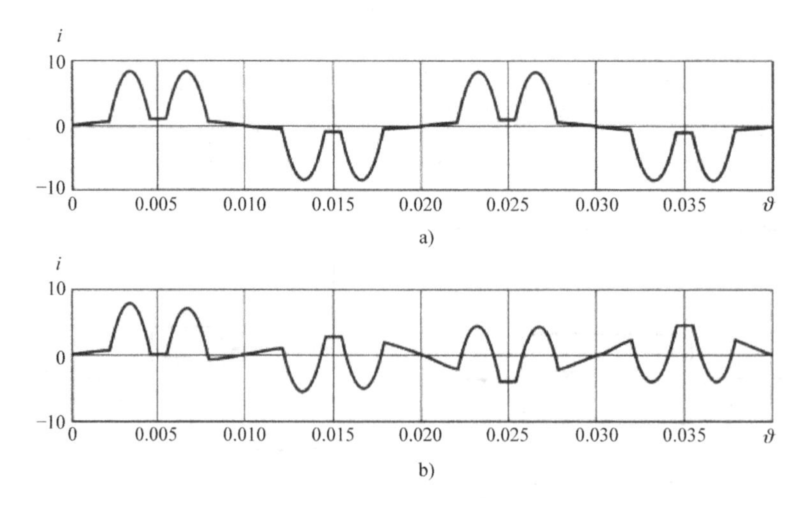

图 7.40　负载电流波形及高次谐波总和

a）负载电流波形　b）高次谐波总和

参考文献

Akagi, H. 2002. Active filters for power conditioning. *The Power Electronics Handbook*, Skvarenina, T.L., Ed., Part III, Section 17.4. USA: CRC Press.

Espinoza, J.R. 2001. Inverters. *Power Electronics: Handbook*, Rashid, M.H., Ed., pp. 225–267. USA: Academic Press.

Hossein, S. 2002. Hysteresis feedback control. *The Power Electronics Handbook*, Skvarenina, T.L., Ed., Part II, Section 7.7. USA: CRC Press.

Kazmierkowski, M.P., Krishnan, R., and Blaabjerg, F. 2001. *Control in Power Electronics*. USA: Academic Press.

Kiselev, M.G. and Rozanov, Yu.K. 2012. Analysis of the operation of a static reactive-power compensator with balancing of the load. *Elektrichestvo*, 3, 63–69 (in Russian).

Kiselev, M.G. and Tserkovskiy, Y.B. 2012. Analysis of the static reactive power compensator operating in mode of load balancing. Proceedings of 15th International Power Electronics and Motion Control Conference EPE PEMC 2012 ECCE Europe, 3–6 September, 2012, Novi Sad, Serbia.

Mohan, N., Underland, T.M., and Robins, W.P. 1995. *Power Electronics: Converters, Application and Design*. New York: John Wiley & Sons.

Rashid, M.H. 1988. *Power Electronics*. USA: Prentice-Hall.

Rozanov, Y.K. and Lepanov, M.G. 2012. Operation modes of converters with SMES on dc-side used for improving of electrical systems efficiency. Proceedings of 15th International Power Electronics and Motion Control Conference EPE PEMC 2012 ECCE Europe, 3–6 September, 2012, Novi Sad, Serbia.

Rozanov, Yu.K. and Grinberg, R.P. 2006. Hybrid filters for decrease of nonsinusoidal current and voltage in power supply systems. *Elektrotekhnika*, 10, 55–60 (in Russian).

Rozanov, Yu.K., Ryabchitskii, M.V., and Kvasnyuk, A.A. 2007. *Power Electronics: A University Textbook*, Rozanov, Yu.K., Ed. Moscow: Izd. MPEI (in Russian).

第8章　谐振变换器

8.1　简介

在谐振变换器中，使用谐振电路可以减少开关器件的功率损耗（IEC，551－12－26）。谐振电路首先应用于晶闸管变换器，使变换器工作频率增加。对于不同的谐振变换器使用不同的电路，电路分为不同类（Rozanov，1987；Rashid，1988；Kazimierczuk 和 Charkowski，1993）。可以分为三类谐振变换器：

1）谐振电路含有负载的变换器。

2）直流变换器，其中谐振电路元件与变换器开关相连以确保软开关切换。

3）逆变器直流侧带有普通谐振元件以确保软开关切换。

由于谐振变换器电磁过程相同，对串联和并联的二阶谐振电路将使用下列参数和符号（见图8.1）：

1）理想谐振回路（电阻 $R=0$）的谐振角频率 $\omega_0=1/\sqrt{LC}$。

2）特征阻抗 $\rho=\sqrt{L/C}$。

3）串联电路的品质因数，$Q_S=1/\omega_0 CR=\omega_0 L/R$。

4）并联电路的品质因数，$Q_P=R/\omega_0 L=\omega_0 CR$。

5）串联和并联电路中的阻尼系数分别为 $d_S=1/2Q_S$ 和 $d_S=1/2Q_P$。

如果不考虑电阻 R，振荡本征频率为 ω_R（有时称为自由频率）。在串联电路中，$\omega_{RS}=\omega_0\sqrt{1-R^2/4\omega_0^2L^2}$，在并联电路中，$\omega_{RP}=\omega_0\sqrt{1-1/4\omega_0^2C^2R^2}$。

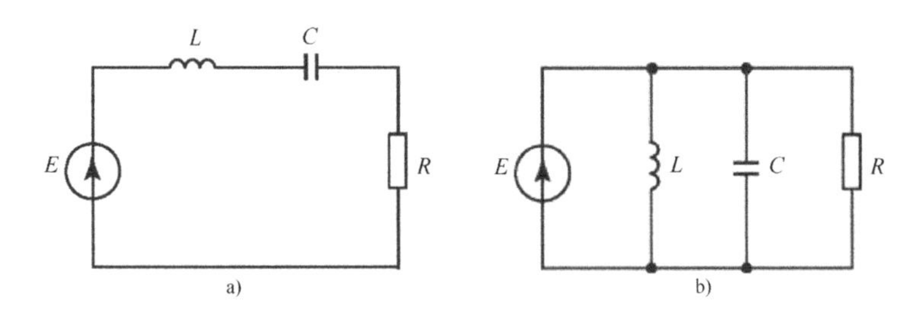

图8.1　谐振电路

a）串联谐振电路　b）并联谐振电路

8.2 谐振电路中带负载的变换器

8.2.1 带串联负载的变换器

大多数情况下，这类变换器用于直流 - 交流的直接变换，也就是逆变器。然而，这类变换器也用于直流 - 直流的非直接变换，并由两个元件组成：一个逆变器和一个整流器。另外，当变换器在 E 类环境下工作时，可以基于特殊的单开关电路（Rashid，1988），作为逆变器或整流器。在下文中，对这类变换器使用一个通用术语：串联谐振逆变器或变换器。有时应注意其不同之处。

变换器可以分为两类：

1）以单向开关为基础；

2）以双向开关为基础。

图 8.2a 显示了以晶闸管作为开关器件的串联谐振逆变器。如果保证 $R<2\sqrt{L/C}$，其中 $L=L_1=L_2$，当晶闸管 VS_1 和 VS_2 导通时，在谐振电路中会出现振荡过程。对于自然换流，则需要在前一个瞬态过程结束后导通下一个晶闸管。换句话说，$L-R-C$ 电路中的电流应是不连续的。在这种情况下，晶闸管控制脉冲频率 ω_S 必须小于电路本征频率 ω_R，即 $\omega_S<\omega_R$。图 8.2b 显示了逆变器在不同工作模式期间的等效电路。图 8.2c 显示了电流 i_C 以及电容电压 u_C 的波形。假设晶闸管 VS_1 导通时，电容 C 充电至电压 U_{C0}。则晶闸管 VS_1 导通后，逆变器中与等效电路阶段 I 对应的过程一致，可表示为

$$L\frac{di_C}{dt}+i_CR+\frac{1}{C}\int i_C dt = E \tag{8.1}$$

考虑初始条件 $U_C(0)=U_{C0}$，可以将式（8.1）表示为

$$i_C(t)=\frac{E+U_{C0}}{\omega_{RS}L}e^{-\delta t}\sin\omega_{RS}t \tag{8.2}$$

其中

$$\delta=\frac{R}{2L},\omega_{RS}=\sqrt{\omega_0^2-\delta^2}$$

从式（8.2）中可以看出，考虑 $i_C(t_1)=0$，则可以在阶段 II 中找到与电路相对应的等效电路时间 t_1。在这一阶段，电流 $i_C(t)=0$，电压 $u_C(t)=u_C(t_1)=U_{C1}$。这一值由式（8.2）所得。

当时间 $t=T_S/2$ 时，晶闸管 VS_2 导通。逆变器开始工作，与阶段 III 等效电路一致。这一阶段的过程由式（8.1）决定，但没有电动势 E 且电容电压处于新的初始状态，该电压为 U_{C1} 且与阶段 II 中的电压相同。在阶段 III 中，式（8.1）可

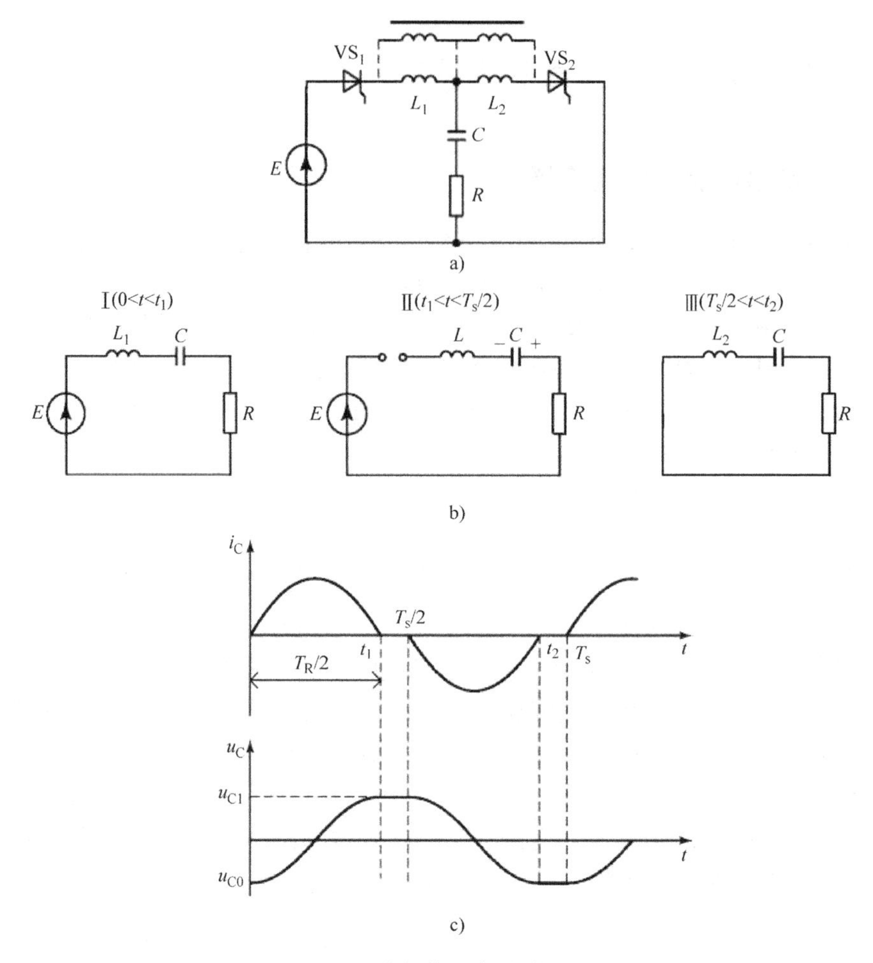

图 8.2　基于晶闸管的串联谐振逆变器

a）电路　b）等效电路　c）开关频率 $\omega_S < \omega_R$时的电流和电压波形

表示为

$$i_C(t) = \frac{U_{C1}}{\omega_{RS}L}e^{-\delta t}\sin\omega_{RS}t \tag{8.3}$$

需要注意的是，在逆变器稳定工作时，电容电压在开始时与结束时是相同的（阶段Ⅰ开始时，$u_C = U_{C0}$），并周期性重复这一过程。当不连续工作时，逆变器工作频率极限为电路谐振频率 ω_0，理论上，当 $R=0$，晶闸管 VS_1 和 VS_2 瞬时导通时，能工作在这一频率。事实上，则需要确保阶段Ⅱ无电流时间大于晶闸管关断所需的时间，即 $t_q < (T_S - T_R)/2$。

相反，在电流 i_C不连续时，最大瞬时电流与来自于电源平均电流之比增加了，其谐波成分会受损。同时，逆变器在负载 R 输出电压 u_R的谐波组成变差。

如图 8.2a 中的虚线所示，通过电抗器 L_1 和 L_2 之间引入变压器可以解决这些问题。在这种情况下，当其中一个晶闸管导通时，与其他晶闸管相连的电感上会出现电动势。因此，前述阶段内的晶闸管会被迫关断，且可以确保晶闸管的换相频率较高：$\omega_S > \omega_R$。

使用全桥或半桥电路可以减少输入电流纹波和输出电压失真（见图 8.3）。半桥电路可以由电源电路中的中心抽头（见图 8.3a）或串联电容器之间的抽头形成（见图 8.3b）。需要注意的是，晶闸管数量翻倍使桥式电路增加了逆变器的功率。脉冲宽度控制也可用于调节输出电压。

双向开关的使用（见图 8.4a）可在电压源型逆变器中形成串联谐振变换器。在这种情况下，无功能量在谐振电路和输入电压源之间进行交换。因此，变换器可以在电路电流连续下工作且工作频率范围相对较宽。当晶闸管导通或关断时，损耗降低。

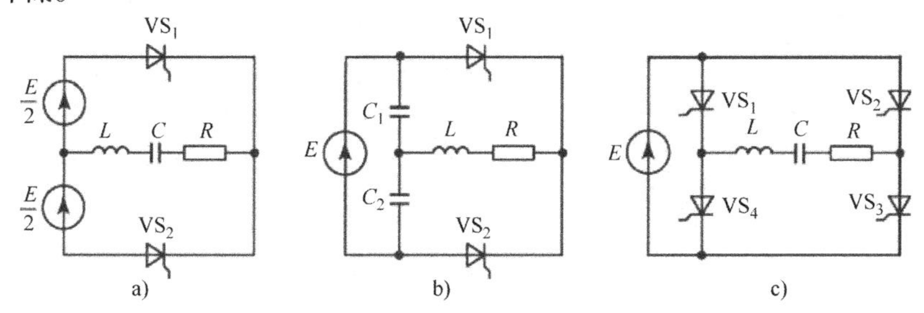

图 8.3　串联谐振逆变器

a）半桥式，供电侧有中心抽头　b）半桥式，串联电容器之间有一个抽头　c）桥式电路

图 8.4b 和图 8.4c 显示了典型的基于双向开关的谐振逆变器，其直流侧具有电压源的特性。图 8.4d 中所示的直流变换器由两个元件组成：一个谐振半桥逆变器和一个带输出滤波电容 C_f 的整流器。假设 C_f 足够大则可以认为整流器输出电压是理想平滑的且等于负载电压的平均值。在该变换器中，交流电压是在连接到谐振 LC 电路的半桥逆变器的输出端形成的，其电流由单相二极管桥整流而成。调节电路输出电压的基本方法是调整频率。需要注意的是，瞬时电流和电压的过程取决于谐振电路的开关频率 ω_S 和本征频率 ω_R。考虑到图 8.4 中电路中的相似过程，则需要更详细地考虑图 8.5a 所示的基于晶体管半桥电路的例子。为了获得形式更简单的基本电路参数之间的关系，假设谐振电路的品质因数 Q 很高，其中单个周期内的电流阻尼很小并可以忽略。

在给定电路中有 3 种稳态的工作模式（Hui 和 Chung，2001）：

1）频率为 $\omega_S < 0.5\omega_0$ 电流断续；

2）频率为 $0.5\omega_0 < \omega_S < \omega_0$ 电流连续；

3）频率为 $\omega_S > \omega_0$ 电流连续。

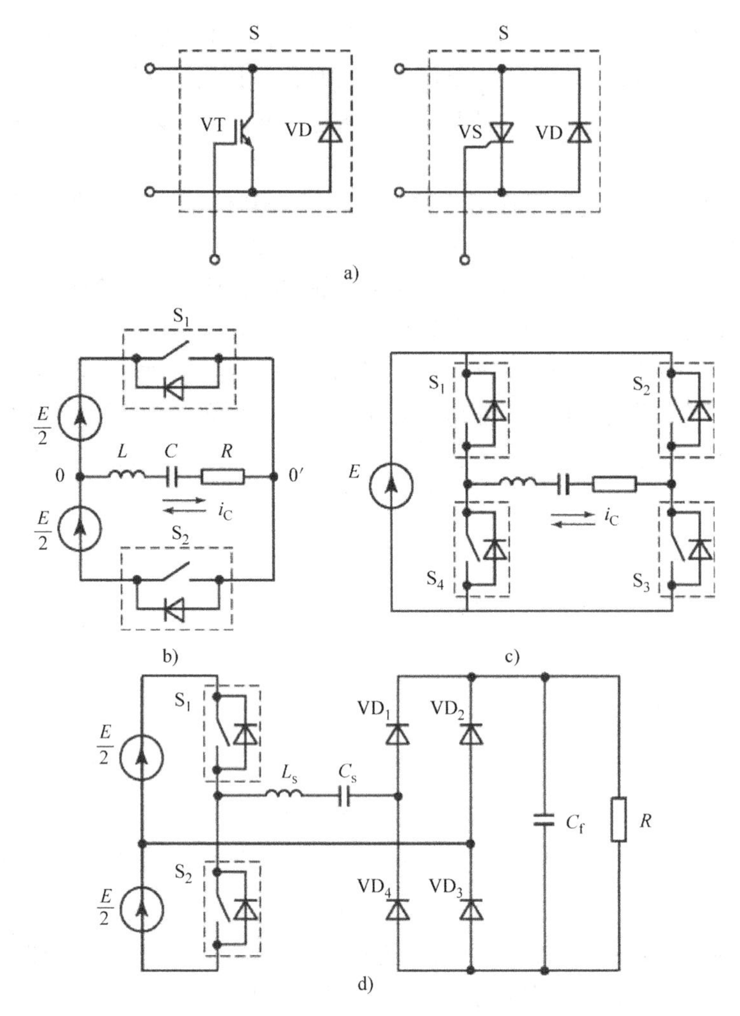

图 8.4　基于双向开关的谐振变换器

a）开关电路　b）半桥逆变器　c）全桥逆变器　d）直流变换器

8.2.1.1　断续电流模式（$\omega_S < 0.5\omega_0$）

假设当时间 $t=0$（见图 8.5b）时，电容 C 处的电压为 $U_C(0)=0$ 且所有开关关断。当给 VT_1 提供一个控制脉冲时，开关导通，电流 i_C 流通半周期 $T_0/2=\sqrt{LC}/2$。由于开关是双向的，电路中的振荡不会中断，电流 i_C 继续通过二极管 VD_1 向相反方向流动。在周期 T_0 结束时，此时 $t=t_1$，开关关断且振荡过程终止。在时间 $t_2=T_s/2$ 并给 VT_2 提供电压脉冲时（用于开关的负载电流），下一个振荡周期就开始了。如果忽略晶体管的开关时间，当 $\omega_S=0.5\omega_0$（边界—连续模式）时，t_d 为零。当开关频率 $\omega_S<0.5\omega_0$ 时，断续时间 t_d 增大，负载电流有效值 I_R 可调，但电流 i_C 不连续，其频谱组成随 t_d 的增加而变差。尽管在断续电流下工作存

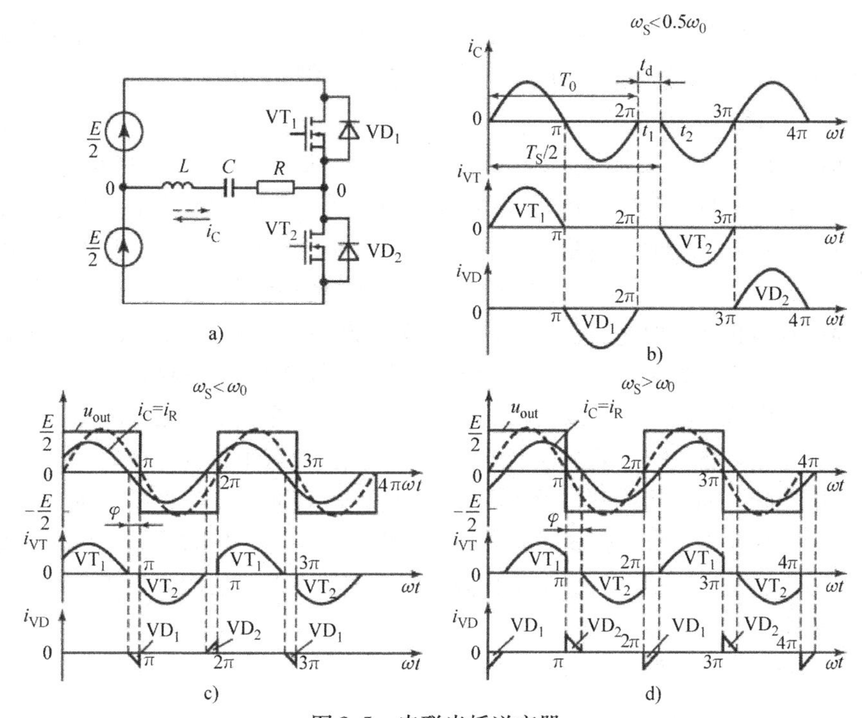

图 8.5　串联半桥逆变器

a) 电路　b) ~ d) 电流和电压波形

在缺陷，但由于零电流软开关的存在，开关损耗几乎可消除。换句话说，当反并联二极管导通时，晶体管关断，因此晶体管中的电流和电压为零。

在该电路中，晶体管可被晶闸管代替。在这种情况下，晶闸管必须按照可靠的截止条件在 t_d时间内关断。

$$\frac{T_S}{2} - T_0 \geqslant t_q \tag{8.4}$$

8.2.1.2　连续电流模式（$0.5\omega_0 < \omega_S < \omega_0$）

对谐振电路中电流 i_C 连续工作情况的简化分析可以基于基波分量，而不考虑输出到 LCR 电路的所有其他谐波电压分量；这种电压呈方波形式。在谐振频率以下，谐振电路中的电流是容性的并超前电路中的一次电压谐波 u_{in1}。在这种情况下，变换器电流和电压的波形如图 8.5c 中所示。当电流流过零点时，晶体管关断。由于开关造成的功率损耗几乎为零，且电流平滑地切换到反并联二极管。然而，当晶体管导通，二极管关断时，电流将不为零。因此，将会产生功率损耗且损耗随着瞬时电流的减少而下降。因此，在此电路中，开关损耗有所降低。换句话说，在 T_S周期内，仅在单开关间隔内损耗几乎为零。如果逆变器工作在$\omega_S = \omega_0$，则电流 i_C的基波与电压 u_{in1}之间的相移为零。这与电路阻抗的电阻特性相对应。在这种情况下，反并联二极管不导通电流 i_C；相反，电路中的每个晶体管将传导半周期的电路电流，并在零电流时导通或关断，其开关损耗为零。

8.2.1.3 连续电流模式（$\omega_S > \omega_0$）

在这种情况下，电流 i_C 是感性的并滞后于电路电压的基波分量（见图8.5d）。因此，可以观察到电流 i_C从二极管到晶体管的软开关过程，因为 i_C在切换时电流为零。相反地，当晶体管关断时，i_C会突然切换到二极管上从而产生功率损耗。因此，当 $\omega_S > \omega_0$且基波电压和电流分量的相移大小相同但符号不同时，功率损耗基本相等，但这发生在不同的开关状态中。如果 $\omega_S < \omega_0$，当晶体管关断时，损耗很小；如果 $\omega_S > \omega_0$，晶体管导通时，损耗同样也很小。

在连续电流模式中，逆变器输出电压波形的改善是其优点之一。

串联谐振电路含有负载的逆变器的一个缺点是负载阻抗变化很大时输出电压调节范围有限，如果考虑到电路的振荡特性随着 R 的增加而消失，则当 $R\to\infty$时，尽管逆变器不工作，但这个问题还是很明显。因此，串联谐振电路的逆变器所带负载一般是恒定的。另一个干扰因素是逆变器电源电压的变化使逆变器负载电压不稳定。

可以采用多种方法来调节输出电压：

1）控制电源电压；

2）控制逆变器的开关频率；

3）谐振 LCR 电路中电压的脉宽调节。

第一种方法是显而易见的，不需要过多解释。开关频率的控制在串联谐振电路的拓扑方面十分常见，因此，现在更详细地考虑这一情况。例如，图8.4b给出了一种基于晶体管和反并联二极管的双向开关逆变器的桥式电路，将幅值为 E 的方波电压施加到桥内的谐振电路中，其基波可表示为

$$u_{\text{out1}} = \frac{4}{\sqrt{2}\pi}E\sin\omega_S t \tag{8.5}$$

对于阻性负载 R，该逆变器的等效负载电路如图8.6所示，由于等效电路是线性的，因此负载的基波电压分量可表示为

$$u_{R1} = \frac{u_{\text{out1}}R}{\sqrt{R^2 + (\omega_S L - 1/\omega_S C)^2}} \tag{8.6}$$

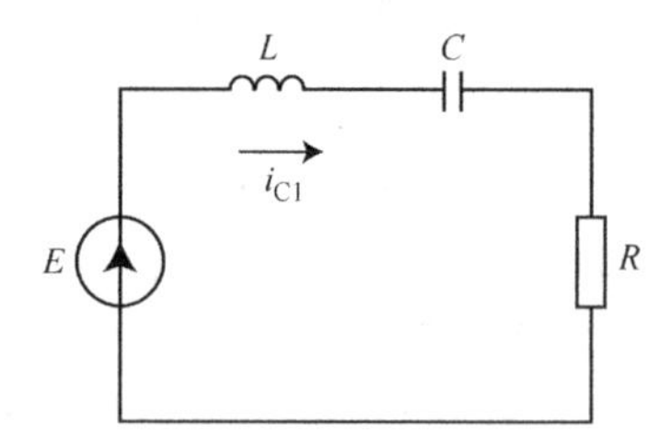

图8.6 串联桥式谐振逆变器的等效电路

假设串联电路的品质因数 Q 在谐振频率 ω_S时为 Q_S，如式（8.1），并引入 $\nu = \omega_S/\omega_0$，则输入电压基波 $U_{\text{out1}}(\omega_S)$和输出电压基波 $U_{R1}(\omega_S)$的传递函数的模

可根据式（8.5）和式（8.6）表示为

$$|W(\mathrm{j}\omega_{\mathrm{S}})| = \left|\frac{U_{\mathrm{R1}}(\mathrm{j}\omega_{\mathrm{S}})}{U_{\mathrm{out1}}(\mathrm{j}\omega_{\mathrm{S}})}\right| = \frac{1}{\sqrt{1+Q_{\mathrm{S}}^2(\nu-1/\nu)^2}} \tag{8.7}$$

在式（8.7）的基础上可以画出输出电压与 ν 的关系。因此，表示输入电压基波分量 U_{out1}和谐振频率 ω_0的关系可使用无量纲量。在此基础上，可以画出传递函数的模$|W(\mathrm{j}\omega_{\mathrm{S}})|$与 $\nu=\omega_{\mathrm{S}}/\omega_0$的关系。图 8.7 显示了不同 Q_{S}值的几条曲线（Hui 和 Chung，2001；Nagy，2002）。通过调节频率来调节输出电压是一种有效方法，特别是在 Q_{S}较大时。然而，在 Q_{S}较小时，其调节范围相对较大，且会影响逆变器的性能。为了解决这一问题，在桥式逆变器电路（见图 8.4c）的基础上，采用了输出电压的脉宽控制（见图 8.4c），在脉宽控制中形成了一个矩形输出电压，其半波长 $\lambda=\pi-\alpha$（见图 8.8）。其中 α 是逆变器开关算法产生的控制角。逆变器 RLC 电路中基波电压分量的有效值可表示为

$$U_{\mathrm{out1}} = \frac{4E}{\sqrt{2}\pi}\cos\alpha \tag{8.8}$$

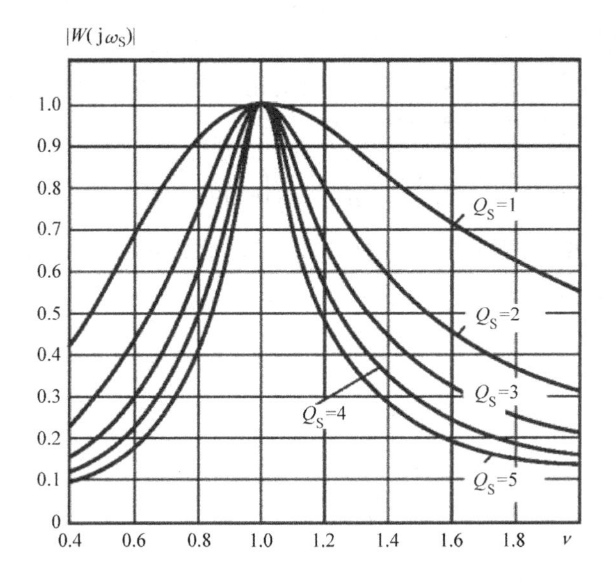

图 8.7　在不同的 Q_{S}值下，传递函数的模$|W(\mathrm{j}\omega_{\mathrm{S}})|$与频率比 $\nu=\omega_{\mathrm{S}}/\omega_0$的关系

这种控制方法的一个不足是电路中电流谐波含量较大，但是，将其与频率校正共同使用是一个很好的折中方案，两种方法的缺点并不会对逆变器性能造成明显影响。

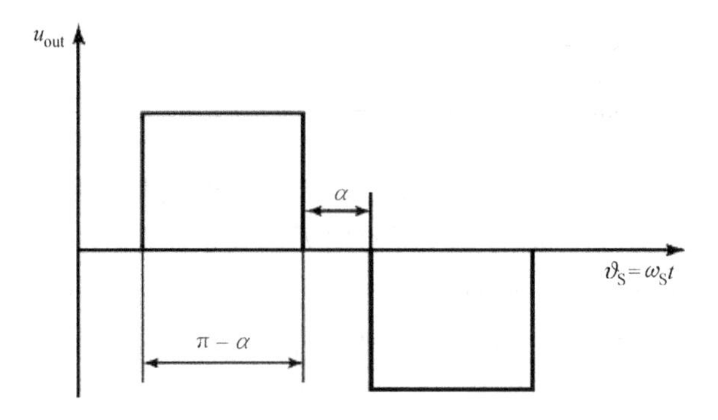

图 8.8 脉宽控制的逆变桥（图 8.4c）输出电压波形

8.2.2 带并联负载的变换器

具有谐振电路及并联负载逆变器的传统电路是基于晶闸管的电流型逆变器（见图 8.9a），第一个谐振逆变器为感应高频电流加热金属而研制。该系统的输入电抗器具有较大的电感 L_d，保证了在大范围的电阻负载下电流的连续性和平滑性，因此，根据传统的电气工程术语，其等效电路可以看成是对偶的（见图 8.9b）。因此，电流型逆变器的输出电压变化与电压型逆变器的输出电流相似，根据等效电路，系统中的过程可表示为

$$C\frac{\mathrm{d}u_{out}}{\mathrm{d}t} + \frac{u_{out}}{R} + \frac{1}{L}\int u_{out}\mathrm{d}t = I_d \tag{8.9}$$

式中，u_{out}是电流型逆变器的瞬时输出电压（在负载 R 处）；I_d是输入电流幅值，稳态时呈方波形式。

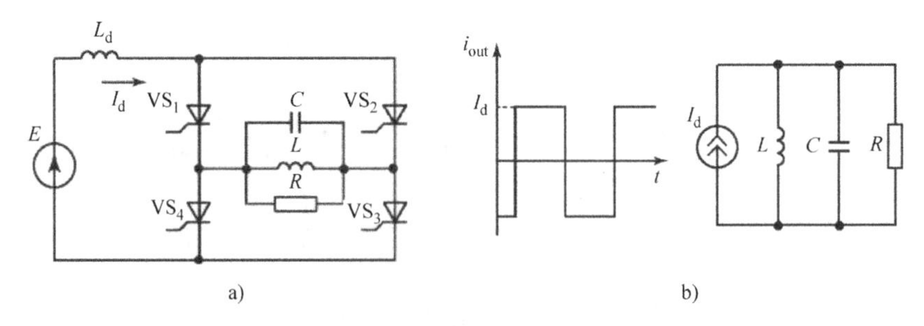

图 8.9 具有谐振电路和并联负载的谐振逆变器

a）电路 b）稳态模式中的等效电路

考虑到初始条件，可以将结果表示为

$$u_{out} = \frac{I_d}{\omega_{RP}C}e^{-\delta t}\sin\omega_{RP}t \tag{8.10}$$

式中，$\delta = R/2L$，$\omega_{\mathrm{RP}} = \sqrt{\omega_0^2 - \delta^2}$。

由式（8.2）和式（8.10）可知，串联谐振电压型逆变器电流 i_{C} 的变化类似于并联谐振电流型逆变器中电压 u_{out} 的变化，因此，这两者是对偶的。电流型逆变器必须基于单向开关，如果开关无法承受反向电压，则应串联二极管。因此，该电路非常适合晶闸管的使用，在谐振逆变器的早期被广泛应用。基于普通晶闸管的并联电流型逆变器在输入电流的作用下不仅可以在谐振电路电压不连续时工作，而且，当 $\omega_{\mathrm{S}} > \omega_0$ 时可以工作在电压连续下。在这种情况下，必须满足以下条件：

$$t_{\mathrm{q}} \geqslant \frac{\beta}{\omega_{\mathrm{S}}} \tag{8.11}$$

式中，t_{q} 是晶闸管的截止时间；β 是电流和电压一次谐波之间的容性相移。在实际应用中，最小允许值 $\beta_{\min}$ 并不大，特别是在快速晶闸管中。因此，可以假定在 $\omega_{\mathrm{S}} = \omega_0$ 的情况下运行。

这种逆变器的优点包括：

1）输入电抗器限制了最大输入电流，从而限制了晶闸管开关的最大电流。

2）由于并联电容的存在，逆变器具有良好的滤波性能。

3）可以在小负载下工作，包括 $R \to \infty$ 时的零负载。

分析串联谐振逆变器电流断续时输出电压 u_{lo} 与开关频率 ω_{S} 的关系，其输出函数与图 8.7 相似。目前来看，纵轴的变量必须是逆变器输入阻抗的模 $|Z(\mathrm{j}\omega_{\mathrm{S}})|$。

$$|Z(\mathrm{j}\omega_{\mathrm{S}})| = \left|\frac{U_{\mathrm{out}}}{I_{\mathrm{out1}}}(\mathrm{j}\omega_{\mathrm{S}})\right| \tag{8.12}$$

式中，$I_{\mathrm{out1}} = 4I_{\mathrm{d}}/\sqrt{2}\pi$，是基波输入电流分量的有效值且为方波。

如果忽略系统元件的损耗，则交流电流在稳态情况下的幅值是关于有功功率的函数。

$$I_{\mathrm{d}} = \frac{U_{\mathrm{out}}^2}{RE} \tag{8.13}$$

式中，U_{out} 是负载 R 处的电压有效值。

当然，只有在全控开关（例如晶体管）的基础上，才能在高频（5kHz 以上）实际应用中实现这种关系，但正如已经指出的那样，使用无法承受反向电压（如晶体管）的开关，需要串联二极管。图 8.10 给出了一个基于晶体管的桥式电路且具有并联谐振回路的电流型逆变器的例子。显然，在这个电路中，不仅可以对输出电压进行频率控制，还可以对输入电流进行脉宽控制。具有并联谐振回路的电流型逆变器的一个缺点是其不能在类似短路的条件下工作，这与串联谐振电路的逆变器相反，后者在极小负载下工作会受到限制。

考虑输出端有谐振电路的电流型逆变器（见图 8.9a）假设输入电抗器电感 L_d 很大 $\omega_S L_d \to \infty$。然而，在不改变这种逆变器的电路设计的情况下，如果将输入电抗器的电感减小到输出谐振回路电感的补偿值，则可能会显著改变其特性及电流和电压变化。此外，输入电路的小电感可以在逆变器上产生不连续的输入电流，从而减少逆变器的开关损耗。但是，在这种情况下，负载变化和输出电压调节的允许范围受到限制。

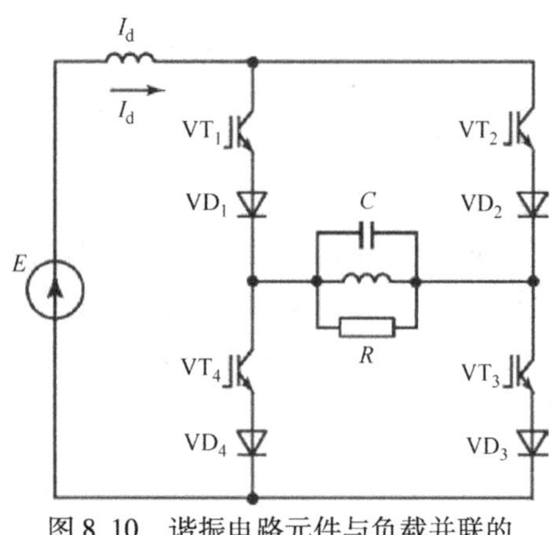

图 8.10　谐振电路元件与负载并联的桥式谐振逆变器

电流型逆变器的电压调节可以在不依靠频率或脉宽调节的情况下得到显著改善。为此，采用与反并联晶闸管串联的电抗器电感进行调节，负载也可以与串联谐振电路中的元件并联。通常，负载通过变压器 T 或直接连接到振荡电路的电容器上（见图 8.11a）。在这种情况下，通常使用带双向开关的电压型逆变器。这确保了输出电压更宽的工作范围和调节范围。带并联负载的逆变器的等效电路如图 8.11b 所示。可以看到逆变器可以在轻载下运行，包括零负载。当开关频率 $\omega_S = \omega_0$时，u_{out}为谐振频率 ω_0时的最大输出电压。输出电压的最大值由串联电路品质因数的倒数 $1/Q_S$决定，为了调节轻载下的电压，工作频率应高于谐振频率。

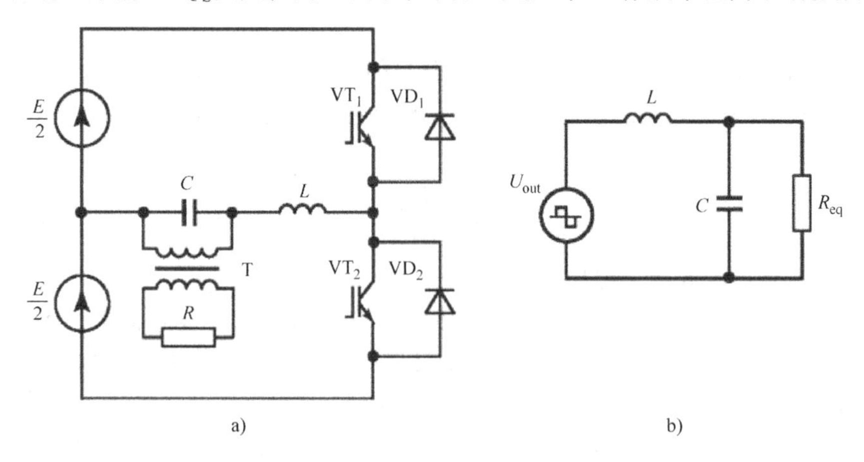

图 8.11　负载和谐振电路电容器并联的串联谐振逆变器及其等效电路

a）负载和谐振电路电容器并联的串联谐振逆变器　b）等效电路

8.2.3　串联 - 并联谐振逆变器

该串联 - 并联谐振逆变器结合了电压型逆变器与串联和并联谐振电路的优点，电路拓扑在谐振元件中加入一个附加电容或电抗器，通过调整辅助元件的大小和引入点，可以得到具有不同拓扑结构和工作特性的电路。常见的设计方法是选择相当于串联电路总电容约三分之一的电容器并联到逆变器负载上（见图 8.12a）。由此产生的电路将具有串联和并联谐振逆变器的一些特性。等效电路如图 8.12b 所示。对输出电压与开关频率的关系分析表明，该电路可以在小负载（包括零负载）下正常工作。输出电压可以通过改变频率 ω_S来调节。相反，过载和短路电流的输出受串联电路的限制且由工作频率决定，根据电路工作原理，通过调整电容 C_1 和 C_2 的比值，可以确保在指定的技术特性下逆变器实现最佳的工作状态。

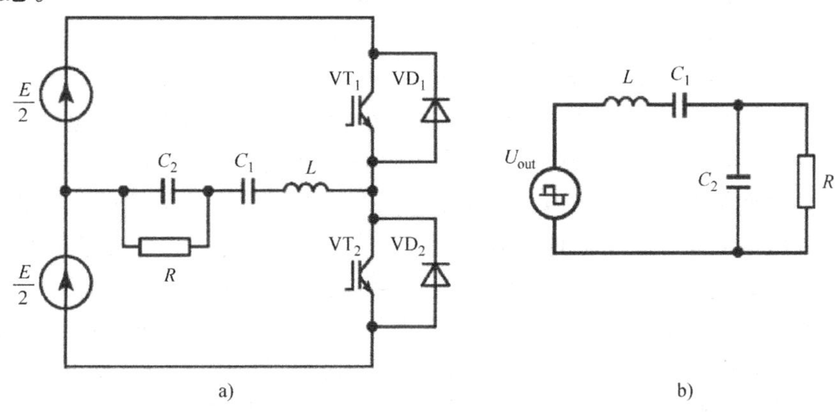

图 8.12　串联 - 并联谐振逆变器及其等效电路
a）串联 - 并联谐振逆变器　b）等效电路

8.2.4　E 类变换器

8.2.4.1　E 类逆变器

这种变换器通过电抗器 L_d连接到直流电源，其电感保证了逆变器输入端电流源的特性。在 E 类逆变器中，高频电流脉冲由单个晶体管形成并发送到具有高 Q（$Q_S \geqslant 7$）的串联谐振电路 $L_S C_S$中，且该电路与负载 R 相连。逆变器的开关频率 ω_S远大于串联电路的谐振频率 ω_0。单晶体管逆变电路保证了软开关且具有高效率的特点，通常用于功率相对较低（ <100W）输出电压可调，负载恒定的逆变器，常用作灯的镇流器（Rashid，1988）。

图 8.13a 显示了逆变器电路可以区分为两种基本工作方式：最佳运行和接近最佳运行。在最佳运行状态中，晶体管在电压 u_{VT}和电流 i_{VT}为零时切换。在这

种情况下，不需要反向二极管 VD；图 8. 13a 中虚线显示了与二极管的连接。可以观察到电路元件的某些参数（包括负载 R）的最优工作，在这种情况下负载 R 需保持不变。在最佳运行中，逆变器的损耗最小，效率最高。

图 8. 13b 显示了 VT 在最佳运行状态下不同阶段的等效电路。阶段 Ⅰ 和 Ⅱ 的等效电路分别对应于晶体管的导通和关断。图 8. 13c 显示了逆变器稳态运行情况下的电流和电压波形。在阶段 Ⅰ 时，VT 是导通的，当导通时（$t = t_0$），电流 $i_{VT} = i_d + i_R$ 流过 VT。分量 i_d 对应于输入电抗器 L_d 的电流，输入电抗器在稳态条件下的电流幅值可近似为常数，等于 I_d 的平均值，这一假设是可能的，因为串联振荡电路的电容 C_S 在稳态条件下阻挡了直流分量 I_d。另一个电流分量 i_R 对应于包含负载 R 的电路电流。因此，从图 8. 13c 的 i_{VT} 图中可以看出，VT 的电流从零开始，这是因为 VT 在最佳运行状态中导通的初始条件是 $i_{VT}(t_0) = I_d + i_R(t_0) = 0$。这相当于两个电源对 VT 分流：输入电压 E 和电感 L_d 产生的电流源 I_d 及串联电路 $L_S C_S R$ 的非零电流。换句话说，电容 C_d 的电压在前一阶段结束时，在给定阶段的开始（$t = t_0$）的电压为零，即电容 C_d 在 $t = t_0$ 处完全放电。需要注意的是，其他电路元件的恒定电压分量在稳态运行时为零，因此平均电压 $U_{VT} = U_{Cd} = E$。在 $t = t_1$ 时，VT 关断，逆变器中的过程对应于阶段 Ⅱ 的等效电路（见图 8. 13b），因此给 C_d 提供电流 i_{Cd}，由于电容处的电压是当前电流的一个积分函数，因此电压从零开始平稳地上升。所以，当 VT 关断时，几乎没有功率损耗。当 $i_{Cd} > 0$ 时，电压 u_{Cd} 升高，且当 i_{Cd} 通过零点时达到最大值，然后电压 u_{Cd} 开始下降，在最佳运行状态下 $t = t_0 + T$ 时降为零，即在晶体管的开关周期结束时。然后 VT 再次导通，并且过程周期性地重复。因此，在最佳运行状态下，晶体管在零电压和零电流时关断，换句话说，几乎没有开关损耗。然而，需要注意的是，最佳运行和接近最佳运行对应于电路元件严格定义的参数比，其中包括负载（Middlebrook，1978）。同时，开关损耗的消除会增加最大晶体管电压（$u_{Cd} \approx 3E$）和电流（$i_{VT} \approx 3I_d$）。

随着逆变器负载的增加，当电阻 R 降低到最优值以下或电路其他参数随着最佳运行的中断而调整时，电路中的过程也随之调整并且开关损耗增加。在这种非最佳运行中，电压 $u_{Cd} = u_{VT}$ 在电流 i_{Cd} 降为零之前符号发生变化。在这种情况下，为了消除 VT 的反向电压，必须连接反向二极管 VD（如图 8. 13a 中的虚线所示）。在 VD 存在的情况下，电压极性反转时，电流 i_{Cd} 流过二极管，从而导致电路中二极管的开关损耗增加。因此，该电路最明显的好处是最佳运行或接近最佳运行。在这种情况下，输出电压通过开关频率的微小变化在一个较窄的范围内调节。

8. 2. 4. 2　E 类整流器

从结构上讲，直流变换器通常由逆变器和整流器组成，因此，通过降低各元

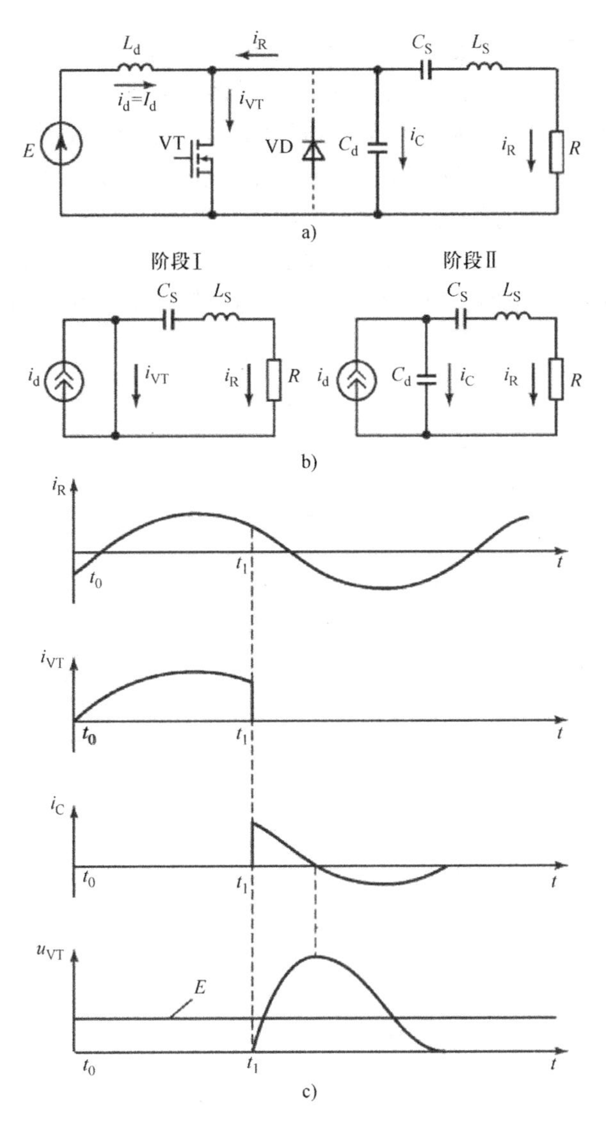

图 8.13　E 类逆变器及其等效电路与电流和电压波形

a）E 类逆变器　b）等效电路　c）电流和电压波形

件的损耗可以提高变换器的效率。例如，E 类逆变器可以与 E 类整流器结合在一起，Lee（1989）提出了这种类型的简单整流电路。这基于单个二极管并包含一个串联谐振元件以确保整流器二极管在零电流时关断（见图 8.14a）。高频电压 $u_{in}(t)=U_{in\,max}\sin\omega_{in}t$ 为整流输入，电容 C 与二极管 VD 并联，从而在输入电压频率为 ω_{in} 的情况下与电感 L_d 产生谐振，整流后的电压通过滤波器 C_f 滤波，其电容由允许的纹波决定，并且可能相对较大。非线性器件二极管 VD 的存在阻碍了对系统过程的严格分析。然而，如果考虑二极管 VD 两种状态的等效电路（见图 8.14b），则可以得到定性的结论：即截止（阶段Ⅰ）或导通（阶段Ⅱ）。负载 R 和滤波器 C_f构成平均电压为 U_R的直流电压源。在阶段Ⅰ中，电感 L_d中的电流等于由输入交流电压［即 $u_{in}(t)=U_{in\,max}\sin\omega_{in}t$］与输出滤波器 C_f和负载 R 两端的直流电压 U_R之差产生的电流。在输出电压相对平滑的情况下，可以将负载电流视为常数并等于平均值 $I_R=U_R/R$。阶段Ⅰ中，二极管 VD 截止，并将电压$u_{in}(t)$和 U_R的差施加于 LC 电路，以与输入源频率 ω_{in}谐振。在阶段Ⅰ中，电路电流流

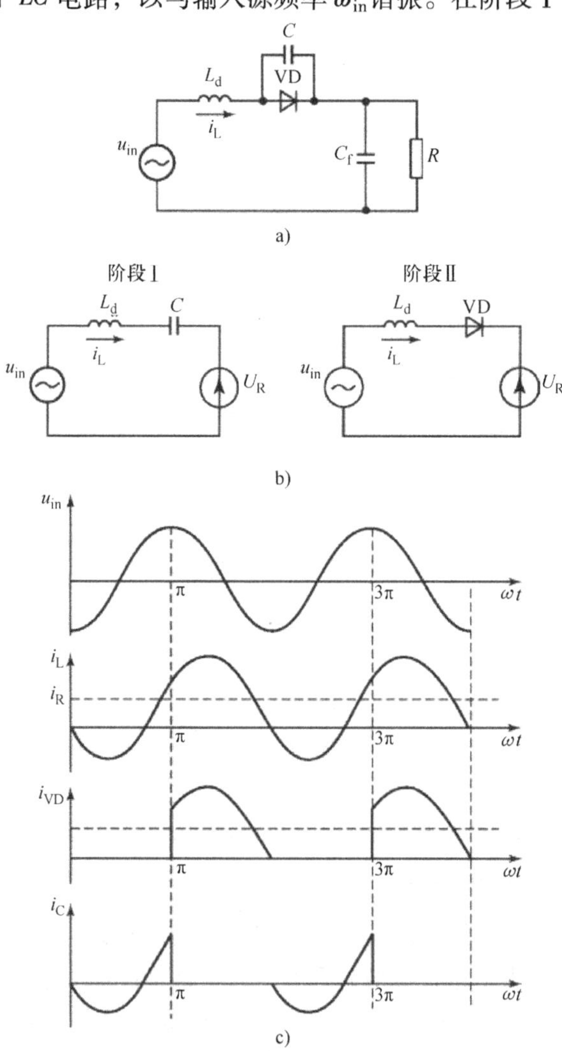

图 8.14　E 类整流器及其等效电路与电流和电压波形

a）E 类整流器　b）等效电路　c）电流和电压波形

过电容 C，其电压与二极管 VD 电压相反。当输入电压达到最大值 $U_{in\,max}$（等于 U_R）时，二极管 VD 导通，电感电流 i_L从 C 切换到二极管 VD。该系统的运行与阶段Ⅱ相对应。当电流 i_L降到零时，二极管 VD 截止，这将取决于 $u_{in}(t)$和 U_R之间的差值。考虑到所采用的假设，则可以将电流 i_L表示为

$$i_L = \frac{U_{in\,max}}{R}\sin(\omega_{in}t - \varphi) - I_R \tag{8.14}$$

式中，$\varphi = f(R)$。

如果二极管在零电流下截止，则几乎没有开关损耗。

8.3 准谐振变换器

8.3.1 准谐振开关基本电路

在准谐振开关中，通过与可控的半导体开关相连的电感和电容谐振，从而形成平滑的开关轨迹。由于谐振与谐振 LC 电路中的振荡过程有关，则可以根据电路和准谐振开关的类型，为在零电流或零电压下的开关创造条件。考虑到半导体开关是开关过程中一个典型的非线性元件，则可以得出，半导体器件电路中的电流或电压是非正弦的，不严格符合谐振规范。此外，由于系统切换到采用不同变量描述参数变化轨迹的新状态时，振荡持续时间通常不超过一个或两个半周期。因此，这种电路被称为准谐振开关。当使用准谐振开关时，目标是通过确保软开关来降低功率损耗。换句话说，在电流或电压为零时进行开关。同时降低了开关的 di/dt 和 du/dt 值，且由于减少了电磁干扰，从而提高了开关和整个电路的可靠性。

实际上，准谐振开关最适用于直流变换器。这种变换器不仅包括单向和双向半导体开关，而且还包括具有小电感和小电容的电抗器和电容器（Lee，1989；Nagy，2002）。在某些情况下，例如，在高开关频率时，这种功能可以由开关本身的固有电容和电感来实现，其传统上被认为是寄生参数。当然，在这种情况下需要特殊的技术。

以这种方式使用开关的固有电容和电感可以形成所需的开关轨迹，其对应于软开关。实质上，这些元件构成了用于形成开关轨迹的非耗散电路。因为其不包含电阻元件，所以电路是非耗散的。

8.3.1.1 零电流开关

图 8.15 显示了具有零电流开关（ZCS）技术的典型单向和双向开关，可以使用各种可控开关，特别是具有串联或反并联二极管的晶体管。连接到开关的电容 C_r和电感 L_r是谐振电路的元件，用于在频率 $\omega_0 = 1/\sqrt{L_rC_r}$时产生电流谐振。

当一个单向开关导通时（见图8.15a和图8.15b），电流从零 $i_L(0)=i_{VT}(0)=0$ 开始缓慢上升。然后在电路 L_rC_r 中开始振荡，当电流 i_L 在前半个周期过零时，开关关断。在这种情况下，电流在前半个周期通过开关。因此，在准谐振变换器中，称之为半波工作。同样，当使用双向开关（见图8.15c和图8.15d）时，电流在导通后也会平稳上升。

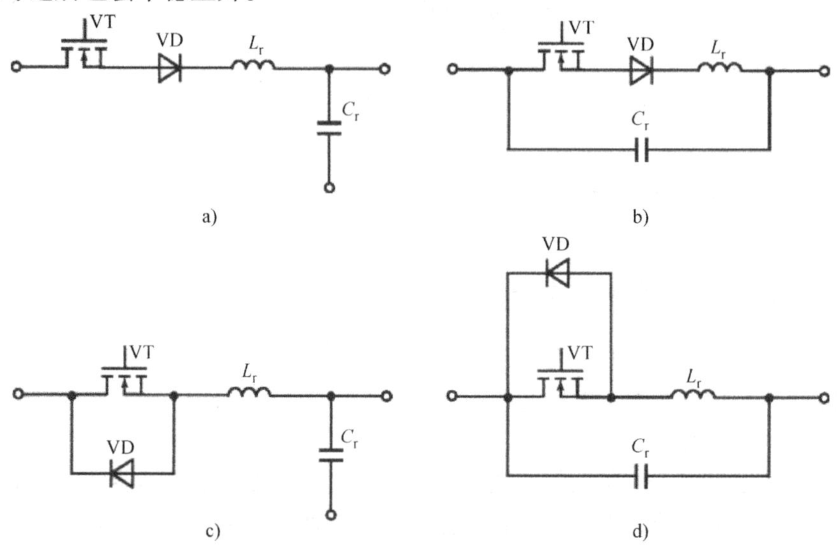

图8.15　具有零电流开关技术的开关电路：L_r 和 C_r 是谐振电路元件

a）和b）半波开关电路　c和d）全波开关电路

振荡过程从频率 ω_0 开始，但随着负电流半波通过反并联二极管VD，这个过程扩展到整个振荡周期。开关将在零电流时再次关断，但这次是在后半周期结束时发生。因此，全波工作电路是基于双向开关和单向开关中半波工作的电路。在下面的内容中，将准谐振变换器称为半波或全波电路，因为这更好地反映了其特性。

8.3.1.2　零电压开关

图8.16显示了准谐振零电压开关（ZVS）电路，对于零电流开关，元件 L_r 和 C_r 在谐振频率 ω_0 处产生振荡。从拓扑结构上可以看出，零电流开关和零电压开关电路都是双向的。电容 C_r 与半导体器件的并联使其可以在零电压下进行切换，如同图8.15中的电感 L_r 可以在零电流下切换一样。在具有双向开关的电路中（见图8.16a和图8.16b），二极管VD可以流过谐荡的负半波，使电路工作在半波状态。当二极管与开关串联时（见图8.16c和图8.16d），可以观察到全波工作。电抗元件允许在零电压下使半导体通断。大多数直流变换器是以零电流开关或零电压开关为基础的。选择哪种软开关将取决于以下众多的工程和经济

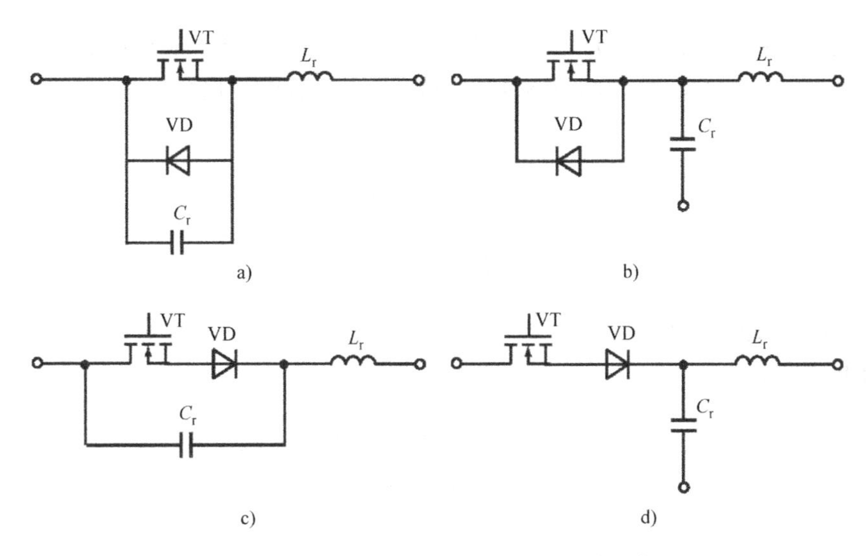

图 8. 16　具有零电压开关技术的开关电路

a)、b) 半波开关电路　c)、d) 全波开关电路

因素。

1) 开关在零电流时，最大电流是平均负载电流的两倍以上。

2) 开关在零电压时，开关处的最大电压远大于变换器的输入电压。

3) 开关在零电流时，半导体开关的本征电容在开关导通时产生额外的电流，相应地增加了功率损耗。

8. 3. 2　准谐振直流 - 直流变换器

8. 3. 2. 1　ZCS 准谐振变换器

实际上，所有基本的直流 - 直流变换器在准谐振条件下都能在零电流下关断。例如，考虑到图 8. 17a 所示的 Buck 变换器及图 8. 15a 中的半波开关。该变换器在频率 $f_S = 1/T_S$ 时以脉冲方式工作。则做出以下假设：

1) 理想电路元件。

2) 输入电压 u_{in} 和滤波器电流 i_{Lf} 的零脉动。

3) 由控制脉冲和开关顺序指定恒定占空比 $\gamma = t_{on}/T_S$ 的稳定运行。

假设晶体管 VT 在 $t<0$ 时关断，但在 $t=0$ 时由控制脉冲导通晶体管。当晶体管 VT 导通时，在给定假设下，变换器可用图 8. 17b 中适用于阶段 I $(0<t<t_1)$ 的等效电路表示。在此阶段，滤波器的电抗器电流 I_{Lf} 通过反向二极管 VD，该二极管使输出滤波器和负载分流。根据阶段 I 的等效电路

$$L_r \frac{di_{Lr}}{dt} = E, i_{Lr} = \frac{E}{L_r}t, i_{VD} = I_{Lf} - i_{Lr} \tag{8.15}$$

在时间 $t=t_1$时，电流 i_{Lr}等于电流 I_{Lf}，二极管 VD 关断，对变换器的等效电路进行了修改，工作过程与图 8.17b 中阶段Ⅱ相对应。根据阶段Ⅱ中的等效电路，

$$\begin{cases} C_r \dfrac{du_{Cr}}{dt} = i_{Lr} - I_{Lf} \\ L_r \dfrac{di_{Lr}}{dt} = E - u_{Cr} \end{cases} \tag{8.16}$$

假设 $t_1=0$，并考虑到 $u_{Cr}(0)=0$ 和 $i_{Cr}(0)=I_{Lf}$，则从式（8.16）中得到的阶段Ⅱ可表示为

$$\begin{cases} i_{Cr}(t) = I_{Lf} + \dfrac{E}{\rho}\sin\omega_0 t \\ u_{Cr}(t) = E(1-\cos\omega_0 t) \end{cases} \tag{8.17}$$

其中

$$\rho = \sqrt{\frac{L_r}{C_r}}\ ,\ \omega_0 = \frac{1}{\sqrt{L_r C_r}}$$

当 $t=t'_1$时，电流 i_{Lr}小于负载电流 I_{Lf}，但在单向开关中，电流 i_{Lr}不能反向，因此将继续流过电容 C_r，而阶段Ⅱ的等效电路不变。

当 $t=t_2$时，i_{Lr}降为零，晶体管 VT 关断，阶段Ⅲ（$t_2<t<t_3$）开始。在相应的等效电路中，u_{Cr}呈线性变化

$$u_{Cr} = \frac{1}{C_r}\int I_{Lf}dt = \frac{I_{Lf}t}{C_r} \tag{8.18}$$

当 $t=t_3$时，电容放电至零电压，随着阶段Ⅳ的开始（$t_3<t<T_S$），等效电路再次发生变化。在此阶段中，滤波器输入处的二极管 VD 导通并开始传输电流 I_{Lf}，在 $t=T_S$时，阶段Ⅳ结束。再次发送脉冲以导通晶体管 VT，其运行情况对应于阶段Ⅰ。此过程周期性地重复（见图 8.17c）。

图 8.17a 中虚线所示的全波降压变换器的使用改变了系统中从时间 $t=t_2$开始的过程，因为电流 i_{Lr}在经过零后，开始通过反并联二极管 VD_1 并向相反方向流动。因此，当电流 i_{Lr}的后半波不再通过二极管 VD_1 时，电容 C_r的充电不是线性的，而是振荡上升到 $t=t'_2$。这相当于是全波运行。相应地，线性电容从 $t=t_2$到$t=t'_2$放电。换句话说，含有二极管 VD_1 的双向开关随后关断（$t=t'_2$时）。后续运行情况对应于阶段Ⅲ的等效电路。系统的全波运行提高了系统性能。首先，负载对于电容 C_r的放电几乎没有影响。其次，这一调节特性实际上是线性的并且对负载的依赖性不大。此外，在双向开关中，存储在电抗器 L_r中的部分能量返回到输入电压源。

变换器的输出电压可以通过调节开关频率 f_S来调节，在零电流开关变换器

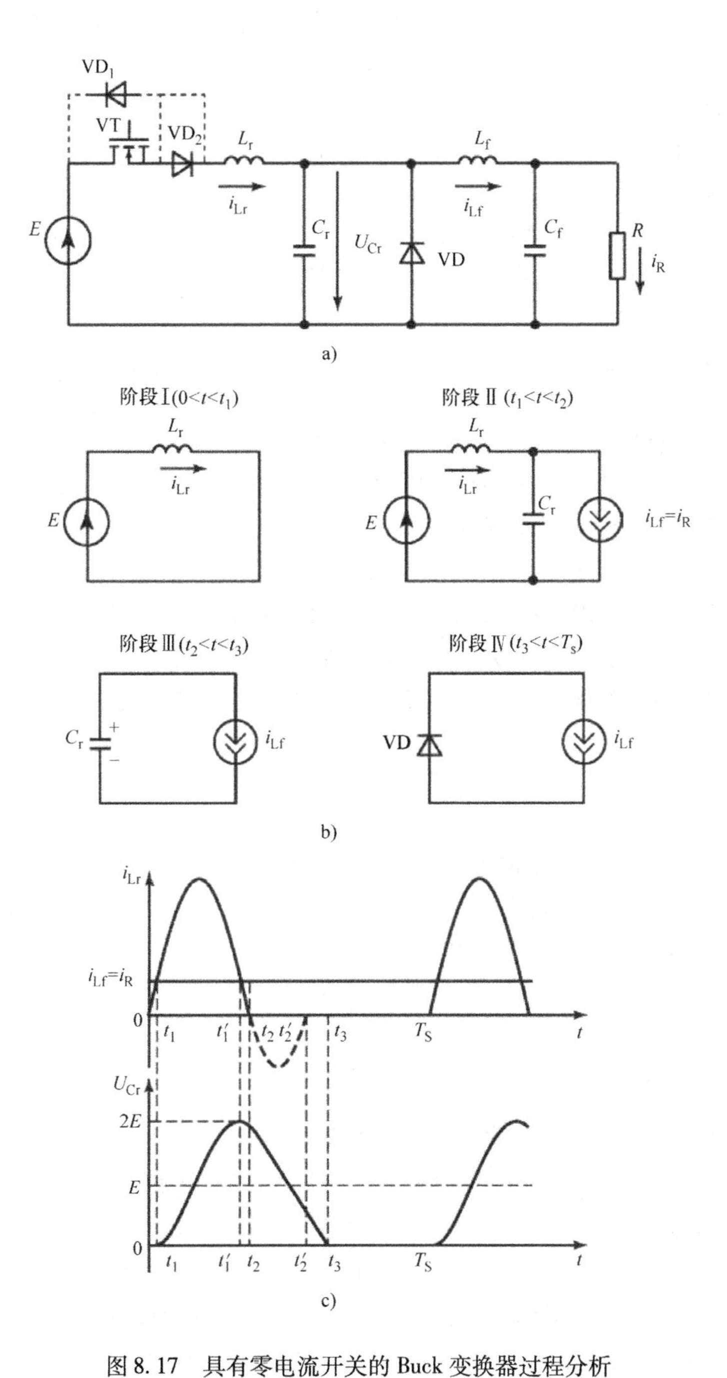

图 8.17　具有零电流开关的 Buck 变换器过程分析

a）具有零电流开关技术的 Buck 变换器　b）不同工作阶段的等效电流　c）电流和电压波形

中，可控制开关处于一个固定的周期内。控制特性中的变量是开关频率比 $\nu = \omega_S/\omega_0$，可以看作是脉宽调制中占空比 γ，影响输出电压 U_R 的基本因素是输入电压 E 和负载 R_L。图 8.18 用无量纲变量 $U_R^* = U_R/E$ 和带有不同阻尼因子 $d = R/\rho$ 的 $\nu = \omega_S/\omega_0$ 表示了准谐振变换器的控制特性。从图 8.18 中可以明显看出，当使用双向开关时，这些因素对负载没有影响。

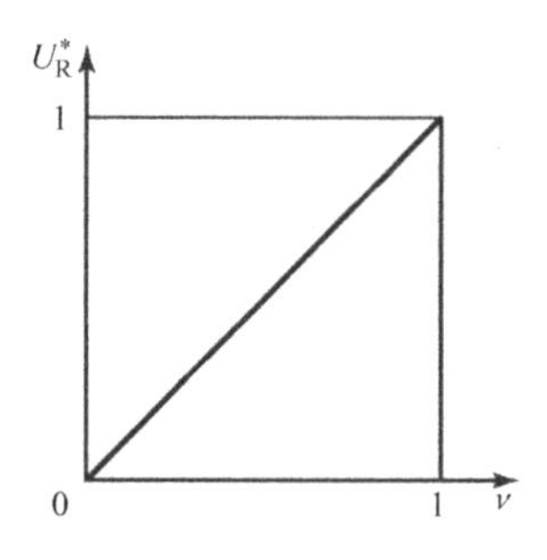

图 8.18　具有零电流开关技术的 Buck 直流 - 直流变换器输出电压的控制特性

8.3.2.2　ZVS 准谐振变换器

与零电流开关一样，零电压开关也适用于所有基本的直流变换器。现在将在相同的假设下更详细地研究零电压开关取代零电流开关时的降压变换器工作情况。考虑图 8.16a 所示的半波开关的情况下，因此，可以得到在零电流下开关时的电流 i_{Lr} 和在零电压下开关时的电压 u_{Cr} 的变化相似。

图 8.19 显示了 ZVS 的 Buck 变换器及其等效电路在不同运行阶段下的电路图。当 $t=0$ 时，晶体管 VT 关断，等效电路对应于阶段Ⅰ（$0<t<t_1$）。在阶段Ⅰ中，晶体管 VT 关断，电容 C_r 由负载电流 I_{Lf} 充电，在给定的假设下，充电是线性的，即

$$u_{Cr} = \frac{I_{Lf}}{C_r}t \tag{8.19}$$

在 $t=t_1$ 时，电容 C_r 处的电压等于输入电压 E。二极管 VD_f 导通，在包含 L_r 和 C_r 的电路中开始一个振荡过程，该等效电路对应于图 8.19b 中的阶段Ⅱ（$t_1<t<t_2$），在该阶段内，该过程可以表示为

$$\left.\begin{aligned} u_{Cr} &= U_{Crmax}\sin\omega_0 t + E \\ i_{Lr} &= I_{Lf}\cos\omega_0 t \end{aligned}\right\} \tag{8.20}$$

式中，$U_{Crmax} = I_{Lf}\sqrt{L_r/C_r}$。

作为振荡过程的结果，电容电压增加到峰值 $E + I_{Lf}\sqrt{L_r/C_r}$，电压峰值取决于负载电流 I_{Lf}，而电流 i_{Lr} 开始下降到零。假设在理想电路元件条件下，电流 i_{Lr} 相对于电压 u_{Lr} 相移 $\pi/2$，从而当 i_{Lr} 过零时出现最大电压 U_{Lrmax}。负载电流 I_{Lf} 必须确保 U_{Crmax} 超过输入电压：即 $I_{Lf}\sqrt{L_r/C_r} > E$。确保开关在零电压下开通这是必要的。当 i_{Lr} 在 $t=t'_1$ 时下降到零后反转方向，电容器继续放电。在 $t=t_2$ 时，电容 C_r 的电压为 0，电流 i_{Lr} 的负分量在 $t=t_2$ 时开始流过二极管 VD_1。当 $t=t_2$ 时，阶段Ⅲ开始（$t_2<t<t_3$），对应于一个新的等效电路。在此阶段，i_{Lr} 线性变化，$t=t'_2$ 时降为 0，二极管 VD_1 关断时，控制脉冲导通晶体管 VT。然后电流 i_{Lr} 线性增

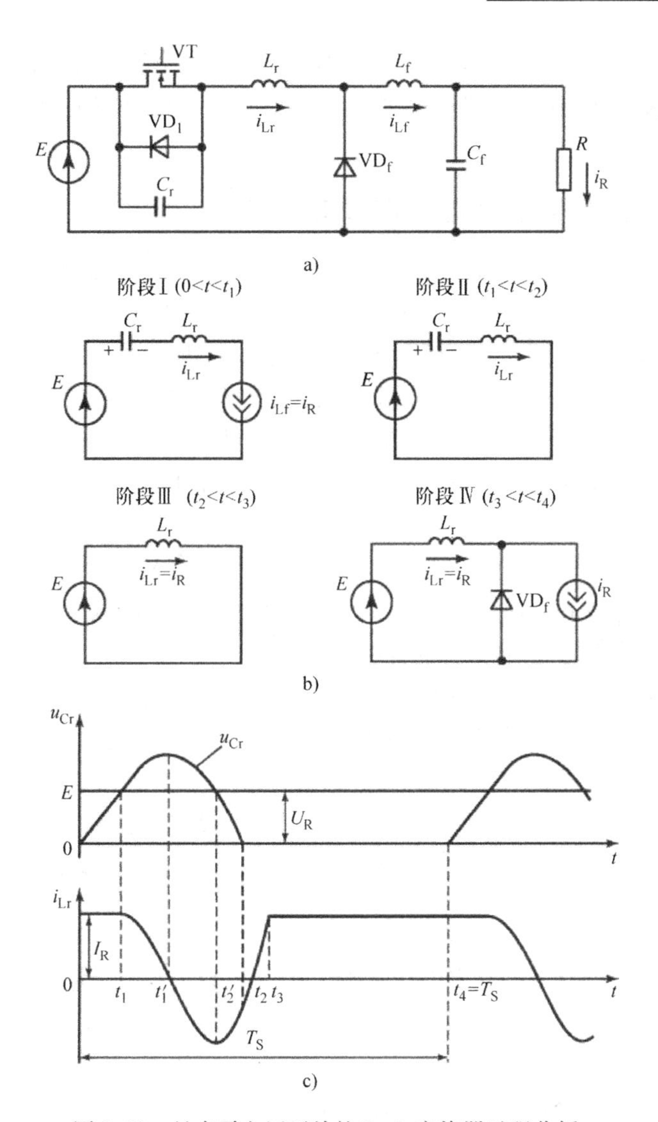

图 8.19　具有零电压开关的 Buck 变换器过程分析

a）具有零电压开关技术的 Bcuk 变换器　b）不同工作阶段的等效电路　c）电流和电压波形

加到 $i_{Lr}=I_{Lf}$（$t=t_3$时）。当 i_{Lr}的值等于 I_{Lf}时，由于其电路电流变为 0，反向二极管 VD_f关断。新的过程开始，对应于第Ⅳ阶段（$t_3<t<t_4$）的等效电路。当 $t=t_4$时，晶体管 VT 关断然后进入一个新的时段。该过程连续重复。

变换器的输出电压通过调节频率f_S来调整，以改变阶段Ⅳ的长度。因此可以对比零电流下的开关，其中变换器输出电压在晶体管导通时间恒定情况下通过调节 f_S来调整，而在零电压下的开关则是保持晶体管关断状态持续时间不变。对于含有半波开关的变换器，其可控特性取决于零电压开关时的负载，就像零电流开关负载一样。同样，在零电流开关变换器中，如果用全波开关代替半波开关，则在零电压开关变换器中，控制特性受负载的影响几乎可以完全消除（见图 8.16c 及图 8.16d）。

8.3.3 带有开关电压限制的 ZVS 变换器

现在考虑在开关电压不能超过输入电压的情况下，以零电压开关的变换器。在该变换器中，至少一个带有并联电容器的桥臂包含双向开关。相应的拓扑结构类似于半桥单相电路，可视为桥式逆变器的单相模块。同时，单桥臂电路可以用于直流－直流变换器中，其中优先选择最大电压较低的开关。除此之外，可以通过脉宽调制在恒定工作频率下调节输出电压。可以注意到该电路对应于输出伏安特性的两个象限内工作的控制器（Lee，1989；Kazimierczuk 和 Charkowski，1993）。

图 8.20a 显示了基于 VT_1 和 VT_2 及反并联二极管 VD_1 和 VD_2 这种变换器的功率组件。电抗器 L_r和电容器 $C_{r1}=C_{r2}=C_r/2$ 都是谐振频率为 $\omega_0=\sqrt{L_rC_r}>>\omega_S$ 的电路元件，其中 ω_S是晶体管的开关频率。

假设理想电路元件和滤波器电容 C_f的输出电压 U_{out}理想平滑。在后者假设的基础上，可以认为滤波器 C_f的负载 R 是平均电压为 U_{out}的电压源，正如先前对不同运行阶段用公式表示的等效电路。

从 $t=0$ 时开始计算工作过程，当晶体管 VT 导通时，电流 i_{Lr}开始流动。此状态与阶段Ⅰ（$0<t<t_1$）的等效电路相对应，电流 i_{Lr}线性变化。

$$i_{Lr}=\frac{E}{L_r}t \tag{8.21}$$

当 $t=t_1$时，晶体管 VT 零电压关断，因为电容 C_{r1}电压为 0。此时，晶体管 VT_1 和 VT_2 及二极管 VD_1 和 VD_2 关断，表明阶段Ⅱ（$t_1<t<t_2$）的开始。相应的等效电路为带有电感 L_r和电容 C_r的谐振电路；电容 C_r由通过输入电源 E 的内部阻抗并联电容 C_{r1}和 C_{r2}构成。电路中瞬态过程不仅由电源 E 和 U_R决定，还由初始条件 $u_{Cr1}(t_2)$和 $u_{Cr2}(t_2)$决定。电路参数的选择使得电路的特征阻抗$\rho=\sqrt{L_r/C_r}$很大，因此在相对较短的时间间隔（$t_1\sim t_2$）上振荡过程引起的电流 i_{Lr}的变化很小。在这种情况下，可以近似地假定电流是恒定的，并确定了该阶段内的瞬态过程。因此，电容 C_{r1}和 C_{r2}处的电压几乎呈线性变化。在 $t=t_2$时，电容 C_{r1}处的电压增大到 E，而 C_{r2}处的电压下降到零并趋向于反向极性。然而可以通过导通二极管 VD_2 来防止这一点。阶段Ⅲ开始（$t_2<t<t_3$）。在此阶段内电压 U_R作用下，i_{Lr}线性降至零。在 $t=t_3$ 时，i_{Lr}降为零并开始改变方向。阶段Ⅳ开始（$t_3<t<t_4$）。在该阶段中，电流流过晶体管 VT_2，晶体管 VT_2 在 $t=t_3$时导通，因为二极管 VD_2 在电流 i_{Lr}方向变化时关断。当然，在该时刻必须形成一个控制

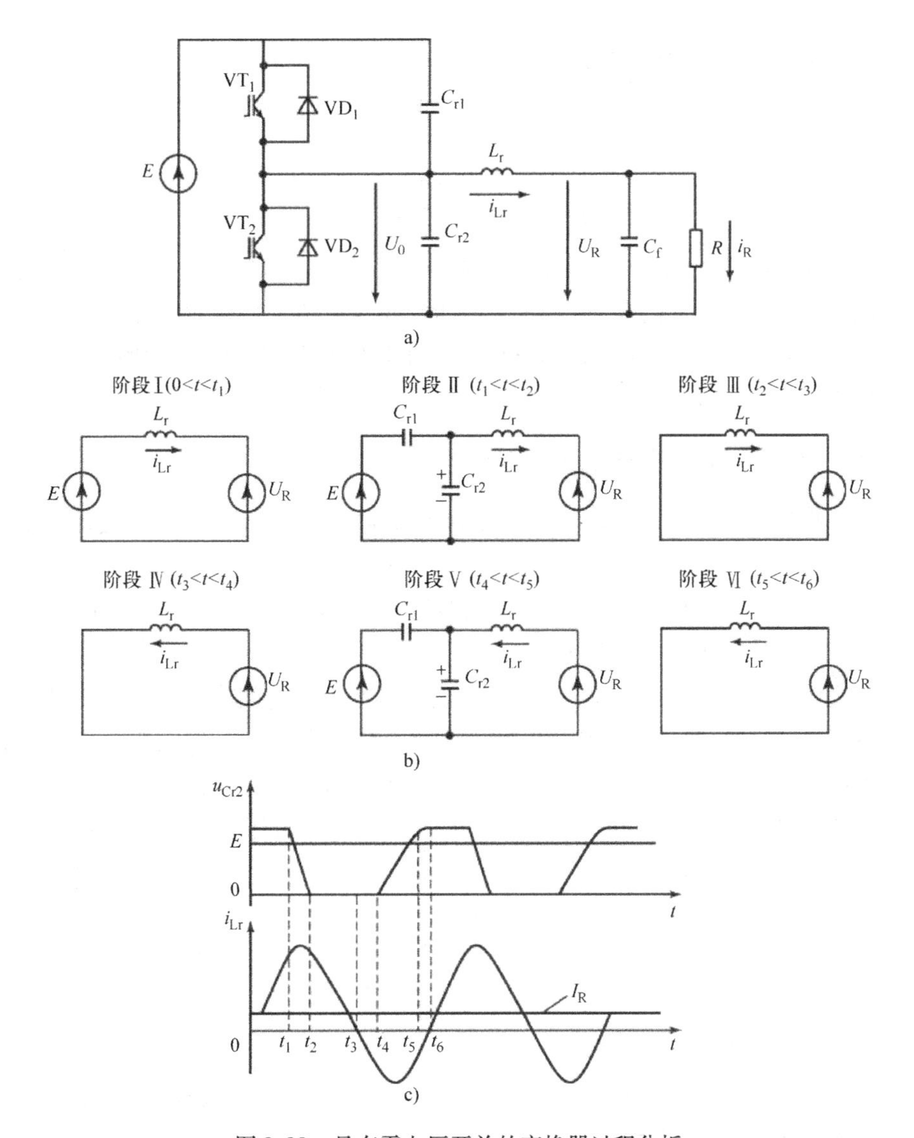

图 8.20　具有零电压开关的变换器过程分析

a）具有零电压开关技术的变换器　b）不同运行阶段的等效电路　c）电流和电压波形

脉冲来导通晶体管 VT_2。在 $t=t_4$ 时，晶体管 VT_2 关断，阶段Ⅴ开始（$t_4<t<t_5$）。这类似于阶段Ⅱ，因为所有的半导体开关均处于关断状态，并且在反电流的作用下，电压 u_{Cr2} 开始从零上升到 E。在 $t=t_5$ 时，二极管 VD_1 导通从而启动阶段Ⅵ；二极管 VD_1 开始传导电流 i_{Lr}，在 $t=t_6$ 时，该电流从负值线性增加到零。阶段Ⅲ和Ⅵ的等效电路相似，仅 i_{Lr} 方向不同，然后阶段Ⅰ~Ⅵ周期性重复。

如图 8.20c 所示，由于谐振过程对应于短阶段Ⅱ和Ⅴ，当 $f_r \gg f_S$ 时可忽略不

计，且平均输出电压可表示为

$$U_R = \gamma E \tag{8.22}$$

其中

$$\gamma = \frac{\Delta t_{on}}{T_S} \approx \frac{t_1 + (t_6 - t_5)}{T_S}$$

根据式（8.22），可以采用脉宽调制方式来调节输出电压。

此处考虑的直流－直流变换器的零电压开关也适用于带有感性负载的逆变器。在这种情况下，具有并联电容器的单桥臂控制算法对应于交流电压的形成。根据不同的相数，可以使用半桥逆变器，例如，一个基于三桥臂的三相逆变器。

8.3.4 具有输入谐振电路的 ZVS 逆变器

在逆变器中实现零电压开关的一种方法是在直流侧产生具有高频纹波的电压（Rashid，1988）。这就需要通过周期性开关来激发串联或并联振荡电路，从而产生输入电压的振荡，输入电压在输入电路的谐振频率处为零。在图 8.21a 所示的电路中，将更详细地讲解这种方法。

假设电路输出的负载是电流源 I_{out}。该源可在等效电路中表示为逆变器的负载电感或逆变器的输出滤波器，其大大超过了输入电感 L_r。谐振输入电路包括一个电抗器（具有电感 L_r）和一个电容 C_r。电阻 R 代表系统中的总有功损耗。如果电路在谐振频率处产生振荡并假定 $R=0$，则电容电压将随频率 ω_0 的变化从 0 变化到 E，电抗器 L_r 中电流 I_{Lr} 的平均值为 I_{out}。如果没有损耗，那么这个过程就是无阻尼的（见图 8.21b），且可以表示为

$$\begin{cases} i_{Lr} = E\sqrt{\dfrac{C_r}{L_r}}\sin\omega_0 t + I_{out} \\ u_{Cr} = E(1 - \cos\omega_0 t) \end{cases} \tag{8.23}$$

考虑到电路中的实际损耗，可以认为，为了维持系统的振荡过程，必须引入等于等效电阻 R 损耗的能量。

在这种情况下，电流可以近似表示为

$$i_{Cr}(t) \approx I_{out} e^{-\delta t}\left(\frac{E}{\omega_r L_r}\sin\omega_r t + \Delta I_L \cos\omega_r t\right) \tag{8.24}$$

其中

$$\delta = \frac{R}{2L_r},\ \omega_r = \omega_0\sqrt{\frac{1}{L_r C_r} - \frac{R^2}{4L_r^2}},\ \Delta I_L = I_{Lr0} - I_{out}$$

式中，I_{Lr0} 是考虑 R 的功率损耗下，为了保持振荡而关断晶体管的最大电流，计算 ΔI_L 以补偿电阻 R 中的功率损耗。

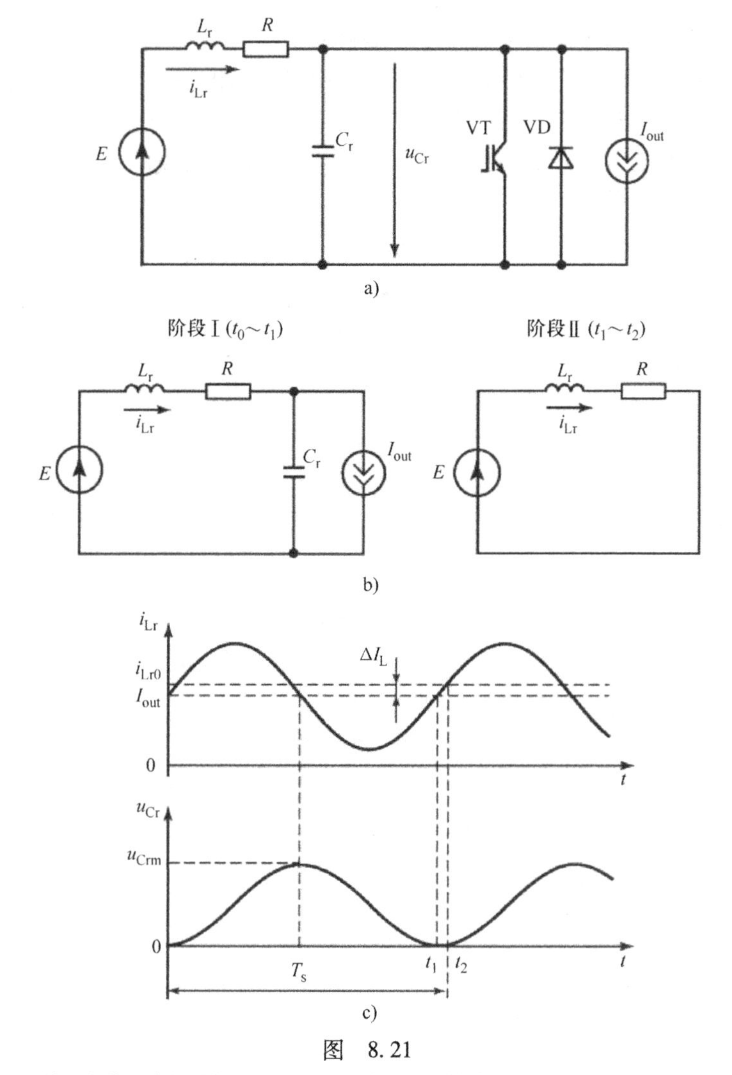

图　8.21

a）输入振荡电路的逆变器　b）不同工作阶段的等效电路　c）电流和电压波形

$$P_R = \frac{1}{T}\int_0^T i_{Lr}^2(t)R\mathrm{d}t \approx \frac{\Delta I_L^2 L_r}{2} \tag{8.25}$$

电路中的振荡过程（见图 8.21a）是由在电容电压 u_{Cr} 接近零电压范围内周期性地导通和关断晶体管 VT 维持的。在 $t = t_1$ 时，晶体管 VT 导通（见图 8.21b），在电压 E 的作用下，电抗器中的电流 i_{Lr} 几乎呈线性增加。在 $t = t_2$ 时，电流 $i_{Lr} = I_{Lr0}$，晶体管 VT 关断（见图 8.21c）。包括 L_rC_r 的振荡电路恢复并继续振荡。因此，在输出端出现一个从零到近似 E 的准正弦脉动电压（见图 8.21c）。

因此，逆变器的输入电压周期性下降到零。在零电压下，逆变器元件的开关损耗最小。显然，开关策略应该集中在输入电压的过零时刻。这限制了输出电压的控制范围。图8.22a显示了具有基于晶体管VT_0和L_rC_r谐振环节的三相桥式逆变电路。当开关VT_1～VT_6导通时，逆变器输出电压由每相中的脉冲数决定。在这种情况下，晶体管VT_0的开关频率大大超过逆变器输出电压的频率（见图8.22b）。从图8.22可以明显看出，该系统存在以下严重缺陷：

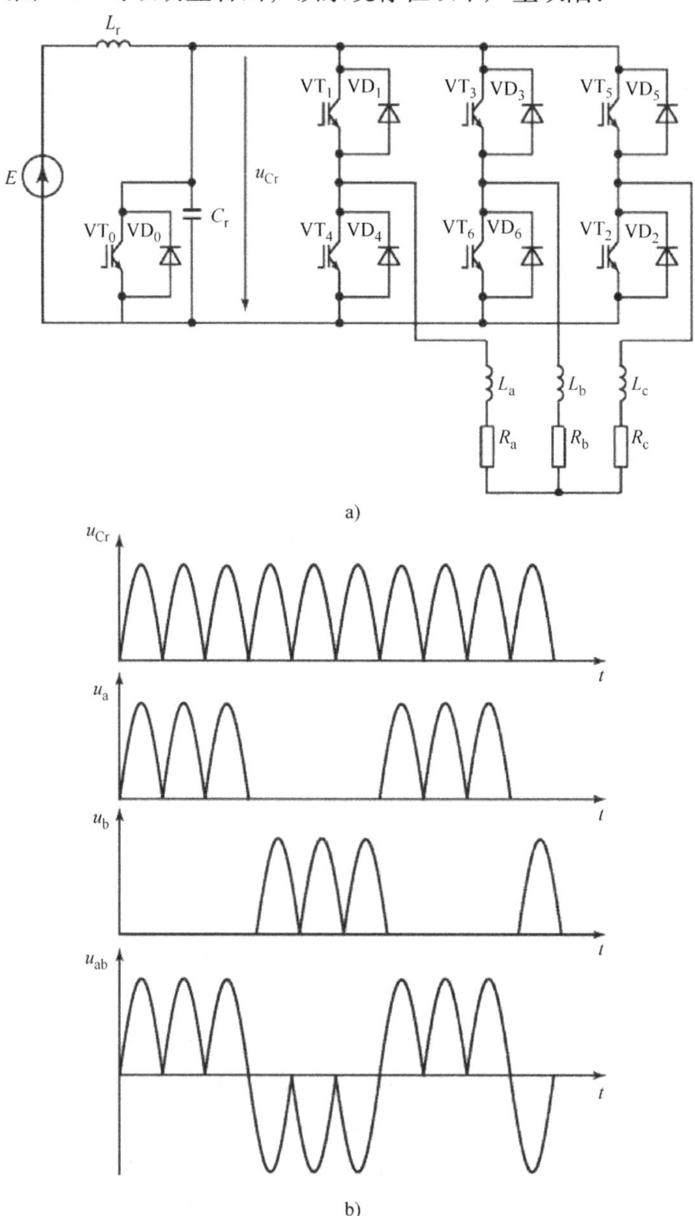

图8.22　具有输入谐振电路的逆变器及其电压波形

a）具有输入谐振电路的逆变器　b）电压波形

1）逆变器开关处的最大电压大于直流输入电压。

2）在电路中的电压脉动作用下产生附加输出电压谐波。

3）输出电压调节范围有限且不连续。

这些问题可以通过修改谐振电路来解决，例如，采用电抗器和电容器并联配置的谐振电路（Middlebrook，1978；Nagy，2002）。

参考文献

Hui, S.Y. (Ron) and Chung, H.S.H. 2001. Resonant and soft-switching converters. *Power Electronics Handbook*, Rashid, M.H., Ed., pp. 271–305. USA: Academic Press.

Kazimierczuk, M.M. and Charkowski, D. 1993. *Resonant Power Converters*. New York: Wiley-Interscience.

Lee, F.C. 1989. *High-Frequency Resonant, Quasi-Resonant, and Multiresonant Converters*. Blacksburg, VA: Virginia Polytechnic Institute and State University.

Middlebrook, R.D., Cuk, S. 1978. Isolation and multiple output extensions of a new optimum topology switching dc-to-dc converter. IEEE Power Electronics Specialists Conference (PESC '78), Syracuse, New York, June 13–15, p. 256–264.

Nagy, I. 2002. Resonant converters, *The Power Electronics Handbook*, Skvarenina, T.L., Ed., pp. 5-25–5-42. USA: CRC Press.

Rashid, M.H. 1988. *Power Electronics*. USA: Prentice-Hall.

Rozanov, Yu.K. 1987. *Poluprovodnikovye preobrazavateli so zvenom povyshennoi chastity* (*Semiconductor Converters with a High-Frequency Element*). Moscow: Energiya (in Russian).

第9章　多电平、模块化和多单元变换器拓扑

9.1　简介

本章中，将结构和功能上均完整的电力电子设备定义为一个模块。在模块化系统中，可以使用一些附加连接和特定类型的组件。单元可以被理解为是由标准结构组成的完整装置。利用上述术语，在考虑模块化设计时，允许功能不同的设备连接在一起。例如，可以通过整流器和逆变器的连接形成变频器。

采用模块化和多单元结构可以使变换器的设计时间和生产成本降到最小，同时可以减少电流和电压的高次谐波以及实现装置备用。一般而言，该方法可用于下列目的：

- 可用元件的参数一定的情况下，增加系统功率；
- 缩短具有不同电压和电流特性的新型电力电子装置设计周期；
- 装置及其组件备用；
- 减少输入输出电流或电压中的高次谐波；
- 匹配输入输出的电流和电压；
- 使组件统一和标准化。

模块化和多单元变换器首先用于独立装置（主要是飞机）的二次电源中（Rozanov 等人，2007）。该方法以二次电源的结构算法综合理论为基础（Mytsyk，1989）。同样的设计原则也广泛应用于电力工程中的直流电力系统设计（SooD，2001）。Mytsyk（1989）对谐波信号进行了多种近似分析，特别是考虑了 n 级信号（见图9.1）。显然，这种情况下的失真取决于两个变量：采样间隔 θ_n 与量化级数 A_n。

完全消除波形失真取决于这两个变量且需要求解超越方程组的数值解。这种解决方法在技术上难以实现。因此，在实际应用中，量化级数被设为最小级的倍数。一种更好的方法是将脉冲幅值调制与脉冲宽度调制（PWM）相结合。在这种情况下，减小调制频率，同时，基于组件充分利用或根据技术和经济优化要求确定级数。

最广泛使用的模块化设计技术有：

- 交流或直流变换器并联；
- 自换相逆变器并联；

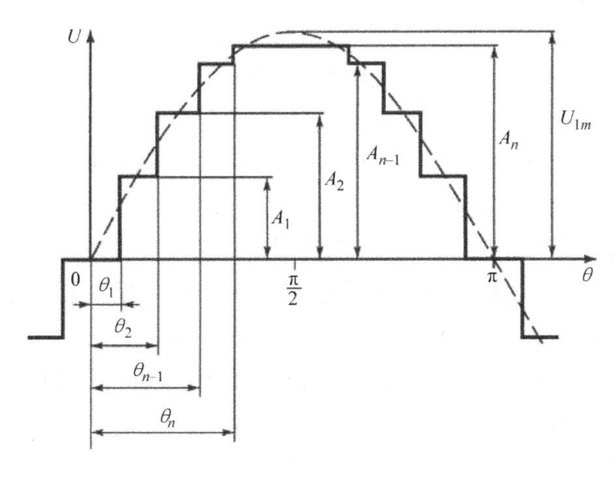

图 9.1　脉冲幅值调制下的电压波形

- 用于倍压器和分压器的二极管 - 电容整流电路的多单元拓扑；
- 多电平变换器拓扑；
- 级联变换器配置。

9.2　整流器与直流 - 直流变换器并联

整流器与直流 - 直流变换器并联的电路具有如下优点：

- 增加功率；
- 装置备用；
- 改善变换器输入输出参数；
- 提高直流 - 直流变换器的调制频率。

上述优点中，第一种和第二种涉及具有直流输出的变换器并联运行（Rozanov，1992）。需要注意的是，与交流 - 直流变换器相比，直流 - 直流变换器的并联运行更简单，这是由于交流 - 直流变换器需要调节输出电压或输出电流，必要时的一至两个参数。因此，重点关注交流 - 直流变换器的并联运行。对并联变换器的要求取决于所需要的功能。为了实现完全备用（一个运行单元和一个辅助单元），就要在不对模块间的负载功率分配施加任何限制的情况下，确保两个变换器在公共母线上稳定运行。当用户的最大功率不超过每个变换器的最大功率时，上述操作可符合完全备用原则。根据用户类型不同，具有备用功能的并联模块结构可以被另一种结构代替，该结构中，某一模块冷或热备用运行于输出母线并可以在特定命令下进行切换。在部分备用（两个运行单元和一个备用单元）或具有功率提升功能的模块化电路中，并联变换器之间的功率分配不能导致变换器过载。

一般来说，并联运行主要可分为以下几种类型。

1）在具有独立变换器之间任意分配功率的公共母线上运行，且负载功率不超过每个变换器额定功率（有时称为组合运行而非并联运行）。

2）在具有负载功率分配的公共母线上运行，负载功率分配与每个变换器的额定功率成正比。在变换器功率相等的情况下，负载功率均分。

3）在公共母线上运行，且独立变换器之间任意分配负载功率，但每个变换器的负载功率要限制在额定过载功率（功率容量）以下。

交流变换器的并联运行与额外条件有关，且这些额外条件应单独考虑，同时建立基于单相模块的三相系统。

对于直流－直流变换器，最简单的并联运行形式是通过解耦二极管将变换器连接到公共母线上（见图9.2）。二极管主要避免输出母线在单独变换器内形成短路。在输出参数相同且输出电压控制通路精确调整的情况下，可实现变换器之间的负载相对平衡。但在实际应用中，由于变换器通常需要不断调整以获得稳定的输出电压，在各种运行条件下很难保证负载分布均匀。因此，对于以上的运行状况，要求

$$I_L \leqslant I_N \tag{9.1}$$

式中，I_L是负载电流；I_N是变换器 N 的额定电流（见图9.2a）。

第二种类型的并联运行可以通过负载与各变换器之间的反馈来实现（见图9.2b）。在这种情况下，负载电流传感器 CS_L的信号被分割并分布在各个反馈通道，并与各个变换器的电流信号进行比较。电流差被送至输出电压控制系统。因此，负载电流可以根据变换器电流在变换器之间进行分配。特别的是，变换器之间的负载电流是可以平均分配的（$I_N = I_L/N$）。分配的静态精度取决于电流反馈增益。在实际应用中，当各变换器负载不超过 $0.5I_L$时，分配精度约为 ±10%。为了保证并联运行的稳定性并消除自激振荡，需要注意电流控制通道中与频率相关的参数设计。

对于输出特性与图9.2c所示曲线相符合的变换器，第三种类型的并联运行是可行的。图9.2c中的1对应于输出电压变化较小的运行方式。当达到额定负载时，变换器的输出电压变化更快（见图9.2c中的2）。在过载或外部短路时，变换器运行在输出电流稳定的情况（见图9.2c中的3）或被关断。具有这种特性的变换器并联运行时，输出电压相等，精度取决于变换器参数（位于电压稳定区内）。变换器结构如图9.2a所示。在一般情况下，变换器之间的负载是不平衡的。当其中一个变换器达到额定负载时，其运行状况如图9.2c中的2所示，输出电压开始下降。随着负载的逐步增加，可将其依次应用于其他变换器。由于无需附加反馈，且对于模块化装置没有任何结构或电路上的限制，因此这是目前

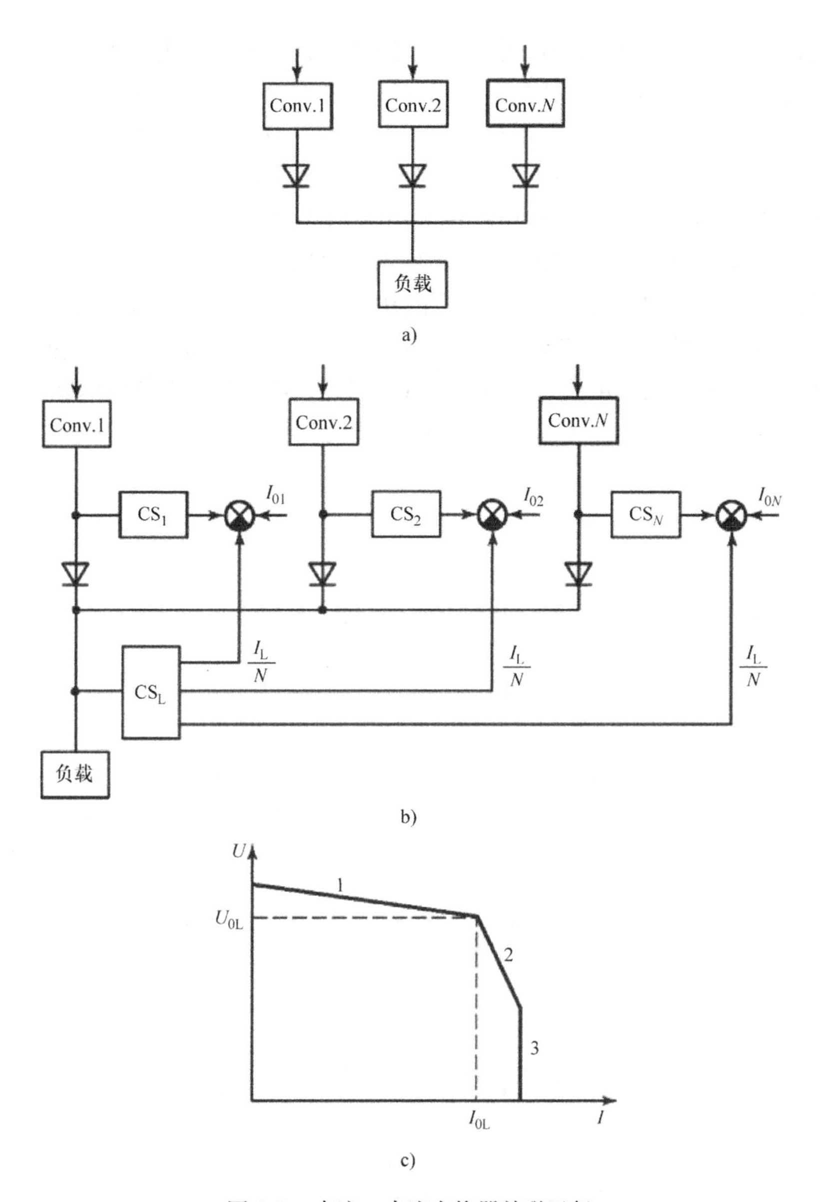

图 9.2 直流－直流变换器并联运行

a）带有解耦二极管的电路 b）带有负载电流反馈的电路 c）变换器输出（外部）特性

最具有前景的并联运行方式。

当输出电流超过额定值时，变换器开始运行于限流模式下（见图 9.2c 中的 2），且打开与主电压反馈并联的限流回路。

在 4.2.2 节中详细介绍了两个三相桥变换器的并联和串联运行。在并联电路中，电流增加一倍而不会改变变压器或半导体器件；在相同条件下的串联电路中，电压增加一倍。通常这样做的目的是改善输入电流和输出电压的频谱。在两桥并联时，可获得三电平输入电流波形并减少了高次谐波。在输出电压中，其纹波减小，基频分量增加一倍。显然，当三个、四个或更多的整流器连接在一起并适当改变变压器绕组的结构时，可以得到更好的输入电流和输出电压频谱，这相当于具有18、24或更多相的整流器输入电流和输出电压所产生的频谱。考虑到难以保证变压器的指定电压比，通常不使用4台以上的整流器并联。

共用滤波器的变换器并联运行时的优点显而易见。在并联电路中（见图9.3），每个变换器运行时控制脉冲的相移为 T/N，其中 N 为并联的变换器数目。调制频率和滤波器尺寸可减为以前的 $1/N$。因此，假设滤波器能够消除扩展频率范围内的纹波，则每个开关的开关频率可以增加到最大允许值。在这种情况下，

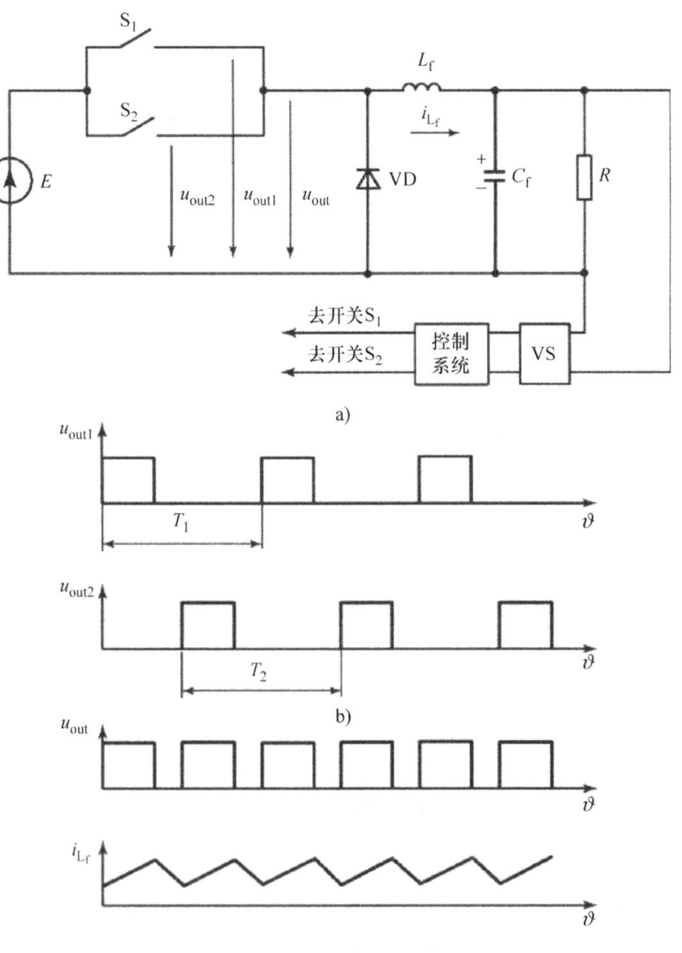

图9.3 共用滤波器的直流－直流变换器单元并联运行

a）电路图 b）电压和电流波形

包含开关的基本变换器单元将并联运行，同时，还可以组合其他类型的变换器电路以提高调制频率。

9.3　逆变器并联

如前文所述，由于需要电压同步（Rozanov 等人，1981；Rozanov，1992），交流模块的并联运行变得相对复杂一些。图 9.4a 显示了两个单相电压型逆变器模块输出正弦电压时的并联简化等效电路。并联是通过如图 9.4a 所示的输出滤波电感 L_f来保证。当相量 U_{inv1} 和 U_{inv2} 相等时，模块之间没有环流（见图 9.4b）。当相量相位相同但幅值不同时，则出现无功环流 I_{cir}。对于电压幅值高的模块，其等效为一个电感负载。I_{cir}可表示为

$$I_{cir} = \frac{\Delta U_{inv}}{2X_{L_f}} \cong \frac{k \cdot \Delta U_d}{2\omega L_f} \tag{9.2}$$

式中，ΔU_{inv}是逆变器输出电压 U_{inv1} 和 U_{inv2} 的基波相量差的模；ΔU_d是平均输入电压的差；k 是输出电压 U_{inv}与平均输入电压 U_d之间的电路系数。

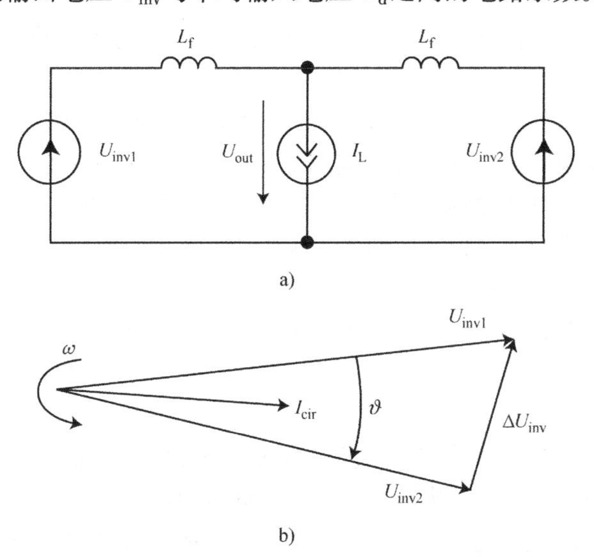

图 9.4　两个并联逆变器单元的等效电路及其相量图

a）两个并联逆变器单元的等效电路　b）相量图

当相量 U_{inv1} 和 U_{inv2}之间存在相位差时，模块之间存在环流的有功分量。在相位差很小的情况下，当 $U_{inv1} = U_{inv2}$时，环流可表示为

$$I_{cir} \approx k \cdot \frac{U_d \tan\vartheta}{2\omega L_f} \tag{9.3}$$

式中，ϑ 是相位差。

有功功率由相位超前的电压 U_{inv1} 所在模块提供，而相位滞后的模块消耗有功功率。这与同步发电机并联中平衡电流的产生类似。

因此，为了保证逆变器模块的并联运行，需要调节输出电压的幅值并保证它们是同步且同相的。逆变器电路不同所采用的方法也不同。在模块化设计中，采用基于电压型逆变器的单相模块是可行的。

在这种逆变器中，可以使用多种方法来调节输出电压，尤其是可以通过直流电压控制器来调节输入直流侧电压。在这种情况下，模块之间最好使用附加信息进行连接。因此，在并联模块中的直流侧使用附加信息总线，以使逆变器输出电压基波幅值均衡。

逆变器模块的同步保证了开关函数的同步。电压逆变器中的相应算法是由一个计数和分配单元通过接收来自参考振荡器的脉冲来实现的。为此可采用一种特殊的同步耦合系统。根据不间断供电系统的标准要求，任何单一故障不得中断供电系统正常运行。同步系统必须考虑以下因素：

1）装置结构上各自独立，但需考虑参数控制的可能性。

2）系统中任何模块恢复运行（排除故障后），均无需重组链路或使相位中断。

3）在任何参考振荡器产生中断或频率变化的情况下，以及当任一同步链路断开时，应保持系统内部（以及相同相量相位）和频率的关系。

参考振荡器可以通过锁相环（PLL）和直接脉冲同步的方式来实现同步。在直接同步中，采用弛豫自振荡电路作为参考发生器。在这种情况下，同步信号的频率不需要超过参考振荡器的基频。直接同步的特点是当同步电路形成一个从输出到输入的闭环时，参考发生器的频率会降低。在这种情况下，同步环可以包括一个或多个参考振荡器。因此，在直接同步中，保持频率恒定需要保持闭合的同步环或使电路开路（即在对应的图形中，保持图形树状结构）。在弛豫参考发生器的直接同步中，脉冲直接作用于发生器的开关元件。因此，同步发生器的相位是准确的，且只取决于脉冲电路和开关的时间延迟。

在利用锁相环进行同步时，参考发生器的频率平滑可调。控制系统利用同步信号与参考发生器输出信号之间相位差的符号及幅值来调整该频率。与直接同步相反，同步信号的频率可以小于参考发生器的输出频率。通过同步环获得的锁相环参考发生器的频率将与自主（不同步）运行时的频率相同。如果通过同步环关闭几个锁相环发生器，则频率就会接近发生器运行的平均频率。在单向系统的结构中，直接同步和通过锁相环实现同步时，整个参考发生器系统都以初始发生器的频率运行。

基于可靠性和结构简单性要求，一组合理的同步结构要考虑：

1）逆变器模块之间的信息链路数最少；

2）所有模块的结构相同；

3）模块中的信息链路和所采取的运行模式最大化对称；

4）硬件的复杂度最小。

用于相位同步的几种典型同步链路系统结构如图9.5所示。这些结构不包含集中式装置，因此满足基本可靠性要求。假设信号电路中的开关内置于每个模块中。由于集中式装置可视为同步总线，其可靠性可以很容易通过结构方式得到保证。以下结构可以满足可靠性和简单性要求：锁相环系统的简单环（见图9.5b）、旁路环（见图9.5d）、简单线路（见图9.5a）以及用于直接同步的旁路线路（见图9.5c）。

在锁相环结构中，其频率接近于发生器基频的平均值。因此，单个参考发生器基频的任何变化都会影响整个系统。即使是少量发生器，其频率变化也可能是相当大的。为了定位故障参考发生器，可以使用一个频率传感器与一个识别发生器故障信号的传感器的组合形式。例如，如果频率小于额定值，参考发生器的相位滞后于相应同步信号的相位，则发生器基频将会非常低。但是，这种方法需要相对较大的相位变化来实现锁相环同步。

直接同步环（见图9.5b）以任一参考发生器产生的最高频率运行。产生该频率的发生器将提供触发其他发生器的同步信号。它可被认为是主发生器。如果由于某种原因，其频率低于另一个发生器，则后者将成为主发生器，且不会中断环路的正常运行。随着主发生器的频率增加，整个环路开始以该频率工作。在这种情况下，其他发生器的相位滞后变小，在存在干扰的情况下，很难对其进行可靠识别。

当使用线路结构时，可以更容易地防止单个发生器的频率变化（见图9.5c）。在这种结构中，总是有一个主发生器唯一地决定着其他发生器的频率。任何频率的波动都是由主发生器的频率偏差引起的。其他发生器由于保持单相同步，其频率偏差不会影响系统运行。

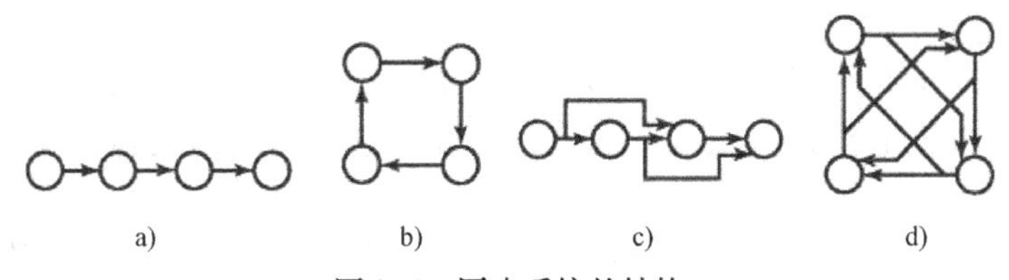

图9.5　同步系统的结构

a）线　b）环　c）旁路线　d）旁路环

三相电源系统可以由3个具有适当相位的单相逆变器模块组成。每个模块的输出电压为相电压，并提供给一次绕组解耦的三相变压器或一组单相变压器，或者模块输出直接组合成具有 3 或 4 条母线的三相系统。

逆变器模块还可以通过连接形式、脉冲幅值调制来改善输出电压的谐波含量（频谱）。在这种情况下，系统的总功率增加且可以保证单独模块备用。除了电压台阶的长度和高度，输出电压波形类似于图 9.1 所示。具有相同输出电压频率的台阶是平行的。台阶的长度由参考发生器频率的分频器确定。当然，每个台阶中都可以采用脉冲宽度调制。逆变器模块连接的一般结构如图 9.6 所示。

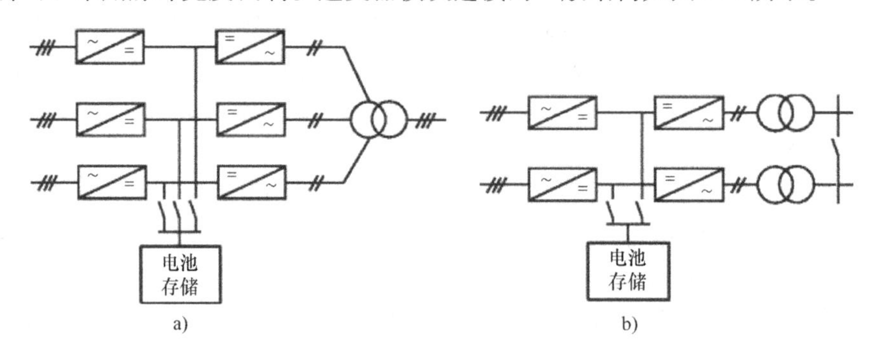

图 9.6　不间断电源的模块拓扑

a）单相模块构成的三相系统　b）双单相系统

9.4　基于电容－二极管单元的倍压器和分压器

采用电容－二极管单元可以提高或降低输出电压。这些电路也被称为无变压器电路（Zinov'ev，2003）。在传统的变压器电路中，可采用高压变压器来提高电压。由低压单元串联组成的系统在工程和经济方面更可取。在分压器中，则采用串联且具有高压分配能力的电容器。因此，变压器用于负载和用户电路的电气隔离，并尽可能从电路中取消。

9.4.1　倍压器

最简单的对称倍压电路如图 9.7 所示。在一个半周期内，电网通过二极管连接到电容 C_1并充电至输入电压的幅值。在输入电压负半周期内，电容 C_2充电。这导致负载电压是变压器 T 二次绕组电压的 2 倍。考虑到在放电过程中电容 C_1与 C_2串联，电压纹波可以通过带有容性输出滤波的整流器确定。平均输出电压约为输入电压的 2 倍。显然，纹波大小和平均电压取决于负载值。

非对称倍压器电路如图 9.8a 所示。在负半周期（$u_{ab}<0$）中，二极管 VD_1导通，电容 C_1充电到变压器二次绕组的电压幅值。在正半周期中，电容 C_2通过两个串联的源充电：通过 VD_2 相连的电容 C_1及二次绕组。因此，可以得到两倍

的电压。利用非对称电路单元，对于一个 N 个单元组成的系统，其输出电压为一个单元的 $2N$ 倍。例如，当 $N=3$ 时，可以获得一个 6 倍电压的倍压电路（见图 9.8b）。电压纹波在很大程度上取决于负载，这是带有电容滤波器的整流器的典型特征。

使用全波整流电路，则每个单元中的电容会交替充电。在这种情况下，可以得到一个基于单相桥的电压乘法器。该电路由基于 6 倍倍压电路的半波乘法器组成（见图 9.8b）。在该电路中，输出电容器在电路运行的每半个周期内充电。

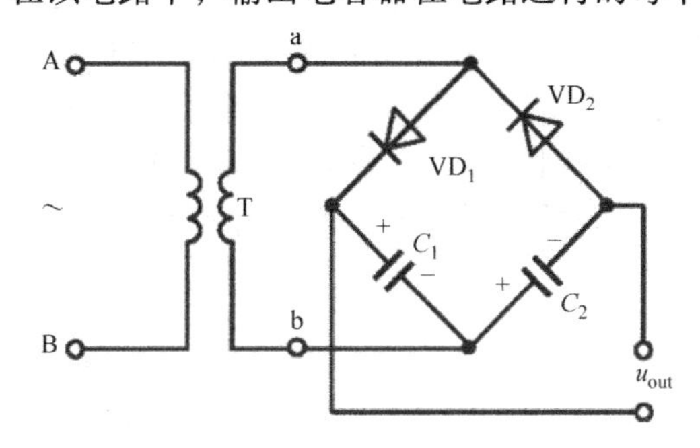

图 9.7　单相对称倍压器

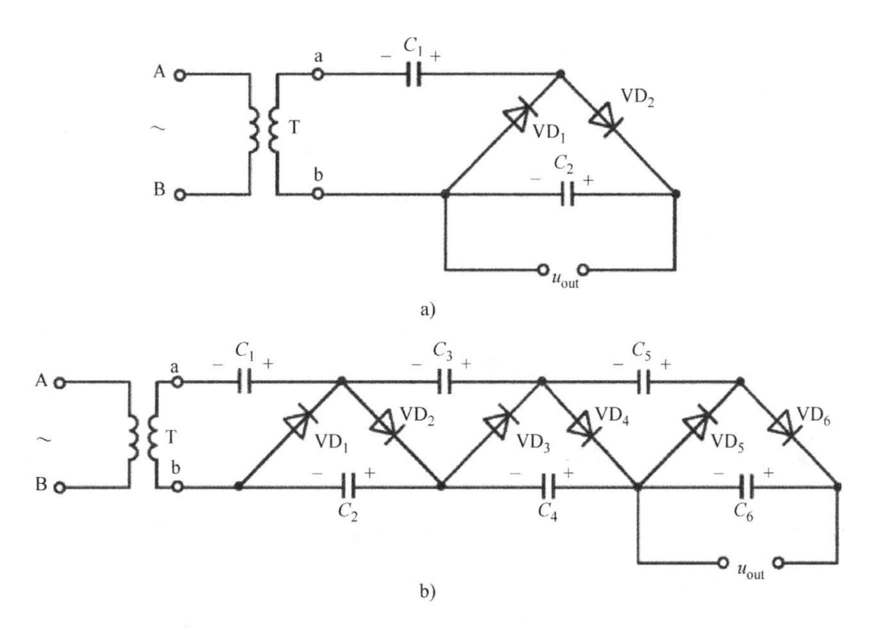

图 9.8　不对称倍压器

a）倍压器　b）6 倍倍压电路

在倍压电路中，也可以使用三相电压。在这种情况下，可以使电容器与三相桥二极管单元串联。

9.4.2 分压器

二极管－电容分压器电路采用自换流开关。在一个时间段内，二极管－电容单元与高压电源串联。在下个时间段内，这些单元通过开关与负载并联。具有自换流开关 S_1、S_2、S_3及 S_4的简化分压器如图 9.9 所示。两个开关对同步工作，导通状态没有重叠。当 S_1和 S_2导通而 S_3和 S_4关断时，二极管－电容单元串联且电容 C_1、C_2、C_3和 C_4由高整流电压充电。充电电流主要受到电网内部阻抗及二极管导通电阻的限制。当开关 S_3和 S_4导通而 S_1和 S_2关断时，所有单元的电容与负载 R_d并联。输出电容 C_d的充电电流由充电电容与电容 C_d之间的电压差决定。显然，这取决于负载电阻 R_d。当单元电容与输出电容的电压相等时，开关 S_3和 S_4关断，而输入开关导通。通过控制开关 S_1～S_4的占空比可以调节输出电压。

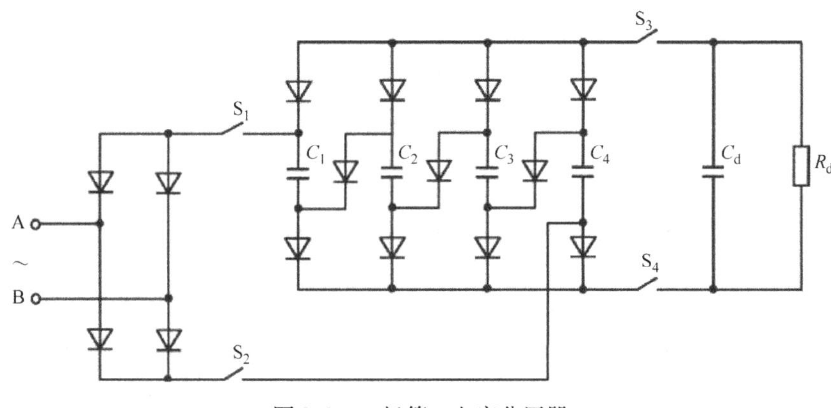

图 9.9　二极管－电容分压器

二极管－电容分压器和倍压器的主要缺点是输入电流的功率因数低与波形畸变大，这是带电容滤波器的整流电路的典型问题。

9.5 多电平变换器结构

为了使变换器具有高额定电压，需串联开关器件。相对于单个开关器件的额定电压，采用多电平电路不仅提高了电压，而且改善了电流和电压的谐波频谱。从本质上讲，脉冲幅值调制和脉冲宽度调制可以在多电平变换器中结合使用。同时，多电平变换器可以降低开关器件的 $\mathrm{d}i/\mathrm{d}t$ 和 $\mathrm{d}u/\mathrm{d}t$ 及噪声。此外，脉冲幅值调制和脉冲宽度调制相结合可以降低调制频率。“多电平”一词既可用于逆变器，也可用于整流器。对于不同的多电平拓扑，其性能是不同的要基于现有技术和经济性来选择多电平拓扑。本节讨论了多电平变换器的基本拓扑（Corzine,

2002)。这些变换器拓扑应用于变频调速以及基于静态补偿器、有源滤波器等的柔性交流输电系统中。

多电平变换器采用两种基本的拓扑结构。

- 电容串联连接;
- 单相桥单元串联连接。

在第一种情况下，考虑了二极管钳位电路和开关电容钳位电路。此外，级联型变换器电路有不同的拓扑结构。

9.5.1　二极管钳位电路

三电平逆变器电路如图 9.10 所示。该电路的原理可以通过一个桥臂的等效电路（例如 a 相）来阐述，如图 9.11 所示。开关器件的 3 种状态对应以下等效电路：

a）上半桥臂中，VT_{11}和 VT_{12}关断，而 VT_{41}和 VT_{42}导通。

b）VT_{11}和 VT_{42}关断，而 VT_{12}和 VT_{41}导通。

c）下半桥臂中，VT_{41}和 VT_{42}关断，而 VT_{11}和 VT_{12}导通。

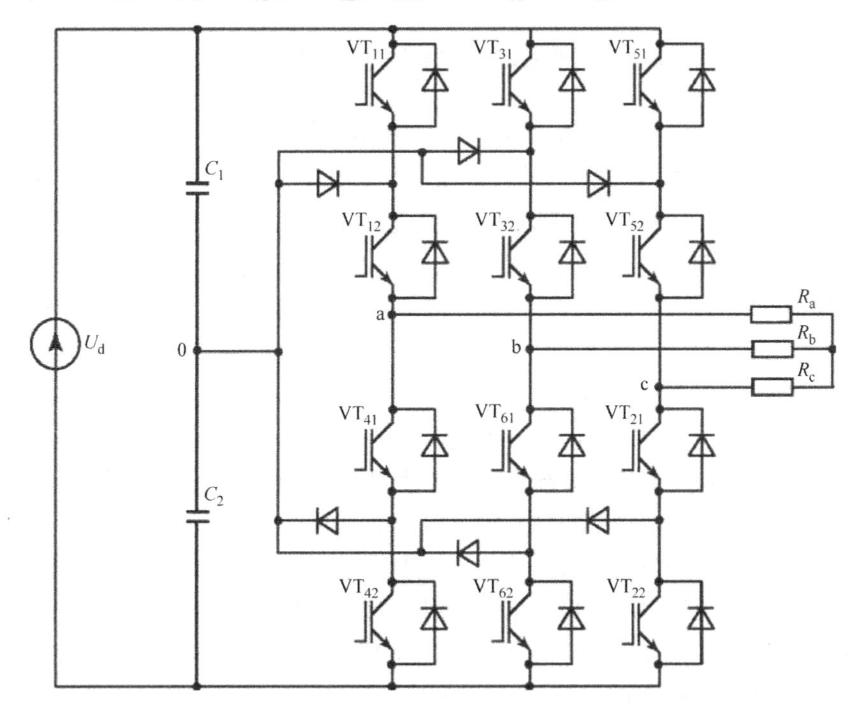

图 9.10　三相三电平二极管钳位逆变器

电容 C_1和 C_2的电压等于输入电压的一半。如果假设仅用脉冲幅值调制，则可得到 a 相输出电压为方波。在第一种情况下，相对于负母线而言，电压为零。

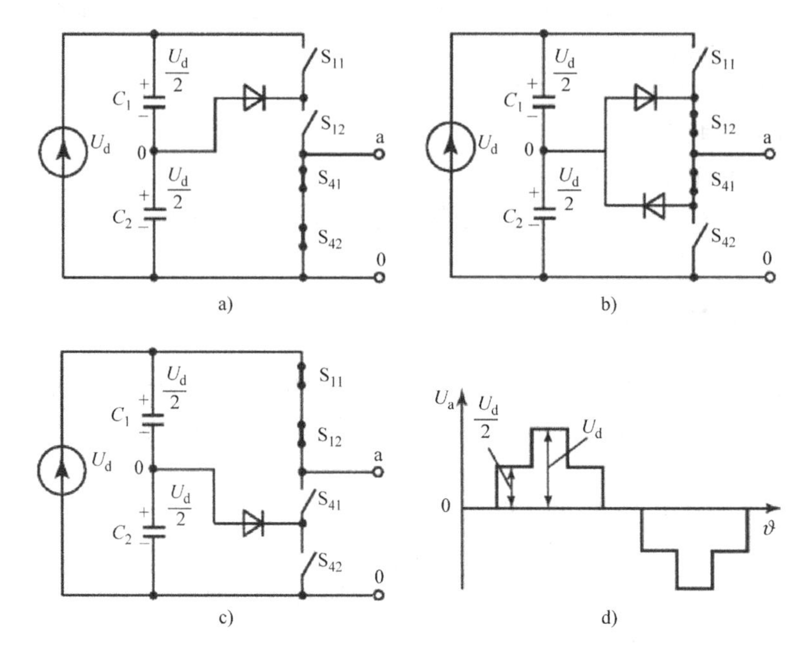

图 9.11　三电平逆变器的单桥臂等效电路和相电压波形

在第三种情况下，电压等于输入电压 U_d。在第二种情况下，输出电压等于电容 C_1或 C_2的电压 $U_d/2$。因此，三电平逆变器可输出 3 个电平：0、$U_d/2$ 和 U_d。随着引入电压 $U_d/2$，三电平逆变器开关损耗减小，输出电压频谱得到改善。假设电容电压相等，则开关器件所承受的电压为 $U_d/2$。但是，电容电压很难平衡。通过电压电平调制可以解决这一问题。随着电平数量的增加，电容电压平衡的控制难度也随之增加。

采用脉冲宽度调制（PWM）的三电平和四电平逆变器的输出电压波形如图 9.12 所示，该波形可以通过不同的技术实现，特别是可以使用空间矢量调制。三相二极管钳位逆变器的主要缺点是需要大量开关器件和钳位二极管。但是，这些开关管保证了变换器功率增加及输出电压谐波的减少。至于二极管，它们比可控开关更简单且更便宜。然而，电平数的增加会导致第一级钳位二极管电压增加。因此，必须通过串联二极管来提高耐压能力，否则必须使用高压二极管。如果电路的可控开关用于钳位，则可以取消二极管。这是所讨论的电路的一种变形，也可称之为飞跨电容（Corzine，2002）。

9.5.2　飞跨电容型逆变器

三电平飞跨电容型逆变器电路如图 9.13 所示。电容 C 充电到 $U_d/2$，并且由

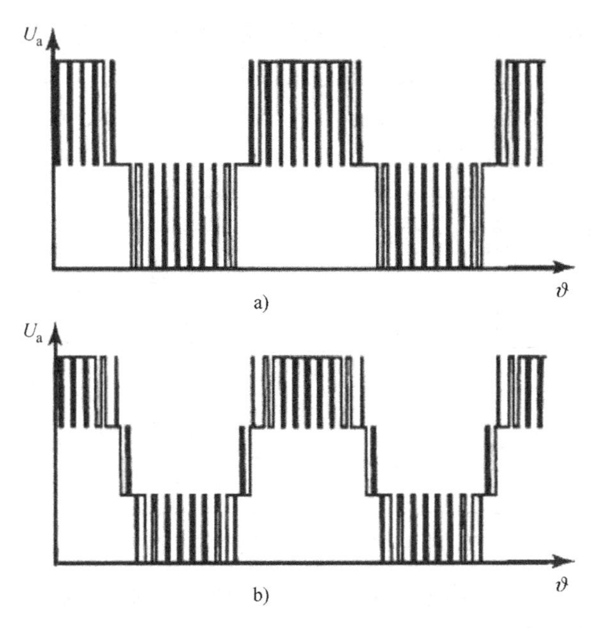

图 9.12　PWM 变换器相电压波形
a）三电平　b）四电平

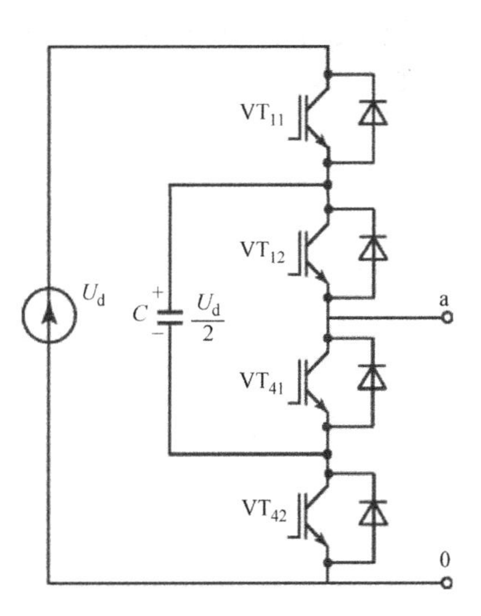

图 9.13　三电平飞跨电容型逆变器电路

于其与直流电源串联，可以输出电压的第三个电平。当电容 C 与相输出端串联时，上、下开关管形成了电压 $U_d/2$。在这种情况下，很难保证电容电压平衡。电容数目的增加会导致输出电压电平的增加。例如，对于五电平逆变器，电容的数量增加了 6 倍。该电路中，电容串联且电容电压的平衡控制也更加复杂。此外，与其他电路相比，所需要的电容量更大。

9.5.3　级联型多电平变换器

级联拓扑在多相电路中具有广阔的应用前景。该拓扑基于独立的直流电源电压结构。

该变换器可以使用可再生能源（例如太阳能电池或燃料电池）作为直流源，但最常用的是带有输入变压器的普通整流器（Rodriguez 等人，2003）。二极管整流器电路使变换器单元的设计变得简单可设计为一种阶梯输入电流的多相整流器。多电平多相变换器的基本单元如图 9.14 所示。如果每相使用 3 个单元，则可以得到一个变压器二次绕组具有不同结构的 18 脉冲系统。此外，每个单元均包含一个单相电压型逆变器，其输出电压为 0、U_d 和 $-U_d$。采用脉宽调制技术可以获得具有低调制频率的准正弦电压。基于脉冲幅值调制，电平数的增加会使变换器输出电压更加接近于正弦波形。

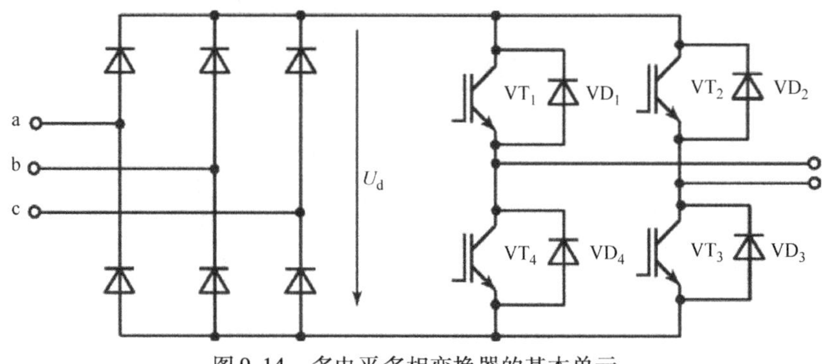

图 9.14　多电平多相变换器的基本单元

采用级联单相全桥变换器可以获得具有所需电平数的多电平结构（见图 9.15）。每个桥式逆变器单元可以产生三电平输出电压。桥式逆变器的级联可以使每一相均具有多电平输出电压。显然，电压台阶和电平数的选择是一个典型的多因素优化问题，其解决方案取决于输出电压等级、调制频率要求、应用领域、控制要求及其他因素。

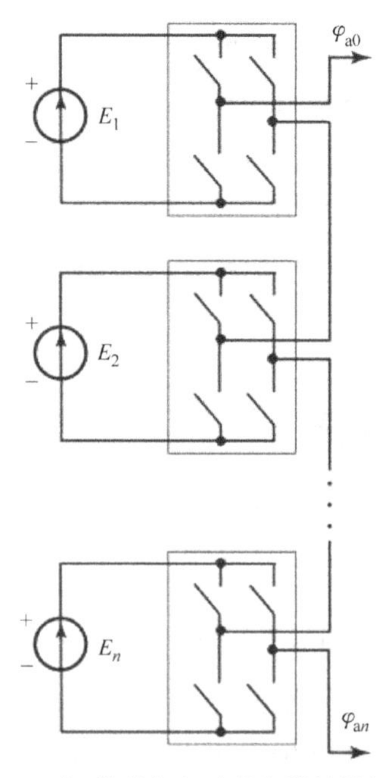

图 9.15　级联型多电平逆变器的单相结构

参考文献

Corzine, K. 2002. Multilevel converters. *The Power Electronics Handbook*, Skvarenina, T.L., Ed., pp. 6.1–6.21. USA: CRC Press.

Mytsyk, G.S. 1989. Osnovy strukturno-algoritmicheskogo sinteza vtorichnykh istochnikov elektropitaniya (*Principles of Structural–Algorithmic Synthesis of Secondary Power Sources*). Moscow: Energoatomizdat (in Russian).

Rodriguez, J., Moran, L., Pontt, J., Correa, P., and Silva, C. 2003. A high-performance vector control of an 11-level inverter. *IEEE Transactions on Industrial Electronics*, 50(1), 80–85.

Rozanov, Yu.K. 1992. Osnovy silovoi elektroniki (*Fundamentals of Power Electronics*). Moscow: Energoatomizdat (in Russian).

Rozanov, Yu.K., Alferov, N.G., and Mamontov, V.I. 1981. Inverter module for uninterruptible power supplies. *Preobrazovatel'naya Tekhnika*, 1 (in Russian).

Rozanov, Yu.K., Ryabchitskii, M.V., and Kvasnyuk, A.A. 2007. Silovaya elektronika: Uchebnik dlya vuzov (*Power Electronics: A University Textbook*), Rozanov, Yu.K., Ed. Moscow: Izd. MEI (in Russian).

Sood, V.K. 2001. HVDC transmission. *Power Electronics Handbook*, Rashid, M.H., Ed., pp. 575–596. USA: Academic Press.

Zinov'ev, G.S. 2003. Osnovy silovoi elektroniki (*Fundamentals of Power Electronics*). Novosibirsk: Izd. NGTU (in Russian).

第 10 章　电力电子技术应用

10.1　提高供电效率

10.1.1　电力传输和电能质量的控制

10.1.1.1　交流功率控制

电力线具有分布参数，这些参数对应于串联的电阻和电感以及并联的电导和电容。通常，在架空交流线路中，感抗大于电阻，而电容大于电导。因此，为了计算方便，可以假设架空交流线路为一条没有有功损耗的理想化线路。在这种情况下，基本参数是单位长度的波阻抗。当一个与波阻抗匹配的负载连接到一条无损耗线路的末端时，线路各段所有入射波的能量都在负载中被吸收。在小负载下，当其阻抗大于波阻抗时，线路的电容得到过补偿，两端电压增大。在过载时，线路阻抗呈感性，电压降低。为了稳定线路电压，必须对无功功率的过剩或不足进行补偿。为了简化分析，可以采用由两台电压源性质的发电机（产生和接收功率）组成的线路点模型，发电机用感抗$X=\omega L$（见图 10.1）分开。在这种情况下，传输的有功功率如下（Burman 等人，2012）:

$$P=\frac{U_1 U_2}{X}\sin\delta \tag{10.1}$$

式中，δ是电压源 U_1 和用户电压 U_2 之间的相位差。

供电端发电机的电压必须超前于接收端发电机的电压。从式（10.1）中可以看出，最大的传输功率将在$\delta=\pi/2$时取得。传输功率可以通过以下几种手段调节:

- 改变阻抗 X;
- 改变 U_1和 U_2的电压;
- 改变 δ。

传统的方法如下:

- 通过与负载并联的电抗器或电容器来补偿无功功率;
- 通过在线路中串联电容器进行补偿;
- 引入移相器，调节 δ，从而控制功率流动。

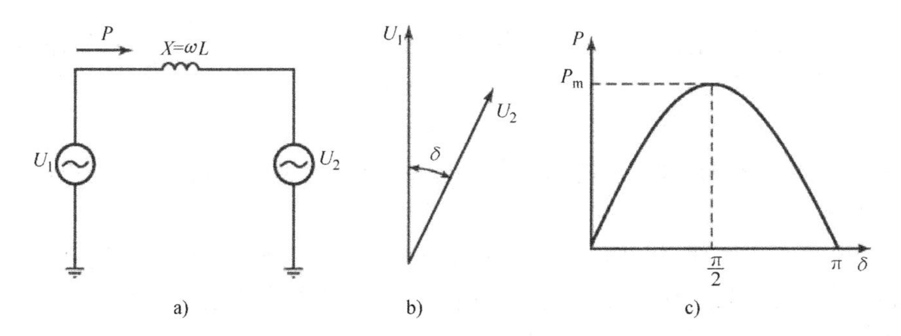

图 10.1　无损耗线路的有功功率传输
a）传输线模型　b）相量图　c）相角 δ 与有功功率的关系

10.1.1.2　无功功率补偿

晶闸管的发明是电力电子学发展的第一阶段，其大大提高了控制交流电网功率传输的能力。在晶闸管基础上建立了高速开关和控制器。图 10.2a 为基于电容器和晶闸管控制电抗器的并联补偿电路（Rozanov，2010）。

采用反并联晶闸管控制电抗器的通断，而不通过自然换相来控制与电容器串联的晶闸管。通过相位 α 的调整，从零到 $Q_L = U^2/\omega L$ 调节感性功率。图 10.2b 所示为触发延迟角为 $\alpha = 2\pi/3$ 的电网电压和补偿器电流以及 $\alpha = \pi/2$ 时出现的最大补偿电流。

将电容器和电抗器与晶闸管控制相结合，可以从容性到感性平滑地调节无功

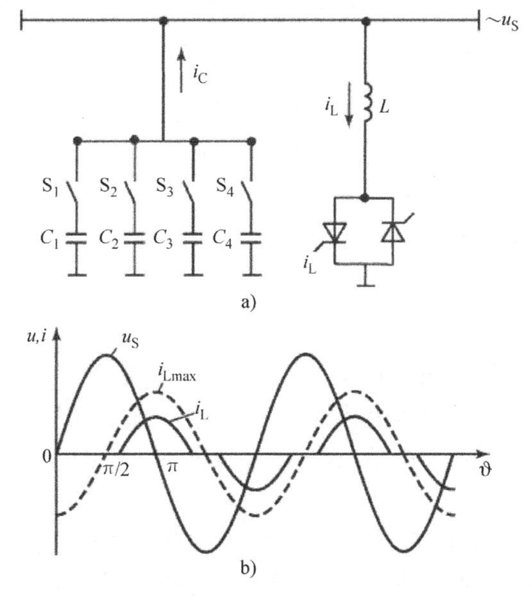

图 10.2　基于电容器和晶闸管控制电抗器的并联补偿
a）电路　b）电流和电压波形

功率。需要注意的是，在电容电压为零时导通开关 $S_1 \sim S_4$。对于晶闸管补偿器，无功功率调节范围为

$$U^2\omega C_\Sigma \sim U^2/\omega L \tag{10.2}$$

式中，C_Σ和 L 分别是线路上的总电容和电感；ω 是电网的角频率；U 是电网电压的有效值。

该装置不仅速度快，而且可靠性高。其主要缺点是体积和重量非常大（因为必须使用可控制全部补偿功率的晶闸管），并且电抗器中会产生相当大的电流畸变。目前正在使用的设备有各种型号。

一种替代串联晶闸管的方法是使用偏置电抗器。其优点是只需较小的功率就可以控制偏置电流。这通常是一种低电压、小电流的装置。其还允许通过调节电感来调节补偿功率。然而，其比电流由反并联晶闸管调节的电抗器惯性更大。

基于晶闸管的串联电容补偿电路主要有两种（见图 10.3）。第一种，电容部分被串联的反并联晶闸管分流（见图 10.3a）。为了消除半导体器件在电容器放电电流作用下可能发生的故障，当在相应的电容电压通过零点时，导通这些器件。第二种，电容器与和反并联晶闸管（见图 10.3b）串联的电抗器相并联。电抗器运行方式类似于并联补偿系统中的电抗器。

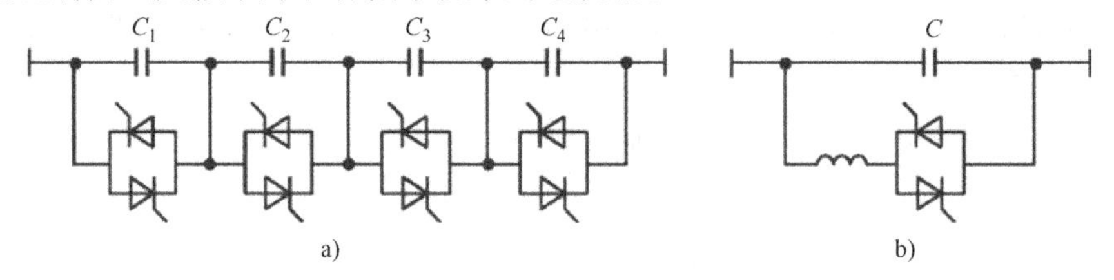

图 10.3　串联电容补偿电路

a）晶闸管投切电容器　b）晶闸管控制电路

电流由晶闸管的相位控制。根据晶闸管的触发延迟角，电抗器补偿线路上的串联电容。在没有电容补偿的情况下，电抗器导通对电容器分流，在全补偿时关断。

10.1.1.3　移相器

传统上，电力传输采用具有较大惯性的机电设备来保持电压之间的相移。在电力电子技术的基础上可以提高移相器速度。移相器主要用于调节 δ 以维持输电过程中的功率平衡或提高输电系统在暂态过程中的稳定性。电力电子器件大大提高了移相器的效率。

在大功率自换流器件，如门极可关断（GTO）晶闸管和功率晶体管的基础上，可以设计出高效控制功率的高压变换器。在使用全控器件的交流—直流变换器的基础上开发出了静止补偿器。由于需要交换无功功率，电解电容器用于临时储能。这种电容器用于工作在电压型逆变模式变换器的直流侧，以便与输电线进

行无功功率交换（见图 10.4）。该补偿器速度快且结构紧凑。从感性无功 Q_L 到容性无功 Q_C 以及反向变化所需时间不超过基波电压的半周期。该补偿器电流畸变小且在暂态条件下性能优良。

随着采用自关断器件变换器的发展，在电力电子变换器的基础上开发出了一种新型功率控制器，这种新装置称为潮流控制器。从本质上讲，潮流控制器结合了串并联无功功率补偿器和滤波器的功能。它是构造柔性交流线路的通用电路。图 10.5a 为连接到电力线的统一潮流控制器框图，其基于两个交流－直流变换器（变换器 1 和变换器 2）。

两者的直流侧都连接在同一个电容 C 上。变换器 1 通过变压器 T 与电力线并联，而变换器 2 通过变压器 T 与线路串联。由于变换器是基于脉宽调制的电压型逆变器，可以在交流侧复平面的四个象限中工作。在这种情况下，可以认为变换器 1 作为电流的发出和吸收装置，其基波在复平面的哪个象限均与电压相量相关（见图 10.5b）。变换器 2 的二次绕组串联在支路中，根据串联电压 ΔU 产生或消耗电能，其基波在复平面哪个象限取决于变压器绕组电流（见图 10.5c）。本质上，变换器 2 充当调压器。如图 10.5b 和图 10.5c 所示，潮流控制器不仅可以进行无功功率补偿，而且可以产生相位可变的附加电压 ΔU，通过调节 ΔU 的幅值和相位来改变线路不同点之间的相位 δ，也可以控制变压器 T 上电压的幅值和相位，从而有效地控制线路中的功率。

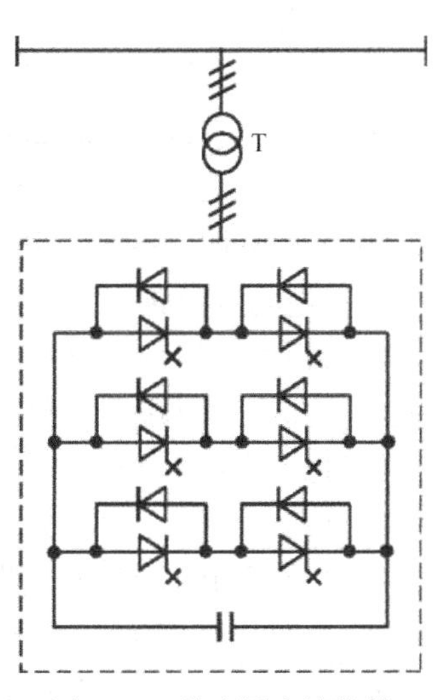

图 10.4 静止同步补偿器

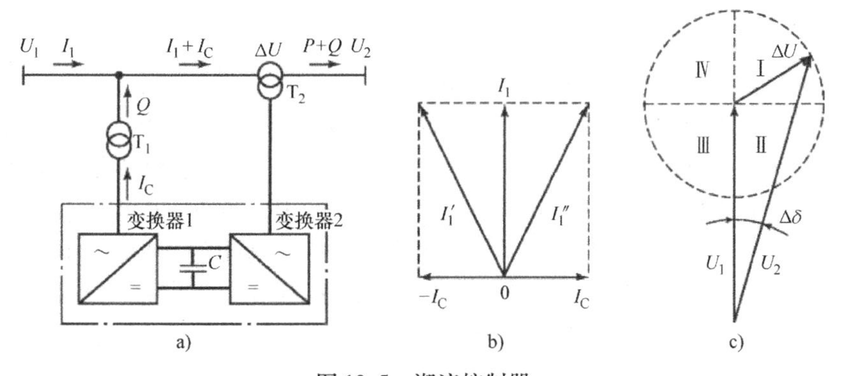

图 10.5 潮流控制器

a）框图 b）电流相量图，包括并联变换器（变换器 1）的电流

c）电压相量图，包括串联变换器（变换器 2）的附加电压

10.1.1.4 输电和直流线路

电力电子技术显著提高了交流和直流输电效率。实际上，高压直流输电在实践中已经得到了广泛应用。由于电力电子技术的存在，高压直流输电的以下缺点已经减少或消除：

- 变换器设备成本高；
- 电压、电流谐波含量高。

同时，高压直流输电与交流输电相比有以下优点：

- 没有无功功率；
- 功率的标量控制；
- 距离大于 500 ~ 800km 的传输成本降低。

图 10.6 表示了直流和交流传输成本 - 距离关系图（Sood，2001）。可以看出交流电力线路的初始成本较低。然而，随着距离的增加，直流传输更加引人关注。高压直流输电线路的主要缺点是直流电流无法进行转换。因此，高压直流线路用于传输，而不向用户配送电力。1987 年至 1997 年间，世界各地有多于 47 条高压直流输电线路投入运行。电压不低于 600kV 时，多条高压直流输电线路的功率可达 2000MW。需要注意的是，在直流输电中，线路的功率损耗为交流输电线路的功率损耗的 1/30 ~ 1/20。

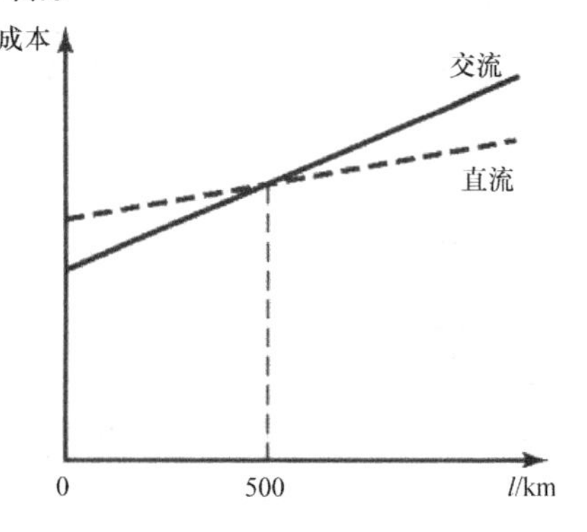

图 10.6 输电成本随距离而变化

电力电子技术不仅允许在电力传输中使用直流电，而且还允许在其他应用中使用直流电流，例如在发电机的备用电源发电和不间断供电方面。而且，其主要的困难是电流不能直接转换且直流 - 交流变换成本明显高于变压器成本。然而，随着基于碳化硅（SiC）的更快、功率更高的器件的发展，这种情况可能会发生巨大变化。在一些国家，直流输电的发展正在进行中，当使用直流线路时，可以选择在直流侧引入一个电压逆变器阵列，并将一组电容电池连接在直流母线上。这样省去了直流输电线。这个短线路通常称为 B2B（背靠背）系统（见图 10.7）。因此，在这种情况下，由于变换器背靠背，几乎没有了传输线路（Burman 等人，2012）。

10.1.1.5 电能质量控制

在全控的高速电力电子器件出现之前，电力系统主要采用晶闸管变换器。这种类型的大功率变换器用于电力传动、电冶金、信息传输等其他领域，会带来严

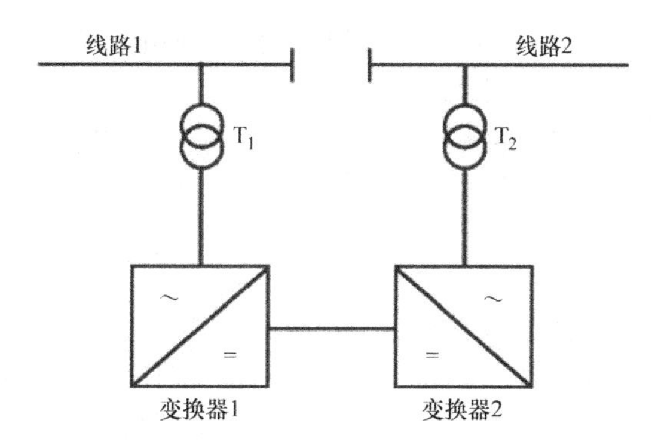

图 10.7　交流线路间基于变换器的直流系统结构

重的电能质量问题并且电能利用效率下降。新的电子设备不仅解决了这些问题，而且还可以促进改善电力传输系统设备的发展。例如，在电力电子技术的基础上，可以控制无功功率从而控制功率因数 $\cos\varphi$；改善电流和电压的谐波含量；稳定线路指定点的电压；确保三相系统中负载电流和电压的对称性。在第 7 章中更详细地讨论了该内容。

10.1.2　电力电子技术在可再生能源和储能设备中的应用

现在解决能源问题的最好方式是发展太阳能、风能和波浪能等可再生能源技术。此类能源与太阳直接相关，与传统燃料（如煤、石油和天然气）相比，太阳能取之不尽用之不竭。目前在电力电子器件的基础上，开发将可再生能源转化为电能的新技术。这些器件最重要的功能是直接或间接存储能量，将可再生能源并网。

10.1.2.1　太阳能电池

太阳能可以通过光电变换器（太阳能电池）转换成电能。太阳能电池的发展取决于硅和其他所需材料的生产，特别是具有硅涂层薄膜的生产（da Rosa, 2009；Sabonnadiere, 2009）。太阳能电池以半导体器件为基础，该半导体器件由形成 pn 结的材料制成，类似于二极管。当光子落到该结构表面（通常是 n 型层）时，光电过程将电磁辐射的能量转换成电能。基于太阳能电池的系统本质上是直流电源。一般情况下，通过连接到单相交流电网的逆变器向电网输送交流功率。在不含电网且输出电流质量要求很低的情况下，可以将太阳能电池的输出端直接连接到逆变器上，为负载提供能量，输出电压的质量与交流电网电压的标准显著不同，并且由特殊要求决定。连接到电网的情况下，由于太阳能电池输出电压十分不稳定，需要增加额外的直流变换器（见图 10.8）。此外，大多数系统还包括电池储能设备以确保直流母线电压稳定（见图 10.8）（Rozanov 和 Kriukov, 2008；Kryukov 和 Baranov, 2012）。

对于10kW以上的功率，已经开发出应用于三相电力系统中的设备，通常采用能够并网运行的单台集中式逆变器。

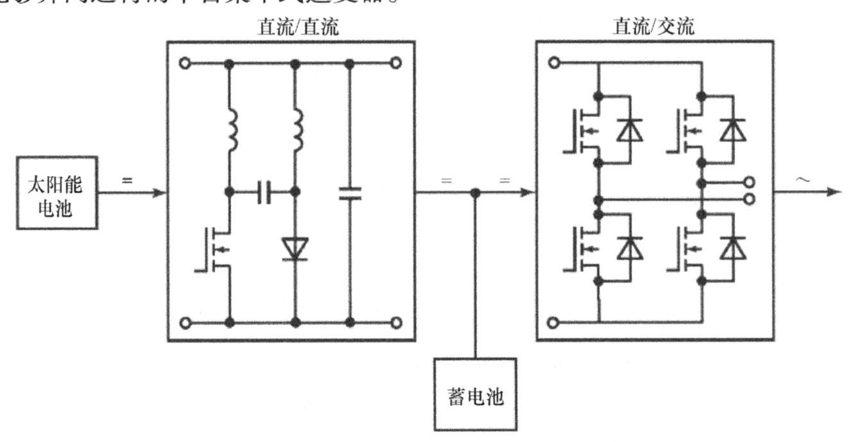

图10.8 具有太阳能电池系统的电路框图

同时，直流变换器安装在单个太阳能电池和太阳能板的输出端。在这些系统中，必须使用逆变器使其更好地并网并确保高电能质量。

10.1.2.2 风力机

风力机能够将风能转换成机械能，然后通过旋转的涡轮叶片将其转换成电能。这些叶片本质上形成了起动涡轮机工作的螺旋桨。由于转子速度（Alekseev，2007）变化很大，因此安装了一个变速箱来调节发电机轴的速度。直流发电机是一种易于控制的系统，用于将机械能转换为电能。但是，必须解决与电能的类型、质量和传输相关的问题。基于具有电力电子设备的同步发电机可以显著提高风力系统的能量转换效率。在这种情况下，同步发电机的电压发送到整流器的输入端，而整流器在某些情况下可使用不可控器件。然后，整流电压被输送到直接连接电网的逆变器上（见图10.9），可以使用电压型逆变器或电流型逆变器。使用全控型电力电子器件可以大大提高其并网运行能力。这样，逆变器不仅可以在电网中产生特定的有功和无功功率，而且还可以确保高质量的电流并从电网提供用于电池充电的电能。

另一种选择是使用具有短路转子的感应发电机（IG），但是这需要随着转子速度的变化来调节电压幅值和频率，因此需要特殊方法，例如，整流器-逆变器级联运行。此时必须使用基于全控型电力电子器件的逆变器，可能还需要升压直流变换器。一种更有前途的方法是使用可控的容性电源，例如静态变换器。在这种情况下，感应发电机可以向电网发送有功功率并从中吸收所需的无功功率（见图10.10）。

另一种新方法涉及异步化同步发电机。其转子有两个可以通过静态变换器有

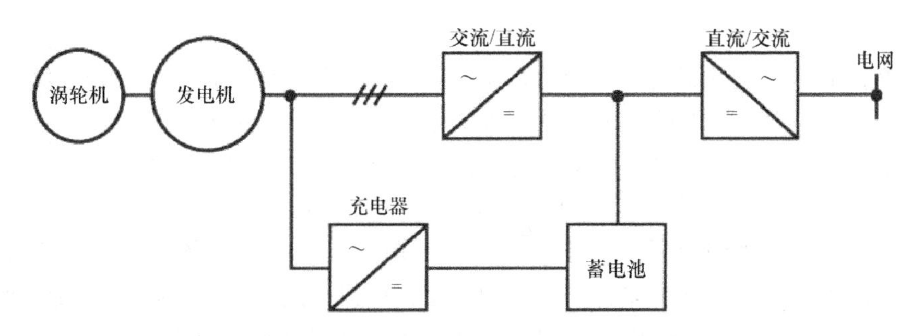

图 10.9　风力发电系统框图

效控制的绕组。原则上，该发电机可以在其转子速度变化时并网运行。采用使电压相移 90°的频率变换器向转子绕组供电，且其频率是转差频率。产生的磁场以转差频率转动，确保励磁磁场与发电机定子同步旋转。

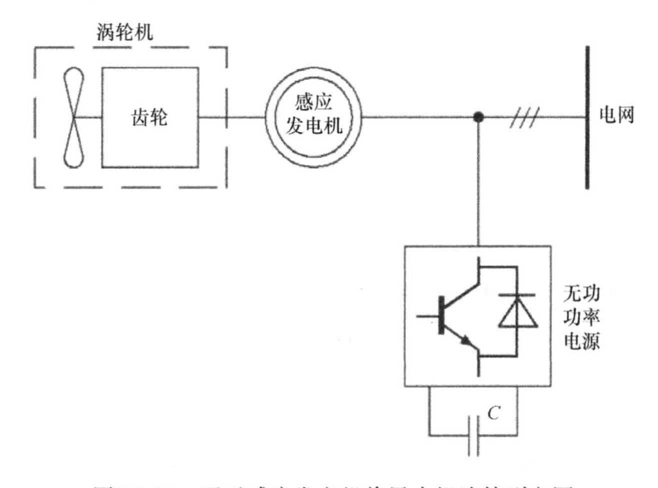

图 10.10　通过感应发电机将风力机连接到电网

在齿轮箱容量有限且涡轮转速相当大的情况下，异步化同步发电机的优势尤其明显。通过对绕组电压的频率控制，保证了异步化同步发电机与电网高度稳定的同步运行。

10.1.2.3　燃料电池

传统上，大多数电能是通过将热能转换成机械能，然后再从机械能转换而成的。然而，热机的效率不超过 40%。通过燃料电池可以显著提高效率（da Rosa，2009）。

在燃料电池中，化学能转化为电能，也可由电能转化为化学能。在再生过程中，燃料电池运行形成的水会被分解为燃料的初始元素：氢和氧。由于燃料电池不仅可以从燃料中产生电能，而且还能够在水再生过程中产生氢，所以具有相对广泛的应用场合。

燃料电池产生直流电，在低功率系统中（10kW 以下）通常与单相电网一起使用。选择燃料电池的能量来源从而确保平均额定功率，而峰值负荷必须由诸如电池之类的储能装置供给。燃料电池系统的简化框图如图 10.11 所示，基本功率部分为直流变换器和逆变器。为了形成一个更紧凑的系统，通常会使用高频元件，其输出端连接到变压器 T 上，输出所需电压。在这种结构中，存在直流和交流输出通路。为了减小装置的尺寸和质量，可以采用具有电气隔离的直流变换器。在这种情况下，无输出变压器的逆变器将连接到直流变换器的输出端。

燃料电池已成功用于不间断电源（UPS），其连接到带有电池储能的传统不间断电源（UPS）上，显著增加了不间断电源的运行时间。

功率超过 10kW 时，燃料电池应用于三相系统。随着功率的增加，主要采用具有输出母线与电源解耦的直流变换器。直接连接到电网或负载的逆变器也基于相应容量的全控型器件。

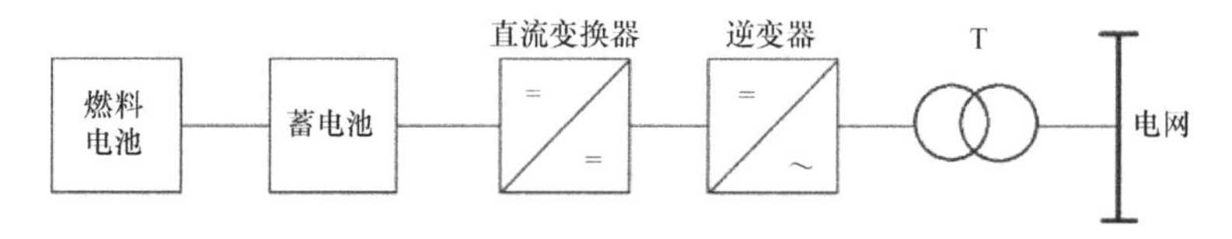

图 10.11　燃料电池与电网的连接

基于 IGCT 和 IGBT（第 2 章详细介绍了这些器件）构成的混合系统（10MW 或更高）输出电压可达 10kV。微型涡轮机带有一个发电机，产生的电压先送入三相整流器，然后接入到系统的公共直流母线。连接到电网的输出逆变器是基于 IGCT 的两电平系统，输入电压 6000V。

在全球范围内，目前燃料电池的两个主要用途是用作静止电源和汽车驱动系统。目前静止电源容量从几十千瓦到几百兆瓦不等。

10.2　电力驱动装置

电力驱动装置是主要电力负载。电力电子装置可以通过从电网中吸收高质量电流并增加可控性来显著提高电能使用效率并降低功率损耗。例如，在较大范围内消除电流和电压畸变；可以确保从能量消耗到再生利用的自动转换；可以保持运行条件与控制规范精确一致。

10.2.1　直流电机的控制

在直流电机中，电枢中的导体与定子励磁绕组产生的磁场相互作用，产生使转子转动的转矩。为了保持导体在磁场中运动时的转矩，电枢绕组中的电流反向。这需要将电流从绕组的一些匝切换到其他匝。

励磁方式有他励、串励和复励。通常，在车辆驱动中，采用串励和复励。在工业电驱动中，采用他励。直流电机是可逆的：可以作为电动机或发电机运行。直流电机的控制目标主要是改变转子转速，可以考虑以下运行模式（见图 10.12）：

- 正向旋转；
- 正向旋转时制动；
- 反向旋转；
- 反向旋转时制动。

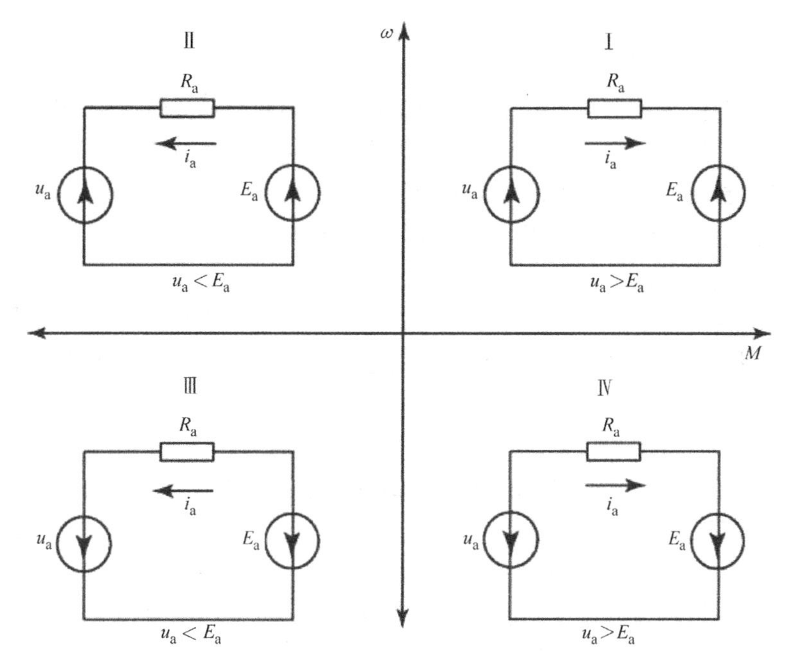

图 10.12　直流电机的运行模式

在正向旋转中，电机在超过电枢电动势 E_a 的电源电压 U_a 下工作，这对应于象限Ⅰ中的电动机运行。在稳定运行时，轴上产生的转矩等于负载转矩，电机消耗电枢电流。制动时运行于象限Ⅱ中，这时能量回馈到电网。为了接收这种能量，电源必须具有双向导电性。在这种情况下，电枢电动势 E_a 超过电源电压 U_a 且电枢电流反向，即与电源电压相反，来消耗所供给的能量。在象限Ⅲ中，电机反向旋转，在电动机模式下运行并消耗来自电源的能量，这对应于电刷上电枢电动势的极性变化。电枢电流方向与电源电压极性一致，因此会消耗电源能量。在象限Ⅳ中再次开始制动，能量从电机回馈到电源。在此发电机模式下，电机旋转方向与象限Ⅱ相反。

目前，轴上的速度或转矩主要通过可控整流器来调节，通过改变输出电压实现。整流器也广泛用于产生励磁电流，基于全控器件的整流器效率更高。特别是容量相对大的（1MW 或以上）交流—直流变换器可以是基于功率晶体管或 GCT 类型的可关断晶闸管（见第 2 章）。对于具有电流源或电压源特性的变换器，可以采用基于高调制频率的脉冲宽度调制。这种变换器的使用使得在所有工作条件下（包括再生）均可以提高功率因数并降低电源电压和从电网汲取的电流的畸变。

基于脉冲直流变换器的系统可用于控制小功率和中功率电动机，这种变换器适用于电流源的直流电压组件。

10.2.2 感应电动机的控制

感应电动机通常用于将电能转换成机械能。因此，对其转速和转矩的控制显得尤为重要。然而，这个问题很复杂，因为转子速度由电网控制，而电动机的起动电流又非常大。在车辆中，一贯采用的是可控性强的直流电动机，即使交流电源的使用占主导地位并且直流电机的使用需要交流—直流变换。但是，电力电子技术的发展改变了这种状况。

在感应电动机中，三相交流电流与其在转子绕组中或在短路转子中感应的电流相互作用。可以通过调节施加到定子的电压和转子转差 s 来控制感应电动机的速度和转矩。控制方法如下：

- 调节定子电压；
- 通过在转子电路中引入额外阻抗或交流电压源来改变转子转差；
- 改变定子电压的频率；
- 定子电压大小及其频率同时变化。

这些控制被称为标量控制，与可控参数变化有关。由于全控型高速器件的出现以及脉冲宽度调制和数字控制的发展，使得一种较新的方法变得可行，即矢量控制。该方法可以更精确地进行位置控制，类似于伺服电动机中直流电动机的控制。

10.2.2.1 标量控制

1）定子电压控制。通过基于晶闸管的交流调压器控制定子电压非常简单（见图 10.13）。然而，这使得定子电压大幅畸变和高次谐波急剧增加，从而导致额外功率损耗和电动机性能总体退化。高次谐波含量随晶闸管触发延迟角 α 的增大而增大。电压调节范围越大，电压畸变就越大。

2）转子转差控制。随着转子绕组电阻的增加，其特性会发生很大变化，特别是最大转矩出现在较低速度下，电阻通常通过继电器接触设备逐级的改变。为了消除这种逐级的变化，可以以脉冲形式在转子电路中引入附加电阻，从而使其等效值得到平滑的调节，该电路可以以GTO等全控型器件为基础。脉冲的频率（与电抗器电感 L 一起）决定转子中的电流脉动，从而影响电动机轴处的脉动。

电阻中耗散的能量可以由制动时提供给电网的能量代替。为此，脉冲调节器和电阻器由级联的开关代替。

3）调节定子电压的幅值和频率。如果定子电压保持恒定，则可以降低其频率以增加磁通或增加频率以降低磁通。

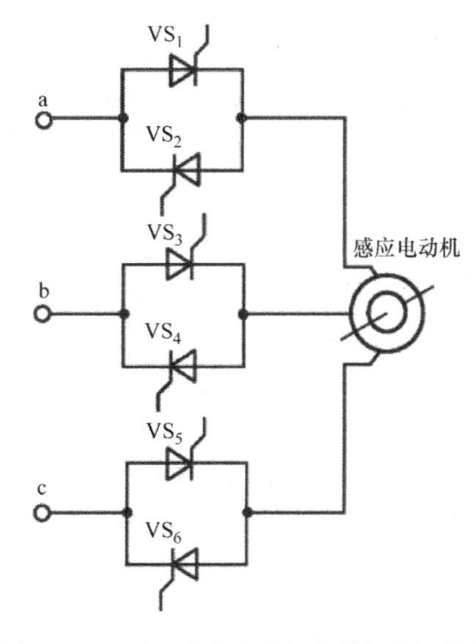

图10.13　用于感应电动机的晶闸管调节器

感应电动机的这种调节需要其在磁通不饱和的系统中工作，其速度可以恒转矩或恒功率来调节。例如，在恒定转矩 M 下，可以得到 U/f 为常数；对于 $M=k\omega^2$ 的风机负载，得到 U/f^2 为常数；而在恒定功率 P 下，得到 $U/\sqrt{f}$ 为常数。在频率和电压调节中，电动机的机械特性根据控制规律的变化而变化。特别是电动机具有恒定功率 P 时，转矩随速度变化的关系呈双曲线状，其机械特性对应于图10.14。

对于小功率和中等功率电动机，频率控制通常基于具有特殊直流元件的变频器。

采用一种基于全控整流和逆变器构成的变频器可以获得更好的效果。在这种情况下，基于两个几乎相同的交流—直流变换器得到了一个双模块变频器。一个变换器用作具有脉冲宽度调制的全控整流器，其功率因数接近1且电网电流几乎没有畸变。在这种情况下，电驱动器类似于线性电阻负载。整流电压引起的高次谐波由特性较软的 LC 滤波器消除。除了成本之外，该变频器可以认为是理想的。

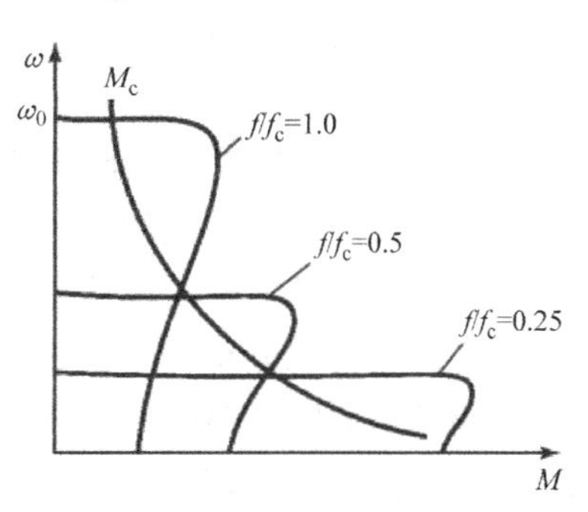

图10.14　电动机的转速－转矩特性

直接变频器可用于控制功率非常大的电动机。当采用晶闸管时，这种变换器具有输入功率因数低、频率范围有限的特点。

基于电流型逆变器的变频器广泛用于控制大功率和中等功率的感应电动机。在这类变换器中，整流器和逆变器被一个电感值相对较大的电抗器隔开，因此两者相当于电流源。

10.2.2.2 矢量控制

目前正在积极研发感应电动机的矢量控制技术。该方法将定子电流矢量分解为两个正交分量，一个分量决定磁通量，而另一个分量决定电动机转矩。在这种情况下，可以将其与他励直流电机进行类比。电机磁通量由励磁电流和定子电极位置决定，而电动机轴转矩由电枢电流决定。为了分解定子电流矢量会选择不同的坐标系，特别是以转子或定子磁通为基准的坐标系。在不同坐标系下，矢量控制方法有所不同。从本质上说，这些方法基于磁场空间定向，有时也称之为磁场定向法。矢量控制方法的详细分类可在 Kazmierkowski 等人的研究中找到(2002)。基于前述内容，感应电动机可以由电压和频率可变的电压源以及微控制器和传感器等部件来控制。

Rozanov 和 Sokolova（2004）给出了一个矢量控制的例子。该方法以改进的电动机等效电路为基础，通过选择衰减系数将转子的感性阻抗减小到零。

10.2.3 同步电机的控制

在同步电机中，定子绕组产生的旋转磁场与转子产生的磁通量相互作用。由于合成磁通量由定子和转子的运动共同产生，同步电机中的合成磁场在稳定的条件下旋转速度与转子相同。同步电机有许多不同的设计，随着电力电子技术的发展，该种类大大扩展包括开关电机、无刷电动机和自同步电机。整流器广泛用于同步电机的励磁系统中。

所有类型同步电机的特点是在稳定条件下定子磁场和转子同步旋转。这些电机不仅在设计上有所不同，而且在应用方面也不同。

10.2.3.1 可调励磁同步电动机控制

由于合成旋转磁场和转子的速度相等，对于需要精确控制轴速度或转矩的应用来说，同步电动机是非常理想的选择。在具有隐极式转子和定子磁极的同步电机中，气隙均匀地分布在定子的圆周上，电抗与转子位置无关。在这种情况下，由励磁磁通引起的电枢电压 U_a和电动势 E_a之间的角度 θ 由同步电机的总同步阻抗决定。θ 的值由同步电机的负载决定，称之为功角。在发电机模式下，U_a滞后于电动势 E_a，θ 为正；在电动机模式下，U_a超前于 E_a，θ 为负。功率因数 $\cos\varphi$ 表征了同步电机电压 U 与电枢绕组电流 i_a之间的相移，其不仅取决于负载，还与励磁电流 i_e有关。V 形曲线族 $I_a = f(I_e)$（见图 10.15）可以分为两个区域：过励磁（$\varphi > 0$）和欠励磁（$\varphi < 0$）。由于电流与电压之间的夹角取决于励磁电流的大小，因此同步发电机可以用作具有零有功功率的无功功率补偿器。在过励磁状况下，会产生无功功率（容性）；在欠励磁状况下，消耗无功功率（感性）。

半导体变换器可用于控制同步电机，类似于感应电机。在这方面，电力电子技术的发展极大地开发了电力传动的潜能。控制方法以电网电压的大小和频率变

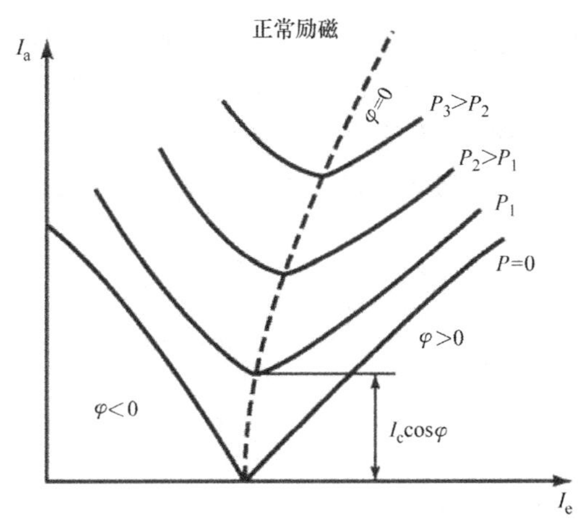

图 10.15　不同功率 P 及定子电流和电压之间角度 φ 下同步发电机的特性

化为基础，由不同类型的变频器实现。控制小功率与中等功率同步电机的转速和转矩的最佳选择是采用基于全控器件且含有简单直流元件的变换器。具有可逆交流-直流变换器并使用脉冲宽度调制的变频器，为镜像结构，其可充当电压源。因此，该系统具有良好的性能：输入功率因数接近 1，输入电流和输出电压接近正弦。这种结构的缺点是成本高，因为变频器的两个部分都基于全控器件。通用微处理器控制器可以对所有功能器件进行数字控制。变频器的第二个部分主要在逆变器模式下运行，实现对电动机转速和转矩的控制。在制动时，变频器以相反的模式运行：输出部分变为可控整流器，而输入部分变为逆变器，将能量回馈到电网。

对于低频工作的大功率同步电机（1MW 以上）采用直接耦合的晶闸管变换器，可以承受制动过程的能量变化并控制同步电动机中电枢电压的大小和频率。对电压进行大范围调节会导致系统功率因数显著减小，在设计时必须将这一点考虑在内。传统的直接耦合变频器优点包括简单的控制系统和多相配置的可行性，这样可以更好地利用晶闸管并改善电枢电压的谐波组成。

10.2.3.2　开关电动机的控制

开关电动机是使用电力电子开关确保电枢中电流换相的电机。特别是直流电机电枢供电系统中的电刷换相可以用电力电子器件换相代替，这使得电机寿命显著延长。随着电力电子技术和永磁体制造技术的发展，人们对基于同步电机的开关电机的兴趣正在日益增长。在电力电子器件的基础上，可以将全控型器件与具有脉冲宽度调制的变频器相结合；永磁体制造为转子开发了新磁性材料，特别是钕-铁-硼合金（Ni-Fe-B）。因此，很有可能创造出与直流电机的可控性相匹配，且性能胜过目前工业中感应电动机的无刷开关直流电机。

这种开关电机基于转子与电枢磁场速度自同步的原理制成。转子可以使用永磁体或励磁绕组。电枢电压的大小和频率通过含简单逆变器或直接耦合到电网的变频器来改变。全控型电力电子器件更加昂贵，但可以制造出高性能的变换器。例如，如果变换器中的整流器基于全控型器件，则可以使输出电压的幅值和频率在全部范围内保持接近1的功率因数。如果直接耦合的变频器基于全控型器件，则功率因数将同样接近1。

图10.16所示为用带有电压型逆变器的变频器供电的永磁开关电动机（Rahman等人，2001）。该电动机转子位置决定逆变器开关的控制脉冲形成时间。当转子与电枢绕组的轴相接近时转子由相互作用的磁通量产生的转矩作用下转动。稳态时，转子与逆变器的输出电压同步。频率可以通过逆变器电压的比例变化来调节。由于转子的自同步，可以使用其他方法来控制逆变器频率。例如，对于转子具有励磁绕组的同步电机可以改变励磁电流。这种类型的电动机特点是具有对转子位置的反馈，可以使用电流型逆变器，而不是电压型逆变器。这种设计更便宜，而且能保证良好的电动机性能。然而在低速时，电枢中的反电动势可能不足以进行晶闸管换相。另外，电流型逆变器的动态特性总体上比电压型逆变器的动态特性差。

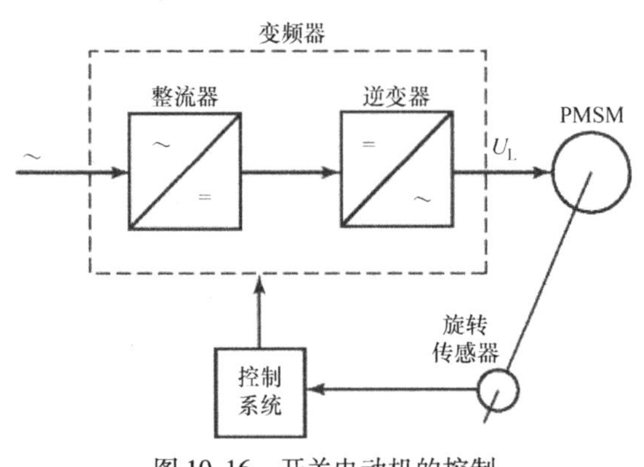

图10.16 开关电动机的控制

10.2.3.3 开关磁阻电动机

研究人员对转子由不同构造的电工钢层叠构成的电动机越来越感兴趣。转子是凸极结构，通常带有齿形轮廓。在设计中，定子和转子之间的磁阻取决于转子位置。当定子上的励磁绕组连接到交流电源时会产生旋转磁场。由于纵向磁阻和横向磁阻的差异，会产生转矩，且倾向于使转子沿与定子和转子之间的最小感性阻抗或最大电抗的方向转动。可以向励磁绕组提供单相交流电，此时转子上会出现反作用转矩，有时也称之为无功电动机。

随着电力电子技术和微处理器技术的发展，在无功电动机的基础上，定子绕组通过使用电力电子开关制造高性能电动机。自换相开关的出现使得定子绕组能够高频率地进行周期性切换。在这种情况下，由连接到直流电源的电力电子开关形成的脉冲电压提供给电动机定子的励磁绕组（见图10.17b），称之为开关磁阻电动机（SRM）（Iqbal，2002）。该电动机的运行基于定子上励磁绕组的切换，由此产生旋转磁场。开关磁阻电动机的转子倾向于转到励磁定子磁极和转子之间磁阻最小的位置，这与无功电动机的工作原理一致。需要注意的是，定子通常也是齿状的，因此，这是一个凸极定子。例如，图 10.17a 所示为具有三相六齿定子的开关磁阻电动机（Rahman 等人，2001）。同一相绕组绕在定子上正对的两个齿上。因此，由于绕组的切换，电动机中的磁通量呈脉冲形式。一般情况下，磁通量是励磁电流 i_e和转子位置角 ϑ 的非线性函数。基于转子位置传感器的信号，电子换相器的控制系统形成切换励磁绕组的控制脉冲。

电力电子换相器可以采用不同的设计方案，最常见的如图 10.17b 所示。当与特定绕组串联的晶体管导通时，电源提供电压和电流。因此，该绕组中的电流增加，转子向该方向转动。导通另一个绕组则需要关断已经导通的一对晶体管并导通连接到该相绕组的另两个晶体管。然而，关断第一对晶体管将导通连接到相同绕组和电压源 U_d的二极管。因此，处于关断状态的励磁绕组被退磁，存储的能量返回到电源。

可以使用各种方法来控制电动机速度和转矩，例如，可以调节励磁绕组上电

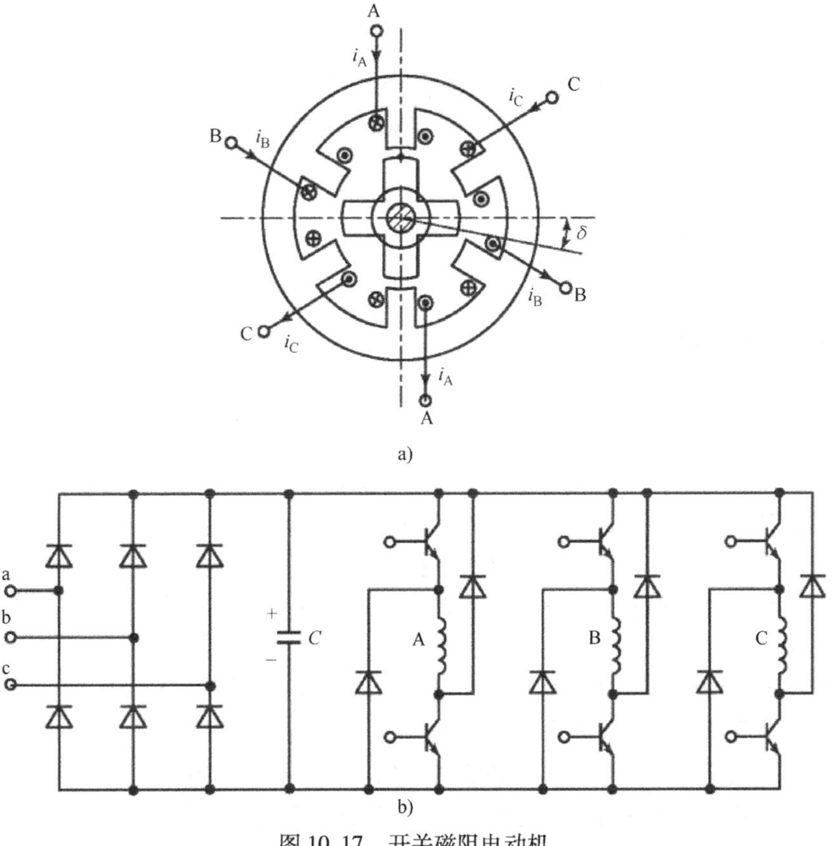

图 10.17　开关磁阻电动机

a）横截面　b）电力电子换相器

压的大小和频率。一种更有效的方法是调节转子的位置角，该位置角分别决定了转子励磁绕组导通和关断的时刻 ϑ_{on} 和 ϑ_{off}。

图 10.18 所示为开关磁阻电动机控制系统的简化图。该结构为电压 U 及 ϑ_{on} 和 ϑ_{off} 的控制。电动机相电流跟踪是一种更有效的控制方法。

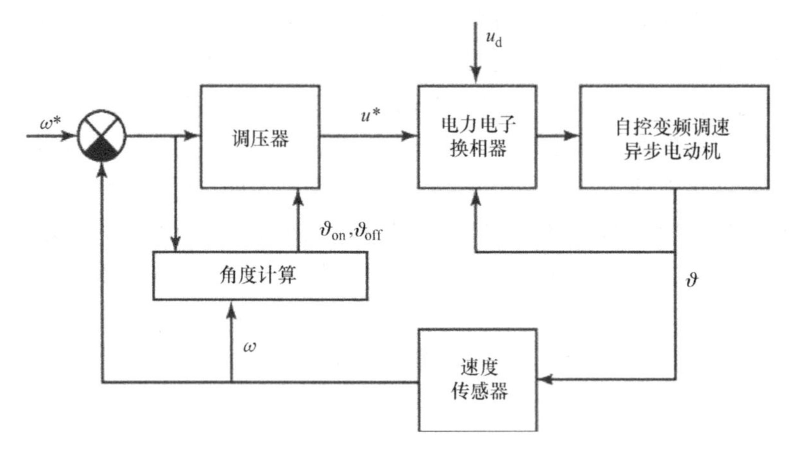

图 10.18　通过电子换相器为绕组供电的开关磁阻电动机的速度控制：ϑ 是转子位置角，ϑ_{on} 和 ϑ_{off} 分别是绕组开关角

10.3　工程应用

10.3.1　照明设备

鉴于照明占所有能源消耗的 20% 以上，需要明显提高照明系统的能源效率，即灯光的能量与其功耗之比。放电灯的光输出已显著增加，其基本组成部分是镇流器，其决定了放电灯的工作效率。传统镇流器有一些明显的局限性。在电力电子技术的基础上，镇流器可以被工作频率高达 100kHz 的功率变换器取代，这样就可以消除不需要的频率。由于功率变换器的高频率和新型电路设计，可以制造出轻便且小型的变换器。在电子镇流器中引入这种变换器，使放电灯广泛应用到家庭和工业中。

新型电子镇流器与基于扼流圈和电容器的传统镇流器完全不同。

图 10.19 所示为标准电子镇流器的通用结构由消除电磁干扰的输入滤波器、整流器、高频逆变器、高频电子镇流器、控制系统和反馈电路组成。

电磁干扰滤波器由互连的电抗器和电容器组成。整流器可以基于二极管或晶体管。当使用晶体管时，脉冲宽度调制确保了正弦输入电流并调节输入电压。逆变器通常由晶体管在零电流或零电压下开断的谐振电路构成，这减少了功率损耗。同时，逆变器设计的选择也存在基本限制。高频电子镇流器限制了灯短路时的电流。此功能既可由小电感高频扼流圈实现，也可由高频工作逆变器决定的小电容实现。逆变器和整流器的控制系统可以基于相同的微处理器，根据被调节参数，可能存在多个反馈通道和传感器。例如，可以根据灯的电流直接调节放电电流。此外，反馈通道可在系统发生故障时提供保护和诊断。

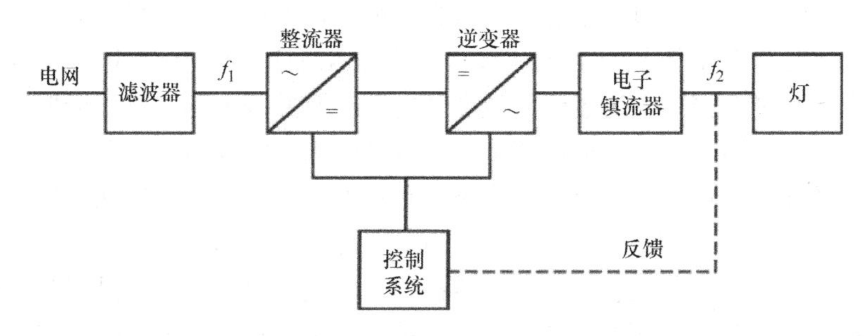

图 10.19　基于变频器的电子镇流器应用

10.3.2　电工技术

19 世纪中叶出现了各种形式的电工技术，特别是热处理、电焊、电物理和电化学加工技术。

10.3.2.1　电加热

电气系统用于加热和熔化各种材料，主要是金属材料。采用的加热方式有电阻式、电弧式、感应式和其他加热方式。电阻加热用于不同类型的电炉中。这种加热依靠电流产生的热能，电流直接流经材料（直接或接触加热）或流经能够将热量传递给材料的加热元件（间接加热）产生热能。直接电阻加热用于金属，间接加热可用于任何材料。在这两种情况下，加热条件都是通过调节电流来控制的。可以通过各种方法调节电流，例如，使用变压器通过绕组的不同分接头来调节电流。使用晶闸管调节负载电流更有效，反并联晶闸管用于此目的。以电压周期为基准，通过调节晶闸管开关的周期数来调节电流。在电阻负载下，电流和电压的相移可以忽略，调节器在零电流和零电压下导通或关断，与晶闸管的相位控制不同，这种方法的优点是几乎没有开关损耗且电网中没有高次谐波电流，但是也具有一个明显的缺点，即在低频（4～10Hz）范围内产生离散负载。负载的周期性切换会导致电压的低频波动。在这种情况下，负载振荡的频谱组成妨碍了传统方法的滤波应采用有源滤波器。随着电力电子开关成本的下降，有源滤波器会变得越来越便宜。

目前广泛使用的是金属的感应加热。在感应加热中，金属与电磁场的相互作用产生涡流，从而产生有功功率损耗并转换成热量。功率损耗取决于磁场强度、金属中涡流的穿透深度以及其形状和电磁特性等因素。含高频逆变器的变频器常用于向感应炉供电。根据具体情况，可以使用频率在 50Hz ~ 1MHz 之间的逆变器。金属中电流的穿透深度与频率的二次方根成反比。

图 10.20 为用于标准感应加热器供电的变频器结构。具有谐振逆变器的系统用于在变换器输出端产生高频电压，其可以基于电流型逆变器或电压型逆变器。逆变器中的谐振电路通过将电容器或电容器和电抗器连接到负载而形成，负载在这种情况下是包含金属坯料的电感线圈。在电压型逆变器中，电容器与负载串联。在电流型逆变器中，通过给负载串联电抗器及并联电容器形成谐振回路。调节频率可以控制负载功率，而回路中的电容和电感决定其谐振频率。工作频率和谐振频率的比显著影响逆变器的工作条件和特性。电流型逆变器在紧急情况下可以为变换器提供更好的保护，而电压型逆变器更加轻巧紧凑。

利用谐振逆变器，很容易实现自然换相，因此可以使用普通晶闸管。逆变器的自然换相可能与输出频率调节的限制有关，晶闸管逆变器的工作频率通常不能超过 10kHz，由晶闸管的开关速度决定。通过增加单个模块的频率，使模块系统的频率增加。

如果使用诸如 IGBT 的高速开关，逆变器频率可以显著增加（大约一个数量级，取决于功率），但这也增加了变换器成本。使用真空晶体管激发高频 LC 电路中的振荡过程，可以进一步提高频率。

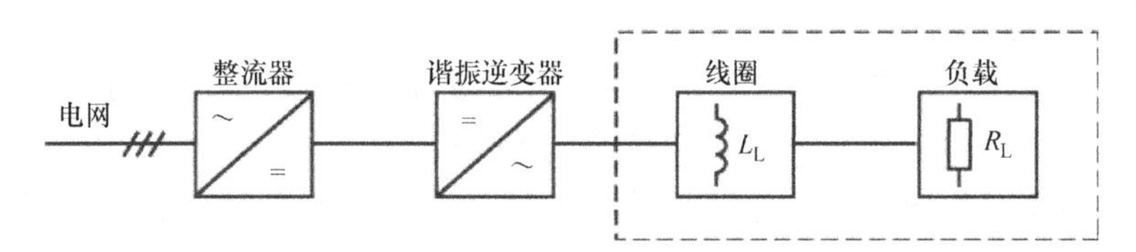

图 10.20　用于感应线圈和负载供电的带有谐振逆变器的变频器框图

10.3.2.2　电焊

通常采用带有输入变压器的系统为电焊设备供电（见图 10.21a）。为安全起见，电流不得与电网耦合。最简单的方法是通过串联电抗以保证电弧燃烧的稳定性，此时输出端的伏安特性急剧下降。通过具有很大漏电感的特殊变压器结构可以得到类似的负载特性。为了调节焊接电流，可以在整流器输出端引入各种电流稳定器。特别是具有输出电流稳定性的直流变换器可用于此目的。

由于变压器在低电网频率下工作，带有输入变压器的焊接设备是缺陷是质量和尺寸过大。使用基于高频电压型逆变器环节的高频变换器可以解决这个问题（见图 10.21b）。这种逆变器的工作频率通常高于听觉范围，逆变器用于设备内的电流调节。

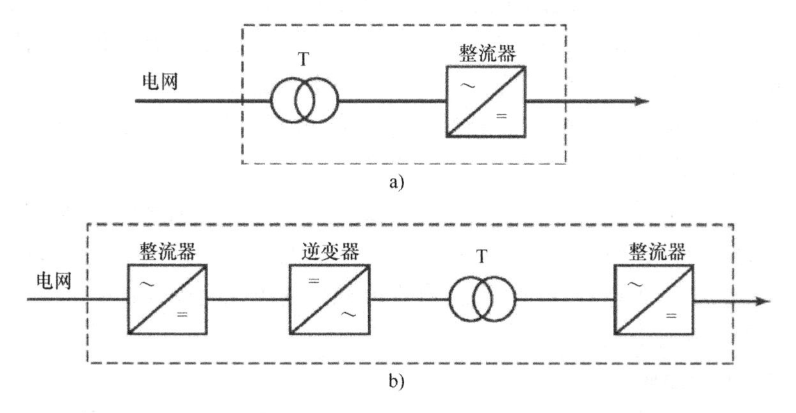

图 10.21　焊接设备的供电结构

a）带有输入变压器　b）带有高频变换器环节

10.3.2.3　其他用途

电力电子技术也可用于电物理加工，例如，可以采用整流器来制造电火花加工中放电过程的脉冲发生器。各种电源用于金属焊接中氢－氧混合物生产的电解设备中。这些设备大多基于整流器、自激逆变器和晶闸管稳压器。

使用全控型高速开关器件可显著提高电物理加工系统的性能。基于微处理器的控制系统通过更精确开关调节来提高功率转换效率。

电力电子领域的另一个应用是在很宽的频率范围内使用的工业振动器。仅举几个例子以作说明，这类系统被用于水声学的水下研究，在石油工业中进行更有效钻井下作业以及用于粉末的电磁测量。根据具体情况，可以采用不同的变换器：从最简单的脉冲晶闸管断路器到具有可控输出的变频器。

10.3.3　电力运输

10.3.3.1　铁路运输

直流和交流都应用于铁路运输，电动火车牵引电动机的电源来自柴油发电机或外部电源（架空线或第三轨）。目前，以 1500V 和 750V 直流电动机为主。所使用的柴油发电系统根据其需要使用交流或直流发电机。外部电源采用牵引变电站的形式，变电站包含基于晶闸管的整流器和逆变器（交流－直流变换器）。值得注意的是，由于非线性和峰值负载，这些变电站会严重影响外部交流电网的电能质量。目前，直流电网运行电压为 3kV。当机车采用 25kV 的交流电压时，整流器和逆变器可以直接安装在火车的机车上，这简化了牵引变电站。交流电压输入到机车的降压变压器上，然后通过变换器到达牵引电动机。在直流电源供电的情况下，机车中牵引电动机是由电枢电压的逐级调节控制。稳定电阻器用于再生制动，同时通过反向励磁绕组中的电流来改变运动方向。当在机车中使用晶闸管变换器时，输出电压采用相控方式。相控是调节晶闸管在整流器和逆变器模式中导通的角度。因此，该方法降低了变换器的功率因数并且导致从电网中吸收的电流畸变。为了减少对交流电网的影响，机车和变电站采用无源 *LC* 滤波器并用电容进行无功功率补偿。

交流牵引电动机的引入始于电力电子技术的发展，特别是将简单可靠的感应电动机与变频器一起使用，可以通过调节变换器的电压及其频率来调节电动机转速和转矩。如今，在感应电动机和带有直流元件的可控变频器的基础上，制造商开发了许多牵引电动机。

10.3.3.2 城市运输

这一类包括有轨电车、无轨电车和地铁。以有轨电车为例，其他系统的特征与此（有轨电车）相似。基本电源为直流变电站，其最大工作电压为900V。城市轻轨中使用的大多数牵引电动机都是基于接触电阻控制的。同时，牵引电动机的循环运行包括了电车的起动、加速和制动。工况的周期性改变会导致电动机运行复杂化，缩短了电动机寿命且会导致非常大的功率损耗。这些问题可以通过引入半导体变换器来解决，该半导体变换器既可以用于控制牵引电动机，也可以作为后备电源用于汽车的照明和车门工作等。

10.3.3.3 汽车应用

将电力电子元件引入汽车和卡车可以显著提高车辆基本子系统的自动化程度并扩展其功能。现代车辆的基本动力来源是带有旋转励磁系统的三相同步发电机。发电机的输出电压经过整流输送到直流母线，电池也连接到该直流母线上（根据车辆的不同，电池电压为12V或24V）。

如今，这种发电机的功率约为1kW。电能从直流母线输送到各子系统：点火装置、灯、空调、制动器等。这些子系统的总耗电量正在稳步增长，预计在未来几十年将达到1800kW。功率的增加与电力电子元件的功能扩展有关。现在简要地介绍一些其使用实例（Perreault 等人，2001）。

在照明子系统中，白炽灯正逐渐被放电灯取代，这使（照明的）发光效率提高了3倍，使工作寿命延长了4~5倍。放电灯的电源需要42V的电压和高频电子镇流器。因此需要一个直流变换器来使电压从12V增加到42V，基于MOS（金属氧化物半导体）晶体管和电磁镇流的逆变器可确保开启和维持放电灯放电。逆变器的工作频率为96~250Hz。随着白炽灯被逐渐取代，这种配置可以用于所有放电灯的电源并可以使用脉冲宽度调制来调节灯的亮度。

在现代车辆中，高频交流驱动器为风窗玻璃刮水器提供动力，公共母线上的直流电压可以通过逆变器产生可控的高频交流电压。

电动机电磁阀的电源也应该受控运行。因此可以使用逆变器来调节阀门驱动器的电磁线圈中的电流。

空调由基于晶闸管变频器控制的开关同步电动机进行驱动而不通过车辆的发动机进行驱动。

开关直流驱动器独立控制车辆液压系统中的泵。

为了减少现代车辆的布线，设计人员已经开始对子系统采用多路复用控制技术，根据执行设备的功能和位置，通过公共导线以代码的形式传输控制信号。这大大减少了车辆上布线的数量和重量。智能继电器用于在多路复用系统中导通和关断负载。这种继电器具有内置放大器、保护元件和监控元件。在车辆控制系统中，微处理器发出的信号被输送到智能继电器的输入端。

在未来，车辆可能配备 14/42V 双电源系统。整流器通过传统方式给 42V 总线供电，并将用于大功率单元，例如起动器和空调。14V 总线将由 42/14V 直流变换器提供，用于诸如照明等低功耗电子设备。在该系统中，当使用能量双向流动的变换器时，可以使用低压电池来为起动器供电。

在直流电气驱动中使用开关磁阻电动机而不使用皮带传动是很有意义的。在这种情况下，将需要电力电子电流调节器。同时，这种驱动器的引入会显著改善车辆电气系统的性能。

目前，从内燃机到电力驱动的转变正在兴起。虽然这种转变取决于电力电子技术的发展，主要取决于高效电源和储能设备的发展，燃料电池是不错的选择。同时，将内燃机和电动机结合的混合动力发动机的发展也十分迅速且有前景。混合动力驱动能够有效地解决节能和环保的问题。

10.3.3.4　船舶动力系统

船舶的电气系统的特点是功耗相当大（高达数十兆瓦）且是自主运行，不同的子系统需要不同功率的电源，舰载系统使用交流和/或直流电源。电力电子技术的发展使得晶闸管整流器得以引入，通过调整晶闸管的触发角可以控制其输出电压。

通常情况下，船舶上的基本电源为螺旋桨驱动器和相关系统供电。此外，许多系统从独立的柴油发电机获得电能，这可以确保关键部件的可靠运行。所采用的电气系统主要由螺旋桨驱动器的类型决定。图 10.22a 所示为螺旋桨驱动器通过直流电动机供电的典型电源系统，在该系统中，交流发电机是柴油发电装置的一部分，通常交流频率为工业频率。交流电压通过晶闸管整流为螺旋桨电动机供电，通过调节晶闸管整流器的触发延迟角来控制电动机的转速。

变频器通常用于需要高质量电源的地方。其将柴油发电装置的发电总线和用电装置子系统隔离。为了实现这一目的，船舶上配备有机电变换器，该变换器由安装在单轴上的电动机和工频电压发生器组成。随着电力电子系统的可靠性增加，这种机电变换器将被静态变换器取代，从而在尺寸和质量上有显著改善。

带有交流螺旋桨电动机的船舶，使用的驱动系统如图 10. 22b 所示。在该系统中，工频交流电被转换为供同步电动机使用的不同频率电压，如果调节电驱动器的速度以使其小于频率为 50Hz 时的速度，则所采用的变频器可以使用自然换相的晶闸管。电力电子技术的进步使基于全控型器件控制的静态变换器得以出现，从而确保了对驱动器能量特性的满意控制。

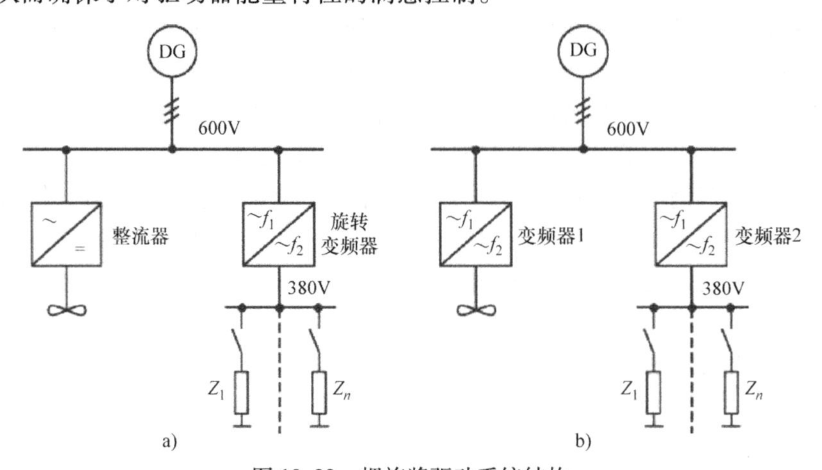

图 10. 22　螺旋桨驱动系统结构

a）直流螺旋桨驱动系统结构　b）交流螺旋桨驱动系统结构

当然，某些子系统需要的电能不同于公共总线上提供的电能。在这种情况下，可以采用半导体变换器解决。同时，在设计过程中必须确保这些变换器集中供电的便利性。例如，400Hz 的电压广泛应用于雷达站，该频率也被用于陆基雷达站。为了标准化，最初使用 50/400Hz 变频器为雷达站供电。然而，大量引入变频器将会削弱其他电气系统的性能。因此，变频器仅用作雷达站的本地电源。如今 50Hz 和 400Hz 的电压都可在雷达站使用（Glebov，1999）。

10. 3. 3. 5　飞机动力系统

在航空领域，在向不同的飞机子系统输送电力方面需要不断改进。最初，需要电能来点燃内燃机中的燃料混合物。在这之后，飞机上的电力需求明显增多。现在，实际上所有重要的飞机子系统都依赖于电力，所需功率从千瓦到兆瓦不等，具体取决于飞机的类型。

起初，供电采用直流系统。随着所需功率的增加和必要应用的扩展，设计人员转而使用交流系统进行供电，交流设备的引入促进了以下发展：

- 无刷交流电机的使用；
- 不同子系统中电路的电气隔离；
- 变压器的电压匹配；
- 使用简单可靠的整流器为直流元件供电。

电动液压混合驱动的发展引起了人们的极大兴趣。液压驱动器速度快且相对较轻。相比之下，电驱动器的运行成本很低。如果大部分使用了液压动力，独立的设备采用电气系统控制，那么可将这些好处相结合。

在飞机上，供电系统的重量至关重要。增加电压幅值和频率以及多路复用电路会显著降低系统重量。可以通过中频变换器产生高频电压。多路复用系统是通过在单个通路内以编码形式传输的小功率控制信号实现。

这些原则依赖于电子信息系统和电力电子技术。特别是微处理器系统能够快速处理大量信息，以及高速电力电子器件低能耗且能够处理高电压和大电流的特点。

可以广泛采用在涡轮机轴上安装高速交流或直流发电机的系统。这种发电机在 200 ~ 300V 的范围内为飞机提供基础动力源。对于交流发电机，对其电压进行整流并/或输送到变频器，以便在涡轮机速度变化时获得频率稳定的电压（见图 10.23）。因此，如果发电机频率远超过变换器输出频率，则可以使用直接耦合的变频器。则整流器的输出电压和频率稳定的交流电压可以直接或通过各种变换器调整电压后输送给负载。例如，270V 的交流电压可以转换为 28V 或直流电压以进行驱动控制。

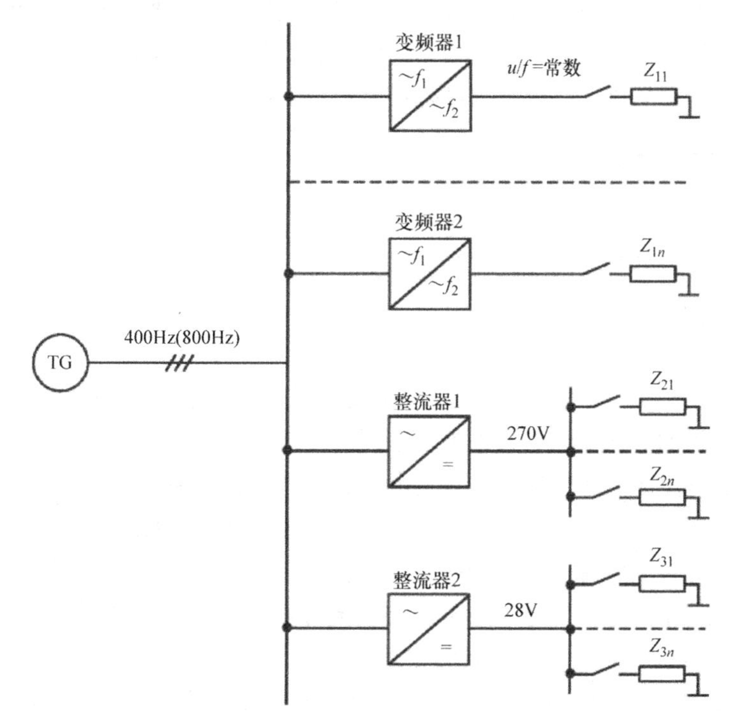

图 10.23　飞机供电系统结构

10.3.3.6 火箭电源

火箭的性能很大程度上取决于其供电方式，这种供电方式有多种形式。例如，在航天火箭中，必须保障航天器的所有电气系统的电能供给。火箭在地面上和空中使用不同的电源。

根据航天器上电气系统的功率和必须确保的运行时间，可以采用不同的机载电源（Glebov，1999）。

- 蓄电池和太阳能电池；
- 电化学电池；
- 同位素激发电源。

使用这些电源需要变换和调节所产生的电能。由于这些电源几乎都为直流电源，因此直流变换器广泛用于航天器中。可以采用高频（>20kHz）脉冲变换器以减小输入和输出无源滤波器和变压器的质量。为了匹配各个子系统的电压并获得交流电源，应采用高频逆变器和输出电压为所需频率的逆变器。

在火箭发射之前和发射期间，地面电源很重要。该电源可以在发射前为所有火箭的子系统提供高质量电能，然后移交给机载电源。地面电源主要基于整流器，其输出参数与静态和动态运行中的机载系统相同。主要的地面电源包括工业电网，柴油发电机和直流电源。根据具体情况，在不同电能质量的直流或交流电源中选择最合适的进行供电。关键是在航天器发射前保持其电能供应。

10.3.4 技术要求

10.3.4.1 电力电子设备的基本要求

电力电子元件的基本要求可分为两类：

- 电气要求；
- 设计要求。

1）电气要求。电气要求取决于电能变换的类型以及主电源和负载特性。因此，对变换器的输入输出参数提出了不同的要求。

对于交流电源，不仅应关注额定电压和电流、相数和频率，还应关注电能质量，包括静态和动态稳定性，电压畸变（非正弦波形）以及动态波动的持续时间和周期。如果主电源功率与变换器功率相当，则必须关注对变换器输入电流的谐波组成、功率因数（对于基波电压和电流分量）以及变换器周期运行的要求。除了对变换器输入电流谐波组成的要求外，还对电源电压畸变提出了要求。然而，必须在此处注明电源的内部阻抗，否则需要提供能够识别主电源（以及内置稳压器）等效电气元件特性（例如频率特性）的参数。考虑其输出参数，非正弦变换器电流对电源电压的影响可以通过相应的电源数学模型来评估。需要注意的是，当电源和变换器之间有长导线时，必须考虑其阻抗。在某些情况下，例如，当存在较高的电流谐波时，必须注意电缆的分布电感和电容。忽略这些参数可能会导致不良的高频谐振，使电源电压的畸变变大，且还可能在变换器动态运行中产生额外的电压波动和暂降。

对于连接到直流电源的变换器，必须注意其额定电压、静态和动态不稳定性以及动态波动的持续时间和周期性。电压纹波的大小和频率也很重要。当电源功率与变换器功率相当时，必须注意电源内阻抗（计及内置稳压器和双向导电性）的动态值。在此基础上，可以评估因变换器电流通断（特别是在施加和移除负载时）导致的输入电流脉动对电源电压及其（电压）波动和暂降造成的影响。

对于充当备用电源的变换器，输出参数要求类似于输入参数要求。唯一的区别是输入参数必须视为初始数据且基本上不受变换器的影响，而输出参数则由变换器设计决定。为此，当变换器充当备用电源时，变换器具有双重性质：对于主电源，作为负载；对于用电装置，作为特定类型和质量的电源。

一般而言，电源变换器的发展与输出参数控制范围的要求有关。虽然相关标准规定了输出参数的所需值，但允许根据用电装置的具体特征以及电缆压降对变换器进行调整。

对于向关键系统供电的变换器，通常在所有工作条件，包括紧急情况下，记录输出参数与标准值之间的最大允许偏差。这些要求为变换器内部安全系统的开发提供了基础。

在某些情况下，例如，当在特殊电源系统中使用变换器时，对接收到导通负载的命令之后变换器导通负载所需的时间有要求。UPS 中的变换器，在所有条件下，包括变换器故障（必须备用）时，都对输出总线上的电源中断持续时间做出要求。

在制定电气参数要求时，需考虑半导体器件在允许范围内对瞬时电流和电压的灵敏度。因此，即使提高短时容许过载和电压浪涌，也需要增加半导体器件的数量或使用更大容量的器件（即那些为更大电流和更高电压设计的器件）。在某些情况下，例如，对于具有电容换相的晶闸管逆变器，必须根据可能的过载增加开关元件的额定功率。因此，变换器的额定功率需提高以承受短时过载。

2）设计要求。电力电子元件的设计主要取决于运行条件。对于自激变换器及作为具有特定信息和控制面板的电气系统中的变换器，其也会有所区别。

电力电子元件模块化设计最为常见。因此，基本设计要求之一是设备的元件应通用。

器件通常是根据其对机械稳定性的要求而设计的。应考虑到运行和运输中所有可能的机械干扰（一次性颠簸和振动等）及其大小。

该设计必须能够通过内置及/或外部系统监控生产和运行过程中的电气参数。这一规定与维修和保养要求直接相关。

设备需要密封以便能够在水中、高湿度以及在有侵蚀剂存在的条件下工作。在中等功率的变换器中，集装箱可以有效地用于此目的。电力电子元件上的涂层必须耐腐蚀且还需保持美观。存储条件设计过程中也需要注意同样的因素。

根据相关规程，设计需确保操作安全。特别是，设计过程中必须确保所有可能被操作人员或其他人员接触的金属导体可靠接地。同时，接地措施需确保瞬态阻抗的一致性。接地元件与设备可接触部分之间的阻抗不应超过规定的标准值。

变换器的制造条件需考虑到工厂标准中的综合要求（涉及电源组件及印制电路等的安装）。

需在相应标准规定的条件下使用元件。

许多要求是由电气系统中变换器功能决定的。这些要求适用于变换器与组件（如主电源、用电设备、开关设备、控制模块及信息显示系统）之间的电气连接。需注意连接器的具体类型、控制信号和信息信号的类型以及对电缆的要求。对于人为控制的自激变换器，必须根据标准化的计量要求指明对监测和信号系统的要求。

人体工程学和美学也需要在设计中被考虑。

10.3.4.2 电磁兼容性

大多数半导体变换器需要对非线性元件（继电器）进行周期开断，从而导致变换器中出现电流和电压的突变。因此，电磁辐射具有很宽的频谱。这些影响在电气开关高频工作的变换器中尤为明显。所产生的电磁辐射可能会干扰附近设备的正常运行。这种电磁干扰也可能破坏变换器的功能。此外，需要区分高频电磁辐射和变换器对电网电流的畸变作用。根据高次谐波（包括40次谐波）与电网基波分量之间的比率来评估电网电流的畸变。电流和电压畸变会危害电能质量，且会受到诸如IEEE 519等标准的限制。

必须区分提供给电网的传导干扰和通过电磁场传输到周围环境的辐射干扰。在3kHz～80MHz频率范围内测量，包括由射频电磁场（在150kHz～80MHz范围内）产生的传导干扰。辐射电磁干扰的频率在30～1000MHz范围内变化。许多国家和国际标准对不同部件所需的电磁兼容性规定了允许的干扰水平。

需要注意的是，电磁干扰不仅影响工程系统，还会对人类产生影响。公共卫生标准和法规中规定了电磁干扰极限水平在30kHz～300GHz之间。

设计过程中大部分阶段必须注意电磁兼容性。除了引入抑制电磁干扰的设备外，变换器的电磁兼容性还取决于其设计、各个组件的电气安装、所采用的滤波方法以及各个组件的屏蔽。这些问题很复杂，需要特别注意。

设计者的主要任务是根据组件的功能划分电路，尽量减少所需电缆的长度，并把对干扰敏感的电路用高频滤波器和干扰源分开。在任何情况下布线都应谨慎，不应只注重降低生产成本。即使在计算机化的设计中，也需对结果进行仔细检查，以确定干扰可以传播的途径。

在电力电子系统中，必须遵守以下布线规则。

- 电源电路与控制电路分离；
- 控制系统和电源系统的引线正交分布；
- 引线长度最小（在设计限制范围内）；
- 在各个引线之间的距离最小的情况下，将各个通路中的三相交流电路和直流电路相结合。

出于安全考虑，许多组件必须接地。然而，不同组件不能使用同一个接地线。需要注意的是，接地线上可能会存在产生高频扰动的电阻。因此，在这种电阻上，会产生与电磁频率相同的电压，对干扰敏感的设备会产生影响。因此，铺设与接地线平行的独立短总线是很合适的方法。

如有必要，则可以对单个装置采用点磨削工艺。需要注意的是，必须使每个设备与公共点之间的线路长度最小。

除了这些基本布线规则之外，对具有特定功能的组件应采用特定方法。特别是，双绞线用于将信号从传感器传输到调节器中的放大器、测量设备和其他高灵敏度元件。导线的换位使其电感最小化并可补偿由干扰源引起的电流。

静电、静磁和电磁屏蔽可用于保护引线和组件免受外部电磁场影响。

静电屏蔽通常由铜箔或铝箔制成，并包围干扰源。静电屏蔽的金属外壳包围导线的电场，阻止其传播到周围环境中。然而，静电屏蔽的有效性在很大程度上取决于屏蔽层质量和接地情况。静磁屏蔽由磁性材料制成，可减少外部磁场。然而，由于涡流的缘故，其在变换器中的作用有限。可以通过反射电磁能量的电磁屏蔽装置来屏蔽高频场。然而，由于结构复杂且有额外有功功率损耗，因此在变换器中很少使用静磁和电磁屏蔽。这种屏蔽在例如分离磁性元件和微电路中使用更加有效。

电力滤波器主要用于抑制变换器中的干扰。滤波器在结构、电路设计和电气元件方面有所不同。在中等功率变换器中，带有旁路电容器的 L 形滤波器是最常见的。变换器的输出（输入）总线提供抗干扰所需的串联阻抗；如果其电感不足以抑制干扰，则可添加一个串联扼流圈。最好对滤波器进行接地屏蔽。用不同类型的电容器作为抑制各种频率干扰的滤波器时，其效果可能有所不同。因此，有必要在射频干扰滤波器中使用不同类型的电容器。需要注意的是在设计过程的初始阶段，变换器需包含射频滤波器。然而，由于影响辐射干扰因素不胜其数（例如布线、功能组件的布局和接地系统），其参数通常通过实验改善。

10.3.4.3 电力电子设备认证

许多标准都概述了对电力电子元件的主要要求。验证符合这些标准的过程称为认证。认证可以监控产品质量、性能和安全性。因此，这是全球竞争力的重要保障。

标准化包括对产品及其制造质量的认证。认证完成后，可为产品或工厂质量控制系统颁发合格证书。

国际标准化组织在世界范围内采取了令人满意的做法。就其本身而言，国际电工委员会（IEC）采用最先进的电气和电子设备认证系统。国家认证体系可能比国际标准更严格。在俄罗斯，Gosstandart 负责协调认证工作并监督认证中心和测试实验室的网络，这些认证中心和测试实验室被授权验证产品质量和生产实践是否符合国家和国际标准。

为了消除贸易中管理和技术障碍并提高产品安全性，俄罗斯引入了工程监管法，该法概述了认证的基本原则，并制定了提高安全性和环保生产的技术法规。根据这些法规建立了强制性和自愿性的产品认证。电力电子元件通常用于需要提高安全性的应用中。在这种情况下，产品必须符合技术规范。必须经过强制性和自愿认证的产品类别已经确定。无论如何，申报的产品特性必须符合相关标准。

例如，现在简要介绍对 UPS 的要求。这种系统包含整流器、逆变器、半导体调节器和开关。因此，对 UPS 的要求即是对多数电力电子元件的要求。

IEC 62040 对 UPS 的标准由三部分组成。第一部分包含基本原理并详细说明了 UPS 及其组件的电气和机械特性。概述了总体测试条件以及对结构和接口的基本要求，并考虑了对机械强度和电气强度的要求。第一部分包括两个主要章节，62040－1.1 和 62040－1.2，适用于不同用户接入的 UPS。在第一节的附录中列出了有关测试程序、负载类型和电池部分通风设备的标准，以及运输中电池断电的建议。

在第二部分 62040－2 中，概述了对电磁兼容性的要求，规定了测量条件，制定了基本的干扰稳定性要求，对不同的频率范围规定了允许的电磁干扰水平。

第三部分 62040－3 详细列出了 UPS 的技术规范和相应的测试程序。提供了有关其输入和输出特性的基本信息。介绍了 UPS 的典型结构和运行条件。规定了不同电网和负载条件下 UPS 的静态和动态测试程序。同时还考虑了安全电路和报警电路的测试方法。附录概述了典型的故障和负载类型。

对 UPS 标准的简要回顾表明，现行标准几乎涵盖了设备功能和性能的所有方面，包括运输和存储条件。需要进行极其广泛的测试，以验证 UPS 特性是否符合各个标准。因此，制造商必须根据制造和运行条件与客户就所需的测试达成协议。首先要进行安全测试和验证以确保产品技术规格中的要求符合标准。

参考文献

Alekseev, B.A. 2007. Energy and energy problems around the world. *Energetika za Rubezhom*, 5, 31–47 (in Russian).

Burman, A.P., Rozanov, Yu.K., and Shakaryan, Yu. 2012. Upravlenie potokami elektroenergii i povyshenie effektivnosti elektroenergeticheskih system (Control of electric energy and enhancement of power systems efficiency). Moscow: MPEI publishing (in Russian).

da Rosa, A.V. 2009. *Fundamentals of Renewable Energy Processes*, p. 7. USA: Academic Press.

Glebov, I.A. 1999. *Istoriya elektrotekhniki* (*The History of Electrical Engineering*), Glebov, I.A., Ed. Moscow: Izd. MEI (in Russian).

Iqbal, H. 2002. Switched reluctance machines. *The Power Electronics Handbook*, Skvarenina, T.L., Ed., pp. 13-1–13-9. USA: CRC Press.

Kazmierkowski, M.P., Krishnan, R., and Blaabjerg, F. 2002. *Control Power Electronics*. USA: Academic Press.

Kryukov, K.V. and Baranov, N.N. 2012. Extending the functionality of power supply systems with photovoltaic energy converters. *Russian Electr. Eng.*, 83(5), 278–284.

Perreault, D.J., Afridi, K.K., and Khan, I.A. 2001. Automotive applications of power electronics. *Power Electronics Handbook*, Rashid, M.H., Ed., pp. 791–816. USA: Academic Press.

Rahman, M.F., Patterson, D., Cheok, A., and Betts, R. 2001. Motor drives. *Power Electronics Handbook*, Rashid, M.H., Ed., pp. 663–733. USA: Academic Press.

Rozanov, Yu.K. 2010. *Staticheskie kommutatsionnye apparaty i regulyatory peremennogo toka, Elektricheskie i elektronnye apparaty* (*Static Switchgear and ac Controllers: Electrical and Electronic Equipment*), vol. 2. Moscow: Akademiya (in Russian).

Rozanov, Yu.K. and Kriukov, K.V. 2008. Control of the power flow in an energy system based on grid connected with photovoltaic generator. Proceedings of 12th WSEAS International Conference on Circuits, July 2008, Heraklion, Greece.

Rozanov, Yu.K. and Sokolova, E.M. 2004. *Elektronnye ustroistva. Elektromekhanicheskikh system* (*Electronic Devices and Electromechanical Systems*). Moscow: Akademiya (in Russian).

Sabonnadiere, J.-C. 2009. *Renewable Energies Processes*. USA: Academic Press.

Sood, V.K. 2001. HVDC transmission. *Power Electronics Handbook*, Rashid, M.H., Ed., pp. 575–597. USA: Academic Press.

图书在版编目（CIP）数据

电力电子技术原理、控制与应用/(俄罗斯)尤里・罗扎诺夫（Yuriy Rozanov）等著；周京华等译. —北京：机械工业出版社，2020.9(2023.1重印)
(国际电气工程先进技术译丛)
书名原文：Power Electronics Basics: Operating Principles, Design, Formulas, and Applications
ISBN 978-7-111-66063-7

Ⅰ.①电…　Ⅱ.①尤…②周…　Ⅲ.①电力电子技术　Ⅳ.①TM1

中国版本图书馆 CIP 数据核字（2020）第 125183 号

机械工业出版社（北京市百万庄大街 22 号　邮政编码 100037）
策划编辑：江婧婧　责任编辑：江婧婧　朱　林
责任校对：郑　婕　责任印制：郜　敏
北京盛通商印快线网络科技有限公司印刷
2023 年 1 月第 1 版第 2 次印刷
169mm×239mm・22 印张・426 千字
标准书号：ISBN 978-7-111-66063-7
定价：129.00 元

电话服务
客服电话：010－88361066
010－88379833
010－68326294
封底无防伪标均为盗版

网络服务
机　工　官　网：www.cmpbook.com
机　工　官　博：weibo.com/cmp1952
金　　书　　网：www.golden－book.com
机工教育服务网：www.cmpedu.com